普通高等教育"十二五"规划教材·园林与风景园林系列

风景园林树木学

关文灵　李叶芳　主编

化学工业出版社

·北京·

风景园林树木学是园林、风景园林等专业的骨干课程之一，是园林生态学、园林苗圃学、园林规划设计及园林养护管理的重要基础。本书较全面地介绍了风景园林树木的基本知识。全书分为总论和各论两部分，总论着重理论论述；各论主要介绍了我国西南地区常用及有发展前途的风景园林树种，共 104 科 348 属 695 种，其中详细介绍了 388 种重要园林树木的形态、分布、习性、观赏特性和用途，其余种类简要介绍。本书内容全面，重点突出，图文并茂。

　　本书可作为园林、风景园林、环境艺术、城市规划、园艺等专业的教学用书，也可供园林工作者和园林爱好者参考。

图书在版编目（CIP）数据

　　风景园林树木学/关文灵，李叶芳主编 .—北京：化学工业出版社，2015.1

　　普通高等教育"十二五"规划教材·园林与风景园林系列

　　ISBN 978-7-122-22365-4

　　Ⅰ . ①风… 　Ⅱ . ①关…②李… 　Ⅲ . ①园林树木-高等学校-教材 　Ⅳ . ①S68

　　中国版本图书馆 CIP 数据核字（2014）第 272513 号

责任编辑：尤彩霞 　　　　　　　　　　　　　　装帧设计：关　飞
责任校对：吴　静

出版发行：化学工业出版社（北京市东城区青年湖南街 13 号 　邮政编码 100011）
印　　刷：北京永鑫印刷有限责任公司
装　　订：三河市宇新装订厂
787mm×1092mm　1/16　印张 20¼　彩插 4　字数 509 千字　　2015 年 4 月北京第 1 版第 1 次印刷

购书咨询：010-64518888（传真：010-64519686）　　售后服务：010-64518899
网　　址：http://www.cip.com.cn
凡购买本书，如有缺损质量问题，本社销售中心负责调换。

定　　价：45.00 元

《风景园林树木学》编写人员

主　编　关文灵（云南农业大学）
　　　　李叶芳（云南农业大学）
副主编　郑伟（昆明理工大学）
　　　　张敬丽（云南农业大学）
　　　　常青山（河南科技大学）
　　　　刘兴洋（新乡学院）
其他参编人员（以姓名笔画顺序排列）
　　　　华金珠（昆明学院）
　　　　刘歆（大理学院）
　　　　邵长芬（重庆旅游职业学院）
　　　　赵雁（云南农业大学）
　　　　胡靖祥（昆明学院）

前　　言

随着社会、经济的发展和城市化进程的加快，全国城市生态建设和园林绿化迅猛发展，并得到了全社会的广泛关注。为了适应当代风景园林发展的需要，许多高校和职业学校开设了园林、风景园林及其他相关专业。风景园林树木学是这些专业的骨干课程之一，是园林生态学、园林苗圃学、园林规划设计及园林养护管理的重要基础。近年来，我国从野生资源中发掘或从国外引种了大量的优良树种，但许多树种的相关资料未收录在以往教材中。我国的园林树木种类繁多，区域性强，一本教材很难囊括全国所有的园林树种。因此，编写区域性教材更符合教学实际。

本教材编写内容充分考虑了园林、风景园林等专业的创新人才培养目标和要求。编写过程中坚持理论和实践结合的原则，既强调本学科的系统性和科学性，又突出针对性和实用性，并尽可能反映本学科的最新技术、研究成果和发展趋势。

本教材分总论和各论两部分。总论着力于理论阐述，重点介绍了园林树木种质资源特点及保护利用、分布与区划、分类与命名、功能作用、观赏特性等。各论则分科、分属、分种进行介绍，每个属下详细介绍了园林中常见，或目前使用还不广泛但却具有较高观赏价值和广阔应用前景的一个或几个重要树种，包括中文名、拉丁学名、别名、形态特征、产地、习性、观赏特性和园林应用，同时匹配一幅墨线图，对于属下的其他一般树种则简要介绍。

本教材共收集了园林树木 695 种，分属于 104 科，348 属；其中 388 种作为重要树种详细介绍，并附墨线图，其余树种则简要介绍。植物名称的确定，参考了《中国高等植物图鉴》、《中国植物志》、《云南植物志》、《中国树木志》、《中国高等植物》等学术专著。裸子植物部分按郑万钧教授的分类系统排列，被子植物部分按 A. 克朗奎斯特（A. Cranguist）系统（1981）排列。为便于检索和使用，附录编写了本教材所写树种的中文名与拉丁学名对照索引和中国主要城市市花和市树。本书配有电子课件，包括相应植物的彩色图片，可登录化学工业出版社教学服务网免费下载，网址：www.cipedu.com.cn。

在本书编写过程中尽管编者已尽最大努力，但限于现有资料和编者学术水平及写作水平不足，疏漏之处在所难免，敬请读者批评指正并提出宝贵意见，以便今后修正与完善。

编者
2014 年 9 月

目　　录

上篇　总　论

下篇 各 论

上篇 总 论

绪 论

0.1 风景园林树木学的概念

应用于各类风景园林绿地及风景区的木本植物，统称为风景园林树木（landscape tree）。这类树木首先具有绿化、美化、改善和保护环境的功能，并兼具一定的经济价值。研究风景园林树木的分类、形态特征、产地、生态习性、观赏特性、繁殖、栽培管理及其在园林中的应用等多方面内容的学科，称之为风景园林树木学。

风景园林树木学属于应用科学范畴，是为风景园林建设服务的，是园林专业、风景园林专业、森林资源保护与游憩等专业的重要专业基础课程。只有认真学好该课程，认知尽可能多的园林树种，并掌握其生物学和生态学特性，了解其观赏特性和园林用途，才能更好地做好风景园林设计和绿化养护工作，为风景园林建设服务。从风景园林建设的发展趋势来看，植物造景是主流，而风景园林树木是植物造景的骨干材料。因此，学好风景园林树木学对于风景园林建设具有十分重要的意义。

鉴于教学上的分工和篇幅，本教材重点介绍树木的分类、形态特征、产地、习性及园林用途等方面的内容。

0.2 风景园林树木学的学习方法

学习风景园林树木学的目的，是在识别各种风景园林树木的基础上，进一步了解其生长习性、对环境条件的要求、分布、适宜栽培地区及在风景园林中的观赏应用特点，以便能在园林规划、设计中正确选择、配置树种，以达到建设优秀风景园林的目的。中国地域辽阔，风景园林树木种类繁多，其形态、习性上有很大差别，给学习者造成一定的困难。要学好风景园林树木学应做到以下几点。

（1）掌握必要的基础知识

欲学好风景园林树木学，必须具备一定的基础学科和专业基础学科的知识，例如为了辨识树种、了解植物资源，必须有植物学方面的知识；为了掌握树木单体和群体的生长发育规律、生态习性和树木改善环境的作用，必须有植物生理学、土壤学、肥料学、气象学、植物生态学等知识。其中植物分类知识是核心基础，只有在认识树木的基础上才能进一步了解树木的其它方面的内容。在学习或实践中若遇到本教材未收编的树种而又不认识时，可借助其它书籍查找，可用园林树木学方面的专著，也可用《世界有花植物分科检索表》或《中国高等植物科属检索表》先查其科或属，再用《中国植物志》或各地方植物志或《中国高等植物

《图鉴》等工具书的有关卷册查属定种。

（2）理论联系实际

对风景园林树木的认识和了解，不能只凭书本上的文字描述，更重要的是必须接触实际，从实践中学习和加深理解。对树木的识别、了解与应用，必须多观察、多动手、多比较分析与多总结归纳，在日积月累中充实自己的风景园林树木知识。对同一种树木，应在不同季节反复观察，掌握树木在不同季节的形态特征。

（3）要随时随地抓住学习机会

我们日常生活环境中不乏各种园林树木，为我们学习风景园林树木学知识提供了便利条件，平时不论在校园里散步或在公园中游玩均是学习风景园林树木学的好机会。当地的老师、专家和风景园林工作者对当地的树木最熟悉、最了解，是我们学习或工作中不可缺少的良师益友，应虚心向他们请教、学习，可收事半功倍之效。

0.3　学习风景园林树木学的目的

园林专业是高度综合的专业，既培养园林植物产业方面的人才，又培养园林设计施工养护等的人才，风景园林树木学正是承前启后的专业基础课，所以本课程在该专业中属于重要的核心课程。通过本课程的学习，掌握园林树木的形态特征、系统分类，了解其地理分布、生物学特性及生态习性，最后达到能科学、合理、艺术地在风景园林中应用树木的目的。要达此目的，就必须有植物分类方面的坚实基础，能正确识别树木种类，并充分了解风景园林树木的生态学和生物学特性，这是合理栽培和配植园林树木的依据。

0.4　中国的风景园林树木种质资源

中国的风景园林树木种质资源丰富多彩，具有以下 5 个特点。

（1）种类繁多

中国幅员辽阔，地形复杂，气候类型多样，造就了丰富的生物资源。我国有高等植物30000 多种，仅次于巴西（>50000 种）、马来西亚（>40000 种）居世界第 3 位。

据统计，原产中国的木本植物在 8000 种以上，其中乔木 2000 种左右、灌木及藤本6000 种左右，这些木本植物资源是发掘园林树种的宝库，其中有些种类已经在城市绿化中广为应用，如银杏、香樟、鹅掌楸、桂花、玉兰等，但尚有大量有潜力的园林树种仍处于野生状态，有待于用科学手段去发掘利用。如裸子植物树种，全世界有 15 科 80 多属约 800种，而中国原产的就有 10 科 33 属约 185 种，分别占世界总数的 83.3%、46.5% 和 23.1%。杜鹃花属共有约 800 种，其中 85% 以上产于中国；山茶属植物共约 250 种，其中 90% 以上产于中国。

中国丰富多彩的风景园林树木种质资源为世界园林园艺做出了重要贡献。如在英国丘园(Royal Botanic Garden, Kew) 中，就引种驯化了中国的耐寒乔灌木及松杉类 1377 种，占该园引自全球的 4113 种树木的 33.5%。爱丁堡植物园中的杜鹃花属和木兰属多引种于中国，就连英国人自己也承认，没有中国的杜鹃，就不成为英国的园林。世界花卉博览会上英国人说："我们受惠中国的园林植物太多了，现在是我们报答的时候了。英国园子都是用中国植物建造的。"在彼得格勒和乌克兰，约有 10% 的乔灌木原产中国。此外，意大利、法国、德国、日本等国也都引种栽培了大量的中国园林树种。因此，中国不愧是真正意义上的"世界园林之母"。

西南地区植物资源异常丰富，仅云南省就有木本植物5300余种，四川约4000种，分别位于第1位、第2位；贵州分布最少，约2518种，居第5位，由此看来，将西南地区称之为园林树木的分布中心是当之无愧的。

（2）特有的科、属、种众多

由于中国地形地貌复杂多样，气候带变化明显，且在地质历史演变中形成了许多特殊的植物生境，使得中国有很多特有的科、属、种分布。如特有的科有银杏科、昆栏树科、杜仲科、珙桐科、伯乐树科等；特有的木本属特别多，如金钱松属、水杉属、水松属、福建柏属、白豆杉属、穗花杉属、牛筋木属、棣棠属、金钱槭属、结香属、山桐子属等，其中不少已有栽培。据统计中国特有属有321个，占全国总属数的6.3%，位居世界第5位（南非29%、好望角21%、夏威夷12%、新西兰10%），其中单型属多达204个，如杜仲属、青檀属、珙桐属、喜树属、文冠果属、青钱柳属等。在特有属中，云南省就分布50多个属。

至于中国特有树种就更加丰富多彩，如玫瑰、大花香水月季、华东山茶、云南山茶、马缨花杜鹃、菊花、桂花、水杉、银杏、水松、圆柏、云南红豆杉等。

（3）遗传多样性丰富，观赏性独特

生态环境的巨大差异，使得风景园林树木在长期的演化过程中会产生变异，形成了丰富的遗传多样性，丰富了风景园林树木的观赏性状。如花色方面，梅花的花色有白色、粉色、红色、黄色及绿色等。花期方面，如：桂花的花期一般在秋季，但也有四季开花的资源'四季'桂；樱花类的开花期，从每年的10下旬开花的冬樱花，到翌年的4月间均有开花的类型，花色也是从白色、粉色、红色等都有。叶色方面，除绿色外，更有丰富多彩的变化，如变叶木的叶色有白色、红色、深红色、紫色、金黄等不同颜色，且不同色彩的叶片上点缀着有千变万化的斑点和斑纹。变叶木的叶形也多变，最常见的是阔叶型，叶片和橡皮树很相像，叶形宽大，叶色黄绿相间，色彩斑斓。此外，树形、枝形、香味等方面，也各有奇特和奇香的类型。中国园林树木这些奇特而多样的观赏特性，为营造丰富多彩的园林景观奠定了良好的基础。

（4）分布集中

中国是许多风景园林树木科、属的世界分布中心，其中有些科、属又在国内一定的区域内集中分布，尤其以西南山区（云南、四川、西藏、贵州）为中国分布中心，如三尖杉属、油杉属、含笑属、蜡梅属、蜡瓣花属、山茶属、杜鹃花属、溲疏属、绣线菊属、石楠属、花楸属、海棠属、李属、椴树属、槭树属、四照花属、猕猴桃属、南蛇藤属、泡桐属、丁香属、木犀属等的树种，都以中国为其世界分布中心，其中属内树木种数占世界总种数均在60%以上。例如，西南山区是杜鹃花王国，云南分布250种，西藏有177种，四川有144种，贵州有80种；广东、广西则是木兰科树种的现代分布中心。

（5）外来树种日渐增多

为丰富我国园林植物景观，不少国外树种相继被引进我国风景园林中，尤其是改革开放以来，引进的风景园林树木种类更加丰富多彩。如广玉兰、南洋杉、银桦、蓝花楹、加那利海枣、华盛顿棕、金叶女贞、金森女贞、美国红栌、金叶皂荚、金叶接骨木、挪威槭、欧洲花楸、澳洲瓶子树等。尤其是棕榈科树种，从国外引种了200多个种（品种）。这些树种资源的引进，大大丰富了中国风景园林树种资源，为植物造景提供了更加丰富多彩的材料。

0.5　中国风景园林树木资源开发利用现状

中国虽然具有丰富的树种资源，但目前风景园林中应用的树种还很少，每个城市应用的种类一般在 200～400 种之间，其中还包括部分外来树种，已用的乡土树种只占中国园林树木资源中的极小部分。作为资源丰富的西南地区，树种资源的利用率更低，整个地区已用的风景园林树种约 500 种，每个城市应用的不足 400 种，如昆明市应用的风景园林树种约为 320 种，重庆 306 种，成都 253 种。这与国外一般城市所用树种均在 1000 种以上相比，存在着很大差距。由此看来，中国尚有大量的野生观赏树种还没有被充分开发和利用，生产上只是一味追求培育和引进新的品种，造成了资源的严重浪费。所以，应加大引种驯化野生树种的力度，使众多优良的野生树种进入城市绿地，以满足城市绿化景观多样化的需要。

目前在一些地区野生树种的开发利用过程中，缺少科学的指导，只注重追求经济效益，采用不合适的手段，如：直接采挖野生树苗，尤其是野生大树；在原生地大量采集珍稀濒危树种种子等，这使得风景园林树种资源遭到很大的破坏和浪费，应加以制止。

复习思考题
1. 阐述中国风景园林树木种质资源的特点。
2. 谈谈如何学好风景园林树木学。
3. 谈谈你的家乡有哪些有观赏价值的树木资源。

第1章 风景园林树木的功能作用

风景园林树木作为城乡绿化的骨干材料，在多个方面发挥着重要功能。除具有保护和改善生态环境等基本功能外，在园林空间艺术表现中还具有明显的景观特色；还具有陶冶情操、文化教育的功能；某些园林树种的种植还能带来一定的经济效益。本章重点介绍风景园林树木的生态功能、空间构筑功能、美化功能和实用功能。

1.1 风景园林树木的生态功能

风景园林树木是城市生态系统的第一生产者，在改善小气候、净化空气和土壤、蓄水防洪以及维护生态平衡、改善生态环境中起着主导和不可替代的作用，建设"生态园林"的观点也正是基于此。在建设"生态园林"的时代背景下，风景园林树木的生态功能成为最具价值的功能，应予以充分重视。

1.1.1 改善城市小气候

(1) 调节气温

树木有浓密的树冠，其叶面积一般是树冠面积的20倍。太阳光辐射到树冠时，有20%～25%的热量被反射回天空，35%被树冠吸收，加上树木蒸腾作用所消耗的热量，树木可有效降低空气温度。据测定，有树荫的地方比没有树荫的地方一般要低3～5℃；在冬季，一般在林内比对照地点温度提高1℃左右。

垂直绿化对于降低墙面温度的作用也很明显。据试验测定，爬满爬山虎的外墙面与没有绿化的外墙面相比表面温度平均相差5℃左右。另据测定，在房屋东墙上爬满爬山虎，可使墙壁温度降低4.5℃。

(2) 增加空气湿度

据测定，$1hm^2$阔叶林一般比同面积裸地蒸发的水量高20倍；每公顷油松林一天的蒸腾量为$(4.36～5.02)×10^4kg$。宽10.5m的乔木林带，可使近600m范围内的空气湿度显著增加。据北京市测定，平均每公顷绿地日平均蒸腾水量为$1.82×10^5kg$，北京市建成区绿地日平均蒸腾水量$3.42×10^9kg$。南京多以悬铃木作为行道树，在夏季对北京东路与北京西路相对湿度做了比较，因北京西路上行道树完全郁闭，其相对湿度最大差值可达20%以上。

(3) 控制强光与反光

应用栽植树木的方式，可遮挡或柔化直射光或反射光。树木控制强光与反光的效果，取决于其体积与密度。单数叶片的日射量，随着叶质不同而异，一般在10%～30%。若多数叶片重叠，则透过的日射量更少。

(4) 防风

乔木或灌木可以通过阻碍、引导、偏射与渗透等方式控制风速，亦因树木体积、树型、叶密度与滞留度以及树木栽植地点，而影响控制风速的效应。群植树木可形成防风带，其大小因树高与渗透度而异。一般而言，防风树木带的高度与宽度比为1：11.5时及防风树木带密度在50%～60%时防风效力最佳。

1.1.2 净化空气

(1) 维持空气中二氧化碳和氧气的平衡

树木在进行光合作用时，大量吸收二氧化碳，放出氧气，是氧气的天然加工厂。通常情况下，大气中的二氧化碳含量约为 0.032%，但在城市环境中，有时高达 0.05%～0.07%。绿色树木每积累 1000kg 干物质，要从大气中吸收 1800kg 二氧化碳，放出 1300kg 氧气，对维持城市环境中的氧气和二氧化碳的平衡有着重要作用。计算表明，一株叶片总面积为 1600m^2 的山毛榉可吸收二氧化碳约 2352g/h、释放氧气 1712g/h。

(2) 吸收有害气体

城市环境尤其是工矿区空气中的污染物很多，最主要的有二氧化硫、酸雾、氯气、氟化氢、苯、酚、氨及铅汞蒸汽等，这些气体虽然对树木生长是有害的，但在一定浓度下，有许多树木对它们亦具有吸收能力和净化作用。在上述有害气体中，以二氧化硫的数量最多、分布最广、危害最大。绿色树木的叶片表面吸收二氧化硫的能力最强，在处于二氧化硫污染的环境里，有的树木叶片内吸收积聚的硫含量可高达正常含量的 5～10 倍，随着树木叶片衰老和凋落、新叶产生，树木体又可恢复吸收能力。夹竹桃、广玉兰、龙柏、罗汉松、银杏、臭椿、垂柳、悬铃木等树木吸收二氧化硫的能力较强。

据测定，每公顷干叶量为 2.5t 的刺槐林，可吸收氯 42kg，构树、合欢、紫荆等也有较强的吸氯能力。生长在有氨气环境中的树木，能直接吸收空气中的氨作为自身营养（可满足自身需要量的 10%～20%）；很多树木如大叶黄杨、女贞、悬铃木、石榴、白榆等可在铅、汞等重金属存在的环境中正常生长；樟树、悬铃木、刺槐、海桐等有较强的吸收臭氧的能力；女贞、泡桐、刺槐、大叶黄杨等有较强的吸氟能力，其中女贞吸氟能力比一般树木高100 倍以上。

(3) 吸滞粉尘

空气中的大量尘埃既危害人们的身体健康，也对精密仪器的产品质量有明显影响。树木的枝叶茂密，可以大大降低风速，从而使大尘埃下降。不少树木的躯干、枝叶外表粗糙，在小枝、叶子处生长着绒毛，叶缘锯齿和叶脉凹凸处及一些树木分泌的黏液，都能对空气中的小尘埃有很好的黏附作用。粘满灰尘的叶片经雨水冲刷，又可恢复吸滞灰尘的能力。

据观测，有绿化林带阻挡的地段，比无树木的空旷地降尘量少 23.4%～51.7%，飘尘少 37%～60%，铺草坪的运动场比裸地运动场上空的灰尘少 2/3～5/6。树木的滞尘能力与树冠高低、总叶面积、叶片大小、着生角度、表面粗糙程度等因素有关。刺楸、白榆、朴树、重阳木、刺槐、臭椿、悬铃木、女贞、泡桐等树种的防尘效果较好。

(4) 杀灭细菌

空气中有许多致病的细菌。绿色树木如樟树、黄连木、松树、白榆、侧柏等能分泌挥发性的树木杀菌素，可杀死空气中的细菌。松树所挥发的杀菌素对肺结核病人有良好的作用，圆柏林分泌出的杀菌素可杀死白喉、肺结核、痢疾等病原体。

杀菌能力强的树木有油松、桑树、核桃等；较强的有白皮松、侧柏、圆柏、洒金柏、栾树、国槐、杜仲、泡桐、悬铃木、臭椿、碧桃、紫叶李、金银木、珍珠梅、紫穗槐、紫丁香、美人蕉；中等的有华山松、构树、银杏、绒毛白蜡、元宝枫、海州常山、紫薇、木槿、鸢尾、地肤；较弱的有洋白蜡、毛白杨、玉兰、玫瑰、太平花、樱花、野蔷薇、迎春。

此外，绿色树木能够阻隔吸收部分放射性物质及射线。例如，空气中含有 1Ci/m^3（1Ci

为 3.71010Bq）以上碘时，在中等风速情况下，1kg 叶片在 1h 内可吸附阻滞 1Ci 的放射性
碘。其中 1/3 进入叶片组织，2/3 吸附在叶子表面。不同树木吸收阻滞放射性物质的能力也
不同，常绿阔叶树比常绿针叶树净化能力高得多。

1.1.3　净化土壤和水质

城市和郊区的水及土壤常受到工厂废水及居民生活污水的污染而影响环境卫生和人们的
身体健康。绿色树木能够吸收污水及土壤中的硫化物、氰、磷酸盐、有机氯、悬浮物及许多
有机化合物，可以减少污水中的细菌含量，起到净化污水及土壤的作用。绿色树木体内有许
多酶的催化剂，有解毒能力。有机污染物渗入树木体后，可被酶改变而毒性减轻。

含氨的污水流过 30～40m 宽的林带后，氨的含量可降低 1/2～2/3，通过 30～40m 宽的
林带后，水中所含的细菌量比不经过林带的减少 1/2。许多水生树木和沼生树木对净化城市
污水有明显的作用。在实验水池中种植芦苇后，水中的悬浮物可减少 30%、氯化物减少
90%、有机氯减少 60%、磷酸盐减少 20%、氨减少 66%、总硬度减少 33%。水葱可吸收污
水池中有机化合物，凤眼莲能从污水里吸取汞、银、金、铅等金属物质，并有降低镉、酚、
铬等有机化合物的能力。

1.1.4　降低噪声

城市的噪声污染已成为一大公害，是城市应解决的问题。树木对于一些特定频率的声音
的影响比其他物体更有效，如乔木能通过控制额外的低音来降低噪声的影响。声波的振动可
以被树的枝叶、嫩枝所吸收，尤其是那些有许多又厚又新鲜叶子的树木。长着细叶柄，具有
较大的弹性和振动程度的树木，可以反射声音。在阻隔噪声方面，树木的存在可使噪声减
弱，其噪声控制效果受树木高度、种类、种植密度、音源、听者相对位置的影响。大体而
言，常绿树较落叶树效果为佳，若与地形、软质建材、硬面材料配合，会得到良好的隔音效
果。一般来说，噪声通过林带后比空地上同距离的自然衰减量多 10～15dB。据南京环境保
护办公室测定：噪声通过 18m 宽、由两行圆柏及一行雪松构成的林带后减少 16dB；而通过
36m 宽同类林带后，则减少 30dB。

1.1.5　保持水土

树木和草地对保持水土有非常显著的功能。当自然降雨时，约有 15%～40% 的水量被
树冠截留或蒸发，5%～10% 的水量被地表蒸发，地表的径流量仅占 0～1%。即 50%～80%
的水量被林地上一层厚而松的枯枝落叶所吸收，然后逐步渗入到土壤中，变成地下径流，因
此，树木具有涵养水源、保持水土的作用。坡地上铺草能有效防止土壤被冲刷流失，这是由
于树木的根系形成纤维网络，从而加固土壤。

1.2　风景园林树木的空间构筑功能

树木以其特有的点、线、面、形体以及个体和群体组合，形成有生命活力的、呈现时空变
化性的复杂动态空间，这种空间具有的不同特性都会令人产生不同的视觉感受和心理感觉，这
正是人们利用树木形成空间的目的。在进行室外景观设计时，树木的空间构筑功能是应该优先
考虑的，树木不仅可以限制空间、控制室外空间的私密性，还能构建空间序列和视线序列。

树木营建户外空间时，由于树木的性质迥异于建筑物及其他人造物，所以界定出的空间个性，也异于建筑物所界定的空间。树木在构建空间过程中会呈现出因自身生长变化，形成不同于其他人造物的软质性空间；因枝叶疏密程度不同，形成声音、光线及气流与相邻空间的相互渗透性空间；因常绿、落叶树木的生理特征，形成随季节更替的变化性空间；因不同树木所特有的文化象征性，形成丰富多样的文化性空间。

因此，进行树木景观设计时，可充分发挥树木空间的特点，创造多样有机的柔性空间，丰富室外空间的构成类型，加强外部空间的亲和性。

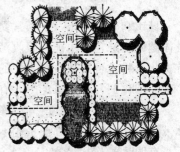

图 1-1　树木以建筑方式构成
和连接空间序列

（图片引自：诺曼 K·布恩.
风景园林设计要素.
北京：中国林业出版社，2006）

1.2.1　利用树木营造空间序列

树木如同建筑中的门、墙、窗，合理的使用和发挥各要素的功能，就能为人们创造一个个"房间"，并引导人们进出和穿越一个个空间。设计师在不变动地形的情况下，利用树木调节空间范围内的所有方面，树木一方面改变空间顶平面的遮盖，另一方面有选择性地引导和阻止空间序列的视线，从而达到"缩地扩基"的效果，形成欲扬先抑的空间序列（图 1-1）。

1.2.2　利用树木强调（弱化）地形变化所形成的空间

对于较小面积且地貌普通的区域，增加种植能使其看起来有不同的空间感。树木与地形相结合可以强调或弱化甚至消除由于地平面上地形的变化所形成的空间。如果将树木植于凸地形或山脊上，便能明显地增加地形凸起部分的高度，随之增强了相邻的凹地或谷地的空间封闭感。与之相反，树木若植于凹地或谷地内的底部或周围斜坡上，它们将弱化最初由地形所形成的空间，削弱地形的变化感受。因此为增强由地形构成的空间效果，最有效的办法就是将树木种植于地形顶端、山脊和高地，与此同时让低洼地区更加透空，最好不要种中、高型乔木或少量种植小灌木及地被植物（图 1-2）。

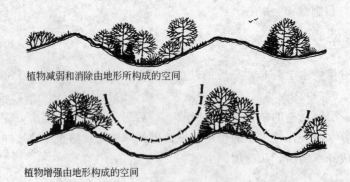

植物减弱和消除由地形所构成的空间

植物增强由地形构成的空间

图 1-2　树木与地形结合构成的空间示例
（图片引自：诺曼 K·布恩. 风景园林设计要素. 北京：中国林业出版社，2006）

1.2.3　利用树木分割空间

城市环境中，如果只有由人工构筑物形成的空间场所，无疑会显得呆板、冷酷、单调、缺乏生气，因此，树木的出现能改变空间构成，完善、柔化、丰富这些空间的范围、布局及空间感受。如建筑物所围合的大空间，经过树木材料的分割，形成许多小空间，从而在硬质的主空间中，分割出了一系列亲切的、富有生命的次空间（图1-3）。乡村风景中的树木，同样有类似的功能，林缘、小林地、灌木树篱等，通过围合、连接几种方式，将乡村分割成一系列的空间。

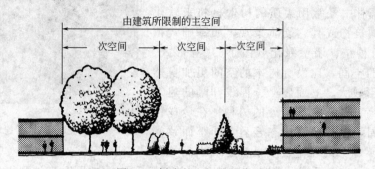

图 1-3　树木的空间分割作用

（图片引自：诺曼 K·布恩. 风景园林设计要素. 北京：中国林业出版社，2006）

1.3　风景园林树木的美化功能

风景园林树木是一种有生命的景观材料，能使环境充满生机和美感，其美学观赏功能主要包括以下几方面。

1.3.1　创造主景

树木作为营造园林景观的重要材料，本身具有独特的姿态、色彩、风韵之美，不同的树木形态各异，变化万千，既可孤植以展示个体之美，又能按照一定的构图方式造景，表现树木的群体之美，还可以根据各自生态习性，合理安排，巧妙搭配，营造出乔、灌、草组合的群落景观（图1-4）。银杏、毛白杨树干通直，气势轩昂，油松曲虬苍劲，铅笔柏则亭亭玉立，这些树木孤立栽培，即可构成园林主景。而秋季变色树种如枫香、乌桕、黄栌、火炬树、银杏等大片种植可以形成"霜叶红于二月花"的景观。许多观果树种如海棠、柿子、山楂、火棘、石榴等的累累硕果可表现出一派丰收的景象。

树木还由于其富有神秘的气味、美丽的色彩、有触觉的组织而会使观赏者产生浓厚的兴趣。许多园林树木芳香宜人，能使人产生愉悦的感受，如白兰花、桂花、腊梅、丁香、茉莉、栀子、兰花、月季等，在园林景观设计中可以利用各种香花树木进行造景，营

图 1-4　棕榈科树木群落形成主景

造"芳香园"景观，也可单独种植于人们经常活动的场所，如在盛夏夜晚纳凉场所附近种植茉莉和晚香玉，微风送香，沁人心脾。

色彩缤纷的彩叶灌木更是创造景观的好材料。由于彩叶灌木种类繁多，色彩丰富，植株矮小，园林应用十分普遍，形式也是多种多样，广泛用于各类绿地，以其艳丽的色彩点缀城市环境，创造赏心悦目的自然景观，烘托喜庆气氛，装点人们的生活。

1.3.2 烘托、柔化硬质景观

无论何种形态、质地的树木，都比那些呆板、生硬的建筑物、构筑物和无植被的环境更显得柔和及自然。因此，园林中经常用柔质的树木材料来软化生硬的建筑、构筑物或其它硬质景观，如基础栽植（图1-5）、墙角种植、墙壁绿化（图1-6）等形式。被树木所柔化的空间，比没有树木的空间更加自然和谐。一般体形较大、立而庄严、视线开阔的建筑物附近，选干高枝粗、树冠开展的树种；在玲珑精致的建筑物四周，选栽一些枝态轻盈、叶小而致密的树种。现代园林中的雕塑、喷泉、建筑小品等也

图1-5 基础栽植美化了建筑生硬的轮廓

常用树木做装饰，或用绿篱做背景，通过色彩的对比和空间的围合来加强人们对景点的印象，产生烘托效果（图1-7）。

图1-6 垂直绿化美化了墙面

图1-7 绿篱作为背景衬托雕塑

1.3.3 统一和联系

园林景观中的树木，尤其是同一种树木，能够使得两个无关联的元素在视觉上联系起来，形成统一的效果。如在两栋缺少联系的建筑之间栽植上树木，可使两栋建筑物构成联系，整个景观的完整感得到加强。要想使独立的两个部分（如树木组团、建筑物或者构筑物等）产生视觉上的联系，只要在两者之间加入相同的元素，并且最好呈水平状态延展，比如球形树木或者匍匐生长的树木，从而产生"你中有我，我中有你"的感觉，就可以保证景观的视觉连续性，获得统一的效果。

1.3.4 强调及识别作用

强调作用就是指在户外环境中突出或强调某些特殊的景物。某些树木具有特殊的外形、色彩、质地等格外引人注目，能将观赏者的注意力集中到树木景观上，树木能使空间或景物更加显而易见，更易被认识和辩别。这一点就是树木强调和标示的功能。树木的这一功能是借助它截然不同的大小、形态、色彩或与邻近环绕物不同的质地来完成的，就如种植在一件雕塑作品之后的高大树木。在一些公共场合的出入口、道路交叉点、庭院大门、建筑入口、雕塑小品旁等需要强调、指示的位置合理配置树木，能够引起人们的注意（图1-8）。

图 1-8　入口处的大树起到指示作用　　　　　　　图 1-9　树木的树干形成"画框"

1.3.5　构成框景

树木对可见或不可见景物，以及对展现景观的空间序列，都具有直接的影响。树木以其大量浓密的叶片、有高度感的枝干屏蔽了两旁的景物，为主要景物提供开阔的、无阻拦的视野，从而达到将观赏者的注意力集中到景物上的目的。在这种方式中，树木如同众多的遮挡物，围绕在景物周围，形成一个景框，如同将照片和风景油画装入画框一样（图 1-9）。

1.3.6　表现时序景观

风景园林树木随着季节的变化表现出不同的季相特征，春季繁花似锦，夏季绿树成荫，秋季硕果累累，冬季枝干遒劲。这种盛衰荣枯的生命节律，为我们创造园林四季演变的时序景观提供了条件。根据树木的季相变化，把不同观赏特性的树木搭配种植，使得同一地点在不同时期产生特有景观，给人们不同感受，体会时令的变化。

1.3.7　作为意境创作的素材

中国树木栽培历史悠久，文化灿烂，很多诗、词、歌、赋和民风民俗都留下了歌咏树木的优美篇章，并为各种树木材料赋予了人格化内容，从欣赏树木的形态美升华到欣赏树木的意境美。因此，利用园林树木进行意境的创作是中国传统园林的典型造景风格和宝贵的文化遗产，亟须挖掘整理并发扬光大。

在园林景观创造中可借助树木抒发情怀，寓情于景，情景交融。松苍劲古雅，不畏霜雪严寒的恶劣环境，能在严寒中挺立于高山之巅；梅不畏寒冷，傲雪怒放；竹则"未曾出土先有节，纵凌云处也虚心"。三种树木都具有坚贞不屈、高风亮节的品格，所以被称作"岁寒三友"。其造景形式，意境高雅而鲜明。

1.4　风景园林树木的其它功能

1.4.1　组织交通和安全防护

在人行道、车行道、高速公路和停车场种植树木时，树木能有助于调节交通。例如：种植带刺的多茎树木是引导步行方向的极好方式。用树木影响车辆交通，依赖于选择的树木种类和车辆速度。高速公路隔离带的树木能将夜晚车灯的亮度减到最小，降低灯光的反射。停车场种植树木也能降低热量的反射。从心理角度讲，行道树增添了道路景观，同时又为行人和车辆提供了遮阴的环境。同时，行道树对于减小交通事故危害具有一定作用。

1.4.2　防灾避难

有些树木枝叶含有大量水分，一旦发生火灾，可阻止、隔离火势蔓延，减小火灾损失。珊瑚树即使叶片全都烤焦，也不发生火焰。防火效果好的树种还有厚皮香、山茶、油茶、罗汉松、蚊母、八角金盘、夹竹桃、石栎、海桐、女贞、冬青、枸骨、大叶黄杨、银杏、栓皮栎、苦楝、栲树、青冈栎、苦木等。

1.4.3　经济价值

风景园林树木具有一定经济价值，可以产生经济效益，其经济价值主要体现在以下两个方面。

① 利用树木景观进行旅游开发　优美的园林树木景观，会吸引人们回到大自然中去享受无穷乐趣，这就可以促进旅游开发，为园林事业提供大量资金。

② 生产树木产品　某些风景园林树木能够生产经济产品，如椰子树生产的果实（椰子）可食用；银杏树生产的叶片和种子（白果）可入药。在不影响园林树木美化和生态防护功能的前提下，可以利用园林树木生产的树木产品创造价值。

在风景园林树木应用中，应当注意树木的生态防护和美化作用是主导的、基本的，园林生产是次要的、派生的，应分清主次，充分发挥树木的作用，要防止片面强调生产而影响园林树木主要功能的发挥。

复习思考题
1. 树木的生态功能主要表现在哪些方面？
2. 树木可以构成哪些类型的空间？
3. 树木的美化功能主要表现在哪些方面？

第2章 风景园林树木的观赏特性

风景园林树木的体量、外形、色彩和质感等是重要的视觉观赏特性，树木的这些观赏特性犹如音乐中的音符以及绘画中的色彩、线条，是情感表现的语言。树木正是通过这些特殊的语言表现出一幅幅美丽动人的景观效果，激发起人们的审美热情。

除此之外，风景园林树木景观美感要素还包括其他要素如芳香、季相变化、意境（文化）、声景及生态美等方面。

2.1 风景园林树木的体量

树木的体量（大小和高矮）是树木造景中最重要、最引人注目的特征之一，如果从远距离观赏，这一特征更为突出。树木的大小成为种植设计的骨架，而树木的其它特性为其提供细节。在一个设计中树木的大小和高度，能使整个布局显示出统一性和多样性；使整个布局丰富多彩，树木的林冠线高低错落有致。除色彩的差异外，树木的大小和高度在视觉上的变化特征更为明显。因此，既定的空间中，树木的大小应成为种植设计中首先考虑的观赏特性，其它特性都要服从树木的大小。乔木的体量较大，成年树高度一般在 6m 以上，最高的达 100多米。灌木和草本树木体量一般较小，其高度从数厘米至数米不等（图 2-1）。在实际应用中应根据需要选择适当体量的树木种类，所选择树木的体量应与周边环境及其它树木协调。

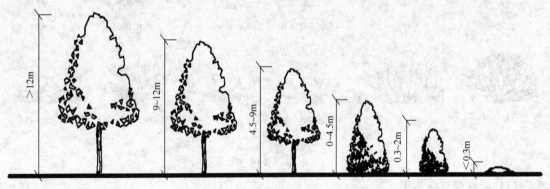

图 2-1 风景园林树木的体量（大小）

2.2 风景园林树木的形态

植物的形态是重要的观赏要素之一，对植物景观的构成起着至关重要的作用，尤其对风景园林树木而言更是如此。不同的树木形态可引起观赏者不同的视觉感受，因而具有不同的景观效果，或优雅细腻富于风致，或粗犷豪放野趣横生。树木形态包括植株整体外貌（树形），也包括叶、花、果等细部形态。树形是指树木生长过程中表现出的大致外部轮廓。它是由一部分主干、主枝、侧枝及叶幕组成。园林树木的种类丰富，形态各异，不同的树木种类有着属于自己的独特姿态。树木的形态特征主要由树种的遗传性而决定，但也受外界环境因子的影响，也可通过修剪等手法来改变其外形。

2.2.1 乔木的整体形态

一般而言，针叶乔木类的树形以尖塔形和圆锥形居多，具有严肃端庄的效果，园林中常用于规则式配置；阔叶乔木的树形以卵圆形、圆球形等居多，多有浑厚朴素的效果，常作自然式配置。乔木树种常见的树形有以下几种（图2-2）。

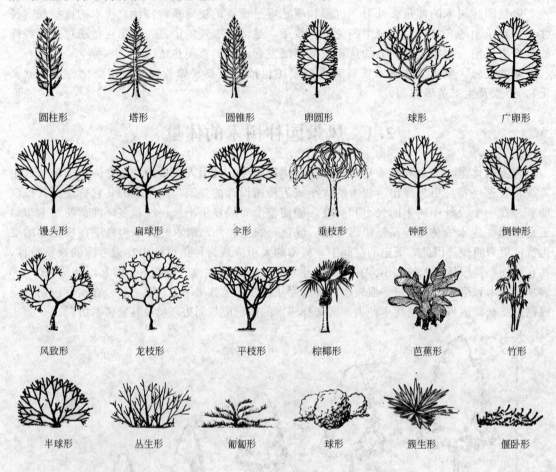

圆柱形	塔形	圆锥形	卵圆形	球形	广卵形
馒头形	扁球形	伞形	垂枝形	钟形	倒钟形
风致形	龙枝形	平枝形	棕榈形	芭蕉形	竹形
半球形	丛生形	匍匐形	球形	簇生形	偃卧形

图 2-2　风景园林树木的形态

(1) 圆柱形或纺锤形

此类树木中央领导干较长，分棱角度小，枝条贴近主干生长，因而树冠狭窄，多有高耸、静谧的效果，尤其以列植时最为明显。纺锤形树木其形态狭长、顶部尖细，圆柱形树木除了顶部是圆的外，其它形状与纺锤形相同。它们通过引导视线向上的方式，突出空间的垂直面，还能为一个树木群落和空间提供一种垂直感和高度感。在设计中应慎重使用这类树木，以免造成过多的视线焦点。

(2) 圆锥形

此类树木主枝向上斜伸，与主干呈 45°～60°角，树冠较丰满，整个形体从底部逐渐往上收缩，外形呈圆锥壮，轮廓非常明显，有严肃、端庄的效果，可以成为视线焦点，尤其是与低矮的圆球形植物配置在一起时，对比之下更为醒目。也可以与尖塔形的建筑或尖耸的山巅相呼应。其次，它也可以协调地用在硬质的、几何形状的传统建筑设计中。若植于小土丘上方，还可加强小地形的高耸感。

（3）尖塔形

此类树木中央领导干明显，主枝平展，与主干几乎呈 90°角。基部主枝最粗长，向上逐渐细短，树冠外形呈尖塔形，具有端庄严肃的效果，其艺术效果及园林用途与圆锥形类似。

（4）圆球形和卵圆形

此类树形的树木较常见，其中央领导干不明显，或在有限高度即分枝。树冠外形呈卵圆形或圆球形，具有朴实、浑厚的效果，给人以亲切感。因其外形圆柔温和，在引导视线方向上即无方向性也无倾向性，因而可以调和其它外形强烈的形体，也可以和其它曲线形的因素相互配合、呼应，并且可以调和外形较强烈的树木类型。与此相类似的树形还有扁球形、倒卵形、钟形和倒钟形等。

（5）伞形和垂枝形

此类树木中央领导干不明显，或在有限高度即分枝。伞形树冠的上部平齐，呈伞状展开，其形态能使设计构图产生一种宽阔感和外延感，会引导视线沿水平方向移动。该类树木多用于从视线的水平方向联系其它树木形态。在构图中这类树木与纺锤形和圆柱形树木形成对比的效果。垂枝形树木具有明显悬垂、下弯的枝条，其有引导人们视线向下的作用。伞形和垂枝形树冠具有柔和优雅的气氛，给人以轻松宁静之感，适植于水边、草地等安静休息区。

（6）棕榈形

自然界中有一类树木形态比较特殊，其主干明显，但不分枝，叶片大型，呈羽状或掌状，集生于主干顶端。该类树木树姿特异，可展现热带风光，具有此类树形的树木主要是棕榈科、苏铁科、大型蕨类植物。

（7）风致形

该类树木形状奇特，姿态百千，通常是在某些特殊环境中已生存多年的老树，其形态大多数都是有自然造成的。如黄山松长年累月受风吹雨打的锤炼形成特殊的扯旗形。这类树木多作为孤植树，放在突出的位置上，构成独特的景观效果。

2.2.2 灌木的整体形态

风景园林中应用的灌木，一般受人为干扰较大，经修剪整形后树形往往发生很大的变化。但总体上，可分为 5 大类。

（1）团簇形（丛生形）

此类树木丛生，树冠团簇状，外形呈圆球形、扁球形或卵球形等，多有朴素、浑实之感，造景中最宜用于树群外缘，或装点草坪、路缘和屋基。

（2）长卵形

此类树木枝条近直立生长而形成的狭窄树形，有时呈长倒卵形或近于柱状。尽管没有明显主干，但该类树形整体上有明显的垂直轴线，具有挺拔向上的生长势，能突出空间垂直感。

（3）偃卧及匍匐形

此类植株的主干和主枝匍匐地面生长，上部的分枝直立或否。适于用做木本地被或植于坡地、岩石园。这类树冠属于水平展开型，具有水平方向生长的习性，其形状能使设计构图产生种广阔感和外延感，引导视线沿水平方向移动。因此，常用于布局中从视线的水平方向联系其他树木形态，并能与平坦的地形、平展的地平线和低矮水平延伸的建筑物相协调。

（4）拱垂形

此类植株枝条细长而拱垂，株形自然优美，多有潇洒之姿，能将人们的视线引向地面，不仅具有随风飘洒、富有画意的姿态，而且下垂的枝条引力向下，构图重心更加稳定还能活跃视线。为能更好地表现该类树木的姿态，一般将其植有地势高差的坡地、水岸边、花台、挡土墙及自然山石旁等处，使下垂的枝条接近人的视平线，或者在草坪上应用构成视线焦点。

(5) 人工造型（雕琢形）

除自然树形外造景中还常对一些萌芽力强、耐修剪的树种进行整形，将树冠修剪成人们所需要的各种人工造型。如修剪成球形、柱状、立方体、梯形、圆锥形等各种几何形体或者修剪成各种动物的形状，用于园林点缀。选用的树种应该是枝叶密集、萌芽力强的种类，否则达不到预期的效果。

虽然对树木的形态做了分类（表 2-1），但并不能概括所有树木的外形，有些形状极难描述。即使同一树种，树形并非永远不变，它随着生长发育过程而呈现出规律性的变化，也会因环境和栽培条件的差异而改变，这需要设计师在平时工作生活中多注意观察。设计者必须了解这些变化的规律，对其变化能有一定的预见性，一般所谓某种树有什么样的树形，均指在正常的生长环境下，其成年树的自然外貌。

表 2-1　园林树木整体形态分类

序号	类　　型	代表树木	观赏效果
1	圆柱形	桧柏、毛白杨、杜松、塔柏、新疆杨、钻天杨等	高耸、静谧，构成垂直向上的线条
2	塔形	雪松、冷杉、日本金松、南洋杉、日本扁柏、辽东冷杉等	庄重、肃穆，宜与尖塔形建筑或山体搭配
3	圆锥形	圆柏、侧柏、北美香柏、柳杉、竹柏、云杉、马尾松、华山松、罗汉柏、广玉兰、厚皮香、金钱松、水杉、落羽杉、鹅掌楸	庄重、肃穆，宜与尖塔形建筑或山体搭配
4	圆球形或卵圆形	球柏、加杨、毛白杨、丁香、五角枫、樟树、苦槠、桂花、榕树、元宝枫、重阳木、梧桐、黄栌、黄连木、无患子、乌桕、枫香	柔和、柔和，无方向感，易于调和
5	馒头形	馒头柳、千头椿	柔和，易于调和
6	扁球形	板栗、青皮槭、榆叶梅等	水平延展
7	伞形	老年的油松、成年的滇朴、合欢、幌伞枫、榉树、鸡爪槭、凤凰木等	水平延展
8	垂枝形	垂柳、龙爪槐、垂榆、垂枝梅等	优雅、平和，将视线引向地面
9	钟形	欧洲山毛榉等	柔和，易于调和，有向上的趋势
10	倒钟形	槐等	柔和，易于调和
11	风致形	特殊环境中的树木如黄山松	奇特、怪异
12	龙枝形	龙爪桑、龙爪柳、龙爪槐等	扭曲、怪异，创造奇异的效果
13	棕榈形	棕榈、椰子、蒲葵、大王椰子、苏铁、桫椤等	雅致，构成热带风光
14	长卵形	西府海棠、木槿等	自然柔和，易于调和
15	丛生形	千头柏、玫瑰、榆叶梅、绣球、棣棠等	自然柔和
16	拱垂形	连翘、黄刺玫、云南黄馨等	自然柔和
17	匍匐形	铺地柏、沙地柏、偃柏、鹿角桧、匍地龙柏、偃松、平枝栒子、匍匐栒子、地锦、迎春、探春、笑靥花、胡枝子等	伸展，用于地面覆盖
18	雕琢形	耐修剪的树木如：黄杨、雀舌黄杨、小叶女贞、大叶黄杨、海桐、金叶假连翘、塔柏等	具有艺术感
19	扇形	旅人蕉	优雅、柔和

2.2.3 风景园林树木的细部形态

树木的花、果、叶、枝干等细部形态也是植物造景中要考虑的构景要素。

(1) 叶的形态

树木叶的形状、大小以及在枝干上的着生方式各不相同。以大小而言，小的如侧柏、柽柳的鳞形叶长 2～3mm，大的如棕榈类的叶片可长达 5～6m 甚至 10m 以上。一般而言，叶片大者粗犷，如泡桐、臭椿、悬铃木，小者细腻可爱，如黄杨、胡枝子、合欢等。

叶片的基本形状主要有：针形、条形、披针形、卵形、圆形、三角形等多种（图 2-3）。而且还有单叶、复叶之别，复叶又有羽状复叶、掌状复叶、三出复叶等类别（图 2-4）。

另有一些叶形奇特的种类，更具有观赏性，如银杏呈扇形、鹅掌楸呈马褂状、琴叶榕呈琴肚形、槲树呈葫芦形、龟背竹形若龟背，其他如构骨冬青、变叶木、龙舌兰、羊蹄甲等亦叶形奇特，而芭蕉、长叶刺葵、苏铁、椰子等大型叶具有热带情调，可展现热带风光。

此外，树木叶片的边缘开裂、叶脉排列方式等也往往表现出独特的美感（图 2-5，图 2-6）。

线性　披针形　矩圆形　椭圆形　卵形　圆形　菱形　楔形　匙形　箭形

扇形　镰刀形　肾形　正三角形　心形　倒披针形　倒卵形　倒心形　唇形　戟形

图 2-3　常见的树木叶片形状

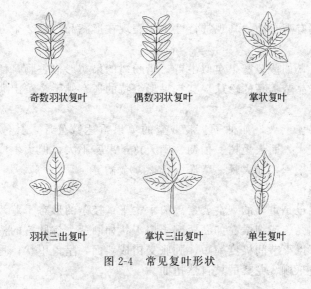

奇数羽状复叶　　偶数羽状复叶　　掌状复叶

羽状三出复叶　　掌状三出复叶　　单生复叶

图 2-4　常见复叶形状

羽状深裂　倒向羽裂

全缘　锯齿　重锯齿　齿状　钝齿状　波状　羽状分裂　羽状全裂　琴状分裂　掌状分裂　掌状深裂

图 2-5　树木叶片边缘开裂方式

直出平行脉　横出平行脉　射出脉　掌状五出脉

掌状三出脉　离基三出脉　羽状脉　射出脉

图 2-6　树木叶片叶脉排列方式

(2) 花形

花的形态美既表现在花朵或花序本身的形状，也表现在花朵在枝条上排列的方式。花朵有各式各样的形状和大小，有些树木的花形特别，更具观赏性。如广玉兰的花形如荷花，又名荷花玉兰，珙桐头状花序上 2 枚白色的大苞片如同白鸽展翅，被誉为"东方鸽子树"；吊灯花花朵下垂，花瓣细裂，蕊柱突出，宛如古典的宫灯；蝴蝶荚蒾花序宽大，周围的大型不孕花似群蝶飞舞，中间的可孕花如同珍珠，故有"蝴蝶戏珠花"之称；红千层的花序则颇似实验室常用的试管刷。

(3) 果形

许多树木果实具有观赏性，其观赏特性主要表现在形态和色彩 2 个方面，果实形态一般以奇、巨、丰为美。

奇是指果形奇特，如菠萝蜜果实似牛胃，腊肠树的果实形似香肠，秤锤树的果实形似秤锤，紫珠的果实宛若晶莹透亮的珍珠。其它果形奇特的还有佛手、黄山栾、杨桃、木通、马兜铃等。

巨是指单果或果穗巨大，如柚子、菠萝蜜的单果重达数公斤，其他如石榴、柿树、苹果、木瓜等均果实较大，而火炬树、葡萄、南天竹虽果实不大，但集生成大果穗。

丰是指全株结果繁密，如火棘、紫珠、花楸、金橘等。

(4) 枝干的形态

树木的枝干往往也是重要的观赏要素。树木主干、枝条的形态千差万别、各具特色，或直立、或弯曲，或刚劲、或细柔。如酒瓶椰子树干状如酒瓶、佛肚树的树干状如佛肚；而龟甲竹竹秆下部或中部以下节间极度缩短、肿胀交错成斜面，呈龟甲状；垂柳、龙爪槐的枝自然下垂；龙爪榆、龙爪柳、龙桑的枝自然扭曲。

(5) 其它部位的形态

榕树的气生根和支柱根、落羽杉和池杉的呼吸根、人面子的板根等均极具观赏性。

2.3 风景园林树木的色彩

色彩是最引人关注的视觉特征，是构图的重要因素。园林树木具有非常丰富的色彩，而且在不同的季节里，色彩呈现出不同的特征。因而，树木色彩是树木造景中最令人关注的景观元素之一，令人赏心悦目的树木，首先是色彩动人。树木的色彩通过它的各个部分呈现出来，如叶、花、果、枝干及芽等。

2.3.1 干皮颜色

当秋叶落尽，深冬季节，枝干的形态、颜色更加醒目，成为冬季主要的观赏景观。多数树木的干皮颜色为灰褐色，当然也有很多树木的干皮表现为紫红色或红褐色、黄色、绿色、白色或灰色、斑驳色等（表2-2）。

表2-2　常见树木干皮颜色

颜　色	代 表 树 木
紫红色或红褐色	红瑞木、青藏悬钩子、紫竹、马尾松、杉木、山桃、中华樱、樱花、稠李、金钱松、柳杉、日本柳杉等
黄色	金竹、黄桦、金镶玉竹、连翘等
绿色	棣棠、竹、梧桐、国槐、迎春、幼龄青杨、河北杨、新疆杨等
白色或灰色	白桦、胡桃、毛白杨、银白杨、朴、山茶、柠檬桉、白桉、粉枝柳、考氏悬钩子、老龄新疆杨、漆树等
斑驳色	黄金镶碧玉、木瓜、白皮松、榔榆、悬铃木等

2.3.2 叶色

在树木的生长周期中，叶片出现的时间最久。叶色与花色及果色一样，是重要的观赏要素。自然界中大多数树木的叶色都为绿色，但绿色在自然界中也有深浅明暗不同的种类，多数常绿树种以及毛白杨、构树等落叶树木的叶色在生长期为深绿色，而水杉、落羽杉、落叶松、金钱松、玉兰等的叶色为浅绿色。即使是同一绿色树木其颜色也会随着树木生长、季节的变化而改变，如垂柳刚发叶时为黄绿，后逐渐变为淡绿，夏秋季为浓绿；春季银杏和乌桕的叶子为绿色，到了秋季银杏叶为黄色，乌桕叶为红色；鸡爪槭叶片在春季先红后绿，到了秋季又变成红色。凡是叶色随着季节变化出现明显改变，或是树木终年具备似花非花的彩叶，这些树木都被统称为色叶树木或彩叶树木。色叶树木往往呈现花朵一样绚丽多彩的叶色，极具感染力。利用园林树木的不同叶色可以表现各种艺术效果，尤其是运用秋色叶树种和春色叶树种可以充分表现园林的季相美。色叶树木包括：

(1) 常色叶树木（全年彩叶树木）

常色叶树木是指整个生长期内叶片一直为彩色。叶色季相变化不明显，色彩稳定、长久。如紫叶矮樱、紫叶女贞、红花檵木等。

(2) 季相彩色叶树木

此类树木叶片随着季节的变化而呈现不同的色彩。该类树木种类繁多、色彩斑斓。按照季相特征分为春色叶、秋色叶、冬色叶及春秋两季色叶等类型。

① 春色叶树木　主要呈现红色叶色。有五角枫、红枫、红叶石楠等。

② 秋色叶树木　叶片色彩主要有红、黄两大类别。叶片金黄色的树种有金钱松、银杏、杨树等。秋叶红艳的树种有枫香、重阳木、丝绵木等。秋叶颜色由黄色转为红色的有水杉、池杉、落羽杉等。

（3）斑彩色叶树木

此类树木叶片色彩斑斓、绚丽多姿，有彩边、彩心、花斑、彩脉等，五光十色。如金叶千头柏、日本花柏、斑叶黄杨等都是优良的绿化材料。金边六月雪、变叶木、红桑等是极好的室内观赏树种。

2.3.3　花色

花色是树木观赏中最为重要的一部分，在树木诸多审美要素中，花色给人的美感最直接、最强烈。要掌握好树木的花色就应该明确树木的花期，同时以色彩理论作为基础，合理搭配花色和花期。正如刘禹锡诗中所述："桃红李白皆夸好，须得垂杨相发挥。"需要注意的是，自然界中某些树木的花色并不是一成不变的，有些树木的花色会随着时间的变化而改变。比如金银花一般都是一蒂双花，刚开花时花色为象牙白色，两三天后变为金黄色，这样新旧相参，黄白互映，所以得名金银花。杏花在含苞待放时是红色，开放后却渐渐变淡，最后几乎变为白色。世界上著名的观赏花卉王莲，傍晚时刚出水的蓓蕾为洁白的花朵，第二天清晨，花瓣又闭合起来，待到黄昏花儿再度怒放时，花色变成了淡红色，后又逐渐变成深红色。在变色花中最奇妙的要数木芙蓉，一般的木芙蓉，刚开放的花朵为白色或淡红色，后来渐渐变成深红色，三醉木芙蓉的花可一日三变，清晨刚绽放时是白色，中午变成淡红色，而到了傍晚又变成深红色。

另外有些树木的花色会随着环境的改变而改变，比如八仙花的花色是随着土壤 pH 值的变化而有所变化的，生长在酸性土壤中的花为粉红色，生长在碱性土壤中的花为蓝色，所以八仙花不仅可以用于观赏，而且可以指示土壤的 pH 值。

自然界中树木的花色多种多样，除了红色、白色、黄色、蓝紫色等单色外，还有很多树木的花具有两种甚至多种颜色；而经人类培育的不少栽培品种的花色变化更为丰富。从花期来看，四季均有开花的种类。常见观花树木（表 2-3）。

表 2-3　常见观花树木

花　　色	代　表　树　木
白花系列	梨、郁李、白碧桃、深山含笑、火棘、海桐、茉莉、白玉兰、山玉兰、刺槐、麻叶绣线菊、毛白杜鹃、云南含笑、木香
红花系列	木棉、红花檵木、紫荆、贴梗海棠、垂丝海棠、云南樱、西府海棠、冬樱花、红碧桃、丰花月季、映山红
黄花系列	结香、双荚决明、阔叶十大功劳、棣棠、迎春、云南黄馨、黄刺玫、金花茶、腊梅、黄槐
蓝、紫花系列	蓝花楹、泡桐、紫藤、常春油麻藤

2.3.4　果实的颜色

"一年好景君须记，正是橙黄橘绿时"，自古以来，观果树木在园林中就有运用，比如苏州拙政园的"待霜亭"，亭名取自唐朝诗人韦应物"洞庭须待满林霜"的诗意，因洞庭产橘，待霜降后方红，此处原种植洞庭橘十余株，故此得名。很多树木果实的色彩鲜艳，甚至经冬不落，在百物凋落的冬季也是一道难得的风景。就果色而言，一般以红紫为贵，以黄次之。

常见的观果树种中，不同色系的观果树木（表 2-4）。

表 2-4　常见观果树木果实颜色

果实颜色	代表树木
紫蓝色/黑色	越橘、紫叶李、紫珠、葡萄、十大功劳、八角金盘、海州常山、灯台树、稠李、小叶朴、金银花、君迁子等
红色/橘红色	平枝枸子、冬青、小果冬青、南天竺、卫矛、山楂、海棠、构骨、枸杞、石楠、火棘、铁冬青、九里香、石榴、欧洲荚蒾、花椒、欧洲花楸、樱桃等
白色	红瑞木
黄色/橙色	木瓜、柿、柑橘、乳茄、金橘等

2.4　风景园林树木的质感

树木存在着多种多样的质感，树木的质感分为细致、普通与粗糙。所谓树木的质感，又称质地，是指单株或群体树木直观的粗糙感和光滑感。不同的树种、不同的结构都会带给人以不同的质感感受。例如：有的树木树干质感光滑，而有的则非常粗糙；一些叶子大、厚、多毛的树冠显得粗糙厚重，而叶子小、薄、光洁的树冠则显得细腻轻盈；色彩素淡明亮、枝叶稀疏的树冠易产生轻柔的质感，而色彩浓重灰暗、枝叶茂密的树冠则易产生厚重的质感等（表 2-5）。

表 2-5　常见树木树冠的质感

质感类型	代表树木
粗糙	枇杷、木槿、梓树、梧桐、悬铃木、泡桐、广玉兰、印度橡皮树、构树、五叶地锦等
中等	香樟、小叶榕、丁香、大戟属等
细腻	萼距花、小叶女贞、合欢、小叶黄杨、锦熟黄杨、瓜子黄杨、大部分绣线菊属、柳属、大多数针叶树种等

质地除随距离而变化外，落叶树木的质地也随季相的变化而不同。树木的质地会影响许多其它设计因素，其中包括布局的协调性和多样性、视距感以及设计的色调、观赏情趣和气氛。

2.5　风景园林树木的芳香

人们对于树木景观的要求不仅仅满足于视觉上的美丽，而是追求一种具有视听嗅等全方位的美感。许多园林树木具有香味，由此产生的嗅觉感知更具独特的审美效应。有些则能分泌芳香物质如柠檬油、肉桂油等，具有杀菌驱蚊之功效。所以，熟悉和了解园林树木的芳香种类，配植成月月芬芳满园、处处馥郁香甜的香花园是树木造景的重要手段。常见的芳香园林树木有（表 2-6）。

表 2-6　常见芳香树木

分类名称	代表树种
香叶	侧柏、美洲香柏、香冠柏、互叶白千层等
香花	茉莉花、栀子花、米兰、玫瑰、芍药、含笑、玉兰、梅花、桂花、大纽子花
香果	桃、杏、梨、李、苹果、葡萄、芒果

运用芳香树木应该注意：有些芳香树木对人体是有害的，比如夹竹桃的茎、叶、花都有毒，其气味如闻得太久，会使人昏昏欲睡，智力下降；夜来香在夜间停止光合作用后会排出大量废气，这种废气闻起来很香，但对人体健康不利，如果长期把它放在室内，会引起头昏、咳嗽，甚至气喘、失眠；百合花所散发的香味如闻之过久，会使人的中枢神经过度兴奋而引起失眠；松柏类的树木所散出来的芳香气味对人体的肠胃有刺激作用，如闻之过久，不仅影响人的食欲，而且会使孕妇烦躁恶心、头晕目眩；月季花所散发的浓郁香味，初觉芳香可人，时间一长会使人一些人产生郁闷不适、呼吸困难。可见，芳香树木也并非全都有益，设计师应该在准备掌握树木生理特性的基础上加以合理的利用。

2.6　风景园林树木的声景美

听觉也是树木审美的一个方面，园林树木景观的意境美，不仅能使人从视觉上获得诗情画意，而且还能从听觉等感官方面来得到充分的表达。如苏州拙政园的"听雨轩"、"留听阁"借芭蕉、残荷在风吹雨打的条件下所产生的声响效果而给人以艺术感受；承德避暑山庄中的"万壑松风"景点，也是借风掠松林发出的瑟瑟涛声而感染人的。

树木的声音来自于叶片，在风、雨、雪的作用下发出声音，比如响叶杨因其在风的吹动下发出清脆的声响而得名。针叶树种最易发声，当风吹过树林，便会听到阵阵涛声，有时如万马奔腾，有时似潺潺流水，所以会有"松涛"、"万壑松风"等景点题名。还有一些叶片较大的树木也会产生声响效果，如拙政园的留听阁，因唐代诗人李商隐《宿骆氏亭寄怀崔雍崔衮》诗"秋阴不散霜飞晚，留得枯荷听雨声"而得名，这对荷叶产生的音响效果进行了形象的描述。再如"雨打芭蕉，清声悠远"，唐代诗人白居易的"隔窗知夜雨，芭蕉先有声"最合此时的情景，就在雨打芭蕉的淅沥声里飘逸出浓浓的古典情怀。

2.7　风景园林树木的生态美

树木为昆虫、鸟类等动物提供了生存的空间，而这些动物又使得树木景观更富情趣，营造出鸟语花香的境界。正所谓"蝉噪林逾静，鸟鸣山更幽"。要想创造出这种效果就不能单纯地研究树木的生态习性，还应了解树木与动物、昆虫之间的关系，利用合理的树木配置为动物、昆虫营造一个适宜的生存空间。比如在进行树木配置时设计师可以选择蜜源树木或结果树木，如矮紫杉、罗汉松、香榧、龟甲冬青、香樟、杨梅、女贞、厚皮香、荚蒾、桃叶珊瑚、十大功劳、火棘、黄杨、海桐、八角金盘等，借此吸引鸟类或者蝴蝶、蜜蜂，形成鸟语花香的优美景致。

2.8　风景园林树木的季相美

树木在一年四季的生长过程中，叶、花、果的形状和色彩随季节的更替而变化，这就是树木的季相。树木的季相演变及其独特的形态、色彩、意境之美使其成为唯一具有生命特征的园林要素，它能使园林空间体现出生命的活力，富于四时的变化，让人充分地感知四季的更替及树木的时序之美，因而成为园林的灵魂。利用树木的花开花落、四时季相的不同来模仿四季的交替规律，是中国古典园林中的造景手法之一，同时也是现代城市绿地树木造景的重要方法。

2.9 风景园林树木的人文内涵

风景园林树木在某种程度上是一种文化的载体。长久以来，人们运用树木的姿态、色彩给人的不同感受而产生的比拟、联想，赋予树木特定的思想感情或借树木表达某一意境，使树木具有深层次的文化内涵，为树木造景提供文化依据。各种树木由于生长环境和抗御外界环境变化的能力不同，在人们的观念中留下了它们各自不同的性格特征。如松刚强、高洁，梅坚挺、孤高，竹刚直、清高，菊傲雪凌霜，兰超尘绝俗，荷清白无染。杭州的西泠印社，以松、竹、梅为主题，比拟文人雅士清高、孤洁的性格。利用树木的文化内涵进行造景，更能提升园林景观的品味。

复习思考题

1. 简述风景园林树木的类型及各类树木在造景设计中的应用特点。
2. 阐述校园里 10 种常见树种的主要观赏特点。
3. 风景园林树木的文化美包括哪些方面？

第3章　风景园林树种的地理分布及区划

3.1　树木的垂直分布与水平分布

3.1.1　影响树木分布的因素

不同树木有着各自不同的生态习性，要求有特定的生长环境。自然界中的生态因子因自然地理环境的差异而不同，因而每个树种都有一定的地理分布范围。如雪松的自然分布地在喜马拉雅山西部，广玉兰的自然分布地在北美等。树种分布区受气候、土壤、地形、生物、地质史变迁及人类活动等因素的综合影响，它反映了树种的历史、散布能力及对各种生态因子的要求和环境的适应能力。

树种的地理分布主要决定于温度因子和水分因子，同时还受到土壤、地形等因子的影响。此外，地质史的变迁及人类生产活动的影响亦是相当重要的。如银杏、水杉等古老的孑遗树种在第四纪冰川后能在我国得以繁衍至今，就得益于得天独厚的地形地势。又如人们可以通过引种驯化有目的扩大一些优良树种的分布区。水杉在 20 世纪 40 年代被发现时，仅在湖北省利川县有少量野生树种，短短几十年现已广泛种植于全国 20 多个省、市、自治区和世界许多国家。再如，刺槐原产于北美，在 20 世纪初引入我国青岛，现在我国辽宁省铁岭以南已形成广大的栽培分布区。

由于温度和水分因子是决定树种分布的主要因子，因此其自然分布亦是有规律可循的。在地球表面，热量随纬度而变化，水分随距海洋远近及大气环流和洋流特点而变化。水热结合，导致气候、土壤及植被等的地理分布一方面从赤道向极地沿纬度方向成带状发生有规律

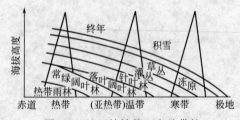

图 3-1　地区植被的三向地带性

的更替，称纬度地带性；另一方面，从沿海向内陆沿经度方向成带状发生有规律的更替，称经度地带性。此外，随着海拔高度的增加，气候、土壤、植被也发生相应的有规律的变化，即为垂直地带性。纬度地带性、经度地带性和垂直地带性三者结合，决定了一个地区植被的基本特点，称为三向地带性（图 3-1）。

在同样的气候条件下，由于地质构造，地表组成的物质、地貌、水文、盐分及其他生态因素的非地带性差异，往往出现一系列与该地带大气候的地带性植被不同的植被，即非地带性植被。例如：沙漠中的绿洲，森林中的沼泽地等。不同的植被类型分布着不同树种。

3.1.2　垂直分布

垂直分布是指山地随着海拔高度的上升，更替着不同的植被带。随着海拔的不断上升，则温度渐低（每升高海拔 100m，年平均温度约下降 0.5℃）、湿度渐高。因此，树木的分布也有着相应的变化，垂直分布的模式为从热带雨林经阔叶常绿树带、阔叶落叶树带、针叶树带、灌木带、高山草原带、高山冻原带直至雪线。一个有足够高度的山，从山麓到山顶更替着的植被带系列类似于该山区所在水平地带到北极的水平植被。一般而言，除了热带且具有高山的地区外，极难见到全部各带的垂直分布状况，普通只见到少数的几带。我国西南山地海拔高差悬殊，植物的垂直带谱丰富（图 3-2）。

3.1.3 水平分布

树种在地球表面依纬度从南到北、依经度从东到西的变化，而呈现出规律的分布称为水平分布。树种的水平分布主要是受纬度、经度的气候带的影响。此外，地形及土壤因子亦起一定的作用。气候带的基本状况是自赤道向两极，热量随纬度的加大而渐减，并依经线的方向距海愈远，则由海洋性气候逐渐变为大陆性气候。树种就受这种变化的影响而形成自然的水平分布带。从赤道至两极，由于太阳相对位置的不同，所接受的热量也不一样。根据热量状况，通常把地球划分为热带、温带和寒带三

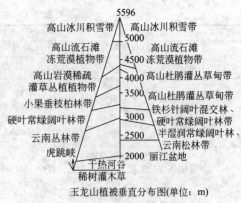

图 3-2　植物的垂直带谱示意图

个基本气候带，也有分为热带、亚热带、暖温带、温带、亚寒带（寒温带）和寒带 6 带者，或分为 7 带。从海洋到内陆，依水分状况的不同而分为湿润区、半湿润区及干旱区，也有分 5 区者。植被受不同的水热变化而成自然的水平分布带。北半球夏雨气候植被水平分布的模式。如图 3-3 所示，在同一气候带内，因为距海洋远近不同、干湿度不同，因而形成了不同

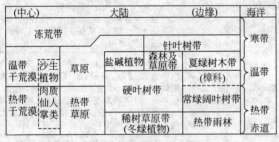

图 3-3　植物水平分布

的植被带。如：同是在热带，从海洋到大陆中心依次分布着热带雨林、热带季雨林、夏绿阔叶林草原、草原和荒漠。在同一干湿度带内，因为距赤道的远近不同，温度不同，因而也形成了不同的植被带。如同是在过湿润带，从赤道到极地依次分布着热带雨林、亚热带雨林、照叶林、夏绿阔叶林、常绿针叶林和苔原。

3.2　中国风景园林树种区划

植物区划是植物资源合理利用、开发和保护的基础。园林树种区划是以城镇园林绿化树种地区差异性为主要依据的一类专门区划，对于合理开发和保护树种资源、突出城市绿化的地域特色、提高城市园林建设水平具有重要意义。

3.2.1　中国风景园林树种区划

我国地域辽阔，地形地势复杂，三向地带性差异很大，因此树种区划显得尤为重要。在综合分析各种自然因素和现代科学技术措施的基础上，依据已有研究成果，将全国划分为 11 个绿化树种区（图 3-4、表 3-1）。

3.2.2　西南地区风景园林树种区划

西南地区幅员广阔，地貌复杂，具有多样的气候类型，为植物区系的演化和发展提供了有利的条件。丰富的植物区系为植被类型的复杂性和多样性奠定了基础，全区植被类型有：雨林、季雨林、常绿阔叶林、常绿落叶阔叶混交林、落叶阔叶林、硬叶常绿阔叶林、暖性针叶林、温性针叶林、竹林、稀树灌木草丛、灌丛、草甸、沼泽、湖泊水生植被等，相当于从海南岛到黑龙江北部我国所见植被类型的缩影。

因此，园林绿化植物资源异常丰富，是世界园林树木分布中心之一。

表 3-1　中国园林绿化树种区划

代码	植被区域	气候指标	代表树种
I	寒温带半干旱绿化区域,包括内蒙古东北部、黑龙江西北部	最冷月均温<−30℃,最暖月均温<18℃,200≤年均降水量<450mm	冷杉、红皮云杉、樟子松、兴安落叶松、山杨、旱柳、紫椴、白桦、蒙古栎、榆树、黄檗、水曲柳
II	温带湿润、半湿润绿化区域,包括黑龙江、吉林大部及辽宁东北部	−30℃≤最冷月均温<−12℃,最暖月均温≥18℃(16℃**),年均降水量≥450mm(400mm**)	青杆、白杆、雪松、油松、白皮松、华山松、黑松、侧柏、桧柏、蜀桧、龙柏、水杉、银杏、小青杨、毛白杨、旱柳、馒头柳、核桃、板栗、榔榆、榆树、玉兰、杂种鹅掌楸、杜仲、悬铃木、西府海棠、合欢、刺槐、国槐、臭椿、元宝枫、栾树、柿树、洋白蜡、毛泡桐
III	北暖温带湿润、半湿润绿化区域,包括北京、天津、河北大部、辽宁南部、山东北部、陕西中南部、山西省南部	−12℃≤最冷月均温<−2℃,最暖月均温≥18℃,年均降水量≥450mm	青杆、白杆、雪松、油松、白皮松、华山松、黑松、侧柏、桧柏、蜀桧、龙柏、水杉、银杏、小青杨、毛白杨、旱柳、馒头柳、核桃、板栗、榔榆、榆树、玉兰、杂种鹅掌楸、杜仲、悬铃木、西府海棠、合欢、刺槐、国槐、臭椿、元宝枫、栾树、柿树、洋白蜡、毛泡桐
IV	南暖温带湿润、半湿润绿化区域,包括山东南部、河南中北部、江苏、安徽北端、陕西中部	−2℃≤最冷月均温<0℃,最暖月均温≥18℃,年均降水量≥500mm	云杉、雪松、油松、黑松、华山松、铅笔柏、桧柏、龙柏、水杉、广玉兰、银杏、加杨、旱柳、垂柳、栓皮栎、小叶朴、玉兰、杂种鹅掌楸、杜仲、悬铃木、合欢、皂荚、刺槐、国槐、臭椿、苦楝、乌桕、七叶树、栾树、青桐、柿树、洋白蜡、泡桐、毛泡桐
V	北亚热带湿润、半湿润绿化区域,包括江苏、上海、安徽、湖北大部、河南、陕西、甘肃南部,浙江北部,云贵川及中南省份高海拔山地	0℃≤最冷月均温<4℃,年均降水量≥600mm	罗汉松、雪松、日本五针松、赤松、马尾松、湿地松、柏木、水杉、金钱松、苦槠、广玉兰、香樟、冬青、八角枫、木荷、大叶女贞、桂花、珊瑚树、银杏、垂柳、枫杨、麻栎、白栎、杂种鹅掌楸、无患子、枫香、法桐、合欢、国槐、重阳木、红枫、鸡爪槭、黄连木、七叶树、全缘叶栾树、无患子、青桐
VI	中亚热带湿润绿化区域,包括江西、福建、湖南、贵州等省大部,云南、广东、广西等省北部,浙江南部、四川东部、重庆西部	4℃≤最冷月均温<10℃,年均降水量≥800mm	重阳木、雪松、马尾松、湿地松、柳杉、罗汉松、竹柏、三尖杉、南方红豆杉、香榧、金钱松、水松、落雨杉、池杉、粗榧、广玉兰、木莲、香樟、黑壳楠、阴香、杜英、杨梅、木荷、加拿利海枣、棕榈、银杏、垂柳、枫杨、鹅掌楸、枫香、法桐、乌桕、黄连木、三角枫、五角枫、红枫、鸡爪槭、全缘叶栾树、无患子、蓝果树
VII	南亚热带湿润绿化区域,包括福建南部,广东大部至广西、云南中部,台湾低海拔地区及其附属海岛	10℃≤最冷月均温<13℃,年均降水量≥1000mm	南洋杉、马尾松、湿地松、柳杉、罗汉松、竹柏、三尖杉、香榧、水松、落羽杉、池杉、水杉、青冈栎、高山榕、大果榕、小叶榕、银桦、广玉兰、白兰、阴香、大叶相思、南洋楹、红花羊蹄甲、腊肠树、重阳木、木麻黄、桃花心木、木荷、柠檬桉、幌伞枫、鸡蛋花、假槟榔、棕榈、长叶刺葵、大叶榕、鹅掌楸、枫香、法桐、复羽叶栾树、木棉
VIII	热带湿润绿化区域,包括云南南部,广西、广东、福建等省区沿海和海南省,台湾南端	13℃≤最冷月均温,年均降水量≥1200mm	南洋杉、海南五针松、湿地松、鸡毛松、竹柏、陆均松、罗汉松、池杉、落羽杉、白莲叶桐、木菠萝、大果榕、高山榕、银桦、白兰、红花羊蹄甲、铁刀木、秋枫、海南杜英、木麻黄、青梅、海南菜豆树、火焰木、长叶刺葵、槟榔、皇后葵、桃椰、董棕、琼棕、椰子、油棕、王棕、露兜树、楹树、盾柱木、腊肠树、假苹婆、榄仁树、玉蕊
IX	温带半干旱绿化区域,包括内蒙古中东部、辽宁、吉林西部、山西、宁夏、陕西、河北等省北部,甘肃中部	最冷月均温<0℃,最暖月均温≥18℃,200≤年均降水量<4	青海云杉、云杉、樟子松、油松、华山松、杜松、侧柏、丹东桧、西安桧、祁连圆柏、大果圆柏、落叶松、银杏、银白杨、加杨、小黑杨、馒头柳、旱柳、圆冠榆、白榆、玉兰、山桃、臭椿、火炬树、丝棉木、栾树、柿、白蜡、暴马丁香
X	温带干旱绿化区域,包括新疆大部、甘肃西北部、宁夏北部、内蒙古西部	最冷月均温<0℃,年均降水量<200mm,最暖月均温≥18℃	红皮云杉、青海云杉、油松、樟子松、侧柏、千头柏、丹东桧、塔柏、龙柏、圆柏、新疆杨、胡杨、箭杆杨、核桃、圆冠榆、白榆、刺槐、国槐、丝棉木、元宝枫、紫椴、桂樱、大叶白蜡、新疆小叶白蜡、暴马丁香
XI	青藏高原绿化区域,包括西藏、青海两省区,四川西北部和甘肃西南部分地区	最冷月均温<0℃,最暖月均温<18℃	鳞皮冷杉、川西云杉、青海云杉、柳杉、杉木、岷江柏、新疆杨、青杨、旱柳、垂柳、圆冠榆、国槐、臭椿、刺槐、白蜡、黄连木等

注:**东北地区西北部接近寒温带区域,因温度低,蒸发量不大,故该区域指标采用年均降水400mm,最暖月均温16℃为区划指标值。

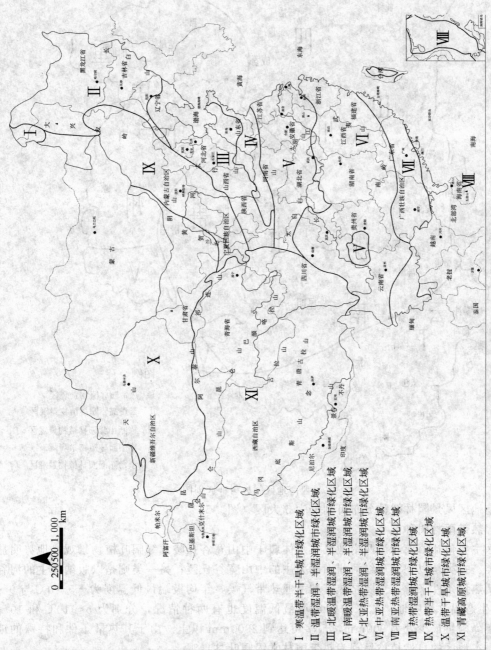

I 寒温带半干旱城市绿化区域
II 温带湿润、半湿润城市绿化区域
III 北暖温带湿润、半湿润城市绿化区域
IV 南暖温带湿润、半湿润城市绿化区域
V 北亚热带湿润城市绿化区域
VI 中亚热带湿润城市绿化区域
VII 南亚热带湿润城市绿化区域
VIII 热带湿润城市绿化区域
IX 热带半干旱城市绿化区域
X 温带干旱城市绿化区域
XI 青藏高原城市绿化区域

图3-4 中国园林植物区划图

图 3-5　西南地区园林树种区划图

西南地区风景园林树种分布可划分为 5 大区（图 3-5）。

（1）热带雨林树种区

本区主要包括滇南和滇西南地区，总体属于中山宽谷丘陵常绿阔叶植物景观，地势明显呈现两类：一类是以德宏—红河州南部为主的中山宽谷丘陵；另一类则是以版纳为主的河谷盆地。从热量条件来看，主要是热带和南亚热带气候，年均极端最低温度为 $-5\sim0℃$ 与 $0\sim5℃$ 两种生态幅，相应地，此区内的年均最低温度也有两种情况，分别为 $5\sim10℃$ 和 $10\sim15℃$，年降雨量最少处为 $900mm$，最多可达到 $2000mm$ 以上。由于其热量条件和特殊的地形地貌，本地区的自然植被呈现为热带雨林常绿阔叶林景观。

本区主要代表树种有：榕属、番龙眼属、榄仁树属、桃榄属、四数木属、八宝树属等植物可作为基调树种；树参属、鹅掌柴属、羊蹄甲属、柿属、槟榔属、无患子属、杜英属、紫薇属、芒果属、面条树属、美登木属、大萼葵属、假海桐属、翅叶木属等的植物可作为骨干树种；龙脑香科、露兜树科、棕榈、假槟榔、油棕等植物为本区特色树种。

（2）云贵高原树种区

本区涉及范围较广，西南三省一市均有城镇属于此区，地势复杂多样，高原、中山、低山丘陵、河谷等地貌均有分布，这也造成了此区自然景观较为丰富，但总体上属于山地高原常绿阔叶园林植物景观，少量河谷丘陵常绿落叶混交植物景观。

该区域可用的树种资源特别多，优势树种主要有：铁杉、云杉、冷杉、圆柏、云南松、油杉、滇青冈、牛筋条、无患子科的茶条木等。

本区气候类型较复杂，南亚热带、中亚热带、北亚热带、暖温带等气候类型均有分布，滇中、滇东、黔中、黔西南等大部分地区属中亚热带，滇东北（昭通）等属于暖温带，黔西（毕节）及黔北（遵义）则属于北亚热带，攀枝花等地则属于以南亚热带为主的岛状立体气候，因此区内年极端温度、年降雨量、年日照等气候指标也有着明显的差异性。依据这些热量条件、地形地貌的不同，其优势园林植物种群也不尽相同。

（3）横断山脉树种区

本区主要包括滇西北、川西甘孜藏族自治州大部及阿坝州、凉山州和绵阳地区的一部分地区，位于横断山脉区间，属青藏高原东南缘。地貌以山河相间纵列的高山、峡谷为主，在四川盆地边缘有小部分地区为平原地貌景观。本区垂直分布特征明显，具有热带、亚热带、温带到高山寒带各类型的植被，植被景观主要呈现为暖温带落叶阔叶林、北亚热带常绿阔叶落叶阔叶混交林、中亚热带常绿阔叶林、亚高山森林草甸地带、高山草甸地带。土壤主要是棕壤、黄棕壤及草甸地带。本区为世界高山植物区系最丰富的区域，松柏类植物发达，可用的园林植物如侧柏、柏木、云南松、高山松、华山松、云杉、冷杉、圆柏等。另据记载，在较湿润地区分布有天然的杜鹃林或灌丛景观，杜鹃属等可作为园林建设中的主干或基调灌木种类。

（4）华中树种区

本区主要指四川盆地中东部、渝及黔东北部，地势复杂，主要是中山、低山丘陵、盆地、平原、河谷等地貌景观，属中亚热带气候。该区海拔高度多在 $300\sim800m$ 之间，年平均气温在 $15\sim19℃$ 之间，最冷月平均气温在 $5\sim8℃$ 之间，最热月 7 月平均气温 $26\sim29℃$，年降雨量均在 $1000\sim1200mm$ 之间。植被景观则呈现为中亚热带常绿阔叶林和亚热带常绿阔叶落叶混交林。

此区园林植物多系中国——日本植物区成分，植物带来看水平分布明显，主要有温带、暖温带、亚热带，植被由各种落叶、半常绿和常绿阔叶针叶树组成。针叶优势种如金钱松属、铁杉属、黄杉属、油杉属、杉木属、柳杉属、柏属、花柏属、翠柏属等松柏类植物。阔叶优势种主要有木兰科、山茶科、金缕梅科、安息香科的植物较为显著。

（5）滇黔东南树种区

本区主要包括黔东南州和以云南富宁为主的滇东南部分地区，此地区均属于中亚热带气候。地貌景观总体呈现为丘陵景观，植被景观有中亚热带常绿阔叶林和南亚热带常绿阔叶林两大类。植物区系属中国—日本植物区成分。此区园林植物代表树种主要有：杉木、油杉多种、朴属、槭类、小栾树、圆叶乌桕等多种特有种；木兰科鹅掌楸属、木兰属、木莲属、含笑属、异花木兰属等类群，金缕梅科蚊母树属、檵木属、枫香属、马蹄荷属等，槭树科，金钱槭属，大风子科山桂花属，无患子科的对掌木属、伞花树属、栾树属，五加科马蹄金属。安息香科除银钏花属以外的大部分属。此区中有些种类与华中区域的相同，但如杉木、柏、枫香、檵木等比华中地区的分布区域减少。

复习思考题

1. 影响树木地理分布的因素有哪些？
2. 什么是树种的水平分布和垂直分布？
3. 简述你所在城市属于树种的哪个分布区？代表性的风景园林树种有哪些？

第4章 风景园林树木的分类

4.1 分类的意义

植物分类的重要任务是将自然界的植物分门别类，直至鉴别到种。前人对植物分类所总结的经验和规律，已成为人类认识植物并利用植物的理论基础。人们只有在认识植物种类的基础之上，才能进一步深入研究植物其他方面的问题。因此，植物分类不仅是植物学的基础，也是其他有关学科，比如植物地理学、植物生态学、遗传学、植物生理学、生物化学等的基础，其与农、林、牧、副、渔、中医药等也有着千丝万缕的密切关系。

（1）是充分挖掘树种资源，并科学规划树种的需要

中国树种资源丰富，原产我国的高等植物有 3 万种以上，其中木本植物近 8000 种。目前，园林生产中栽培利用的观赏树木仅为其中很小部分，大量的种类还未被认识与利用。要充分挖掘树种资源，丰富园林景观，科学合理地进行树种规划，首要的基础工作是必须开展树种分类，只有在认识树种的基础上，才有可能进一步研究园林树木其他方面的问题。

（2）是保证种苗顺畅流通和学术交流的需要

我国地大物博，树种资源丰富，随着地区间、国与国间种质资源交流日渐频繁，树种的正确鉴定与识别，也是保证种苗顺畅流通和商品化生产的必然要求，并有利于学术交流。

（3）是树木繁育、栽培、应用的需要

园林中栽培应用的各种观赏树木，均来自人们对野生植物长期人为选择、引种驯化的结果。尽管它们在形态、习性、用途等方面各异，但在某些方面存在着本质的必然联系与共性，才使分类变为可能。通过分类，尤其是植物系统分类，可以探讨树种进化演变历史，揭示树种自身生长发育特点及种间亲缘关系，为我们在育种、繁殖、栽培、应用方面提供依据。例如，山毛榉科树种多数木质坚硬，富含单宁，无性繁殖较困难，应以有性繁殖为主；又如，亲缘关系相近的种间，常有相似的形态结构与化学成分，一致的生理代谢特点，杂交、嫁接亲和力强，嫁接繁殖成活率高。前人利用亲缘关系较近白玉兰与紫玉兰杂交培育出了二乔玉兰杂交种，以毛桃作为砧木可嫁接碧桃。

遵循不同的分类依据，把众多的风景园林树木分门别类，能为我们在各种场合快速、直观、正确地选用观赏树木提供方便。例如，垂直绿化应在主要为藤蔓习性的一些科中选择树种；多数针叶树种四季常青，树冠尖塔形，适用于庄严、肃穆场合；而木兰科、紫薇科、豆科等大量优秀的观花树种用于观赏。

因此，风景园林树木的分类，不仅是培育、应用风景园林树木的基础，开展风景园林树木研究的前提，还为科学合理地使用风景园林树木提供指导，具有理论与实践上的重要意义。

4.2 系统分类法

自然分类系统客观地反映了植物界的亲缘关系和演化关系，其最基本的原则就是对物种应有较明确的概念和判断进化的特征标准，从而确定植物在分类系统上的等级。现在，常用的自然分类系统有哈钦松系统、恩格勒系统、克朗奎斯特系统、塔赫他间系统等。

4.3　园林应用中的分类法

4.3.1　依树木的生长习性分类

① 乔木类　树体高大，高度6m以上，具明显主干。可细分为伟乔（＞30m）、大乔（20～30m）、中乔（10～20m）及小乔（6～10m）等。依据树木的生长速度分为速生树、中速树、慢生树等；依落叶习性可分为常绿乔木、落叶乔木；依叶片类型可分为针叶乔木、阔叶乔木等。

② 灌木类　树体矮小，高度6m以下，通常无明显主干，多呈丛生状或分枝接近地面。按高度分为高灌木（2～5m）、中灌木（0.3～2m）、矮灌木（＜0.3m）等。按落叶与否分为落叶灌木类及常绿灌木类。

③ 铺地类　实属灌木，但其干枝均铺地生长，与地面接触部分生出不定根，如矮生枸子、铺地柏等。

④ 藤蔓类　地上部分不能直立生长，须缠绕或攀附于其他支持物向上生长。如紫藤、葡萄、爬山虎、常春藤、金银花等。根据攀附方式，藤蔓类树木可分为缠绕类、卷须类、吸附类、钩刺类等。

⑤ 竹类　特指禾本科竹亚科的植物，如楠竹、佛肚竹等。

4.3.2　依树木对环境因子的适应能力分类

影响树木生长的环境因子有很多，主要包括光、水、气温、土壤以及空气因子等。园林应用中常根据树木对上述环境因子的适应能力进行分类。

(1) 依据气温因子分类

依据树木最适气温带分类，分为热带树种、亚热带树种、温带树种及寒带树种等。依据树木的耐寒性不同可分为耐寒树种、半耐寒树种、不耐寒树种。

① 耐寒树种　大部分原产于寒带或温带的园林树种属于此类。该类树种可在−5～10℃的低温下不会发生冻害，甚至在更低的温度下也能安全越冬。因此，这类树种大部分在北方寒冷的冬季不需要保护可以就露地安全越冬。如侧柏、白皮松、油松、红松、龙柏、桃花、榆叶梅、紫藤、凌霄、白桦、毛白杨、榆、白蜡、丁香、连翘、金银花等。

② 半耐寒树种　大部分原产地在温带南缘或亚热带北缘的园林树种属于此类。该类树种耐寒力介于耐寒树种和不耐寒树种之间，一般可以忍受轻微的霜冻，在−5℃以上的低温条件下能够露地安全越冬而不发生冻害。如香樟、广玉兰、鸡爪槭、梅花、桂花、夹竹桃、结香、木槿、冬青、南天竹、枸骨等。

③ 不耐寒树种　一般原产于热带和亚热带的南缘，在生长期对温度要求较高，不能忍受0℃以下的低温，甚至不能忍受5℃以下或者更高的温度。因此，该类园林树种在中国北方必须在温室中越冬。根据对温度的要求不同又可以分为：a. 低温温室园林树种：要求室温高于0℃，最好不低于5℃。如桃叶珊瑚、山茶、杜鹃、含笑、柑桔、苏铁等；b. 中温温室园林树种：要求室温不低于5℃。如扶桑、橡皮树、棕竹、白兰花、五色梅、一品红等；c. 高温温室园林树种：要求室温高于10℃，低于该温度则生长发育不良甚至落叶死亡。如变叶木、龙血树、朱蕉等。

(2) 依据水分因子分类

可分为耐旱树种、湿生树种、中性树种。

① 耐旱树种　能长期忍受大气干旱和土壤干旱，并能维持正常的生长发育的树种称为耐旱树种。常见耐旱性强的树种：棕榈、雪松、黑松、马尾松、油松、侧柏、圆柏、龙柏、小檗、枫香、桃、枇杷、石楠、火棘、合欢、木芙蓉、君迁子、夹竹桃、栀子等。

② 湿生树种　指的是在土壤含水量过多、甚至土壤表面积水的条件下能正常生长的树种。它们要求经常有足够多的水分，不能忍受干旱。常见耐水湿树种有：垂柳、旱柳、龙爪槐、榔榆、桑、柘、杜梨、柽柳、紫穗槐、水松、棕榈等。

③ 中性树种　多数树种为中性树种，不能长期忍受过干和过湿的环境。

(3) 依据光照因子分类

可分为喜光树种、耐阴树种、中性树种三类。

① 喜光树种　喜光照充足的环境而不耐荫蔽。光饱和点高，即当光照强度达到全部太阳光强时，光合作用才停止升高。光补偿点也高，当光强达到自然光强的 3%～5% 时才能达到光补偿点。因此，此类树种常常不能在林下正常生长和完成更新。如桃、桦木、松树、刺槐、杨树、悬铃木等。

② 耐阴树种　对光照需求量较小，在弱光环境下可正常生长发育。光饱和点低，一般当光强达到自然光强的 10% 时便能进行正常的光合作用，光强过大则导致光合作用降低。适宜保持 50%～80% 的遮阴度，同时光补偿点也较低，仅为自然光强的 1% 以下。阴生树种的木质化程度差，机械组织不发达，维管束数目少，细胞壁薄而细胞体积较大；叶子表皮薄无角质层，栅栏组织不发达，而海绵组织发达，叶绿素 A 少，叶绿素 B 较多，更有利于利用林下散射光中蓝紫光，气孔数目较少，细胞液浓度低，叶片的含水量较高。严格来说，园林树木很少有典型的阴性树种，而多数为耐阴性树种。

③ 中性树种　对光照强度的反应界于二者之间，同样能够满足在强光和弱光条件下的生长。即表现为在强光下生长最好，但同时也有一定的耐阴能力，但在高温干旱全光照条件下生长受抑制。中性树种又可细分为偏阳性的中性树种和偏阴性的中性树种。如榆属、朴属、榉属、樱花、枫杨等为中性偏阳树种；国槐、圆柏、珍珠梅、七叶树、元宝枫、五角枫等为中性稍耐阴树种；冷杉属、云杉属、珊瑚树、红豆杉属、杜鹃、常春藤、竹柏、六道木、枸骨、海桐、罗汉松等为耐阴性较强的树种，有些著作中也将其列入阴性树种。中性树种如果温度、湿度条件合适，仍然以阳光充足的条件下比林荫下生长健壮。

(4) 依据空气因子分类

可以分为抗风树种、抗烟和有毒气体树种、抗粉尘树种以及卫生保健树种等，每类又可分为若干级。

① 常见抗风树种　如马尾松、黑松、圆柏、榉树、胡桃、朴树、樟树、台湾相思树等。

② 抗 SO_2 能力强的树种　圆柏、侧柏、白皮松、云杉、香柏、臭椿、国槐、刺槐、紫穗槐、加杨、毛白杨、柳树、柿、君迁子、核桃、山桃、褐梨、木香、蔷薇、珍珠梅、山楂、栒子、欧洲绣球、小叶白蜡、白蜡、北京丁香、雪柳、连翘、火炬树、紫薇、银杏、栾树、悬铃木、华北卫矛、桃叶卫矛、胡颓子、板栗、木槿、黄栌、朝鲜忍冬、金银木、金银花、大叶黄杨、小叶黄杨、五叶地锦等。

③ 抗 Cl_2 能力强的树种　桧柏、侧柏、白皮松、皂荚、刺槐、合欢、紫藤、银杏、毛白杨、加杨、接骨木、臭椿、山桃、枣、木槿、大叶黄杨、小叶黄杨等。

④ 抗 HF 能力强的树种　白皮松、圆柏、侧柏、银杏、构、胡颓子、泡桐、悬铃木、国槐、龙爪柳、垂柳、紫薇、紫穗槐、接骨木、连翘、朝鲜忍冬、金银花、丁香、小叶女贞、大叶黄杨、臭椿、海州常山、五叶地锦等。

(5）依据土壤因子分类

风景园林树木种类不同、原产地不同，所要求的土壤酸碱度也不相同。据此可把园林树木分为以下 3 类。

① 酸性土树种　在 pH<6.5 的土壤中生长最佳。如马尾松、池杉、红松、山茶、油茶、杜鹃、含笑等。

② 中性土树种　土壤 pH 介于 6.5～7.5 之间生长最好。

③ 碱性土树种　pH>7.5 的土壤中生长最好。如柽柳、沙棘、沙枣、仙人掌、侧柏、龙柏、榔榆、白蜡、桑树、国槐、紫穗槐等。

4.3.3　依树木的观赏特性分类

① 观形树木　树体的形状和姿态有较高观赏价值。如龙柏、龙爪槐、苏铁、雪松、圆柏、椰子、棕榈、榕树等。

② 观花树木　花色、花形、花香等有较高观赏价值。如含笑、牡丹、梅花、蜡梅、月季、白玉兰等。

③ 观叶树木　指树木叶之色彩、形态、大小等有独特之处，可供观赏。如银杏、鹅掌楸、黄栌、红枫、七叶树、鸡爪槭等。

④ 观果树木　果实具较高观赏价值的一类树，或果形奇特，或其色彩艳丽，或果实巨大。如柚子、南天竹、秤锤树、火棘、构骨、石榴、佛手、栾树等。

⑤ 观干枝树木　枝、干具有独特的风姿或有奇特的色泽、附属物。如龙爪柳、榔榆、悬铃木、白皮松、梧桐、青榨槭、白桦、栓翅卫矛、红瑞木等。

⑥ 观根树木及其他　这类树木裸露的根或其它部位具观赏价值。如榕树、池杉可观根；银芽柳可观芽等。

4.3.4　按园林用途分类

(1）独赏树类（孤植树类、公园树或园景树）

观赏价值高，可独立成景，通常作为庭院和园林局部的中心景物，赏其树型或姿态，也有赏其花、果、叶色等。如南洋杉、银杏、凤凰木、日本金松、雪松、金钱松、龙柏、云杉、冷杉、紫杉、紫叶李、龙爪槐、白玉兰、梅花、鹅掌楸等。

(2）庭荫树类

树体高大，树冠宽阔，枝叶茂盛，栽种在庭院或公园以遮荫为主要目的。一般多为叶大荫浓的落叶乔木，在冬季人们需要阳光时落叶。例如：梧桐、七叶树、国槐、玉兰、柿树、枫杨、栾树、朴树、榉树、榕树、樟树等。

(3）行道树类

栽植在道路两侧，整齐排列，以遮荫、美化为目的。要求树木树冠整齐，冠幅较大，树姿优美、抗逆性强、耐修剪、主干直、分枝点高、寿命长，无恶臭或其它凋落物污染环境，适应性强。如：广玉兰、樟树、悬铃木、桉树、榕树、女贞、毛白杨、银桦、鹅掌楸、椴树、重阳木、栾树、椰子、王棕等。

(4）防护树

防护树类指能从空气中吸收有毒气体、阻滞尘埃、削弱噪声、防风固沙、保持水土的树木。

① 防污染类　以树冠浓密，叶片密集，叶面粗糙、多毛能分泌黏性油脂，叶片细小、总叶面积大，气孔抗尘埃堵塞强者为佳。如马尾松、雪松、柳杉、广玉兰、樟树、臭椿、枇

杷、冬青等。

② 防噪声类 以叶面大而坚硬，叶片呈鳞片状重叠排列，树体自上至下枝叶密集的常绿树较理想，如雪松、柳杉、圆柏、柏木、樟树、石楠、冬青、桂花、女贞、日本珊瑚树等。

③ 防火类 以树脂含量少，体内水分多，叶细小，叶表皮质厚，树干木栓层发达，萌发再生力强，枝叶稠密，着火不发生烟雾，燃烧蔓延缓慢者为佳，如杨树、柳树、壳斗科、山茶科、冬青、女贞、棕榈等。

④ 防风类 应适应当地环境，生长快，生长期长，根系发达，抗倒伏，寿命长，树冠呈塔形或柱状者为宜。如松、杉、柏科的树种以及榆、榉、白蜡等。

⑤ 保持水土类 应根系发达，侧根多，耐干旱瘠薄，萌蘖性强，生长快，固土作用大的树种。如杨树、喜树、臭椿、竹类等。

(5) 花灌木类

花灌木类是指以观花为主的灌木类，如山桃、榆叶梅、金银木、山楂、梅花、桃花、连翘、丁香、月季等。

(6) 植篱类

植篱类是指用作绿篱的树木类。要求耐密植，耐修剪，多分枝且枝叶密集、生长较慢、养护管理方便、具一定观赏价值。常用植篱树种有：圆柏、侧柏、杜松、雀舌黄杨、女贞、珊瑚树、小檗、贴梗海棠、木槿、法国冬青、九里香、火棘、小蜡树、六月雪等。

(7) 木本地被类

木本地被类是指用于覆盖裸露地面进行绿化的低矮、匍匐的灌木或藤木。地被类应以耐阴、耐践踏，铺展力强、适应能力强的常绿种类为主。

多以覆盖裸露地表、防止尘土飞扬、防止水土流失、减少地表辐射、增加空气湿度、美化环境为主要目的。如：铺地柏、平枝栒子、箬竹、金银花、爬山虎、常春藤等。

(8) 盆栽及造型类

主要指盆栽用于观赏及制作成树桩盆景的一类树木。树桩盆景类植物要求生长缓慢、枝叶细小、耐修剪、易造型、耐旱瘠、易成活、寿命长。如：榔榆、银杏、梅、日本五针松、棕竹、榕树、苏铁等。

(9) 室内装饰类

主要指那些耐阴性强、观赏价值高，常盆栽放于室内观赏的一类树木，如散尾葵、朱蕉、鹅掌柴等。木本切花类主要用于室内装饰，故也归于此类，如蜡梅、银芽柳等。

(10) 垂直绿化类

指用于垂直绿化类的树木类群，以藤本为主。如：紫藤、凌霄、络石、爬山虎、常春藤、葡萄、金银花、铁线莲、木香、炮仗花等。

(11) 经济用途类

① 果树类 风景树种中有很多种类的果实美味可口，其富含维生素等营养物质。其中有的果实可供直接食用，有些则可加工成果干等进行食用。比如桃、杏、李、梨、葡萄、海棠、柚子、柑橘、山楂、龙眼、荔枝、杨梅、枇杷、猕猴桃、石榴等。

② 淀粉类 许多树种的果实、种子等富含淀粉，其中淀粉质地好，比如板栗、枣、银杏、乌饭树、三叶木通、栲树、栎属的一些植物等。

③ 油料类 许多树种的果实、种子等富含油脂，它们对人民的生活及工业方面均很重要。常见的园林油料树种有：油橄榄、榛子、核桃类、无患子、松类、山茶属的一些植物。

④ 菜用类　很多树木的叶、花、果可作蔬菜食用。如白榆、黄榆、三叶木通、合欢、山皂荚、刺桐花、刺楸、楤木、花椒、香椿、乌饭树等。

⑤ 药用类　风景园林树种很多可以入药，常见的有杜仲、五味子、连翘、枸杞、侧柏、草麻黄、牡丹、紫玉兰、十大功劳、使君子、厚朴、枳、何首乌等。

⑥ 香料类　很多园林树种的树皮、花等部位可以提取香精，比如桂花、玫瑰、月桂、白兰花、含笑、茉莉、肉桂、木姜子、桔子（干桔子皮为陈皮）等。

⑦ 纤维类　有些树木的茎富含纤维，对人民的生活及工业生产有很重要的作用，可用于编织、造纸、纺织、绳索等处，常见的有各种纤维原料的树种有：青檀、构树、杨、榆、桑、木棉、刺槐、南蛇藤、棕榈等。

⑧ 饲料类　风景园林树木的果实或嫩枝、幼叶可作为饲养牲畜的原料，常见的有刺槐、构树、杨树、榛子、合欢等植物的叶或果实都可以作为动物的食物来源。

⑨ 薪炭材类　有些风景园林树种富含易燃烧的物质，可用于易燃材料，常见的有桉树、杉、松树等。

⑩ 乳胶类　风景园林树种中富含橡胶的种类有橡胶树、杜仲、漆树等。

复习思考题

调查校园里的树木，并把它们分别按照观赏部位、生态习性和园林用途进行分类。

下篇 各 论

第5章 裸子植物

5.1 苏铁科 Cycadaceae

常绿乔木，单生或丛生，一回羽状复叶，雌花雄花均着生于干顶，雌雄异株，高可达3m叶生于顶部，向四方开展，叶暗绿色，有光泽，硬质，先端尖，雄花顶生，成圆锥形，雌花半球状。叶痕螺旋状排列，像盔甲包围树干，耐火性强，小叶横剖面反卷。种子扁平倒卵形，外种皮朱红色。

共10属，110种，分布于热带、亚热带地区。中国1属10种。

苏铁属 Cycas

树干圆柱形，直立，常密被宿存的木质叶基。叶有鳞叶与营养叶两种，二者成环状交互着生；鳞叶小，褐色，密被粗糙的毡毛；营养叶大，羽状深裂，稀叉状二回羽状深裂，革质，集生于树干上部，呈棕榈状；羽状裂片窄长，条形或条状披针形，中脉显著，基部下延，叶轴基部的小叶变成刺状，脱落时通常叶柄基部宿存；幼叶的叶轴及小叶呈拳卷状。雌雄异株，雄球花（小孢子叶球）长卵圆形或圆柱形，小孢子叶扁平，楔形，下面着生多数单室的花药；大孢子叶中下部狭窄成柄状，两侧着生2～10枚胚珠。种子的外种皮肉质。

苏铁 C. revoluta

【别名】凤尾蕉、凤尾松、铁树。

【形态特征】常绿木本植物，树干高达2～5m，不分枝。羽状叶长0.5～1.2m，小叶约100对，线形，长15～20cm，宽3～5mm，硬革质，边缘显著反卷，背面有疏毛。雄球花序圆柱形，密被黄褐色绒毛；雌球花序扁球形，大孢子叶羽状裂，密被黄褐色毛；种子红色（图5-1）。

【分布】原产于我国南部。在福建、台湾、广东、江西各省均有。日本、印尼及菲律宾亦有分布。

【生态习性】喜温暖、通气良好、不耐寒（0℃即受冻），喜土壤排水良好，不耐水湿、忌盐碱化和黏质土。生长慢，寿命长。

【观赏特性及园林用途】树形古雅，主干粗壮坚挺；羽叶洁滑光亮，四季常青，为珍贵观赏树种。南方多植

图 5-1 苏铁

于庭前阶旁及草坪内；北方宜作大型盆栽，布置庭院屋廊及厅室，殊为美观。

【同属其它种】①篦齿苏铁 *C. pectinata*：老树常有分枝。小叶较厚，宽 6～8mm，边缘平或微反卷，背面无毛，基部下延，叶脉在叶两面显著隆起，正面中脉中央有一凹槽；羽叶基部之小叶成两列等长针刺。产于尼泊尔、印度；我国云南、四川、广州有栽培。②云南苏铁 *C. siamensis*：植株较矮小，干茎粗大，基部膨大成盘状茎，高 30～180cm，或稍高。羽片薄革质而较宽，宽 1.5～2.2cm，边缘平，基部不下延。产于我国广西、云南。缅甸、越南、泰国也有分布，常生长热带雨林下。

5.2　银杏科 Ginkgoaceae

仅 1 属 1 种。

银杏属 *Ginkgo*

银杏 *Ginkgo biloba*

【别名】白果树、公孙树、鸭掌树。

【形态特征】落叶大乔木，高达 40m。枝有长枝与短枝。叶在长枝上螺旋状散生，在短枝上簇生，叶片扇形，有长柄，有多数 2 叉状并列的细脉；上缘宽 5～8cm，浅波状，有时中央浅裂或深裂。雌雄异株，稀同株；球花生于短枝叶腋或苞腋；雄球花成荑黄花序状，雄蕊多数，各有 2 花药；雌球花有长梗，梗端 2 叉，叉端生 1 珠座，每珠座生 1 胚珠，仅 1 个发育成种子。种子核果状，椭圆形至近球形，长 2.5～3.5cm；外种皮肉质，有白粉，熟时淡黄色或橙黄色。花期 3～4 月，种子 9～10 月成熟（图 5-2）。

图 5-2　银杏

【分布】银杏为中生代子遗的稀有树种，系我国特产，仅浙江天目山有野生树木。其栽培区甚广，北自东北沈阳，南达广州，东起华东海拔 40～1000m 地带，西南至贵州、云南西部（腾冲）海拔 2000m 以下地带均有栽培。

【生态习性】喜光，对气候、土壤的适应性较宽，能在高温多雨及雨量稀少、冬季寒冷的地区生长，但生长缓慢或不良；能生于酸性土壤（pH 值 4.5）、石灰性土壤（pH 值 8）及中性土壤上，但不耐盐碱土及过湿的土壤。深根性，生长较慢，寿命可达千年以上。

【观赏特性及园林用途】树干端直，树冠雄伟壮丽，春夏季叶色嫩绿，秋季变成黄色，颇为美观，可作庭荫树、行道树及风景林。

【品种】①垂枝银杏 'Pendula'：枝条下垂。②塔形银杏 'Fastigiata'：枝向上伸，形成圆柱形或尖塔形树冠。③斑叶银杏 'Variegata'：叶有黄斑。④黄叶银杏 'Aurea'：叶黄色。⑤裂叶银杏 'Laciniata'：叶较大，有深裂。⑥叶籽银杏 'Epiphylla'：部分种子着生在叶片上，种柄和叶柄合生；种子小而形状多变。

5.3　南洋杉科 Araucariaceae

常绿乔木；叶锥形、鳞形、宽卵形或披针形，螺旋状排列或交叉对生；球花雌雄异株，稀同株；雄球花圆柱形，有雄蕊多数，每雄蕊有 4～20 个悬垂的花药，排成内外两列，花粉无气囊；雌球花椭圆形或近球形，由多数螺旋状排列的苞鳞组成，苞鳞上面有一与其合生的珠鳞（大苞子叶）；胚珠与珠鳞合生或珠鳞不发育，胚珠离生；球果熟时苞鳞木质或革质；种子扁平无翅或两侧有翅或顶端具翅，子叶2，稀4枚。

共2属约40种，分布于南半球的热带及亚热带地区。我国引入栽培2属4种，栽植于室外或盆栽于室内，供庭园使用。

南洋杉属 *Araucaria*

常绿乔木，有树脂；枝轮生；叶鳞形、锥形或阔卵形，螺旋状互生；球花单性异株，稀同株；雄球花大而球果状，有雄蕊多数和多室的花药；雌球花椭圆形或近球形，单生枝顶，有多数螺旋状着生的苞鳞及珠鳞组成，二者基部合生，先端离生，珠鳞舌状，每珠鳞上有1胚珠，珠鳞与胚珠合生；球果成熟时苞鳞木质化并脱落；种子无翅或有与苞鳞结合而生的翅；子叶2，稀4枚。

约18种，分布于南美洲、大洋洲及太平洋群岛。我国引入3种，栽植于广州、福州、厦门、昆明及台湾等地，作庭园树。

图 5-3 南洋杉

南洋杉 *A. cunninghamii*

【别名】猴子杉、肯氏南洋杉、细叶南洋杉。

【形态特征】常绿乔木，高达60～70m。大枝轮生，平展或斜伸，侧生小枝密生，近羽状排列并下垂。幼树冠尖塔形，老则成平顶状。叶二型：幼树和侧枝的叶排列疏松，开展，钻状、针状、镰状或三角状，微弯；大树及花果枝上之叶排列紧密而叠盖，斜上伸展，微向上弯，卵形，三角状卵形或三角状。雄球花单生枝顶，圆柱形。球果卵形或椭圆形；苞鳞楔状倒卵形，种鳞舌状；种子椭圆形，两侧具结合而生的膜质翅（图5-3）。

【分布】原产于大洋洲东南沿海地区。我国广州、海南岛、厦门等地有栽培，作庭园树。

【生态习性】喜温暖湿润的环境；不耐寒，忌干旱，冬季需充足阳光，夏季避免强光暴晒。盆栽要求疏松肥沃、腐殖质含量较高、排水透气性强的培养土。

【观赏特性及园林用途】树形高大，姿态优美，为世界著名的庭园树之一，与雪松、日本金松、巨杉、金钱松并称为是世界5大公园树种。最宜独植作为园景树或作纪念树，亦可作行道树，或作为大型雕塑及建筑的背景树。南洋杉又是珍贵的室内盆栽装饰树种，用于厅堂环境的点缀装饰，显得十分高雅，尤其适合布置各种形式的会场、展览厅。园林应用中以选无强风地点为宜，以免树冠偏斜。

5.4　松科 Pinaceae

乔木，稀为灌木，有树脂；叶螺旋排列，单生或簇生，线形或针状，大多数宿存，有时脱落；球花通常单性同株；雄球花有雄蕊多数，每雄蕊有花药2枚；雌球花由多数螺旋状排列的珠鳞（大孢子叶）与苞鳞组成，花期珠鳞小于苞鳞，稀珠鳞较大，二者离生，每珠鳞内有胚珠2颗，花后珠鳞增大成种鳞，球果成熟时种鳞木质或革质；每种鳞内有种子2粒，常有翅，稀无翅；子叶 2～16 枚。

共 10 属，230 种以上，分布极广。我国 10 属均产，约 97 种（其中引种栽培的 24 种），各省均产之，为极重要的林木之一，木材极有价值，不少种类供庭园观赏用。

5.4.1 冷杉属 Abies

常绿乔木，树冠尖塔形；树皮老时常厚而有沟纹；叶线形至线状披针形，全缘，无柄，背有白色气孔带 2 条，叶脱落后留有圆形或近圆形的叶痕；球花腋生，春初开放；雄球花倒垂，基部围以鳞片，雄蕊多数，螺旋状着生，花药 2 枚，黄色或大红色；花粉有气囊；雌球花直立，由多数覆瓦状珠鳞（大孢子叶）与苞鳞组成，苞鳞大于珠鳞，每珠鳞有 2 胚珠，花后珠鳞发育为种鳞；球果直立，成熟时种鳞木质、脱落；种子有翅；子叶 （3～4）～（8～12）枚。

约 50 种，分布于亚洲、欧洲、北美、中美及非洲北部的高山地带。我国有 19 种 3 变种。分布于东北、华北、西北、西南及浙江、台湾各省区的高山地带。另引入栽培 1 种。

冷杉 A. fabri

【形态特征】常绿乔木；一年生枝淡褐黄色或淡灰黄色，凹槽内有疏生短毛或无毛。叶条形，直或微弯，长 1.5～3cm，宽 2～2.5mm，边缘向下反卷或微反卷，先端有凹缺，上面中脉凹下，下面有 2 条白粉气孔带；横切面两端钝圆，具 2 个边生树脂管。球果腋生，直立，卵状圆柱形，熟时暗黑色或蓝黑色，微有白粉，长 6～11cm；种鳞扇状四边形或倒三角状楔形，下部两侧耳状；苞鳞露出或微露出，先端突尖。花期 5 月，球果 10 月成熟（图 5-4）。

【分布】中国特有树种，分布于四川大渡河、青衣江流域和西昌一带。生于海拔 2000～4000m 山地。

【生态习性】喜温凉、湿润的气候；喜排水良好、腐殖质丰富的酸性棕色森林土；具有较强的耐阴性。

【观赏特性及园林用途】树干端直，枝叶茂密，四季常青，是优良的庭院绿化树种，可作为孤赏树或风景林。

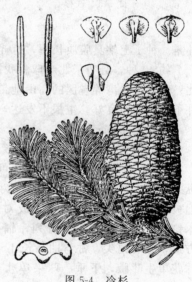

图 5-4　冷杉

5.4.2 铁杉属 Tsuga

常绿乔木；小枝有隆起的叶枕，基部具宿存芽鳞。叶条形，螺旋状互生，基部扭曲排成假 2 列；叶表面中脉凹下，叶背面中脉两侧各有一条气孔线，叶内维管束鞘下方有 1 条树脂道。雄球花单生于叶腋，雌球花单生于枝顶。球果较小，下垂；种鳞宿存，薄木质；苞鳞小，多不外露。种子上端有翅，腹面有树脂囊。

约 14 种，分布于亚洲东部及北美洲。我国有 5 种 3 变种，分布于秦岭以南及长江以南各省区，均系珍贵的用材树种。可选作产区高山地带森林更新、荒山造林或城市绿化树种。

铁杉 T. chinensis

【别名】假花板、仙柏。

【形态特征】常绿乔木，高达 50m，胸径 160cm，树冠塔形；树皮灰褐色，片状剥裂。大枝平展，枝稍下垂；一年生枝细，淡黄色或淡黄灰色，有短毛。叶条形，长 1.2～2.7cm，宽 1.5～3mm，顶端凹缺。球果较小，卵形，长 1.5～2.5cm，径 1.2～1.6cm；苞鳞不外

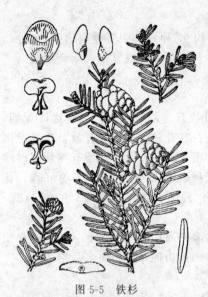

图 5-5 铁杉

露。种子连翅长 7～9mm。花期 4 月，球果成熟期 10 月（图 5-5）。

【分布】产于甘肃、陕西、河南、湖北、四川和贵州。分布于海拔 1000～1900m 地带。为我国特有树种。

【生态习性】喜生于雨量充沛、云雾多、气候凉润、土壤酸性而排水良好的山区。极耐阴，生长慢，寿命长，浅根性。

【观赏特性及园林用途】树形挺拔苍劲，树冠大而整齐，枝叶茂密，壮丽可观，可用于营造风景林及作孤植树等。

5.4.3 云杉属 Picea

常绿乔木。小枝具显著隆起的叶枕，基部常残存芽鳞。叶四棱状条形或条形，无柄，四面有气孔线或仅上面有气孔线。叶内树脂道 2，边生。雌球花单生于枝顶。球果当年成熟，下垂；种鳞革质，宿存；苞鳞短小，不外露。种子上端具膜质长翅，有光泽。

约 40 种，分布于北半球。我国有 16 种 9 变种，另引种栽培 2 种。产于东北、华北、西北、西南及台湾等省区的高山地带，为该地区主要林木之一。多为耐阴树种，在侧光庇荫条件下天然更新良好。主根不发达，侧根发达。各地常栽培为庭院观赏树种。

云杉 P. asperata

【别名】茂县云杉、大果云杉、白松。

【形态特征】常绿乔木，高可达 25m；树皮灰褐色，纵裂成薄片，易剥落，且常有树脂流出；树枝微下弯，但枝尖仍转向上，小枝轮生或对生，黄色，有细毛，有木钉状叶枕。叶螺旋状排列，辐射伸展，横切面菱状四方形，先端锐尖，常弯曲，长 1～2.2cm。雌雄同株；雄球花单生叶腋，下垂。球果单生侧枝顶端，下垂，柱状矩圆形或圆柱形，熟前绿色，熟时淡褐色或栗色，长 6～10cm；种鳞腹面有 2 粒种子，种子上端有膜质长翅（图 5-6）。

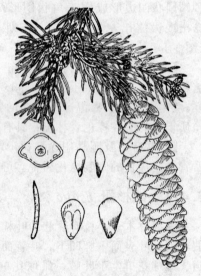

图 5-6 云杉

【分布】分布于四川、陕西、甘肃、宁夏和青海。为我国特有树种。

【生态习性】喜欢凉爽湿润的气候和肥沃深厚、排水良好的微酸性沙质土壤，也能适应微碱性土壤；耐阴、耐寒；浅根性。

【观赏特性及园林用途】树形优美，宜作庭园观赏树及风景树。材质优良，生长快，是我国西南、西北高山林区主要用材树种。

【同属其它种】①青杆 P. wilsonii：树皮淡黄灰色或暗灰色，浅裂成不规则鳞状块片脱落。1 年生枝基部宿存芽鳞不反曲。叶四棱锥形，短而细，绿色。球果卵状圆柱形或椭圆状长卵形，长 5～8cm。产于我国中西部地区，生于海拔 1400～2800m 的山地。②丽江云杉 P. likiangensis：小枝淡褐色或带红色，常有短毛。针叶横切面菱形，上面每边有白色气孔线 5～6 条，下面无气孔线或仅有 1～3 条不完整的气孔线。球果长 7～12cm，成熟前鳞背绿色，上部边缘红紫色。产于云南西北部及四川西南部高山。

5.4.4　油杉属 *Keteleeria*

常绿乔木；树皮粗糙，有不规则的沟纹；叶线形，扁平，革质，因基部扭转而成 2 列，中脉在表面凸起，叶脱落后留有圆形叶痕；球花单性同株；雄球花 4～8 个簇生。雄蕊多数，花药 2 枚；雌球花由无数螺旋排列的珠鳞与苞鳞组成，花期苞鳞大，先端 3 裂，珠鳞生于苞鳞之上，二者基部合生，每苞鳞有胚珠 2 枚，花后珠鳞增大成种鳞；球果直立，一年成熟，种鳞木质，宿存；种子有翅。

共 11 种。除 2 种产于越南外，其他均为我国特有种，产于秦岭以南、雅砻江以东，长江下游以南及台湾、海南岛等温暖山区。

云南油杉 *K. evelyniana*

【别名】海罗松、杜松、松梧。

【形态特征】常绿乔木，高达 40m。一年生枝干后呈粉红色或淡褐红色。叶在侧枝上排成两列，条形，长 3～6.5cm，宽 2.5～3.5mm，先端有急尖的钝尖头，两面中脉隆起。雌雄同株；雄球花簇生侧枝顶端，有时生叶腋；雌球花单生侧枝顶端。球果直立，圆柱形，长 9～20cm；种鳞先端反曲，边缘有细缺齿；苞鳞长约种鳞之半，中部窄缩，先端三裂；种子具厚膜质长翅（图 5-7）。

【分布】分布于云南、贵州西部、四川西部（大渡河谷）及西南部。生于海拔 1000～2650m 山地。为我国特有种。

【生态习性】阳性树种，不耐阴；喜暖湿气候，在酸性红壤中生长良好。深根性，耐干旱瘠薄；生长较慢。

【观赏特性及园林用途】树形优雅美观，可作庭园绿化树种。

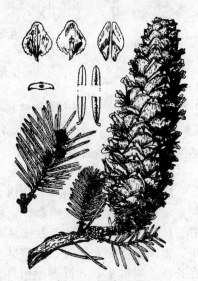

图 5-7　云南油杉

【同属其它种】铁坚油杉 *K. davidiana*：小枝淡黄灰色、灰色或黄色，无毛。叶扁线形，先端尖。球果圆柱形，果鳞上缘微向外反卷。产甘肃东南部、陕西南部、湖北西部、贵州北部和四川等地。

5.4.5　黄杉属 *Pseudotsuga*

常绿乔木；冬芽短尖；叶线形，扁平，多 2 列，上面有槽，背面有白色的气孔带，叶落后有圆形叶痕；球花单生；雄球花腋生，圆柱状；雄蕊多数，各有 2 花药，药隔顶有短距；雌球花顶生，由多数螺旋排列的苞鳞与珠鳞组成，苞鳞显著，先端 3 裂，珠鳞小，生于苞鳞基部，其上有 2 胚珠；球果卵状长椭圆形，下垂，成熟时珠鳞发育为种鳞，宿存；种子有翅。

约 18 种，分布于亚洲东部及北美洲。我国产 5 种，产于台湾、福建、浙江、安徽、湖北、湖南、四川、西藏、云南、贵州、广西等省区，多生于温暖山区。另引入栽培 2 种。

黄杉 *P. sinensis*

【别名】短片花旗松、罗汉松。

图 5-8 黄杉

【形态特征】常绿乔木；一年生主枝通常无毛，侧枝有毛。叶排成二列，条形，扁平，有短柄，长 1.5～2cm，先端有凹缺，上面中脉凹陷，下面中脉隆起，有两条白色气孔带。雌雄同株；雄球花单生叶腋；雌球花单生侧枝顶端。球果矩圆状卵形或椭圆状卵形，下垂，长 5.5～8cm，熟时褐色；种鳞木质，坚硬，蚌壳状斜方圆形或斜方状宽卵形，背面露出部分密生短毛；苞鳞明显外露，上部向外或向后反伸，先端三裂，中裂片长渐尖，侧裂钝圆；种子上端有膜质翅（图 5-8）。

【分布】为我国特有树种，产于云南、四川、贵州、湖北、湖南。

【生态习性】喜光，喜温暖湿润气候及带酸性之土壤，能耐冬春干旱。生长较快。

【观赏特性及园林用途】高大挺拔，四季常青，是优良绿化树种。

5.4.6　银杉属 Cathaya

我国特有属，仅银杉 1 种，分布于广西龙胜及四川南川。

银杉 C. nanchuanensis

【别名】杉公子、山霸公。

【形态特征】常绿乔木，高达 20 余米，胸径 90cm；树皮暗灰色，裂成不规则鳞片；枝条不规则着生。枝有长枝与短枝之分，当年生枝具微隆起的叶枕。叶条形，常镰状弯曲，稀直，螺旋状排列呈辐射状伸展，在长枝上疏散生长，近顶端则排列较密，多数长 4～5cm，边缘微反卷；在短枝上密集，近轮状簇生，通常长不超过 2.5cm；先端圆，上面中脉凹下，下面有 2 条苍白色气孔带。雌雄同株；雄球花单生于叶腋，往往 2～3 穗邻近而成假轮生；雌球花单生新枝的下部或基部叶腋。球果卵圆形，下垂；种鳞蚌壳状，近圆形，腹面有 2 粒上端有翅的种子（图 5-9）。

【分布】为我国特产稀有树种，产于广西龙胜海拔约 1400m 之阳坡阔叶林中和山脊地带与四川东南部南川金佛山海拔 1600～1800m 之山脊地带。

【生态习性】阳性树种，喜温暖湿润气候及排水良好之酸性土壤，根系发达，具有耐寒、耐旱、耐瘠薄和抗风等特性。

图 5-9　银杉

【观赏特性及园林用途】叶背的银带使植株极富观赏价值，可植于园林绿地观赏。

5.4.7　雪松属 Cedrus

常绿乔木；树冠尖塔形。树皮裂成不规则的鳞状块片；枝平展或微斜展或下垂；枝有长枝及短枝。叶生于幼枝上的单生，互生，生于老枝或短枝上的丛生，针状，常为 8 棱形或 4

棱形；球花单性同株或异株；雄球花直立，圆柱形，长约5cm，由多数螺旋状着生的雄蕊组成；雌球花卵圆形，淡紫色，长1～1.3cm，由无数珠鳞与苞鳞组成，二者基部合生，每珠鳞内有2胚珠；球果直立，卵圆形至卵状长椭圆形；种子有翅。

有4种，分布于非洲北部、亚洲西部及喜马拉雅山西部。我国有1种和引种栽培1种。

雪松 *C. deodara*

【别名】塔松、香柏、喜马拉雅雪松。

【形态特征】常绿乔木，在原产地高达75m，树冠圆锥形。大枝不规则轮生，平展；小枝微下垂，有长枝与短枝，一年生长枝有毛。叶在长枝上螺旋状散生，在短枝上簇生，斜展，针形，坚硬，长2.5～5cm。雌雄同株；雌雄球花单生于不同长枝上的短枝顶端，直立；雄球花近黄色；雌球花初为紫红色，后呈淡绿色，微被白粉，珠鳞腹面基部有2胚珠。球果直立，近卵球形至椭圆状卵圆形，长7～10cm；种鳞木质，倒三角形；苞鳞极小；种子上端具倒三角形翅（图5-10）。

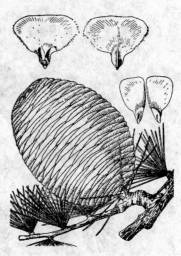

图5-10 雪松

【分布】分布于阿富汗至印度，海拔1300～3300m地带。我国南北各地已广泛引种栽培作庭园树。在气候温和凉润、土层深厚排水良好的酸性土壤上生长旺盛。

【生态习性】喜阳光充足，也稍耐阴。浅根性树种，易被风刮倒。小苗生长缓慢。通常雄株在15年以后开花，雌株要迟几年才能开花结籽。

【观赏特性及园林用途】树体高大挺拔，雄伟壮观，终年常绿，是世界著名的观赏树，适合孤植、对植和列植。

【品种】常见有以下2个栽培品种：①垂枝雪松 'Pendula'：枝明显下垂。②金叶雪松 'Aurea'：春天嫩叶金黄色。

5.4.8 落叶松属 *Larix*

落叶乔木，有树脂；树皮厚，有沟纹；枝有长枝及短枝2种；叶线形，扁平或四棱形，有气孔线，螺旋排列于主枝上或簇生于矩状的短枝上；球花单性同株，单生短枝顶；雄球花黄色，球形或长椭圆形，由无数螺旋排列的雄蕊组成，每雄蕊有2花药，药隔小，鳞片状，花粉无气囊；雌球花长椭圆形，由多数珠鳞组成，每一珠鳞生于一红色、远长于它的苞鳞的腋内，内有胚珠2颗；球果近球形或卵状长椭圆形，具短梗，成熟时珠鳞发育成种鳞，革质；种子有长翅。

约18种，分布于北半球的亚洲、欧洲及北美洲的温带高山与寒温带、寒带地区。我国产10种1变种，分布于东北、秦岭、西南、新疆阿尔泰山及天山东部。另引入栽培2种，作造林树与庭园树。

红杉 *L. potaninii*

【别名】落叶松。

【形态特征】落叶乔木，树高达50m；小枝下垂，当年生长枝红黄色至红褐色，无毛，有光泽。叶在长枝上螺旋状散生，在短枝上呈簇生状，倒披针状条形，扁平而柔软，长1.2～3.5cm，上面中脉隆起，有1～2条气孔线，下面沿中脉两侧有3～5条气孔线。雌雄同株；球花单生短枝顶端。球果直立，圆柱形，长3.5～5cm；种鳞近方形或方圆形，上缘平或微凹、微内曲，背面有疏短毛，腹面有 2 粒上端具翅的种子；苞鳞较种鳞为长，直伸（图 5-11）。

【分布】中国特有树种，产于甘肃南部、四川北部至西部的海拔 2500～4000m 高山地带，是我国西部高山地区重要造林树种。

【生态习性】喜光照，适应性强，能耐干寒气候及土壤瘠薄的环境，能生于森林垂直分布上限地带。在气候温凉、土壤深厚、肥沃、排水良好的山坡地带生长迅速，宜作造林树种。

【观赏特性及园林用途】树体高大雄伟，可用作孤赏树和风景林。

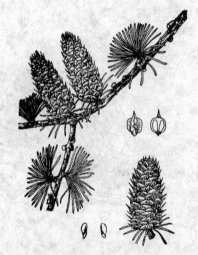

图 5-11　红杉

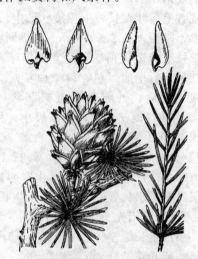

图 5-12　金钱松

5.4.9　金钱松属 *Pseudolarix*

我国特产，仅有金钱松 1 种。分布于长江中下游各省温暖地带。为优良的用材树种及庭园树种。

金钱松 *P. amabilis*

【别名】水树、金松。

【形态特征】落叶乔木，高可达 40m，树冠圆锥形；有明显的长短枝。有树脂。叶线形、柔软，生于长枝上的螺旋排列而散生，生于短枝上的簇生并呈辐射状平展，入秋变黄如金钱；球花单性同株，顶生；雄球花黄色，穗状，聚生于小枝之顶，雄蕊多数；雌球花单生，由多数、螺旋排列的珠鳞与苞鳞组成，苞鳞较珠鳞大，基部与珠鳞合生，珠鳞内面有 2 胚珠；球果大，种鳞木质并由中轴上脱落（图 5-12）。

【分布】产于江苏、浙江、安徽、福建、江西、湖南、湖北至四川。

【生态习性】强阳性，喜温暖多雨气候及深厚、肥沃的酸性土壤，耐寒性不强。深根性。抗风力强，生长较慢。

【观赏特性及园林用途】树姿优美，叶态秀丽，秋叶金黄，为世界名贵庭园观赏树种之一。栽培变种矮金钱松 ‘Nana’ 更适于盆栽观赏。

5.4.10　松属 *Pinus*

常绿乔木，稀灌木，有树脂；枝有长枝和短枝之分，长枝可无限生长，有鳞片状叶，小枝极不发达，生于长枝的鳞片状叶的腋内，顶生绿色、针状叶，2、3 或 5 针一束，每束基部为芽鳞的鞘所包围；球花单性同株；雄球花腋生，簇生于幼枝的基部；雌球花侧生或近顶生，单生或成束，珠鳞生于苞鳞的腋内，有胚珠2颗；球果的形状多种，对称或偏斜，有梗或无梗，第3年成熟；种子有翅或无翅。

约80余种，分布于北半球，北至北极地区，南至北非、中美、中南半岛至苏门答腊赤道以南地区。我国产22种10变种，分布遍及全国。另引入16种2变种。

（1）华山松 *P. armandii*

【别名】果松、五叶松、青松。

【形态特征】常绿乔木，高达35m；一年生枝绿色或灰绿色，干后褐色或灰褐色，无毛；冬芽褐色，微具树脂。针叶5针一束（稀6～7针），较粗硬，长8～15cm；树脂道3个，背面2个边生，腹面1个中生；叶鞘早落。球果圆锥状长卵形，长10～22cm，直径5～9cm，熟时种鳞张开，种子脱落；种鳞的鳞盾无毛，先端不反曲或微反曲；种子无翅或上部具棱脊（图5-13）。

【分布】分布于山西、河南、陕西、甘肃及西南地区。

【生态习性】阳性树，但幼苗略喜一定庇荫。喜温和凉爽、湿润气候，耐寒力强，在其分布区北部，甚至可耐−31℃的绝对低温。不耐炎热，在高温季节长的地方生长不

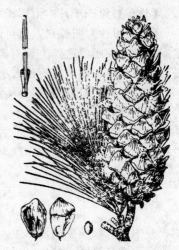

图5-13　华山松

良。喜排水良好，最宜深厚、湿润、疏松的中性或微酸性壤土。不耐盐碱土，稍耐干燥瘠薄的土地，能生于石灰岩石缝间。根系较浅，主根不明显，侧根、须根发达。对二氧化硫抗性较强。生长速度中等。

【观赏特性及园林用途】高大挺拔，针叶苍翠，冠形优美，是优良的庭院绿化树种。在园林中可用作园景树、庭荫树、行道树及林带树，亦可用于丛植、群植，并系高山风景区之优良风景林树种。

（2）黑松 *P. thunbergii*

【别名】白芽松、日本黑松。

【形态特征】常绿乔木；高达30～40m；干皮黑灰色；一年生枝淡黄褐色，无毛；冬芽银白色。针叶粗硬，2针一束，长6～12cm；树脂道6～11个，中生；叶鞘宿存。球果圆锥状卵形或卵圆形，长4～6cm，有短柄，熟时栗褐色；种鳞的鳞盾隆起，横脊显著，鳞脐微凹有短刺。种子倒卵状椭圆形，种翅灰褐色（图5-14）。

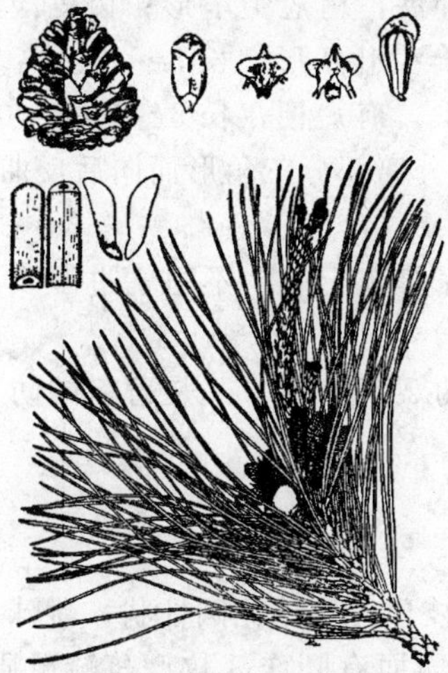

【分布】原产于朝鲜和日本；在我国辽东半岛、山东、江苏、浙江、福建、台湾、云南等地有栽培。

【生态习性】强阳性，耐干旱、瘠薄及盐碱土，抗海潮风，适于温暖多湿的海滨生长，在山东沿海地区生长旺盛，抗松毛虫及松干蚧能力较强。

【观赏特性及园林用途】制作盆景的好材料。

【品种】①花叶黑松'Aurea'：针叶基部黄色。②蛇目黑松'Oculus-draconis'：针叶上有2黄色段。③虎斑黑松'Trigrina'，针叶上有不规则的黄白斑。④垂枝黑松'Pendula'：小枝下垂。⑤锦松'Corticosa'：树干木栓质树皮特别发达并深裂，形态奇特，是制作盆景的好材料。

图5-14　黑松

(3) 日本五针松 *P. parviflora*

【别名】五须松、五针松、五钗松。

【形态特征】常绿乔木；原产地树高达 30 余米，引入我国常呈灌木状小乔木，高 2～5m；小枝有毛。针叶 5 针 1 束，细而短，长 3～6(10)cm，因有明显的白色气孔线而呈蓝绿色，稍弯曲。种子较大。其种翅短于种子长。

【分布】原产于日本南部；我国长江流域各城市及青岛等地有栽培。

【生态习性】阳性树，但也能耐阴；畏热，不耐寒；喜生于土壤深厚、排水良好、适当湿润之处，在阴湿之处生长不良。虽对海风有较强的抗性，但不适于砂地生长。生长速度缓慢。不耐移植，移植时不论大小苗均需带土球。耐整形。

【观赏特性及用途】树形美观，四季常绿，是珍贵的园林观赏树种，品种很多，适合作为盆景及布置假山园的材料。

【同属其它种】云南松 *P. yunnanensis*：针叶 3 针 1 束，间或 2 针 1 束，长 10～30cm。较软而略下垂，叶鞘宿存。球果较小。产于我国西南部高原山区。

5.5　杉科 Taxodiaceas

乔木，大枝轮生或近轮生。叶螺旋状排列，很少交叉对生（水杉属）。球花单性，雌雄同株；珠鳞与苞鳞半合生（仅顶端分离）或完全合生；种鳞（或苞鳞）扁平或盾形，螺旋状着生或交叉对生（水杉属），每个种鳞（或苞鳞）的腹面有 2～9 粒种子。

共 10 属 16 种，主要分布于北温带。我国产 5 属 7 种，引入栽培 4 属 7 种。

5.5.1　金松属 *Sciadopitys*

叶二型；鳞状叶小，膜质苞片状，螺旋状着生，散生于枝上和在枝顶成簇生状；合生叶（由二叶合生而成）条形，扁平，革质，两面中央有一条纵槽，生于鳞状叶的腋部，着生于不发育的短枝的顶端，辐射开展、在枝端呈伞形。发育的种鳞有 5～9 粒种子。

仅 1 种，产于日本。我国引入栽培，作庭园树。

金松 *S. verticillata*

【别名】日本金松。

【形态特征】乔木，在原产地高达 40m；枝近轮生，水平伸展，树冠尖塔形；树皮淡红褐色或灰褐色，裂成条片脱落。鳞状叶三角形，长 3～6mm；合生叶条形，长 5～15cm，宽 2.5～3mm，叶背两侧各有一条白色的气孔带。球果卵状矩圆形，有短梗，长 6～10cm，径 3.5～5cm；种鳞宽楔形或扇形，边缘薄、向外反卷；苞鳞先端分离部分三角形而向后反曲。

【分布】原产于日本。我国多地有栽培。

【生态习性】喜光树种，有一定的耐寒能力，喜生于肥沃深厚壤土上，不适于过湿及石灰质土壤中栽培。生长较慢。

【观赏特性及园林用途】为世界五大公园树之一，是名贵的观赏树种，又是著名的防火树，日本常于防火道旁列植为防火带。我国引入栽培作庭园树。

5.5.2　杉木属 *Cunninghamia*

叶螺旋排列，线形或线状披针形；球花单性同株，簇生于枝顶；雄球花圆柱状；雌球花球形，由螺旋状排列的珠鳞与苞鳞组成；珠鳞小，先端 3 裂，内面有胚珠 3 枚；苞鳞革质，扁平；种子有窄翅。

有 2 种及 2 栽培变种，产于我国秦岭以南、长江以南温暖地区及台湾山区。越南亦产。

杉木 *C. lanceolata*

【别名】沙木、沙树、刺杉。

【形态特征】常绿乔木，高 30～35m；树冠圆锥形。叶线状披针形，长 3～6cm，硬革质，边缘有极细锯齿，螺旋状着生，在侧枝上常扭成二列状。球果近球形或卵圆形，长2.5～5cm，苞鳞大，珠鳞先端 3 裂，腹面具 3 胚珠；种鳞小而膜质。种子扁平，长 6～8mm，褐色，两侧有窄翅（图 5-15）。

【分布】北起秦岭南坡、河南桐柏山和安徽大别山，南至两广和云南东南部和中部。

【生态习性】喜温暖湿润气候及深厚、肥沃、排水良好的酸性土壤，不耐水淹和盐碱，在阴坡生长较好。浅根性，生长快。

【观赏特性及园林用途】高大挺拔，四季常青，多用作荒山绿化和防护林。

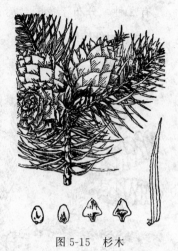

图 5-15　杉木

5.5.3　柳杉属 *Cryptomeria*

常绿乔木；叶锥尖，螺旋排列，基部下延至枝上。球花单性同株；雄球花为顶生的短穗状花序状；雄蕊多数，螺旋状排列；雌球花单生或数个集生于小枝内侧，球状，由多数螺旋状排列的珠鳞组成，每一珠鳞内有胚珠 3～5 颗；果球形，种鳞木质，盾状，近顶部有尖刺 3～7 枚；种子有狭翅。

有 2 种，分布于我国及日本。

图 5-16　柳杉

柳杉 *C. ortunei*

【别名】长叶柳杉、孔雀松、木沙椤树。

【形态特征】常绿乔木，高达 40m；树皮棕褐色，条状纵裂；小枝细长，明显下垂。叶线状锥形，长 1～1.5cm，先端略内曲。果鳞约 20 片，每片有种子 2 粒（图 5-16）。

【分布】我国特有树种，分布于浙江、福建和江西。河南、长江流域下游、西南等地有栽培。

【生态习性】喜温暖湿润气候及肥厚、湿润、排水良好的酸性土壤，特别适生于空气湿度大、夏季凉爽的山地环境，不耐寒，稍耐阴。浅根性，侧根发达；对二氧化硫抗性较强，生长较快。

【观赏特性及园林用途】树姿优美，绿叶婆娑，是很好的园林绿化树种。

【同属其它种】日本柳杉 *C. japonica*：产于日本。与柳杉不同之处：叶直伸；种鳞 20～30，各有 3～5 粒种子，苞鳞的尖头和种鳞先端的缺齿均较长。

5.5.4　台湾杉属 *Taiwania*

常绿大乔木；叶螺旋排列，2 型，老树上的叶鳞状钻形，幼树上的叶与萌芽枝上的叶铲状钻形，大而扁平；每一珠鳞内有胚珠 2，苞鳞退化；球果椭圆形，小；种鳞革质；种子 2～1 颗，围绕以狭翅。

有 2 种，分布于我国台湾、湖北、贵州、云南等省。缅甸北部也有分布。

图 5-17 秃杉

秃杉 _T. flousiana_

【别名】土杉。

【形态特征】常绿乔木。大树的叶鳞状钻形，长 3.5～6mm，下方平直或微弯，背腹面均有气孔线；幼树或萌生枝的叶钻形，长 6～14mm，稍向上弯曲。雌雄同株，雄球花簇生枝顶；雌球花单生枝顶，直立，每一珠鳞具 2 胚珠，无苞鳞。球果椭圆形或短圆柱形，直立，长 1～2cm；珠鳞通常 30 左右，三角状宽倒卵形，革质，扁平，长 6～8mm，先端宽圆具短尖，尖头的下方具明显的腺点；种子矩圆状卵形，扁平，两侧具窄翅（图 5-17）。

【分布】分布于云南、湖北和贵州。

【生态习性】生于气候温暖或温凉、夏秋多雨潮湿、冬季较干、红壤或棕色森林土地带。

【观赏特性及园林用途】树姿优美，绿叶婆娑，是很好的园景树。

【同属其它种】台湾松 _T. cryptomerioides_：产于我国台湾中央山脉、云南西部、贵州东南部及湖北西部山地，星散分布。

5.5.5 北美红杉属 _Sequoia_

仅 1 种，产于美国。我国引入栽培。

北美红杉 _S. sempervirens_

【别名】长叶世界爷、红杉。

【形态特征】大乔木，在原产地高达 110m，胸径可达 8m；树皮红褐色，纵裂，厚达 15～25cm；枝条水平开展，树冠圆锥形。主枝之叶卵状矩圆形，长约 6mm；侧枝叶条形，长约 8～20mm，先端急尖，基部扭转成二列，无柄，下面有两条白粉气孔带，中脉明显。雄球花卵形，长 1.5～2mm。球果卵状椭圆形或卵圆形，长 2～2.5cm，径 1.2～1.5cm，淡红褐色；种鳞盾形，顶部有凹槽，中央有 1 小尖头；种子椭圆状矩圆形，两侧有翅。

【分布】原产于美国加利福尼亚州海岸。我国上海、南京、杭州、西南地区有引种栽培。

【生态习性】喜温暖湿润和阳光充足的环境，生长适温 18～25℃，冬季能耐 -5℃ 低温，短期可耐 -10℃ 低温；耐半阴。耐水湿，不耐干旱。

【观赏特性及园林用途】树姿雄伟，枝叶密生，生长迅速。适用于湖畔、水边、草坪中孤植或群植，景观秀丽，也可沿园路两边列植，气势非凡。

5.5.6 水松属 _Glyptostrobus_

仅有水松 1 种，为我国特产，分布于广东、广西、福建、江西、四川、云南等省区。

水松 _G. pensilis_

【别名】水松。

【形态特征】落叶或半常绿乔木，高 8～10m；常生于沼泽地区，根部常有木质的瘤状体（呼吸根）伸出地面；干皮松软，长片状剥落。小枝 2 型：一种多年生而多宿存，一种一年生而脱落；叶下延，三种类型：或浅状而扁平，或针状而稍弯，或为鳞片状，鳞叶宿存，其余叶于秋后与侧生短枝一同脱落；球花单性同株，生于有鳞形叶的小枝顶；雄球花椭圆形；雌球花近球形或卵状椭圆形，苞鳞大，与珠鳞近合生，仅先端分离，向外反曲；球果直立，顶生，卵形或长椭圆形；种子 2 颗，有翅（图 5-18）。

图 5-18　水松

【分布】中国特产，星散分布于华南和西南地区。

【生态习性】喜光，喜温暖湿润的气候及水湿的环境，耐水湿，不耐低温。对土壤的适应性较强，除盐碱土之外，在其他各种土壤上均能生长，而以水分较多的冲渍土上生长最好。

【观赏特性及园林用途】宜作华南防风护堤及水边湿地绿化树种。树姿优美，也常植于水边观赏。

5.5.7　落羽杉属 *Taxodium*

落叶或半常绿性乔木；小枝有两种：主枝宿存，侧生小枝冬季脱落。叶螺旋状排列，基部下延生长，异型：钻形叶在主枝上斜上伸展，或向上弯曲而靠近小枝，宿存；条形叶在侧生小枝上列成二列，冬季与枝一同脱落。雌雄同株；雄球花卵圆形，在球花枝上排成总状花序状或圆锥花序状，生于小枝顶端；雌球花单生于去年生小枝的顶端，苞鳞与珠鳞几全部合生。球果球形或卵圆形，具短梗或几无梗；种鳞木质，盾形；苞鳞与种鳞合生，仅先端分离，向外突起成三角状小尖头；发育的种鳞各有 2 粒种子，种子呈不规则三角形，有明显锐利的棱脊。

共 3 种，原产于北美及墨西哥。我国均已引种，作庭园树及造林树用。

(1)　池杉 *T. ascendens*

【别名】池柏、沼落羽松。

【形态特征】乔木，在原产地高达 25m；树干基部膨大，通常有屈膝状的呼吸根（低湿地生长尤为显著）；树皮褐色，纵裂，成长条片脱落，树冠较窄，呈尖塔形。叶钻形，微内曲，在枝上螺旋状伸展，基部下延，长 4～10mm，基部宽约 1mm。球果圆球形或矩圆状球形，有短梗，向下斜垂，熟时褐黄色，长 2～4cm，径 1.8～3cm；种鳞木质，盾形；种子不规则三角形，微扁。

【分布】原产北美东南部，生于沼泽地区及水湿地上。我国南方地区广泛引种栽培。

【生态习性】强阳性树种，不耐阴。喜温暖、湿润环境，稍耐寒，能耐短暂－17℃低温。适生于深厚疏松的酸性或微酸性土壤，极耐水淹，也能耐旱。生长迅速，抗风力强。

【观赏特性及园林用途】树形挺拔，春秋叶色美丽，用作湿地的造林树种或作庭园树。

【品种】我国栽培的池杉，依据叶的形状大小和排列、叶的色泽和小枝着生状况分为以下三个类型：①锥叶池杉 'Zhuiyechisha'：叶绿色，锥形，先端钝尖，基部宽楔形，张开成螺旋状排列，少数树干下部侧枝或萌发枝的叶往往扭转成 2 列。凋落性小枝顶端或中部有分枝。树皮灰色，皮厚 1.1cm，宽裂，深 0.9cm。②线叶池杉 'Xianyechisha'：叶深绿色，条状披针形，先端渐尖，基部楔形，紧贴小枝或稍张开。凋落性小枝细，成线状，直立或弯曲成钩状，小枝顶端有少数分枝。树皮灰褐色，厚 0.8cm，裂深 0.4cm。枝叶稀疏。③羽叶池杉 'Yuyechisha'：树冠塔形或尖塔形，枝叶浓密，树冠中下部之叶条形，近于羽状排列，但不完全在一个水平面上，树冠上部多为锥形。叶草绿色，凋落性小枝再分枝多。树皮深灰色，厚约 0.5cm。

图 5-19　落羽杉

（2）落羽杉 *T. distichum*

【别名】池柏、沼杉、沼落羽松。

【形态特征】落叶乔木，在原产地高达 50m，胸径 2m；树干尖削度大，基部通常膨大，具膝状呼吸根；树皮棕色，裂成长条片。一年生小枝褐色，侧生短枝 2 列。叶线形，长 1～1.5cm，排成羽状 2 列。球果径约 2.5cm，具短柄，熟时淡褐黄色，被白粉。花期 3 月，球果 10 月成熟（图 5-19）。

【分布】原产于北美东南部，生于亚热带排水不良的沼泽地区。我国多地引种栽培作绿化树。

【生态习性】阳性，喜温暖；耐水湿，能生长于浅沼泽中，亦能生长于排水良好的陆地上。在湿地上生长的，树干基部可形成板状根，自水平根系向地面上伸出筒状的呼吸根，特称为"膝根"。抗风性强。

【观赏特性及园林用途】树形整齐美观，近羽毛状的叶丛极为秀丽，秋叶古铜色，是良好的秋色叶树种，最适水旁配植，兼有防风护岸之效。

【同属其它种】墨西哥落羽杉 *T. mucronatum*：常绿或半常绿乔木。大枝水平开展；侧生短枝螺旋状散生。不为二列，在第二年春季脱落。叶扁线形，长约 1cm，互生，紧密排成羽状二列。球果卵球形。原产于墨西哥及美国西南部，生于暖湿的沼泽地。

5.5.8　水杉属 *Metasequoia*

在中生代白垩纪及新生代约有 10 种，现仅有水杉 1 种（孑遗种），普遍栽培，为速生造林树种及园林树种。

水杉 *M. glyptostroboides*

【形态特征】落叶大乔木，高达 35m，胸径达 2.5m；叶对生，2 列，线形，背面每侧有气孔 4～6 列；球花单性同株；雌球花对生，排列于穗状花序或圆锥花序的花枝上；雄蕊交互对生，约 20 枚，每雄蕊有花药 3 枚，花粉粒无翅；雌球花单生于具叶小枝之顶；珠鳞 14～16，交互对生，每珠鳞有胚珠 5～9 枚，苞鳞退化；球果下垂，种鳞木质，交互对生，盾状，有种子 5～9 颗；种子压扁，全边有翅（图 5-20）。

【分布】我国特产，仅分布于四川东部（石柱县）及湖北西南部（利川）、湖南西北部（龙山及桑植）山区。我国各地普遍引种栽培。

【生态习性】对气候的适应性强，适应温度为 -8～38℃。喜光，耐贫瘠和干旱，移栽容易成活。生长缓慢。

【观赏特性及园林用途】树姿优美，叶色秀丽，为著名的庭园树种。也可作长江中下游、黄河下游，南岭以北、

图 5-20　水杉

四川中部以东广大地区的造林树种及四旁绿化树种。

5.6 柏科 Cupressaceae

常绿乔木或灌木。叶交叉对生或 3 叶轮生，或 4 叶成节。鳞形或刺形，鳞叶紧覆小枝，刺叶多少开展。雌雄同株或异株，球花单生；雌球花具 3~18 交叉对生或 3 枚轮生的珠鳞，珠鳞的腹面基部或近基部有 1 至多数直生胚珠，苞鳞与珠鳞完全合生，仅顶端或背部有苞鳞分离的尖头。球果较小，种鳞扁平或盾形，木质或近革质。

共 22 属，约 150 种，分布于南北两半球。我国产 8 属 29 种 7 变种，分布几乎遍全国，多为优良的用材树种及园林绿化树种。另引入栽培 1 属 15 种。

5.6.1 侧柏属 *Platycladus*

仅侧柏 1 种。

侧柏 *P. orientalis*

【别名】扁松、扁柏、香柏。

【形态特征】常绿乔木，高达 20 余米，胸径 1m；树皮薄，浅灰褐色，纵裂成条片；生鳞叶的小枝直展或斜展，排成一平面，扁平，两面同型。叶鳞形，二型，交叉对生，排成四列，基部下延生长，背面有腺点。雌雄同株，球花单生于小枝顶端；雄球花有 6 对交叉对生的雄蕊，花药 2~4；雌球花有 4 对交叉对生的珠鳞，仅中间 2 对珠鳞各生 1~2 枚直立胚珠，最下一对珠鳞短小，有时退化而不显著。球果熟时开裂；种鳞 4 对，木质，近扁平，背部顶端的下方有一弯曲的钩状尖头，中部的种鳞发育，各有 1~2 粒种子（图 5-21）。

【分布】产于朝鲜和我国南北各省，现各地多栽培供观赏，淮河以北及华北可选作造林树种。

【生态习性】喜光，幼时稍耐阴；对土壤要求不严，在酸性、中性、石灰性和轻盐碱土壤中均可生长。耐干旱瘠薄，耐寒力中等。生长缓慢，植株细弱。浅根性，但侧根发达，萌芽性强、耐修剪、寿命长，抗烟尘，抗二氧化硫、氯化氢等有害气体，抗风能力较弱。

图 5-21 侧柏

【观赏特性及园林用途】树形挺拔美丽，四季常绿，多用于寺庙、墓地、纪念堂馆和园林绿篱。也可用于盆景制作。

【品种】①千头柏 'Sieboldii'：丛生灌木，无主干；枝密，上伸；树冠卵圆形或球形；叶绿色。长江流域多栽培作绿篱树或庭园树种。②金黄球柏 'Semperaurescens'：矮型灌木，树冠球形，叶全年为金黄色。③金塔柏 'Beverleyensis'：树冠塔形，叶金黄色。④窄冠侧柏 'Zhaiguancebai'：树冠窄，枝向上伸展或微斜上伸展，叶绿色。

5.6.2 圆柏属 *Sabina*

常绿乔木或灌木；幼树之叶全为刺形，老树之叶刺形或鳞形或二者兼有；刺形叶常 3 枚轮生，稀交互对生，基部下延，无关节，上面凹下，有气孔带；鳞叶交互对生，稀三叶轮生，菱形；球花雌雄异株或同株，单生短枝顶；雄球花长圆形或卵圆形；雄蕊4～8对；交互对生；雌球花有4～8对交互对生的珠鳞，或3枚轮生的珠鳞，胚珠1～6枚，生于珠鳞内面的基部；球果当年、翌年或三年成熟，珠鳞发育为种鳞，肉质，不开裂；种子1～6粒，无翅。

约50种，分布于北半球，北至北极圈，南至热带高山。我国产15种5变种，多数分布于西北部、西部及西南部的高山地区，能适应干旱、严寒的气候。另引入栽培2种。

图 5-22　圆柏

（1）圆柏 S. chinensis

【别名】桧柏、刺柏、珍珠柏。

【形态特征】常绿乔木；有鳞形叶的小枝圆或近方形。叶在幼树上全为刺形，随着树龄的增长刺形叶逐渐被鳞形叶代替；刺形叶3叶轮生或交互对生，长6～12mm，斜展或近开展，下延部分明显外露，上面有两条白色气孔带；鳞形叶交互对生，排列紧密，先端钝或微尖，背面近中部有椭圆形腺体。雌雄异株。球果近圆形，直径6～8mm，有白粉，熟时褐色，内有1～4（多为2～3）粒种子（图5-22）。

【分布】分布广，南自两广北部，北至辽宁、吉林和内蒙古，东自华东，西至四川和甘肃。

【生态习性】喜光，较耐阴。喜凉爽温暖气候，也耐寒、耐热。对土壤要求不严，能生于酸性、中性及石灰质土壤上，在中性、深厚而排水良好处生长最佳，忌积水。深根性，侧根也很发达。生长速度中等。寿命极长。对多种有害气体有一定抗性，是针叶树中对氯气和氟化氢抗性较强的树种。耐修剪，易整形。

【观赏特性及园林用途】四季常青，各地庭园常栽培观赏，也是制作盆景的好材料。

【品种】①龙柏 'Kaizuca'（'Torulosa'，'Spiralis'）：树体通常瘦削，成圆柱形树冠；侧枝短而环抱主干，端梢扭转上升。如龙舞空。全为鳞叶，嫩时鲜黄绿色，老则变灰绿色。抗烟尘及多种有害气体能力较强。长江流域各大城市普遍栽作观赏树。②金龙柏 'Kaizuca Aurea'：枝端叶金黄色，其余特征同龙柏。③匍地龙柏 'Kaizuca Procumbens'：植株匍地面生长，以鳞叶为主。④金叶桧 'Aurea'：直立灌木，宽塔形，高3～5m；小枝具刺叶和鳞叶，刺叶中脉及叶缘黄绿色，嫩枝端的鳞叶金黄色。⑤球桧 'Globosa'：丛生球形或半球形灌木，高约1.2m；枝密生，斜上展；通常全为鳞叶，偶有刺叶。⑥金星球桧 'Aureoglobosa'：丛生球形或卵形灌木，枝端绿叶中杂有金黄色枝叶。⑦塔柏 'Pyramidalis'：树冠圆柱状塔形，枝密集；叶二型。⑧蓝柱柏 'Columnar Glauca'：树冠窄柱形，高达8m，分枝稀疏；叶银灰绿色。⑨鹿角柏 'Pfitzeriana'：丛生灌木，大枝自地面向上斜展，小枝端下垂；通常全为鳞叶，灰绿色。姿态优美，多于庭园栽培观赏。⑩金叶鹿角柏 'Aureo-pfitzeriana'：外形如鹿角柏，惟嫩枝叶为金黄色。

（2）高山柏 S. squamata

【别名】柏香、山柏、团香。

【形态特征】直立灌木，分枝硬直而开展。全为刺叶，3枚轮生，叶长6～10mm，两面均显著被白粉，呈翠蓝色。球果仅具1粒种子（图5-23）。

【分布】主产于我国西南部及陕西、甘肃、安徽、福建、台湾等地高山。我国各地庭园有栽培，供观赏。

【生态习性】阳性树，耐寒耐旱。

【观赏特性及园林用途】为匍匐状灌木，枝条斜展，弯曲下垂，叶形小，四时青翠，树皮斑驳，自然形态美观，造型容易，是庭园绿化或制作盆景的好材料。

【品种】粉柏 'Meyeri'：叶的上下两面均被白粉。

【同属其它种】①昆明柏 S. gaussenii：小乔木，高约8m，或灌木状。全为刺叶，背面有纵脊；小枝上部的叶 3 枚轮生；小枝下部的叶对生或轮生。产于云南昆明、西畴等地。中国特有树种。②铺地柏 S. procumbens：匍匐灌木，高达75cm；枝条沿地面扩展，褐色，密生小枝，枝梢及小枝向上斜展。刺形叶三叶交叉轮生。原产于日本。我国多地引种栽培。

图 5-23 高山柏

5.6.3 刺柏属 Juniperus

常绿乔木或灌木；小枝圆柱形或四棱形；叶刺形，3 枚轮生，基部有关节，不下延生长，上面平或凹下，有 1~2 条气孔带，背面有纵脊；球花雌雄同株或异株，单生叶腋；雄球花黄色，长椭圆形，雄蕊 5 对，交互对生；雌球花卵状，淡绿色，小，由 3 枚轮生的珠鳞组成；全部或一部分珠鳞有直立的胚珠 1~3 颗；果为浆果状的球果，2~3 年成熟，成熟时珠鳞发育为种鳞，肉质，种子通常 3 粒，无翅。

约 10 余种，分布于亚洲、欧洲及北美洲。我国产 3 种，引入栽培 1 种。

图 5-24 刺柏

刺柏 J. formosana

【别名】台湾柏、刺松、矮柏木。

【形态特征】常绿乔木或灌木；小枝下垂，常有棱脊；冬芽显著。叶全为刺形，3 叶轮生，基部有关节，不下延，条状披针形，先端渐锐尖，长 1.2~2.5 (~3.2) cm，宽 1.2~2mm，中脉两侧各有 1 条白色（稀淡紫色或淡绿色）气孔带（在叶端合为 1 条），下面有纵钝脊。球花单生叶腋。球果近球形或宽卵圆形，长 6~10mm，熟时淡红色或淡红褐色，有白粉，顶端有时开裂；种子通常 3 粒，半月形，无翅，有 3~4 棱脊（图 5-24）。

【分布】分布于华东、华中、西南和陕西、甘肃。我国特有树种。

【生态习性】喜光，耐寒，耐旱，也耐水湿。主侧根均甚发达，在干旱沙地、肥沃通透性土壤生长最好。向阳山坡以及岩石缝隙处均可生长。

【观赏特性及园林用途】树形美丽，叶片苍翠，冬夏常青，是城市绿化中最常见的植物之一。可孤植、列植，也可作为岩石园点缀树种。同时也是制作盆景的好素材。

5.6.4 扁柏属 Chamaecyparis

常绿乔木；生鳞叶的小枝扁平，排成一平面。叶鳞形，通常二型，稀同型（一些栽培变种），交叉对生，小枝上面中央的叶卵形或菱状卵形，先端微尖或钝，下面的叶有白粉或无，侧面的叶对折呈船形。雌雄同株，球花单生于短枝顶端；雄球花黄色、暗褐色或深红色，卵圆形或矩圆形；雌球花圆球形，胚珠1～5枚，直立，着生于珠鳞内侧。球果圆球形，种鳞3～6对，木质，盾形，发育种鳞有种子1～5（通常3）粒。

约6种，分布于北美、日本及我国台湾。我国有1种及1变种，均产台湾，为主要森林树种。另引入栽培4种。

图 5-25　日本扁柏

（1）日本扁柏 C. obtusa

【别名】白柏、钝叶扁柏、扁柏。

【形态特征】常绿乔木，高达40m；树冠尖塔形；树皮红褐色，光滑，裂成薄片脱落；生鳞叶的小枝条扁平，排成一平面。鳞叶肥厚，先端钝，小枝上面中央之叶露出部分近方形，长1～1.5mm，绿色，背部具纵脊，通常无腺点，侧面之叶对折呈倒卵状菱形，长约3mm，小枝下面之叶微被白粉。雄球花椭圆形，长约3毫米。球果圆球形，径8～10mm，熟时红褐色；种鳞4对，顶部五角形；种子近圆形，两侧有窄翅（图5-25）。

【分布】原产于日本。我国多地引种栽培，作庭园观赏树。

【生态习性】喜凉爽湿润气候，不耐寒，浅根性。

【观赏特性及园林用途】日本扁柏可作园景树、行道树、树丛、绿篱、基础种植材料及风景林用。

【品种】①孔雀柏 'Tetragona'：枝近直展，生鳞叶的小枝辐射状排列或微排成平面，短，末端鳞叶枝四棱形；鳞叶背部有纵脊，绿色。②凤尾柏 'Filicoides'：灌木，枝条短，末端鳞叶分枝短，扁平，在主枝上排列密集，外观像凤尾蕨状；鳞叶钝，常有腺点。③云片柏 'Breviramea'：树冠窄塔形；枝短，生鳞叶的小枝薄片状，有规则地排列，侧生片状小枝盖住顶生片状小枝，如层云状。

（2）日本花柏 C. pisifera

【别名】五彩松。

【形态特征】乔木，在原产地高达50m；树皮红褐色，裂成薄皮脱落；树冠尖塔形；生鳞叶小枝条扁平，排成一平面。鳞叶先端锐尖，侧面之叶较中间之叶稍长，小枝上面中央之叶深绿色，下面之叶有明显的白粉。球果圆球形，径约6mm，熟时暗褐色；种鳞5～6对，顶部中央稍凹，有凸起的小尖头，发育的种鳞各有1～2粒种子；种子三角状卵圆形，有棱脊，两侧有宽翅（图5-26）。

【分布】原产于日本。我国南方地区引种栽培。

【生态习性】中性树，稍耐阴。喜温暖、湿润气候，抗寒力强。喜肥沃湿润土壤，不耐干燥。耐修剪。

【观赏特性及园林用途】四季苍翠，枝叶茂密，宜列植或丛植，也可修剪成球形或作绿篱。

【品种】①线柏 'Filifera'：灌木或小乔木，树冠卵状球形或近球形，通常宽大于高；枝叶浓密，绿色或淡绿色；小

图 5-26　日本花柏

枝细长下垂；鳞叶先端锐尖。②绒柏‘Squarrosa’：灌木或小乔木，大枝斜展，枝叶浓密；叶条状刺形，柔软，长6～8mm，先端尖，小枝下面之叶的中脉两侧有白粉带。③羽叶花柏‘Plumosa’：灌木或小乔木，树冠圆锥形，枝叶浓密；鳞叶钻形，柔软，开展呈羽毛状，长3～4mm。整个形态特征介于原种和绒柏之间。

5.6.5 柏木属 *Cupressus*

乔木，稀为灌木状，有香气。生鳞叶的小枝四棱形或圆柱形，不排成一平面，稀扁平而排成一平面。鳞叶交叉对生，仅幼苗或萌芽枝上具刺状叶。雌雄同株，球花单生枝顶；雌球花具4～8对珠鳞，中部珠鳞具5至多数排成一至数行胚珠。球果翌年成熟，球形或近球形，种鳞4～8对，木质，盾形，熟时张开，中部种鳞各具5至多数种子。种子长圆形或长圆状倒卵形，稍扁，有棱角，两侧具窄翅。

约20种，分布于北美南部、亚洲东部、喜马拉雅山区及地中海等温带及亚热带地区。我国产5种，产于秦岭以南及长江流域以南，均系用材树种，引入栽培4种，作园林绿化树。

柏木 *C. funebris*

【别名】柏树、黄柏、垂丝柏。

【形态特征】常绿乔木；小枝细长，下垂，扁平，排成一平面。叶鳞形，交互对生，先端尖；小枝上下之叶的背面有纵腺体，两侧之叶折覆着上下之叶的下部；两面均为绿色。雌雄同株，球花单生于小枝顶端。球果翌年夏季成熟，球形，直径8～12mm，熟时褐色；种鳞4对，木质，盾形，顶部中央有凸尖，能育种鳞有5～6粒种子；种子长约3mm，两侧具窄翅（图5-27）。

【分布】分布于华东、中南、西南和甘肃、陕西。我国特有树种。

【生态习性】喜光，要求温暖湿润的气候环境：年平均气温14～19℃，年平均降水量1000mm以上。对土壤适应性广，但以石灰岩土或钙质紫色土生长最好。

图5-27 柏木

【观赏特性及园林用途】树姿端庄，适应性强，抗风力强，耐烟尘，耐水湿。用作石灰岩山地造林树种和寺观园林绿化。

5.6.6 翠柏属 *Calocedrus*

常绿乔木；小枝上密生交互对生的鳞叶，扁平，平展，枝背面鳞叶有脊并有白色气孔线，侧边一对鳞叶对折；球花雌雄同株，单生枝顶；雄球花有6～8对交互对生的雄蕊；雌球花有3对交互对生的珠鳞，仅中间1对珠鳞内面有2枚胚珠；球果长圆形，成熟时珠鳞发育为种鳞，木质，扁平，外部顶端之下有短尖头，开裂，最上1对种鳞合生，基部1对小型；种子上部具1长1短之翅。

2种，分布于北美及我国云南、贵州、广西、广东海南岛及台湾。均为用材树种。

翠柏 *C. macrolepis*

【别名】翠柏、大鳞肖楠、长柄翠柏。

【形态特征】常绿乔木，高达35m。小枝扁平，排成平面。鳞叶宽大而薄，长2～4mm，表面叶绿色，背面叶有白粉；中间之叶先端尖，两侧之叶先端长尖而直伸或稍外展。球果长卵形，长 1～2cm，果鳞扁平，木质开裂，3 对。仅中间一对每果鳞具 2 种子。种子上部具二不等长的翅（图 5-28）。

【分布】产于我国云南、贵州、广西及海南。

【生态习性】喜光，喜温暖气候及较湿润的土壤。

【观赏特性及园林用途】叶色翠绿，可作为庭园树种。昆明春节时常用其枝插瓶供室内观赏，称"花瓶柏"。

图 5-28　翠柏

图 5-29　福建柏

5.6.7　福建柏属 *Fokienia*

仅有 1 种。

福建柏 *F. hodginsii*

【别名】广柏、滇柏、建柏。

【形态特征】常绿乔木；有叶小枝扁平，排成一平面。鳞形叶二型，交互对生，四个成一节，长 2～9mm，小枝中央的一对紧贴，先端三角状；两侧的叶折贴着中央之叶的边缘，先端钝或尖，稍内弯或直；小枝上面的叶微凸，深绿色，下面之叶具凹陷的白色气孔带。雌雄同株，球花单生于枝顶。球果翌年成熟，方球形，褐色，直径 1.7～2.5cm；种鳞 6～8 对，木质，盾形，顶部多角形，中央有小凸尖，能育种鳞各有 2 粒种子；种子上部有一大一小的膜质翅（图 5-29）。

【分布】分布于浙江、福建、江西、湖南、广东、贵州、云南及四川等省。

【生态习性】喜光，稍耐阴，喜温暖多雨气候及酸性土壤。

【观赏特性及园林用途】南方高山造林用材树种，也可植于园林观赏。

5.6.8　崖柏属 *Thuja*

常绿乔木或灌木，生鳞叶的小枝排成平面，扁平。鳞叶二型，交叉对生，排成四列，两侧的叶成船形，中央之叶倒卵状斜方形，基部不下延生长。雌雄同株，球花生于小枝顶端；雄球花具多数雄蕊，每雄蕊具 4 花药；雌球花具 3～5 对交叉对生的珠鳞，仅下面的 2-3 对的腹面基部具 1～2 枚直生胚珠。球果矩圆形或长卵圆形，种鳞薄，革质，扁平，近顶端有突起的尖头，仅下面 2～3 对种鳞各具 1～2 粒种子；种子扁平，两侧有翅。

约 6 种，分布于美洲北部及亚洲东部。我国产 2 种，分布于吉林南部及四川东北部。另引种栽培 3 种，作观赏树。

北美香柏 *T. occidentalis*

【别名】黄心柏木、美国侧柏、香柏。

【形态特征】乔木,在原产地高达 20m;树皮红褐或桔褐色,有时灰褐色;树冠塔形。鳞叶枝上面的叶深绿色,下面的叶灰绿色或淡黄绿色;鳞叶长 1.5～3mm,两侧的叶与中央的叶近等长或稍短,先端尖,内弯,中间的叶明显隆起,尖头下方有透明的圆形腺点,鳞叶枝下面的鳞叶几无白粉,揉碎时有香气。球果长椭圆形,长 0.8～1.3mm;种鳞 5 (4) 对,下面 2～3 对发育,各有 1～2 种子。种子扁,两侧有翅,两端有凹缺 (图 5-30)。

【分布】原产于北美。河北、山东、江苏、安徽、浙江、江西、湖北及河南等地引种栽培。

【生态习性】喜光,也耐阴,对土壤要求不严,能生长于温润的碱性土中。耐修剪,抗烟尘和有毒气体的能力强。生长较慢,寿命长。

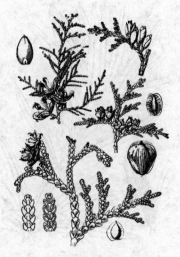

图 5-30 北美香柏

【观赏特性及园林用途】树冠整齐优美,园林上常作园景树点缀装饰树坛、丛植草坪一角,亦适合作绿篱。

5.7 罗汉松科 (竹柏科) Podocarpaceae

常绿乔木或灌木。叶螺旋状排列、近对生或交互对生,线形、鳞形或披针形,全缘,两面或下面有气孔带或气孔线。球花单性,雌雄异株,稀同株;雄球花穗状,单生或簇生叶腋,或生枝顶;雄蕊多数,螺旋状排列。雌球花单生叶腋或苞腋,或生枝顶,稀穗状,具一枚或多枚螺旋状排列的苞片,苞腋内着生 1 枚直立、近直立或倒生的胚珠。种子核果状或坚果状,为肉质或较薄而干的假种皮所包,有肉质种托或无,有柄或无柄。

共 8 属约 130 余种;分布于热带、亚热带及南温带地区,在南半球分布最多。我国产 2 属 14 种 3 变种,分布于长江以南各省区;罗汉松、短叶罗汉松等为普遍栽培的庭园树种。

罗汉松属 *Podocarpus*

常绿乔木或灌木;叶线形至长椭圆形,全缘,稀为鳞片状,螺旋排列或交互对生或近对生;球花雌雄异株,腋生,单生或成束生于小枝之顶;雄球花有多数雄蕊,螺旋排列;雌球花单生叶腋或枝顶,基部数枚苞片的腋内无胚珠,顶端 1 枚苞片发育成囊状的珠套,内有 1 枚胚球,花后珠套增厚成肉质的假种皮;苞片发育成肉质的种托或不;种子当年成熟;核果状,全为肉质假种皮所包,生于肉质或非肉质的种托上。

约 100 种,分布于亚热带、热带及南温带,多产于南半球。我国有 13 种 3 变种,分布于长江以南各省区及台湾。

(1) 罗汉松 *P. macrophllus*

【别名】罗汉杉、土杉。

【形态特征】常绿乔木,高达 20m。叶线状披针形,长 7～10cm,宽 7～10mm,全缘,有明显中肋,螺旋状互生。种子核果状,着生于肥大肉质的紫色种托上,全形如披着袈裟的罗汉 (图 5-31)。

【分布】产于我国长江以南地区。

第 5 章 裸子植物 **57**

图 5-31 罗汉松

【生态习性】半阳性树种。在半阴环境下生长良好。喜温暖湿润和肥沃沙质壤土，在沿海平原也能生长。不耐严寒。寿命长。

【观赏特性及园林用途】树形古雅，种子与种柄组合奇特，惹人喜爱，南方寺庙、宅院多有种植。可于门前对植，中庭孤植，或于墙垣一隅与假山、湖石相配。也可布置花坛或制作成盆栽陈于室内欣赏。

【变种及品种】①小叶罗汉松 var. maki：叶较小，长4～7cm，宽 3～7mm。原产于日本。我国长江以南各地庭园普遍栽培观赏；北方多温室盆栽，用于室内、观赏。也是制作盆景的好材料。②短小叶罗汉松 'Condensatus'：叶特短小，长 3.5cm 以下，密生。多作为盆景材料。③狭叶罗汉松 var. angustifolius：叶较狭，长 5～10cm，宽3～6mm，先端成长尖头。产于四川、贵州、江西等省。

(2) 竹柏 *P. nagi*

【别名】大叶沙木、猪油木。

【形态特征】常绿乔木。叶交互对生或近对生，排成两列，厚革质，窄卵形、卵状披针或椭圆状披针形，长 5～7cm（萌生枝的叶长可达 11cm），宽 1.5～2.8cm，无中脉而有多数并列细脉。雄球花穗状，常分枝，单生叶腋，长1.8～2.5cm，梗较粗短；雌球花单生叶腋，稀成对腋生，基部有数枚苞片，花后苞片不变成肉质种托。种子球形，直径 1.2～1.5cm，熟时套被紫黑色，有白粉，种托与梗相似（图 5-32）。

【分布】分布于台湾、福建、浙江、江西、湖南、广东，西至四川东部。

【生态习性】喜温暖环境，不耐湿、不耐寒。抗病虫害能力强。

【观赏特性及园林用途】叶形奇异，终年苍翠；树干修直，树姿优美，是优良的常绿观赏树木。

图 5-32 竹柏

5.8 三尖杉科（粗榧科）Cephalotaxaceae

本科仅有 1 属。

三尖杉属（粗榧属）*Cephalotaxus*

常绿乔木或灌木，髓心中部具树脂道。叶条形或披针状条形，稀披针形，交叉对生或近对生，在侧枝上基部扭转排列成两列，上面中脉隆起，下面有两条宽气孔带，在横切面上维管束的下方有一树脂道。球花单性，雌雄异株，稀同株；雄球花单生叶腋；雌球花具长梗，生于小枝基部（稀近枝顶）苞片的腋部。种子第二年成熟，核果状，全部包于由珠托发育成的肉质假种皮中，常数个（稀 1 个）生于轴上。

9种，我国产7种，3变种，分布于秦岭至山东鲁山以南各省区及台湾。另有1引种栽培变种。

三尖杉 *C. fortunei*

【别名】藏杉、桃松、狗尾松。

【形态特征】常绿乔木；小枝对生。叶螺旋状着生，排成两列，披针状条形，常微弯，长4～13cm，宽3～4.5mm，上部渐窄，基部楔形或宽楔形，上面中脉隆起，深绿色，下面中脉两侧有白色气孔带。雄球花8～10聚生成头状，单生叶腋，直径约1cm；雌球花由数对交互对生的苞片所组成，生于小枝基部的苞片腋部，胚珠常4～8个发育成种子。种子生柄端，常椭圆状卵形，熟时外种皮紫色或紫红色（图5-33）。

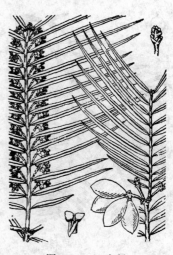

图5-33　三尖杉

【分布】分布于安徽、浙江、福建、江西、湖南、湖北、陕西、甘肃、四川、云南、贵州、广西和广东。

【生态习性】喜半湿润的高原气候。较耐贫瘠，耐半阴。

【观赏特性及园林用途】树形挺拔，四季常绿，用作孤植树和风景林。

5.9　红豆杉科（紫杉科）Taxaceae

常绿乔木或灌木。叶条形或披针形，螺旋状排列或交叉对生，叶内有树脂道或无。球花单性，雌雄异株，稀同株；雄球花单生叶腋或苞腋，或组成穗状花序集生于枝顶，雄蕊多数；雌球花单生或成对生于叶腋或苞片腋部，有梗或无梗，基部具多数覆瓦状排列或交叉对生的苞片，胚珠1枚。种子核果状，无梗则全部为肉质假种皮所包，如具长梗则种子包于囊状肉质假种皮中、其顶端尖头露出；或种子坚果状，包于杯状肉质假种皮中，有短梗或近于无梗。

我国有4属12种1变种及1栽培种。

红豆杉属（紫杉属）*Taxus*

乔木，小枝不规则互生。叶线形，螺旋状着生，基部扭转排成2列或成彼此重叠的不规则两列，直或镰状，上面中脉隆起，下面有两条灰绿色或淡黄色的气孔带，叶内无树脂道。雌雄异株，球花小，单生于叶腋内，早春开放；雄球花为具柄、基部有鳞片的头状花序，有雄蕊6～14，盾状，每一雄蕊有花药4～9个；雌球花有1个顶生的胚珠，基部托以盘状珠托，下部有苞片数枚；胚珠基部托以圆盘状的珠托，受精后珠托发育成肉质、杯状的假种皮。种子坚果状，生于杯状肉质的假种皮中，卵圆形、半卵圆形或柱状矩圆形，顶端凸尖，成熟时肉质假种皮红色。

约11种，分布于北半球。我国有4种1变种。

本属叶常绿，深绿色，假种皮肉质红色，颇为美观，可作庭园树。

红豆杉 *T. chinensis*

【别名】观音杉、红豆树、卷柏。

【形态特征】常绿乔木；小枝互生。叶螺旋状着生，基部扭转排成二列，条形，通常微弯，长1～2.5cm，宽2～2.5mm，边缘微反曲，先端渐尖或微急尖，下面沿中脉两侧有两条宽灰绿色或黄绿色气孔带，绿色边带极窄，中脉带上有密生均匀的微小乳头点。雌雄异

图5-34 红豆杉

株；球花单生叶腋；雌球花的胚珠单生于花轴上部侧生短轴的顶端，基部托以圆盘状假种皮。种子扁卵圆形，生于红色肉质的杯状假种皮中，长约5mm，先端微有二脊，种脐卵圆形（图5-34）。

【分布】分布于甘肃、陕西、湖北和四川。常生于海拔1000～1200m以上的高山上部。

【生态习性】喜阴、耐旱、抗寒，要求土壤pH值在5.5～7.0。

【观赏特性及园林用途】树形美丽，果实成熟期红绿相映的颜色搭配令人陶醉，可广泛应用于水土保护林及风景林。

【同属其它种】①云南红豆杉 T. yunnanensis：叶质地薄，狭披针形至扁线形，长1.5～4.7cm，先端渐尖，基部歪斜，呈镰状弯曲，边缘向后反卷。产于云南西部、四川西南部及西藏东部山地。是优良的园林观赏树种。②西藏红豆杉 T. wallichiana：叶条形，较密地排列成彼此重叠的不规则两列，质地较厚。产于西藏南部海拔2500～3000m地带。

第6章 被子植物

6.1 木兰科 Magnoliaceae

乔木或灌木，常绿或落叶，具油细胞；叶互生、簇生或近轮生，单叶不分裂，罕分裂。花顶生、腋生、罕成为2～3朵的聚伞花序。花被片通常花瓣状；雄蕊多数，子房上位，心皮多数，离生，罕合生，虫媒传粉，胚珠着生于腹缝线，胚小、胚乳丰富。

共18属，约335种，主要分布于亚洲东南部、南部，北部较少；北美东南部、中美、南美北部及中部较少。中国有14属，约165种，主要分布于中国东南部至西南部，向东北及西北而渐少。

6.1.1 木兰属 *Magnolia*

常绿或落叶，乔木或大灌木。叶全缘，稀叶端2裂；托叶与叶柄相连并包裹嫩芽，脱落后在枝上留下环状托叶痕。花两性，顶生，萼3片，花瓣状；花瓣6～12片，雄蕊和雌蕊均多数，螺旋状着生于伸长的花托上，结果时合生成1球果状体。聚合蓇葖果，呈球果状，有种子1～2颗，具红色假种皮，成熟时种子悬挂于丝状的种柄上。

约90种，中国31种。花大而美丽，多具芳香，是优良的观赏树种。

(1) 玉兰 *M. denudata*

【别名】应春花、白玉兰、望春花。

【形态特征】落叶乔木，高达15～20m；冬芽密生灰绿色或灰绿黄色长绒毛；幼枝及芽具柔毛。叶倒卵状椭圆形，长8～18cm，先端突尖而短钝，基部圆形或广楔形，幼时背面有毛。花大，直径12～15cm；花萼、花瓣相似，共9片，纯白色，厚而肉质，有香气；早春叶前开花。聚合果圆筒形，长8～12cm，淡褐色；果梗有毛（图6-1）。

【分布】原产于我国，各地均有栽培；在东部森林中有野生。

【生态习性】喜温暖湿润气候，有一定的耐寒性；喜光，喜肥沃、湿润而排水良好的酸性土壤，中性及微碱性土上也能生长，较耐干旱，不耐积水；生长慢。

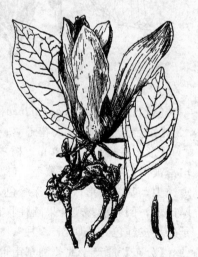

图6-1 玉兰

【观赏特性及园林用途】玉兰花大而洁白、芳香，早春白花满树，十分美丽，是驰名中外的珍贵庭园观花树种，为我国传统名花；花朵开放时朵朵向上，象征着奋发向上的精神，古时多在堂、亭、台、楼、阁前栽植，与金桂对植，寓意"金玉满堂"；在宅院中栽植，与海棠、迎春、牡丹、桂花相配，形成"玉堂春富贵"的吉祥、富贵、如意的寓意。在现代园林中多用作孤赏树、行道树；常与茶花、茶梅、迎春、南天竹等配植，形成早春景观；大型园林中更可开辟玉兰专类园。

【品种】品种有'红运'玉兰、'黄'玉兰、'晚花'玉兰、'夏花'玉兰、'小白花'玉兰、'长叶'玉兰、'重瓣'玉兰等近40个。

(2) 山玉兰 M. delavayi

【别名】山波萝、优昙花。

【形态特征】常绿小乔木，高达 6～12m；小枝密被毛。叶椭圆形或卵状椭圆形，长 17～32cm，革质，背面有白粉；托叶贴生于叶柄，托叶痕延至叶柄顶部。花大，径 15～20cm，奶油白色，花药淡黄色，微芳香；4～6月开花（图6-2）。

【分布】产于云南、四川及贵州西南部山林中。

【生态习性】喜温暖湿润气候，稍耐阴；喜深厚肥沃土壤，也耐干旱和石灰质土，忌水湿；生长较慢，寿命长达千年。

【观赏特性及园林用途】树姿雄伟壮丽，枝繁叶茂，叶大荫浓，花大如荷，芳香馥郁，是优良的庭园绿化及观赏树种。被称之为佛教圣花，常植于古刹寺庙入口处或大院里。

【变种】红花山玉兰 var. rubra：花粉红至红色，昆明等地广为栽培。

图 6-2 山玉兰

图 6-3 广玉兰

(3) 广玉兰 M. grandiflora

【别名】洋玉兰、大花玉兰、荷花玉兰。

【形态特征】高达 30m；树皮淡褐色或灰色，薄鳞片状开裂；小枝、芽、叶下面、叶柄均密被褐色或灰褐色短绒毛。叶厚革质，椭圆形，长圆状椭圆形或倒卵状椭圆形，先端钝或短钝尖，基部楔形，叶面深绿色，有光泽。花白色，芳香，直径 15～20cm；花被片 9～12，厚肉质，倒卵形，聚合果圆柱状长圆形或卵圆形，密被褐色或淡灰黄色绒毛；蓇葖背裂；种子外种皮红色。花期 5～6月（图6-3）。

【分布】原产于北美洲东南部，现世界各地广泛栽培，超过 150 个栽培品系。中国长江流域以南各城市有栽培，华北地区也有栽培。

【生态习性】喜光，幼时稍耐阴。喜温暖湿润气候，有一定的抗寒能力。适生于干燥、肥沃、湿润与排水良好的微酸性或中性土壤，在碱性土种植时易发生黄化，忌积水和排水不良。对烟尘及二氧化硫气体有较强的抗性，病虫害少。根系深广，抗风力强。

【观赏特性及园林用途】树姿雄伟壮丽，四季常青，花大而洁白，状如荷花，芳香馥郁，为优良的城市绿化观赏树种。"翠条多力引风长，点破银花玉雪香。韵友自知人意好，隔帘轻解白霓裳"，这是清朝沈同的《咏玉兰》里描述广玉兰的诗句，现在广玉兰更是被世人冠以"芬芳的陆地莲花"的美誉，广泛用作行道树，也常用于庭园、公园、墓地等绿地中，适合孤植于草坪上，列植于通道两旁、花台上。该树种耐烟抗风，对二氧化硫等有毒气体有较强抗性，可用作工厂防护林。

（4）紫玉兰 M. liliflora

【别名】木笔、辛夷。

【形态特征】落叶大灌木，高达 3～5m，常丛生。叶椭圆形或倒卵状椭圆形，长 8～18cm，先端急渐尖或渐尖，基部楔形并稍下延，背面无毛或沿中脉有柔毛。花大，花被片9，每3片排成1轮，最外1轮披针形，黄绿色，长约 2.3～3.3cm，其余的矩圆状倒卵形，长 8～10cm，外面紫色，里面近白色；萼片小，3枚，披针形，绿色。春天叶前开花。聚合果矩圆形，长 7～10cm，淡褐色（图6-4）。

【分布】原产于我国中部，现各地广为栽培，并已引种至欧美各国都市，享誉中外。

【生态习性】喜光，不耐阴；较耐寒，喜肥沃、湿润、排水良好的土壤，忌黏质土壤，不耐盐碱；肉质根，忌水湿；根系发达，萌蘖力强。

【观赏特性及园林用途】是著名的早春观赏花木，树形婀娜，枝繁花茂；开花时，满树红花，艳丽怡人，芳香优雅，适用于古典园林中厅前院后配植，也可孤植或散植于小庭院内。是优良的庭园、街道绿化植物，为中国传统花卉和中药，有 2000 多年的栽培历史。

图6-4 紫玉兰

（5）二乔玉兰 Magnolia×soulangeana

【别名】苏郎木兰、朱砂玉兰、紫砂玉兰。

【形态特征】为玉兰和木兰的杂交种，形态介于二者之间。落叶乔木，高 6～10m。叶倒卵形、宽倒卵形，先端宽圆，1/3 以下渐窄成楔形。花大而芳香，钟状，花被片6～9，外轮3片常较短，绿色；内两轮长倒卵形，外面淡紫红色，里面白色，有香气。花芽密被灰黄绿色长绢毛；托叶芽鳞2片。花期早春。

【分布】原产于我国，我国华北、华中及江苏、陕西、四川、云南等均有栽培。

【生态习性】与二亲本相近，但更耐旱，耐寒。移植难。

【观赏特性及园林用途】二乔玉兰花大色艳，观赏价值很高，是城市绿化的极好花木。广泛用于公园、绿地和庭园等孤植观赏。国内外庭院中普遍栽培。

【栽培品种】有'大花'二乔玉兰、'美丽'二乔玉兰、'塔形'二乔玉兰等。

【同属其它种】①滇藏木兰 M. campbellii：落叶乔木，花大而美丽，粉红色，并出现大花、白花、白瓣基部发紫及紫红等品种。花期3～5月，果期6～7月。产西藏东南部、云南西北部和西部及四川西南部。②西康玉兰 M. wilsonii：花白色，花期5～6月。产于云南北部，四川西部及中部和贵州等地。③望春玉兰 M. biondii：花瓣外3片紫红色，中、内轮花瓣基部紫红色。产于陕西、甘肃、河南、湖南、湖北、四川等地。花期3月。④武当木兰 M. sprengeri：花瓣12片，玫瑰红色并具深紫色纵纹。产于陕西、甘肃、河南、湖南、湖北、四川、贵州等地。花期3～4月。

6.1.2 木莲属 *Manglietia*

叶革质，全缘，幼叶在芽中对折；托叶包着幼芽，下部贴生于叶柄，在叶柄上留有或长或短的托叶痕。花单生枝顶，两性，花被片通常 9～13，3 片 1 轮，大小近相等，外轮 3 片常较薄而坚，近革质，常带绿色或红色。聚合果紧密，球形、卵状球形、圆柱形、卵圆形或长圆状卵形，成熟菁葖果近木质，或厚木质，宿存，具种子 1～10 颗。

约 30 余种，分布于亚洲热带和亚热带，以亚热带种类最多。中国有 22 种，产于长江流域以南，为著名的观赏和用材树种。

(1) 木莲 M. fordiana

【别名】绿楠、乳源木莲。

【形态特征】常绿乔木，树高达 20～25m；小枝具环状托叶痕，幼枝及芽有红褐色短毛。单叶互生，长椭圆形至倒披针形，长 8～16cm，革质，全缘，边缘稍内卷，背面疏生红褐色短硬毛，侧脉 8～12 对。花白色，形如莲，单生枝端；花梗粗短，长 1～2cm；4～5 月开花。聚合菁葖果卵球形。种子红色。花期 5 月，果期 10 月（图 6-5）。

图 6-5　木莲

【分布】产于我国东南部至西南部山地。

【生态习性】喜光，幼时耐阴，成长后喜光。喜温暖湿润气候及肥沃的酸性土壤，在低海拔干热处生长不良。有一定的耐寒性。根系发达，但侧根少，初期生长较缓慢，3 年后生长较快。

【观赏特性及园林用途】树冠浑圆、枝叶并茂，绿荫如盖、典雅清秀，初夏盛开玉色花朵，秀丽动人，用于草坪、庭园或名胜古迹处孤植、群植，能起到绿荫庇夏、寒冬如春的功效，是南方绿化及用材的优良树种。

(2) 红色木莲 M. insignis

【别名】红花木莲。

【形态特征】常绿乔木，高达 30m；小枝无毛或幼嫩时在节上被锈色或黄褐柔毛。叶革质，倒披针形至长椭圆形，长 10～26cm，侧脉 12～24 对。花被片 9～12，外轮 3 片褐色，腹面淡红色或紫红色，倒卵状长圆形，长约 7cm，向外反曲，中内轮 6～9 片，直立，乳白色淡粉红色，倒卵状匙形，长 5～7cm，1/4 以下渐狭成爪。聚合果鲜时紫红色，卵状长圆形，长 7～12cm。花期 5～6 月，果期 8～9 月。

【分布】产于湖南、广西、四川、贵州、云南、西藏。

【生态习性】耐阴，喜湿润肥沃土壤。

【观赏特性及园林用途】树形优美，花色鲜艳，且有的一年能开 2 次花（5～6 月和 10 月下旬），是优良的园林绿化树种，用作行道树、庭荫树和风景林。在南方地区已推广应用。

【同属其它种】①川滇木莲 M. duclouxii：花红色，产于四川东南部、云南东北部。越南北部也有分布。②中缅木莲 M. hookeri：花白色，产于云南、贵州。缅甸也有分布。③大果木莲 M. grandis：花红色，产于广西，云南。④桂南木莲 M. chingii：花梗细长，向下弯垂；花白色。产于广东北部和西南部、云南东南部、广西中部和东部、贵州东南部。⑤香木莲 M. aromatica：花梗粗壮，花白色。全株都有香味。产于云南东南部、广西西南部。

6.1.3 含笑（白兰）属 *Michelia*.

常绿乔木或灌木。叶革质，单叶互生，全缘；托叶膜质，两瓣裂，小枝具环状托叶痕。幼叶在芽中直立、对折。花蕾单生于叶腋，被苞片包裹，花梗上有环状的苞片脱落痕。花两性，通常芳香，花被片6～21片，3或6片一轮。常因部分蓇葖果不发育形成疏松的穗状聚合果；成熟蓇葖果全部宿存于果轴。种子2至数颗，红色或褐色。

约50余种，分布于亚洲热带、亚热带及温带的中国、印度、斯里兰卡、中南半岛、马来群岛、日本南部。中国约有41种，主产于西南部至东部，以西南部较多；适宜生长于温暖湿润气候和酸性土壤，为常绿阔叶林的重要组成树种，多数种可供观赏。

（1）白兰 *M. alba*

【别名】白缅桂。

【形态特征】常绿乔木，高达17m，枝广展，呈阔伞形树冠；揉枝叶有芳香；嫩枝及芽密被淡黄白色微柔毛，老时毛渐脱落。叶薄革质，长椭圆形或披针状椭圆形，先端长渐尖或尾状渐尖，基部楔形，上面无毛，下面疏生微柔毛，干时两面网脉均很明显；托叶痕几乎达叶柄中部。花白色，极香；花被片10片，披针形；蓇葖果熟时鲜红色。花期4～9月，通常不结实（图6-6）。

【分布】原产于印度尼西亚爪哇，现广植于东南亚。中国福建、广东、广西、云南等省区栽培极盛，长江流域各省区多盆栽，在温室越冬。

【生态习性】喜光照充足、暖热湿润和通风良好的环境，不耐寒，不耐阴，也怕高温和强光，宜排水良好、疏松、肥沃的微酸性土壤，最忌烟气、台风和积水。

1.花枝；2.叶下面示柔毛；3.雄蕊；4.雌蕊群；
5.心皮及子房纵剖；6.花瓣

图 6-6　白兰

【观赏特性及园林用途】花洁白清香、夏秋间开放，花期长，叶色浓绿，为著名的庭园观赏树种，多栽为行道树或庭荫树。

（2）黄兰 *M. champaca*

【别名】黄玉兰、黄缅桂。

【形态特征】常绿乔木，高达17余米，树冠窄伞形。芽、幼枝、幼叶及叶柄均被淡黄色平伏柔毛。叶薄革质，披针状卵形或披针状长椭圆形，长10～20(～25)cm，先端长渐尖或近尾状，基部宽楔形或楔形，全缘；托叶痕达叶柄中上部。花单生叶腋，橙黄色，极香，花被片15～20，倒披针形，长3～4cm。聚合果长7～15cm，蓇葖倒卵状长圆形，长1～1.5cm，被疣状凸起。种子2～4粒，被皱纹。花期6～7月，果期9～10月（图6-7）。

【分布】产于云南南部及西部、西藏东南部。云南、福建、台湾、广东、海南、广西有露地栽培，长江流域各地盆栽，在温室越冬。

【生态习性】喜温暖、湿润气候，不耐寒，冬季室内

图 6-7　黄兰

最低温度应保持在 5℃ 以上。不耐干旱，忌积水。要求阳光充足。

【观赏特性及园林用途】花芳香，树形优美，为著名观赏树种，用作孤赏树、庭荫树、行道树。

(3) 乐昌含笑 M. chapensis

【别名】南方白兰花、广东含笑、景烈白兰。

【形态特征】常绿乔木，高 15～30m；小枝无毛，幼时节上有毛。叶薄革质，倒卵形至长圆状倒卵形，长 5.6～16cm，先端短尾尖，基部楔形。花被片 6，黄白色带绿色；花期 3～4 月（图 6-8）。

【分布】产于江西、湖南、广东、广西、云南、贵州。越南有分布。

【生态习性】喜温暖湿润的气候，生长适宜温度为 15～32℃，能抗 41℃ 的高温，亦能耐寒。喜光，但苗期喜偏阴。喜土壤深厚、疏松、肥沃、排水良好的酸性至微碱性土壤。能耐地下水位较高的环境，在过于干燥的土壤中生长不良。

【观赏特性及园林用途】树形壮丽，枝叶稠密，花清丽而芳香，是优良的园林绿化和观赏树种。长江以南地区广泛用作行道树和庭荫树。

图 6-8 乐昌含笑

图 6-9 深山含笑

(4) 深山含笑 M. maudiae

【别名】光叶白兰、莫氏含笑。

【形态特征】常绿乔木，高 20m。树皮浅灰或灰褐色，平滑不裂。芽、幼枝、叶背均被白粉。叶互生，革质，全缘，深绿色，叶背淡绿色，长椭圆形，先端急尖。早春开花，单生于枝梢叶腋，花白色，有芳香，直径 10～12cm。果期 9～10 月，聚合果 7～15cm。种子红色。花期 2～3 月，果期 9～10 月（图 6-9）。

【分布】产于安徽、浙江、福建、江西、湖南、广东、广西及贵州。

【生态习性】喜温暖、湿润环境，有一定耐寒能力。喜光，幼时较耐阴。自然更新能力强，生长快，4～5 年生即可开花。抗干热，对二氧化硫的抗性较强。喜土层深厚、疏松、肥沃而湿润的酸性沙质土。根系发达，萌芽力强。

【观赏特性及园林用途】枝叶繁茂，花朵繁密而芳香，是早春优良观花树种。用作行道树和孤赏树。

(5) 含笑 M. figo

【别名】香蕉花、含笑花、含笑梅。

【形态特征】常绿灌木或小乔木。分枝多而紧密组成圆形树冠，树皮和叶上均密被褐色绒毛。单叶互生，叶椭圆形，绿色，光亮，厚革质，全缘。花单生叶腋，花形小，呈圆形，花瓣 6 枚，肉质淡黄色，边缘常带紫晕，有香蕉的气味，花期 3~4 月。果卵圆形，9 月成熟（图 6-10）。

【分布】原产于华南山坡杂木树林中。从华南至长江流域各地均有栽培。

【生态习性】喜暖热湿润、阳光充足的环境，不甚耐寒，长江以南背风向阳处能露地越冬。

【观赏特性及园林用途】花香袭人，沁人心脾，为名贵的香花植物。可盆栽用于布置室内或阳台、庭院等较大空间。因其香味浓烈，不宜陈设于小空间内。亦可适于在小游园、花园、公园或街道上成丛种植，可配植于草坪边缘或稀疏林丛之下。使游人在休息之中常得芳香气味的享受。

【同属其它种】①峨眉含笑 *M. wilsonii*：常绿乔木，花黄色，芳香。产于四川中部、西部。②金叶含笑 *M. foveolata*：常绿乔木，花淡黄绿色。产于贵州、湖北、湖南、江西、广东、广西南部、云南，越南北部也有。③多花含笑 *M. floribunda*：常绿乔木，花白色。产于云南、四川、湖北，缅甸也有分布。④云南含笑 *M. yunnanensis*：常绿灌木，花白色，极香。产于云南。

图 6-10　含笑

6.1.4　拟单性木兰属 *Parakmeria*

常绿乔木，各部无毛。小枝节间密而呈竹节状。叶全缘，具骨质半透明边缘下延至叶柄；托叶离生；幼叶在芽中不对折而抱住幼芽。花杂性（雄花、两性花异株），花单生枝顶、花被片下具 1 佛焰苞状苞片。花被片 9~12，外轮 3 片，内 2 或 3 轮肉质；雄花着生于圆锥状花托上；两性花：雄蕊与雄花同而较少。外种皮红色或黄色。

约 5 种。分布于中国西南部至东南部。

乐东拟单性木兰 *P. lotungensis*

【形态特征】常绿乔木，高达 30m。树皮灰白色；当年生枝绿色。叶革质，狭倒卵状椭圆形、倒卵状椭圆形或狭椭圆形，先端尖而尖头钝；上面深绿色，有光泽；花杂性，雄花、两性花异株；雄花：花被片 9~14，外轮 3~4 片，浅黄色，内 2~3 轮白色；两性花：花被片与雄花同形而较小，聚合果卵状长圆形体或椭圆状卵圆形，外种皮红色。花期 4~5 月，果期 8~9 月（图 6-11）。

【分布】原产于中国海南、广东、广西、贵州、湖南、江西、福建、浙江等地。

【生态习性】生长迅速，适应性强。喜温暖湿润气候，能抗 41℃ 的高温和耐 -12℃ 的严寒。喜土层深厚、肥沃、排水良好的土壤，在酸性、中性和微碱性土壤中都能正常生长。喜光，但苗期应注意搭棚遮阴。

【观赏特性及园林用途】树干通直，叶厚革质，叶色亮绿，春天新叶深红色，初夏开白花清香远溢，秋季果实红艳夺目，且对有毒气体有较强的抗

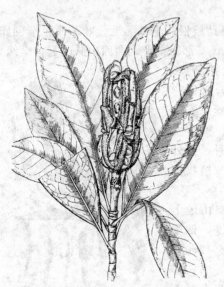

图 6-11　乐东拟单性木兰

性。适于公园、路旁种植，是布置庭园的优良树种，无论孤植、丛植或作行道树，均十分合适。

【同属其它种】云南拟单性木兰 *P. yunnanensis*：雄花花被片 12，4 轮，外轮红色，内 3 轮白色；两性花花被片与雄花同而雄蕊极少。产于云南、广西、贵州。为中国特有种。

6.1.5　观光木属 *Tsoongiodendron*

中国特有属，仅有 1 种。

观光木 *T. odorum*

【形态特征】常绿乔木，高达 25m。小枝、芽、叶柄、叶面中脉、叶背和花梗均被黄棕色糙伏毛。叶互生，全缘，厚膜质，倒卵状椭圆形，上面绿色，有光泽；托叶与叶柄贴生，具托叶痕。花两性，单生于叶腋，花被片 9 片，13 片 1 轮，同形，外轮的最大，向内渐小。聚合果大，成熟时木质；种子垂悬于丝状、延长、有弹性的假珠柄上，外种皮肉质，红色。花期 3 月，果期 10～12 月（图 6-12）。

【分布】产于江西、福建、广东、海南、广西、云南。

【生态习性】喜温暖湿润气候及深厚肥沃的土壤。幼龄树耐阴，长大后喜光，根系发达。

【观赏特性及园林用途】树干挺直，树冠宽广，枝叶稠密，花色美丽而芳香，供庭园观赏。

1.花枝；2.聚合果；3.蓇葖果果瓣；
4.种子

图 6-12　观光木

6.1.6　华盖木属 *Manglietiastrum*

仅 1 种，产云南东南部，中国特有。

华盖木 *M. sinicum*

【别名】缎子绿豆树。

【形态特征】常绿大乔木，高达 40m，树干基部稍具板根；全株无毛。叶革质，窄倒卵形或窄倒卵状椭圆形，长 15～26（～30）cm，先端钝圆，基部窄楔形，两面中脉凸起，全缘，侧脉 13～16 对；幼叶不对折，托叶与叶柄离生，无托叶痕。花两性，单生枝顶。花被片 9，3 轮，外轮最大。聚合果倒卵圆形或椭圆形，蓇葖果腹缝全裂及顶端 2 浅裂。每蓇葖果有种子 1～3，红色。花期 4 月，果熟 9～11 月（图 6-13）。

【分布】仅产于云南（西畴法斗），为稀有珍贵树种。野外仅存 10 株大树，被列为国家一级保护植物，被称为"植物大熊猫"。云南、广东有引种栽培。

【生态习性】生长于山坡上部、向阳的沟谷、潮湿山地上的南亚热带季风常绿阔叶林中。产地夏季温暖，冬无寒，四季不明显，干湿季分明，年平均温 16～18℃，年降雨量 1200～1800mm，年平均相对湿度在 75% 以上，最高达 90% 左右；雾期长，年平均霜期只有 8.6 天。土壤为由砂岩和砂页岩发育而成的山地黄壤或黄棕壤，pH 值 4.8～5.7。

图 6-13　华盖木

【观赏特性及园林用途】树干笔直光滑，树冠巨大，形如帝王华丽的车盖而得名。其枝繁叶茂，嫩叶黄红色，花芳香美丽，是观叶、观花、观果、观树形的优良景观树种，适用于庭园观赏或做行道树。

6.2　番荔枝科 Annonaceae

乔木、灌木或攀援灌木。单叶，互生，全缘，羽状脉；具柄，无托叶。花两性，稀单性，辐射对称，单生或簇生，或组成团伞、圆锥花序或聚伞花序。萼片（2）3，离生或基部合生，裂片覆瓦状或镊合状排列；花瓣6，2轮，稀3或4片，1轮；雄蕊多数，螺旋排列；心皮1至多个，离生，稀合生，侧膜胎座，花柱短，分离，稀连合；花托圆柱状或圆锥状，稀平或凹下。聚合浆果，果不裂，稀蓇葖状开裂。种子具假种皮。

129属，2200余种，广布于热带及亚热带，东半球为多。我国22属，114种。

6.2.1　番荔枝属 *Annona*

灌木或乔木，被单毛或星状毛。叶互生，羽状脉；有叶柄。花顶生或与叶对生，单朵或数朵成束；萼片3，小形，镊合状排列；花瓣分离或基部连合，6片，2轮，每轮3片或内轮退化成鳞片状或完全消失，外轮长三角形或阔而扁平。成熟心皮愈合成一肉质而大的聚合浆果。

约120种，分布于美洲热带地区，少数产热带非洲；亚洲热带地区引种栽培。中国栽培有5种。

番荔枝 *A. squamosa*

【别名】洋波罗、假波罗、释迦。

【形态特征】半常绿小乔木，高3～5m。叶薄纸质，排成两列，椭圆状披针形或长圆形，表面苍白绿色，平坦，背面突起。花单生或2～3朵与叶对生或生于枝顶，长约2cm，青黄色，略下垂；外轮花瓣狭而厚，长圆形，内轮花瓣极小，退化成鳞片状，被微毛。果实为聚合状浆果，球形或心状圆锥形。花期5月（图6-14）。

【分布】产于热带美洲，现已栽培于全球热带地区。中国云南、广东、广西、福建、台湾和浙江等省区也产。

【生态习性】喜光，喜温暖湿润气候，要求年平均温度在22℃以上，不耐寒；适生于深厚肥沃排水良好的沙壤土。

【观赏特性及园林用途】观果植物，在园林绿地中适宜孤植或成片栽植。

1.果枝；2.雌蕊及子房纵剖；3.心皮；4、5.雄蕊；6.花瓣；7.花萼；8.雌、雄蕊群

图6-14　番荔枝

6.2.2　依兰属 *Cananga*

乔木或灌木。叶互生，大形，羽状脉；有叶柄。花大，单生或几朵丛生于腋内或腋外的总花梗上；萼片3，镊合状排列；花瓣薄，6片，2轮，每轮3片，镊合状排列，内外轮花瓣近相等或内轮较小，绿色或黄色；雄蕊多数，花药线形或线状披针形；心皮多数，离生，成熟时浆果状；种子多颗，灰黑色。

约4种，分布于亚洲热带地区至大洋洲。中国栽培1种及1变种。

1.果枝；2.花；3.雌、雄蕊；4.雄蕊；5、6.心皮；7.花萼

图 6-15　依兰

依兰 *C. odorata*

【别名】香水树、依兰香。

【形态特征】常绿乔木，高达 10～20m。小枝无毛，有小皮孔。叶大，膜质至薄纸质，卵状长圆形或长椭圆形，叶面无毛。花序单生于叶腋内或叶腋外，有花 2～5 朵；花大，长约 8cm，黄绿色，芳香，倒垂；萼片卵圆形，外翻，绿色；花瓣内外轮近等大，线形或线状披针形，长 5～8cm；成熟的果近圆球状或卵状。花期 4～8 月，果期 12 月到翌年 3 月（图 6-15）。

【分布】产于缅甸、印度尼西亚、菲律宾和马来西亚，现世界各热带地区均有栽培。中国栽培于华南和西南地区。

【生态习性】热带海岛性阳性树种，喜高温潮湿环境，以年均温 22～25℃，年雨量 1800～2000mm，微酸性砂壤土为宜。

【观赏特性及园林用途】树姿挺拔，枝叶浓密，花香宜人，是优良的庭园绿化树种。

【变种】小依兰（矮依兰）var. *fruticosa*：植株矮小，灌木，高 1～2m。广东、云南南部有栽培。

6.3　蜡梅科 Calycanthaceae

灌木，有油细胞；单叶，对生，无托叶；花两性，辐射对称，单生于叶腋或生于侧枝的顶端，先叶开放；花被片多数，最外轮的苞片状，内轮的花瓣状；雄蕊两轮，外轮发育，8～30 枚，内轮不发育，5～25 枚；心皮离生，生于中空的杯状花托内，每心皮有倒生胚珠 2 枚；聚合瘦果生于坛状的果托内，每一瘦果有种子 1 颗。

2 属，约 7 种，分布于亚洲东部和美洲北部。我国有 2 属 4 种，分布黄河以南各省区。

6.3.1　蜡梅属 *Chimonanthus*

落叶灌木；小枝四方柱形至近圆柱形；鳞芽裸露；叶纸质或近革质，叶面粗糙；花腋生，芳香；花被片 15～25，黄色、黄白色，有紫红色条纹；雄蕊 5～6，花丝基部宽而连生；心皮 5～15，离生。

3 种，我国特产，日本、朝鲜、欧洲、北美等地均有引种栽培，其中蜡梅 *C. praecox* (L.) Link 各地多有栽培，供观赏和药用。

蜡梅 *C. praecox*

【别名】黄梅、狗矢蜡梅、狗蝇梅。

【形态特征】落叶灌木，高达 3m；芽具多数覆瓦状的鳞片。叶对生，近革质，椭圆状卵形至卵状披针形，长 7～15cm，先端渐尖，基部圆形或宽楔形。花芳香，直径约 2.5cm；外部花被片卵状椭圆形，黄色，内部的较短，有紫色条纹；花托随果实的发育而增大，成熟时椭圆形，呈蒴果状。瘦果具 1 种子（图 6-16）。

【分布】分布于江苏、浙江、湖北、四川和陕西，各省都有栽培。

【生态习性】性喜阳光，耐阴、耐寒、耐旱，忌渍水。

【观赏特性及园林用途】在霜雪寒天傲然开放，花黄似腊，浓香扑鼻，是冬季观赏的主要花木之一。有着悠久的栽培历史和丰富的文化内涵，为我国特产的传统名贵观赏花木。一般以孤植、对植、丛植、群植配置于园林与建筑物的入口处两侧或厅前、亭周、窗前屋后、墙隅及草坪、水畔、路旁等处，作为盆花桩景和瓶花亦具特色。我国传统上喜欢与南天竹搭配，冬天时红果、黄花、绿叶交相辉映，可谓色、香、形三者相得益彰，极具中国园林特色。

图 6-16　蜡梅

【变种及品种】据赵天榜《中国蜡梅》一书所载：蜡梅有 4 个品种群，12 个品种型 165 个品种。它们中间有纯黄色、金黄色、淡黄色、墨黄色、紫黄色，也有银白色、淡白色、雪白色、黄白色，花蕊有红、紫、白等。常见变种有：①素心蜡梅 var. *conclor*：花被纯黄，有浓香，为腊梅中最名贵的品种。②磬口蜡梅 var. *grandiflorus*：叶及花均较大外轮花被黄色，内轮黄色上有紫色条纹，香味浓，为名贵品种。③小花蜡梅 var. *parviflorus*：花朵特小，外层花被黄白色，内层有红紫色条纹。香气浓郁。④狗爪蜡梅 var. *intermedius*：也叫狗牙蜡梅或红心蜡梅、狗蝇梅、狗英梅。叶狼狭花小，花被狭而尖，外轮黄色，内轮有紫斑，淡香。抗性强。原产于中国中部秦岭、大巴山等地区，以陕西及湖北为分布中心。

6.3.2　夏蜡梅属 *Calycanthus*

落叶灌木；枝条四方形至近圆形；芽不具鳞片，被叶柄基部所包围；叶膜质，两面常粗糙；花顶生，常有香气；花被片 15～30，肉质或近肉质，覆瓦状排列；雄蕊 10～19，花丝短，被毛；不育雄蕊 11～25，被毛；心皮 10～35，每心皮有胚珠 2 颗；果托梨状，椭圆状或钟状。

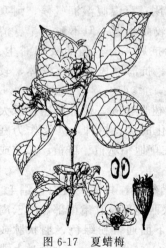

图 6-17　夏蜡梅

约 4 种，分布于北美洲，世界各地均有引种栽培。我国有 *C. chinensis* 1 种，产于浙江昌化和天台等地，昆明有引种栽培。

夏蜡梅 *C. chinensis*

【别名】夏梅、蜡木、大叶柴。

【形态特征】落叶灌木，高达 3m；叶柄内芽。单叶对生，卵状椭圆形至倒卵圆形，长 13～27cm，近全缘或具不显细齿。花单生枝顶，径 4.5～7cm，花瓣白色，边带紫红色，无香气；5 月中旬开花（图 6-17）。

【分布】本种于 20 世纪 50 年代在浙江昌化、天台海拔 600～800m 处发现。

【生态习性】喜阴，喜温暖湿润气候及排水良好的湿润沙壤土。

【观赏特性及园林用途】花大而美丽，可庭院栽培观赏。

6.4　樟科 Lauraceae

常绿或落叶，乔木或灌木，稀为草本。树皮通常具芳香，小枝黄绿色。叶互生、对生、近对生或轮生，具柄，通常革质，有时为膜质或坚纸质，全缘，极少有分裂；无托叶。花两性,少单性,形小,黄绿色,雌雄同株或异株,形成各种花序;花被基部连合为筒(花被筒),裂片6(稀4),2轮;雄蕊3～12,每轮3;子房上位,稀下位,1室,1胚珠。浆果或核果,常具宿存花被。

约45属,2000～2500种,产于热带及亚热带地区,分布中心在东南亚及巴西。中国约有20属,423种,43变种和5变型,大多数种集中分布在长江以南各省区,只有少数落叶种类分布较北。

樟科植物为中国南方常见的重要经济林木和景观绿化树种。

6.4.1 樟属 *Cinnamomum*

常绿乔木或灌木;树皮、小枝和叶极芳香。叶互生、近对生或对生,离基三出脉或三出脉,亦有羽状脉,脉腋常有腺体。花两性,稀为杂性,圆锥花序,常生枝顶部叶腋;花被筒杯状,裂片6;能育雄蕊9,第3轮花丝有2腺体;雌蕊瓶状。浆果,果托杯状。

约250种,产于热带、亚热带的亚洲东部、澳大利亚及太平洋岛屿。中国约有46种和1变型,主产于南方各省区,北达陕西及甘肃南部。

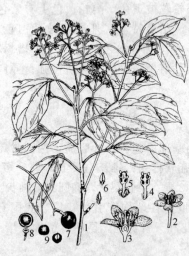

1.花枝;2、3.花及花纵剖;4.第一、二轮雄蕊;5.第三轮雄蕊;6.退化雄蕊;7、8.果及果纵剖;9.果枝及种子

图 6-18 香樟

香樟 *C.camphora*

【别名】木樟、乌樟。

【形态特征】高达30m,树冠广卵形。枝、叶及木材均有樟脑气味。叶互生,卵状椭圆形,全缘,上面绿色或黄绿色,有光泽,下面黄绿色或灰绿色,两面无毛或下面幼时略被微柔毛,离基三出脉,脉腋有腺体。花序长3.5～7cm,花黄绿色。果球形。花期4～5月,果期8～11月(图6-18)。

【分布】产于南方及西南各省区。越南、朝鲜、日本也有分布,其他各国常有引种栽培。

【生态习性】喜光,稍耐阴;喜温暖湿润气候,耐寒性不强,对土壤要求不严,较耐水湿,但不耐干旱、瘠薄和盐碱土。主根发达,能抗风。有很强的吸烟滞尘、涵养水源、固土防沙的能力。抗海潮风及有毒气体,较能适应城市环境。萌芽力强,耐修剪。

【观赏特性及园林用途】树形整齐,枝叶茂密,冠大荫浓,树姿雄伟,是城市绿化的优良树种,广泛作为庭荫树、行道树、防护林及风景林。配植池畔、水边、山坡等。在草地中丛植、群植、孤植或作为背景树。

【同属其它种】①大叶樟(银木)*C.septentrionale*:枝条稍粗壮,具棱,被白色绢毛。叶较大,长10～15cm,宽5～7cm,羽状脉。产于四川西部、陕西南部及甘肃南部。②云南樟 *C.glanduliferum*:小枝具棱角。叶上面深绿色,有光泽,下面通常粉绿色,羽状脉或偶有近离基三出脉。产于云南、四川、贵州、西藏。③天竺葵 *C.japonicum*:叶近对生或在枝条上部者互生,两面无毛,离基三出脉,中脉及侧脉两面隆起;叶柄粗壮,腹凹背凸,红褐色。圆锥花序腋生。产于江苏、浙江、安徽、江西、福建及台湾。朝鲜、日本也有。我国南方地区广为种植。④黄樟 *C.porrectum*:叶下面无明显的脉腋腺窝。圆锥花序于枝条上部腋生或近顶生。花小,绿黄色。花期3～5月。产于广东、广西、福建、江西、湖南、贵州、四川、云南。⑤肉桂 *C.cassia*:叶下面疏被黄色短绒毛,离基三出脉,侧脉近对生;

叶柄腹面平坦或下部略具槽，被黄色短绒毛。圆锥花序腋生或近顶生。原产于中国，现广东、广西、福建、台湾、云南等省区的热带及亚热带地区广为栽培，其中尤以广西栽培为多。

6.4.2　山胡椒属 *Lindera*

常绿或落叶乔、灌木，具香气。叶互生，全缘或三裂，羽状脉、三出脉或离基三出脉。花单性，雌雄异株，黄色或绿黄色；伞形花序在叶腋单生或在腋生缩短短枝上 2 至多数簇生。果圆形或椭圆形，浆果或核果，幼果绿色，熟时红色，后变紫黑色，内有种子 1 枚；花被管稍膨大成果托于果实基部，或膨大成杯状包被果实基部以上至中部。

约 100 种，分布于亚洲、北美温热带地区。中国有 40 种 9 变种 2 变型。

香叶树 *L. communis*

【别名】千金树、臭油果。

【形态特征】高（1～5）3～4m。当年生枝条具纵条纹，绿色，基部有密集芽鳞痕。叶互生，通常披针形、卵形或椭圆形，薄革质至厚革质；上面绿色，无毛，下面灰绿或浅黄色，边缘内卷；羽状脉。伞形花序。果卵形，成熟时红色。花期 3～4 月，果期 9～10 月（图 6-19）。

【分布】产于我国西北、华中、华东及西南等地。

【生态习性】耐阴，喜温暖气候，耐干旱瘠薄，在湿润、肥沃的酸性土壤上生长较好。

【观赏特性及园林用途】树形整齐，枝叶茂密，四季常青，秋季红果累累，颇为美观，是城市绿化的优良树种，可作为庭荫树、行道树、标本树及风景林。

1.果枝；2.叶；3.花；4～6.雄蕊及退化雄蕊；7.雌蕊

图 6-19　香叶树

6.4.3　月桂属 *Laurus*

常绿小乔木。叶互生，革质，羽状脉。花为雌雄异株或两性，组成具梗的伞形花序，通常成对腋生。花被筒短，花被裂片 4，近等大。雄花有雄蕊 8～14，通常为 12，排列成三轮，第二、三轮花丝中部有一对无柄的肾形腺体；子房不育。雄花有退化雄蕊 4，花丝顶端有成对无柄的腺体；子房 1 室，胚珠 1。果卵球形。

共 2 种，产于大西洋的加那利群岛、马德拉群岛及地中海沿岸地区。中国引种栽培 1 种。

月桂 *L. nobilis*

【别名】香叶子。

【形态特征】常绿小乔木，高达 12m。叶互生，长圆形或长圆状披针形，边缘细波状，革质，两面无毛，羽状脉，侧脉末端近叶缘处弧形连结，细脉网结。伞形花序腋生。果卵珠形，熟时暗紫色。花期 3～5 月，果期 6～9 月（图 6-20）。

【分布】产于地中海一带，中国浙江、江苏、福建、台湾、四川及云南等省有引种栽培。

【生态习性】喜光，稍耐阴；喜温暖湿润气候及疏松肥沃的土壤，对土壤酸碱度适应性强；耐干旱，并有一定耐寒能力，短期−8℃的低温下不受冻害。

【观赏特性及园林用途】树形紧凑整齐，枝叶茂密，四季常绿，春天又有黄花缀满枝间，颇为美丽，是良好园林绿化树种。可作为庭荫树、行道树、标本树及风景林。

图 6-20 月桂

图 6-21 红楠

6.4.4 润楠属 *Machilus*

常绿乔木或灌木。芽大或小，常具覆瓦状排列的鳞片。叶互生，全缘，具羽状脉。圆锥花序顶生或近顶生，密花而近无总梗或疏松而具长总梗；花两性，小或较大；花被裂片6，排成2轮，花后不脱落；能育雄蕊9枚，排成3轮，第三轮雄蕊有腺体，第四轮为退化雄蕊，短小；子房无柄，柱头小或盘状或头状。果肉质，球形或少有椭圆形，果下有宿存反曲的花被裂片。

约有100种，分布于亚洲东南部和东部的热带、亚热带；中国约68种，3变种。

红楠 *M. thunbergii*

【别名】楠柴、白漆柴、乌樟。

【形态特征】常绿乔木，高10～15(20)m。嫩枝紫红色。顶芽卵形或长圆状卵形，鳞片棕色革质。叶倒卵形至倒卵状披针形，革质，上面黑绿色，有光泽，下较淡，带粉白，中脉下面明显突起。花序顶生或在新枝上腋生。果扁球形；果梗鲜红色。花期2月，果期7月（图6-21）。

【分布】主要分布于长江以南各省区，南至华南北部，北至山东青岛。

【生态习性】喜温暖湿润气候，能耐−10℃的短期低温。幼株较耐阴，成年树喜光。喜肥沃湿润排水良好的中性或微酸性土壤，适应pH值4～7，但也能在瘠薄地生长。

【观赏特性及园林用途】树形优美，树干高大通直，树冠自然分层明显，枝叶浓密，四季常青。春季顶芽相继开放，新叶随着生长期出现深红、粉红、金黄、嫩黄或嫩绿等不同颜色的变化，满树新叶似花非花，五彩缤纷，斑斓可爱，秋梢红艳，是城市景观的彩叶树种。夏季果熟，果皮紫黑色，长长的红色果柄，顶托着一粒粒黑珍珠般靓丽动人的果实，是理想的观果树种。冬季顶芽粗壮饱满、微红，犹如一朵朵含苞待放的花蕾，缀满碧绿的树冠，赏心悦目，是理想的道路、公园、庭院、住宅区等绿化树种。

【同属其它种】滇润楠 *M. yunnanensis*：枝条圆柱形，具纵向条纹，幼时绿色，老时褐色。花淡绿色、黄绿色或黄玉白色。花期4～5月。产于云南中部、西部至西北部和四川西部。

6.4.5　楠属 *Phoebe*

常绿乔木或灌木。叶通常聚生枝顶，互生，羽状脉。花两性；聚伞状圆锥花序或近总状花序，生于当年生枝中、下部叶腋，少为顶生；花被裂片 6；直立；能育雄蕊 9 枚，3 轮，第三轮的基部或基部略上方有腺体 2 枚；子房多为卵珠形及球形。果卵珠形、椭圆形及球形，少为长圆形，基部为宿存花被片所包围。

约 94 种，分布亚洲及热带美洲。中国有 34 种 3 变种，产于长江流域及以南地区，以云南、四川、湖北、贵州、广西、广东为多。多为珍贵用材树种和观赏树种，中外有名的楠木即是本属植物。

闽楠 *P. bournei*

【别名】竹叶楠、兴安楠木。

【形态特征】高达 15～20m。小枝有毛或近无毛。叶革质或厚革质，披针形或倒披针形，腹面发亮，背面有短柔毛，中脉上面下陷，侧脉上面平坦或下陷，下面突起。圆锥花序。果椭圆形或长圆形。花期 4 月，果期 10～11 月（图 6-22）。

【分布】产于江西、福建、浙江、广东、广西、湖南、湖北、贵州。

【生态习性】喜温暖湿润气候，喜深厚肥沃、排水良好、中性或微酸性的沙壤、红壤或黄壤。耐阴。深根性，根部萌生力较强。

【观赏特性及园林用途】树干高大挺拔，树冠雄伟，木材芳香耐久，宜作为庭荫树及风景树，也是寺庙中常见栽培树种。

图 6-22　闽楠

【同属其它种】①楠木（桢楠）*P. zhennan*：小枝通常较细，叶片中脉在上面下陷成沟，下面明显突起；聚伞状圆锥花序。花期 4～5 月。产于湖北、贵州及四川。②细叶楠 *P. hui*：新、老枝均纤细，新枝有棱。叶中脉细，上面下陷，侧脉极纤细，每边 10～12 条，上面不明显，下面明显。圆锥花序生新枝上部。花期 4～5月。产于陕西、四川及云南。

6.4.6　木姜子属 *Litsea*

乔木或灌木。叶互生，羽状脉。花单性，雌雄异株；伞形花序或为伞形花序式的聚伞花序或圆锥花序，单生或簇生于叶腋；苞片 4～6，交互对生，开花时尚宿存；花被裂片通常6，排成 2 轮；雄花：能育雄蕊 9 或 12，第 3 轮和最内轮若存在时两侧有腺体 2 枚；雌花：退化雄蕊与雄花中的雄蕊数目同；子房上位，花柱显著。果着生于果托上。

约 200 种，产于亚洲热带和亚热带，以至北美和亚热带的南美洲。中国约 70 种，主产于南方和西南温暖地区。

豹皮樟 *L. coreana* var. *sinensis*

【形态特征】常绿小乔木，高达 8～15m。树皮灰色，呈小鳞片状剥落，脱落后呈鹿皮斑痕。幼枝红褐色，无毛。叶互生，长圆形或披针形，革质，腹面较光亮，深绿色，背面粉绿色，中脉在两面突起，网脉不明显。伞形花序腋生，苞片 4，每 1 花序有花 3～4 朵；花梗粗短，密被长柔毛；花被裂片 6，卵形或椭圆形。果近球形，宿存有 6 裂花被裂片。花期

1.雌花枝；2、6.花被片；3.雌花；4.雌蕊；5.雄花枝；7.雄花；8.雄蕊；9.果序及果

图 6-23 豹皮樟

8～9月，果期翌年夏季（图 6-23）。

【分布】产于浙江、江苏、安徽、河南、湖北、江西、福建。生于山地杂木林中，海拔 900m 以下。

【生态习性】喜湿润气候。喜光，在光照不足的条件下生长发育不良。适生于上层深厚、排水良好的酸性红壤、黄壤以及山地棕壤。

【观赏特性及园林用途】树形紧凑整齐，枝叶茂密，树皮呈鹿皮斑痕，颇为美丽，是良好园林绿化树种。可作为庭荫树、行道树、标本树及风景林。

【同属其它种】黄丹木姜子 L. elongata：叶下面被短柔毛，沿中脉及侧脉有长柔毛，羽状脉，侧脉每边 10～20 条，中脉及侧脉在叶上面平或稍下陷，在下面突起，横行小脉在下面明显突起，网脉稍突起。伞形花序单生。花期 5～11 月。产于长江以南地区。

6.4.7 檫木属 Sassafras

落叶乔木。叶互生，集生枝顶，羽状脉或离基三出脉，不裂或 2～3 浅裂。花单性，雌雄异株；总状花序顶生，先叶开放，基部具迟落互生总苞片；苞片线形或丝状。花被筒短，裂片 6，2 轮；雄花具能育雄蕊 9，3 轮，第 3 轮花丝基部具 2 短柄腺体，退化雄蕊 3；雌花退化雄蕊 6，2 轮，或为 12，4 轮。核果；果柄长，上端渐增粗。

3 种，间断分布于亚洲东部及北美。我国 2 种。

檫木 S. tzumu

【别名】檫树、鹅脚板、花楸树。

【形态特征】落叶乔木，高达 35m；树皮幼时黄绿色，平滑，老时灰褐色，不规则纵裂。叶卵形或倒卵形，长 9～18cm，先端渐尖，基部楔形，全缘或 2～3 浅裂，两面无毛或下面沿脉疏被毛，羽状脉或离基三出脉。花序长 4～5cm，花序梗与序轴密被褐色柔毛。雄花花被片披针形，长约 3.5mm，疏被柔毛。果近球形，径达 8mm，蓝黑色被白蜡粉；果托和果柄均红色。花期 3～4 月，果期 8～9 月（图 6-24）。

【分布】产于华东、华中、华南、西南及陕西。

【生态习性】喜光，喜温暖湿润气候及深厚、肥沃、排水良好的酸性土壤，不耐旱，忌水湿，深根性，生长快。

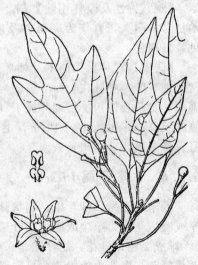

图 6-24 檫木

【观赏特性及园林用途】叶形奇特，秋季变红；春开黄花，且先于叶开放，花、叶均具有较高的观赏价值，可用于庭园、公园栽植或用作行道树，也是城郊风景林的理想选材。

6.5 八角科 Illiciaceae

常绿乔木或灌木，全株无毛，具油细胞，有芳香气味。单叶，互生，常于枝顶或节间聚生，有叶柄，无托叶。花两性，花被片 7 至多数，多轮，雄蕊 4～50；心皮 5～21，离生，子房 1 室，胚珠 1。聚合蓇葖果，单轮排列；种子有光泽。仅 1 属。

八角属 Illicium

形态特征与科相同。34 种，分布东亚、北美。中国约 24 种，分布于东南部至西部。

八角 I. verum

【别名】八角茴香、大茴香。

【形态特征】常绿乔木，高 10～15m，树冠塔形。叶互生，革质，倒卵状椭圆形、倒披针形或椭圆形。花单生叶腋或近顶生；花被片 7～12 片，粉红色至深红色。聚合果，红褐色，呈八角形。花期果期 1 年两次，2～3 月开花，8～9 月成熟；8～9 月开花，翌年 2～3 月果熟（图 6-25）。

【分布】产于安徽、浙江、福建、江西、湖南、广东、海南、广西、贵州及云南

【生态习性】喜冬暖夏凉的山地气候，适宜种植在土层深厚、排水良好、肥沃湿润、偏酸性的砂质壤土或壤土上生长良好，在干燥瘠薄或低洼积水地段生长不良。

【观赏特性及园林用途】树形整齐呈圆锥形，叶丛紧密，亮绿革质，是美丽的观赏树种，可做庭荫树或高篱。

1.花果枝；2.雄蕊；3.雌、雄蕊；4.雌、雄蕊群；5.蓇葖果 6.种子

图 6-25　八角

【同属其它种】①莽草 I. lanceolatum：叶侧脉在两面不明显。花被片 10～15，肉质。花期 4～6 月。产于华中、华东。②红茴香 I. henryi：叶侧脉不明显；叶有狭翅。花期 4～6 月。产于秦岭、淮河以南及四川、湖南。

6.6　五味子科 Schisandraceae

木质藤本，单叶互生，常有透明腺点；叶柄长，无托叶。花单性，雌雄异株。花被片 6～24，排成 2 至多轮。雄花：雄蕊 120 枚，少有 4 或 5 枚，分离或部分或全部合生成肉质的雄蕊群。雌花：雌蕊 12～300 枚，离生，数至多轮排成球形或椭圆球形的雌蕊群。聚合果聚生于不伸长的花托上成球形或生于伸长的花托上成穗状。种子 1～5 颗。

2 属，约 60 种，分布于亚洲东南部和北美东南部。我国有 2 属，约 29 种，产于中南部和西南部；北部及东北部较少见。

6.6.1　五味子属　Schisandra

叶纸质，边缘膜质下延至叶柄成狭翅，叶肉具透明点。花单性，雌雄异株，少有同株，单生于叶腋或苞片腋；花被片 5～12(20)；雄花：雄蕊 5～60 枚。雌花：雌蕊 12～120 枚，离生，螺旋状紧密排列于花托上。长穗状聚合浆果。种子 2(3) 粒或有时仅 1 粒发育，肾形，扁椭圆形或扁球形，种脐明显。

约 30 种，主产于亚洲东部和东南部，仅 1 种产美国东南部。我国约有 19 种，南北各地均有。

1.花枝；2.雌花；3.雌蕊群；4、5.雌蕊；
6.聚合果；7.小浆果；8.雄蕊群；9.雄蕊

图 6-26　大花五味子

大花五味子 *S. grandiflora*

【形态特征】小枝紫色或紫褐色。叶纸质，狭椭圆形、椭圆形、狭倒卵状椭圆形；叶柄长 10～35mm。雄花花梗长，渐向顶端膨大增粗；花被片白色，宽椭圆形或倒卵形，具明显的腺点；雄蕊群卵圆形；雌蕊群卵圆形、长圆状椭圆体形。成熟聚合果小浆果倒卵状椭圆体形；种子宽肾形，种脐 V 形。花期 4～6 月，果期 8～9 月（图 6-26）。

【分布】中国西藏南部、云南西南部。尼泊尔、不丹、印度北部、缅甸、泰国也有分布。

【生态习性】喜光，耐阴，对土壤要求不严。

【观赏特性及园林用途】枝条细蔓，果实红艳。棚架的良好绿化材料，也适宜配置在枯树、石壁、墙垣等处。

【同属其它种】① 滇藏五味子（小血藤）*S. Neglecat*：落叶木质藤本。花黄色。小浆果红色。花期 5～6 月，果期 9～10 月。产于四川南部、云南西部和西北部、西藏南部。印度东北部、不丹、尼泊尔也有分布。② 滇五味子 *S. henryi* var. *yunnanensis*：小枝具窄而厚的棱翅。花黄色。花期 5～7 月，果期 7～9 月。产于云南南部至东南部、西藏东南部。

6.6.2　南五味子属 *Kadsura*

小枝圆柱形。叶纸质，全缘或具锯齿，具透明或不透明的腺体，叶缘膜质下延至叶柄。花单性，雌雄同株或异株，单生于叶腋；雌花及雄花的花被片形态、大小基本相同，7～24 片，覆瓦状排列。雄花：雄蕊 12～80 枚，花丝细长。雌花：雌蕊 20～300 枚，螺旋状排列于倒卵形或椭圆体形的花托上。小浆果肉质，聚合果；种子 2～5 颗，椭圆体形、肾形或卵圆形，种脐凹陷。

南五味子 *K. longipedunculata*

【别名】红木香、紫金藤。

【形态特征】枝细长，红褐色，有皮孔。叶椭圆形、倒卵形或卵状披针形，边缘有疏锯齿。花冠白色或淡黄色，具芳香；花被片 5～9。聚合浆果近球形，红色，肉质。花期 5～7 月，果期 8～10 月（图 6-27）。

【分布】江苏、安徽、浙江、江西、福建、湖北、湖南、广东、广西、四川、云南。

【生态习性】喜阳光充足，排水良好的肥沃土壤，不耐寒。

【观赏特性及园林用途】花淡黄色，芳香，秋季红果满枝。供公园、庭院等各类绿地布置野生花境，可做垂直绿化或地被材料，也可盆栽观赏。

1.果枝；2.果实；3.种子

图 6-27　南五味子

6.7　毛茛科 Ranunculaceae

多年生或一年生草本，少有灌木或木质藤本。叶通常互生或基生，少数对生，单叶或复叶，通常掌状分裂，无托叶。花两性，少有单性，雌雄同株或雌雄异株，辐射对称，单生或组成各种聚伞花序或总状花序。花瓣存在或不存在，下位，4～5，或较多，常有蜜腺并常特化成分泌器官。果实为蓇葖果或瘦果，少数为蒴果或浆果。花期8～9月，果熟期10月。

约50属，2000余种，在世界各洲广布，主要分布在北半球温带和寒温带。我国有42属（包含引种的1个属，黑种草属），约720种，在全国广布，大多数属、种分布于西南部山地。

铁线莲属 *Clematis*

多年生木质或草质藤本，或为直立灌木或草本。叶对生，或与花簇生，偶尔茎下部叶互生，三出复叶至二回羽状复叶或二回三出复叶，少数为单叶。花两性，稀单性；聚伞花序或为总状、圆锥状聚伞花序，有时花单生或1至数朵与叶簇生；萼片4，或6～8，直立成钟状、管状，或开展，花蕾时常镊合状排列，无花瓣。瘦果，宿存花柱伸长呈羽毛状，或不伸长而呈喙状。

约300种，各大洲都有分布，主要分布在热带及亚热带，寒带地区也有。我国约有108种，全国各地都有分布，尤以西南地区种类较多。欧美庭院栽培的铁线莲中的主要种类多来自中国。

铁线莲属的有些种类花大美丽，独具特色，可作观赏植物，是藤本花卉中的重要类群。国外已培育出许多杂交种及园艺品种群，其中有大花品种、小花品种、复瓣或重瓣品种以及晚花品种等。

（1）铁线莲 *C. florida*

【形态特征】藤本，长1～2m。茎棕色或紫红色，具6条纵纹，节部膨大。二回三出复叶，连叶柄长达12cm；小叶片狭卵形至披针形，长2～6cm，宽1～2cm，顶端钝尖，基部圆形或阔楔形，边缘全缘，叶柄长4cm。花单生于叶腋；花梗长约6～11cm，在中下部生一对叶状苞片；花开展，直径约5cm；萼片6枚，白色，倒卵圆形或匙形，长达3cm，宽约1.5cm；雄蕊紫红色；柱头膨大成头状。瘦果倒卵形，扁平，宿存花柱伸长成喙状。花期1～2月，果期3～4月（图6-28）。

图6-28　铁线莲

【分布】分布于广西、广东、湖南、江西。生于低山区的丘陵灌丛中、山谷、路旁及小溪边。日本有栽培。

【生态习性】喜光，但侧方庇荫时生长更好。喜肥沃、排水良好的石灰质壤土，忌积水或不能保水的土壤。耐寒性较强。

【观赏特性及园林用途】花大而美丽，是优良庭院花卉，可用于篱栅、棚架、院墙、凉亭等处的垂直绿化，亦可盆栽观赏或点缀岩石、假山。

【变种】重瓣铁线莲 var. *plena*：雄蕊全部成花瓣状，白色或淡绿色，较外轮萼片为短。我国云南、浙江有野生，其余各地园艺上有栽培。野生于海拔高达 1700m 的山坡、溪边及灌丛中，喜阴湿环境。

（2）杂种铁线莲 C.×*jackmanii*

【别名】杰克曼铁线莲。

【形态特征】落叶藤木，长达 3.5m。羽状复叶或仅 3 小叶，在枝顶梢者常为单叶。花大，径 10～15cm，花瓣状萼片通常 4(～8)，堇紫色，常 3 朵顶生。花期 7～10 月。

【分布】19 世纪中叶在英国育成，在欧美庭院中普遍栽培，我国已有引种栽培。

【生态习性】喜光，稍耐阴；较耐寒，喜湿润肥沃土壤。

【观赏特性及园林用途】花色丰富且花期长，品种多，是现代铁线莲中最受欢迎的类群之一。用于庭院垂直绿化或盆栽观赏。

【品种】有白花 'Alba'、红花 'Rubra'、深紫 'Purpurea Superba' 等品种。

【同属其它种】①毛茛铁线莲 C. *ranunculoides*：直立草本或草质藤本植物；花单生或排成圆锥花序；瘦果纺锤形。花期 9～10 月，果期 10～11 月。产于中国云南西北部、四川西南部、广西西北部及贵州西南部。②小木通 C. *armandii*：常绿攀缘状木质藤本，茎圆柱形。花瓣无。果实为瘦果。分布于西藏东部、云南、贵州、四川、甘肃和陕西南部、湖北、湖南、广东、广西、福建西南部。

6.8　小檗科 Berberidaceae

灌木或多年生草本，常绿或落叶。叶互生；叶脉羽状或掌状。花序顶生或腋生，花单生、簇生或组成总状花序、穗状花序、伞形花序、聚伞花序或圆锥花序；花瓣 6。浆果、蒴果、蓇葖果或瘦果。种子 1 至多数。

共 17 属，分布于北温带。中国 11 属，全国各地均有分布，但以四川、云南、西藏种类最多。

6.8.1　十大功劳属 Mahonia

常绿灌木或小乔木。奇数羽状复叶，互生。花序顶生，由 (1～)3～18 个簇生的总状花序或圆锥花序组成；花黄色。浆果，深蓝色至黑色。

1.果序；2.花序

图 6-29　十大功劳

约 60 种，分布于东亚、东南亚、北美、中美和南美西部。中国有 35 种，主要分布四川、云南、贵州和西藏东南部，大多供庭园观赏用。

十大功劳 M. *fortunei*

【别名】狭叶十大功劳。

【形态特征】灌木。小叶倒卵形至倒卵状披针形，长10～28cm。总状花序 4～10 个簇生；花黄色。浆果球形，紫黑色，被白粉。花期 7～9 月，果期 9～11 月(图 6-29)。

【分布】主要分布在中国西南部。在日本、印度尼西亚和美国等地也有栽培。

【生态习性】喜暖温气候，不耐严寒。对土壤要求不严，以砂质壤土生长较好，不宜碱土地栽培。

【观赏特性及园林用途】叶形奇特，典雅美观。适合用于林下地被或基础种植。

【同属其它种】阔叶十大功劳 *M. bealei*：灌木或小乔木。叶狭倒卵形至长圆形；花黄色。浆果卵形，深蓝色。花期9月至翌年1月，果期3～5月。主要分布于我国南岭、西藏东部至秦岭、淮河以南各省区。

6.8.2 南天竹属 *Nandina*

常绿灌木。叶互生，2～3回羽状复叶，叶轴具关节；小叶全缘，叶脉羽状；无托叶。大型圆锥花序顶生或腋生；花两性，3数，具小苞片；萼片多数，螺旋状排列；花瓣6，较萼片大；雄蕊6枚，1轮。浆果球形，红色或橙红色，顶端具宿存花柱。种子1～3枚。

仅有1种，分布于中国和日本。北美东南部常有栽培。

南天竹 *N. domestica*

【形态特征】常绿小灌木。茎常丛生而少分枝，高1～3m。叶互生，集生于茎的上部，三回羽状复叶；小叶薄革质，椭圆形或椭圆状披针形，冬季变红色。圆锥花序直立；花小，白色，具芳香；萼片多轮；花瓣长圆形。浆果球形，直径5～8mm，熟时鲜红色。种子扁圆形。花期3～6月，果期5～11月（图6-30）。

【分布】中国长江流域，日本、印度也有种植。

【生态习性】性喜温暖及湿润的环境，比较耐阴，也耐寒，容易养护。栽培土要求肥沃、排水良好的砂质壤土。

1.果枝；2.示小叶形变化；3.花蕾；4.外萼片；5.内萼片；6.花瓣；7.雄蕊；8.雌蕊

图6-30 南天竹

【观赏特性及园林用途】茎干丛生，枝叶扶疏，秋冬叶色变红，更有累累红果，经久不落，实为赏叶观果佳品。因其有节、似竹而得名。是我国南方常见的木本花卉种类。因其形态优雅，也常被用于盆景或盆栽，以装饰窗台、门厅、会场等处。

6.8.3 小檗属 *Berberis*

落叶或常绿灌木。枝具刺；老枝常呈暗灰色或紫黑色，幼枝有时为红色。单叶互生。花序为单生、簇生、总状、圆锥或伞形花序；花3数，小苞片通常3，早落；萼片通常6枚，2轮排列；花瓣6，黄色。浆果球形、椭圆形、长圆形、卵形或倒卵形，红色或蓝黑色。种子1～10，黄褐色至红棕色或黑色。

约500种，分布于南北美、亚洲、欧洲和非洲。中国约250种，大部产于西部和西南部该属大多数植物的根皮和茎皮含有小檗碱，可代黄连药用。也常作观赏植物栽培。

小檗 *B. thunbergii*

【别名】贵州小檗、日本小檗。

【形态特征】落叶灌木，一般高约1m，多分枝。枝条开展，具细条棱；茎刺单一。叶薄纸质，倒卵形、匙形或菱状卵形。花2～5朵组成具总梗的伞形花序，或近簇生的伞形花

1.花枝；2.果枝；3.花；4.萼片；5.雄蕊；6.果；
7.种子；8.花瓣

图 6-31 小檗

序或无总梗而呈簇生状；花黄色；花瓣长圆状倒卵形。浆果椭圆形，亮鲜红色。种子1～2枚，棕褐色。花期4～6月，果期7～10月（图6-31）。

【分布】中国南北均有分布，在西南山区，特别在石灰岩上常自成群落。

【生态习性】对光照要求不严，喜光也耐阴，喜温凉湿润的气候环境，耐寒性强，也较耐干旱瘠薄。

【观赏特性及园林用途】分枝密，姿态圆整，春开黄花，秋结红果，深秋叶色紫红，果实经冬不落，是花、果、叶俱佳的观赏花木。宜丛植草坪、池畔、岩石旁、墙隔、树下，亦可栽作刺篱。可盆栽观赏，也是点缀山石的好材料。果枝可插瓶。

【品种】紫叶小檗 'Atropurpurea'：叶常年紫红。矮紫叶小檗 'AtropurpureaNana'：植株低矮，不足0.5m，叶片常年紫红。金叶小檗 'Aurea'：叶片常年金黄色。

6.9 大血藤科 Sargentodoxaceae

攀援木质藤本，落叶。冬芽卵形，具多枚鳞片。叶互生，三出复叶或单叶，具长柄；无托叶。花单性，雌雄同株，排成下垂的总状花序。雄花：萼片6，两轮，每轮3枚，覆瓦状排列，绿色，花瓣状；花瓣6，很小，鳞片状，绿色，蜜腺性。果实为多数小浆果合成的聚合果，每一小浆果具梗，含种子1枚；种子卵形，种皮光亮。

仅1属1种。

大血藤属 *Sargentodoxa*

大血藤 *S. cuneata*

【形态特征】落叶藤木。三出复叶互生，无托叶，小叶革质，顶生小叶近棱状倒卵圆形，侧生小叶半卵形（基部极不对称）。花单性异株，总状花序，黄绿色，萼瓣各6；雄花有雄蕊6，与花瓣对生；雌花有退化雄蕊6。浆果有柄，黑蓝色。种子卵球形，种脐显著。花期4～5月，果期6～9月（图6-32）。

【分布】产于西北、西南、华中、华南、华东等地。

【生态习性】喜土层深厚、利于排水保墒、背风潮湿的缓坡地。

【观赏特性及园林用途】作藤本攀援观赏植物。植于庭园供花架、花格等垂直绿化用。

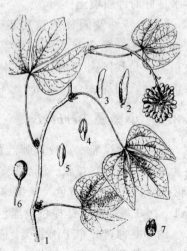

1.果枝；2、3.花被；4、5.雄蕊腹背面；
6.果；7.种子

图 6-32 大血藤

6.10 木通科 Lardizabalaceae

木质藤本，很少为直立灌木（猫儿屎属 *Decaisnea*）。茎缠绕或攀缘，木质部有宽大的髓射线。叶互生，掌状或三出复叶；叶柄基部和小叶柄的两端常膨大为节状。花辐射对称，常排成总状花序；萼片 6；花瓣 6。果为肉质的骨葖果或浆果；种子多数，卵形或肾形。

共 50 余种，分布在喜马拉雅区至日本和智利。中国有 7 属，35 种，主产于秦岭以南各省区。有些种类供观赏用。

6.10.1 木通属 *Akebia*

落叶或半常绿。掌状复叶互生或在短枝上簇生，通常有小叶 3 或 5 片；小叶全缘或边缘波状。花单性，雌雄同株同序，腋生总状花序；雄花较小而数多，生于花序上部；雌花远较雄花大，1 至数朵生于花序总轴基部；萼片 3（偶有 4～6），花瓣状，紫红色。雄花：雄蕊 6 枚。雌花：心皮 3～9(12) 枚。肉质菁葖果长圆状圆柱形；种子多数，卵形。

4 种，分布于亚洲东部。中国全产。

五叶木通 A. leucantha

【别名】钝药野木瓜、九月黄、八月瓜。

【形态特征】木质藤本。掌状复叶有小叶 5～7 片；小叶近革质，长圆状倒卵形、近椭圆形或长圆形。花雌雄同株，白色，数朵组成总状花序。雄花：萼片近肉质，外轮 3 片狭披针形或卵状披针形；雌花：萼与雄花的相似；心皮 3。果长圆形，黄色。花期 4～5 月，果期 8～10 月（图 6-33）。

【分布】产于华南、华东及西南地区。

【生态习性】喜温暖湿润的气候，耐阴。

【观赏特性及园林用途】夏季开紫色花，秋季可观红果，是棚架垂直绿化的优良树种。

1.花枝；2.雄花；3.雄花外轮萼片；4.雄花内轮萼片；5.雌蕊；6.雌花；7.雌花外轮萼片；8.雌花内轮萼片；9.心皮和退化雄蕊

图 6-33 五叶木通

【同属其它种】三叶木通 *A. trifoliata*：落叶木质藤本。雄花淡紫色。雌花紫褐色。果长圆形。花期 4～5 月，果期 7～8 月。产于中国华北至长江流域各省及华南、西南地区，秦岭也有。

6.10.2 鹰爪枫属 (八月瓜属) *Holboellia*

常绿。掌状复叶有小叶片 3～9 片，或为具羽状 3 小叶的复叶，互生，通常具长柄；小叶全缘。花单性，为腋生伞房花序式的总状花序；萼瓣各 6。雄花：雄蕊 6 枚。雌花：退化雄蕊 6 枚；心皮 3。肉质的菁葖果；种子多数。

约 14 种，大部分产我国。我国有 12 种，2 变种，产于秦岭以南各省区。

鹰爪枫 H. coriacea

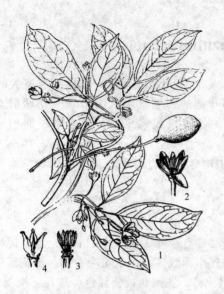

1.花枝和果枝；2.雄花；3.雄花(去花被)；4.雌花(去花被)

图 6-34　鹰爪枫

【别名】三月藤、牵藤、破骨风、八月栌。

【形态特征】常绿木质藤本。茎皮褐色。掌状复叶有小叶 3 片；叶柄长 3.5～10cm；小叶厚革质，椭圆形或卵状椭圆形，顶小叶有时倒卵形。花雌雄同株，白绿色或紫色，组成短的伞房式总状花序；总花梗短或近于无梗，数至多个簇生于叶腋。雄花：萼片长圆形，退化心皮锥尖。雌花：萼片紫色，与雄的近似但稍大。果长圆状柱形，熟时紫色；种子椭圆形，种皮黑色。花期 4～5 月，果期 6～8 月（图 6-34）。

【分布】产于西南、西北、华中和华东等地。

【生态习性】喜温暖湿润的气候。

【观赏特性及园林用途】春冬观叶，夏秋观花观果。可用于花架垂直绿化。

【同属其它种】五风藤 H. fargesii：花雌雄同株，红色紫红色暗紫色绿白色或淡黄色。果紫色。花期 4～5 月，果期 7～8 月。分布于陕西、安徽、浙江、福建、湖北、广东、四川、云南等地。

6.11　悬铃木科 Platanaceae

1属11种，分布于北美、东南欧、西亚及越南北部。中国引种3种，各地广泛栽培。我国未发现野生种，南北各地有栽培，多作行道树。树形雄伟，枝叶茂密，是世界著名的优良庭荫树和行道树，有"行道树之王"之称。

悬铃木属 Platanus

枝叶被树枝状及星状绒毛，树皮苍白色，薄片状剥落。叶互生，大形单叶，具掌状脉，掌状分裂。花单性，雌雄同株，排成紧密球形的头状花序，雌雄花序同形，生于不同的花枝上，雄花头状花序无苞片，雌花头状花序有苞片。果为聚合果，由多数狭长倒锥形的小坚果组成，基部围以长毛，每个坚果有种子 1 个。

法桐 P. orientalis

【别名】三球悬铃木、法国梧桐、净土树。

【形态特征】落叶大乔木，高达 30m，树皮薄片状脱落。叶大，轮廓阔卵形，基部浅三角状心形，上部掌状 5～7 裂，稀为 3 裂，中央裂片深裂过半。花 4 数；雄性球状花序无柄。果枝长 10～15cm，有圆球形头状果序 3～5 个，稀为 2 个；头状果序直径 2～2.5cm，小坚果之间有黄色绒毛，突出头状果序外（图 6-35）。

【分布】原产于欧洲东南部及亚洲西部；我国长

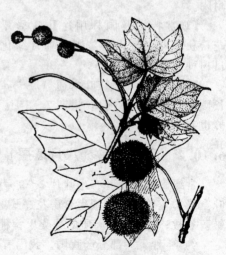

图 6-35　法桐

江流域等地有栽培。

【生态习性】喜光，喜湿润温暖气候，较耐寒。生长迅速，易成活，耐修剪，寿命长。

【观赏特性及园林用途】树干高大挺拔，枝叶茂盛。作行道树或庭荫树。

【同属其它种】①美桐（一球悬铃木）*P. occidentalis*：落叶大乔木。花通常 4～6 数，聚成圆球形头状花序。小坚果先端钝。原产于北美，我国中部、北部城市有栽培。②英桐（二球悬铃木）*P. acerifolia*：落叶大乔木。花通常 4 数。头状果序。本种是三球悬铃木 *P. orientalis*：与一球悬铃木的杂交种，久经栽培，我国东北、·华中及华南均有引种。

6.12　金缕梅科 Hamamelidaceae

乔木或灌木。单叶，互生，掌状脉或羽状脉；常有托叶，花较小，单性或两性，成头状、穗状或总状花序；萼筒与子房分离或有合生。萼片，花瓣，雄蕊通常均为 4～5，花瓣有或缺，花药 2 室，直裂或瓣裂，子房通常下位或半下位，稀上位，2 室，上部分离；花柱 2，中轴胎座，蒴果木质，常 4 裂，种子多数。

约 28 属，130 种，多产于东亚的亚热带。中国 18 属，约 80 种，产于南部各地。

6.12.1　枫香树属 Liquidambar

落叶乔木。叶互生，具锯齿，掌状分裂，掌状脉，托叶线形。花单性，雌雄同株，无花瓣；雄花多数，组成头状或穗状花序，再排成总状；雄花无萼片，雄蕊多数；雌花多数，组成球形头状花序，雄蕊退化，子房半下位，2 室。头状果序球形。

5 种，我国 2 种 1 变种。另小亚细亚 1 种，北美及中美各 1 种。

枫香树 L. formosana

【别名】路路通。

【形态特征】落叶大乔木，高达 30m。小枝被柔毛。叶宽卵形，掌状 3 裂，中央裂片先端长尖，两侧裂片平展，基部心形，掌状脉 3～5，具锯齿；叶柄长达 11cm，托叶线形。短穗状雄花序多个组成总状；头状雌花序具花 24～43。头状果序球形，木质，径 3～4cm，具宿存针刺状萼齿及花柱。种子多角形或具窄翅。花期 3～4月，果期 10 月（图 6-36）。

【分布】产于陕西、河南、华东、华南、西南等地。

【生态习性】喜温暖湿润气候，喜光，幼树稍耐阴，耐干旱瘠薄土壤，不耐水涝。耐火烧，萌生力极强。

【观赏特性及园林用途】树干通直，树体雄伟，秋叶红艳，是南方著名的秋色叶树种。山边、池畔以枫香为上木，下植常绿灌木，间植槭类，入秋则层林尽染，亦可孤植或丛植于草坪、空旷地，并配以银杏、无患子等秋色叶树种，则秋景更为丰富绚丽。

图 6-36　枫香树

6.12.2　红花荷（红苞木）属 Rhodoleia

常绿乔木或灌木。叶互生，革质，卵形至披针形，全缘，具羽状脉，基部常有三出脉，有粉白蜡被，具叶柄，无托叶。花序头状，腋生，有花 5～8 朵。花两性，花瓣 2～5 片，常着生于头状花序的外侧，红色，整个花序形如单花；雄蕊 4～10 个；子房半下位，多 2 室，胚珠每室 12～18 个。蒴果上半部室间及室背裂开为 4 片；种子扁平。花期 3～5 月。

9 种，分布于东亚、东南亚。中国南部有 6 种，产于华南和西南。

1.花枝；2.花瓣；3.雄蕊；4.雌蕊；5.果序
图 6-37 红花荷

红花荷 *R. championii*

【别名】红苞木、吊钟王。

【形态特征】常绿乔木，高 12m。叶厚革质，卵形，有三出脉，上面深绿色，发亮，下面灰白色，无毛，有多数小瘤状突起。头状花序长 3～4cm，常弯垂；花序柄有鳞状小苞片 5～6 片，总苞片卵圆形，最上部的较大，被褐色短柔毛；花瓣匙形，长 2.5～3.5cm，红色。蒴果卵圆形，果皮薄木质。花期 3～4 月，果期 9～10 月（图 6-37）。

【分布】产于广东、广西、云南等省。

【生态习性】中性偏阳树种，幼树耐阴，成年后较喜光。要求年平均温度为 19～22℃，耐绝对低温 -4.5℃。在土层深厚肥沃的坡地，可长成大径材，在干旱瘠薄的山脊也能生长。

【观赏特性及园林用途】花朵大，色艳丽，花期长，花瓣具爪，有较高的观赏价值，可作为庭园绿化树种和行道树。

6.12.3　马蹄荷属 *Exbucklandia*

常绿乔木，枝在节处膨大，有环状托叶痕。叶互生，厚革质，阔卵圆形，全缘或掌状浅裂，具掌状脉；托叶 2 片，大而对合，苞片状，革质，椭圆形，包着芽体，早落。头状花序通常腋生，有花 7～16 朵，具花序柄。花两性或杂性同株；花瓣线形，白色，2～5 片；雄蕊 10～14 个；子房半下位，藏于肉质头状花序内。头状果序，有蒴果 7～16 个；种子具翅。

4 种，中国有 3 种，分布于华南及西南各省及其南部的邻近地区。

马蹄荷 *E. populnea*

【别名】合掌木、解阳树、白克木。

【形态特征】常绿乔木，高 20m。小枝被短柔毛，节膨大。叶革质，阔卵圆形，全缘，或嫩叶有掌状 3 浅裂，上面深绿色，发亮，下面无毛；掌状脉 5～7 条；托叶椭圆形或倒卵形，有明显的脉纹。头状花序单生或数枝排成总状花序，有花 8～12 朵；花两性或单性，常为鳞片状；花瓣长 2～3mm，或缺花瓣。头状果序，有蒴果 8～12 个；蒴果椭圆形（图 6-38）。

【分布】产于中国西藏、云南、贵州及广西。越南等地也产。

【生态习性】喜光，稍耐阴，喜温暖、湿润的气候，根系发达，喜土层深厚、排水良好、微酸性的红黄土壤，对中性土壤也能适应。

【观赏特性及园林用途】树姿美丽，树干通直，叶大

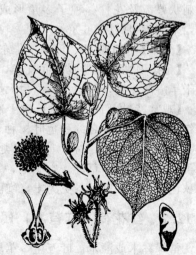

图 6-38 马蹄荷

而光亮。适作庭荫树或在山地营造风景林，孤植、丛植、群植均宜。

【同属其它种】大果马蹄荷 E. tonkinensis：叶基部阔楔形；蒴果较大，长 10～15mm，表面有瘤状突起。分布于广西、广东、福建西部、江西南部、湖南南部和贵州东南部。

6.12.4 蚊母树属 Distylium

常绿灌木或小乔木。芽裸露。幼枝被毛或鳞片。叶互生，羽状脉，全缘稀具细齿；具柄，托叶披针形，早落。花单性或杂性，雄花常与两性花同株，穗状花序腋生。萼筒短，花后脱落；无花瓣；雄蕊 4～8，雄花无退化雌蕊；雌花及两性花子房上位，2 室，每室 1 胚珠。蒴果木质，卵圆形。种子长卵形。

18 种。我国 12 种及 3 变种。另日本 2 种，其中 1 种我国亦产。马来西亚及印度各 1 种。中美洲 3 种。

中华蚊母树 D. chinense

【形态特征】常绿灌木，高约 1m。裸芽及幼枝被褐色柔毛；小枝粗。叶长圆形，长 2～4cm，先端稍尖，基部宽楔形，下面无毛，侧脉 5 对，近先端具 2～3 个细齿。穗状雄花序长 1～1.5cm，花无梗，萼筒短，萼齿卵状披针形。蒴果长 7～8mm，被褐色星状毛。

【分布】产于湖北、湖南、贵州、云南及四川，生于山谷溪边。

【生态习性】喜温暖、湿润和阳光充足的环境，耐半阴，稍耐寒。具有极强的喜湿耐涝、抗洪水冲击以及耐沙土掩埋的特性。

【观赏特性及园林用途】树型独特，蔸盘粗壮，枝干短曲苍老，根悬露虬曲，奇异古朴，是制作盆景理想的材料，具有颇高的观赏价值。是水库区消落带防沙固土的理想树种。

6.12.5 檵木属 Loropetalum

常绿或落叶，小乔木或灌木状。具裸芽。叶互生，革质，卵形，全缘，具短柄，托叶膜质。花 3～8 簇生或组成短穗状花序。花两性，4 数；萼筒与子房合生；花瓣带状，花芽时内卷；雄蕊周位着生，退化雄蕊鳞片状；子房半下位，2 室，每室 1 胚珠。蒴果木质，卵圆形。种子长卵形，亮黑色。

4 种 1 变种。我国 3 种，印度 1 种。

(1) 檵木 L. chinense

【别名】白花檵木、坚漆、山漆。

【形态特征】落叶灌木或小乔木；小枝有褐锈色星状毛。叶革质，卵形，长 2～5cm，宽 1.5～2.5cm，顶端锐尖，基部钝，不对称，全缘，下面密生星状柔毛。花两性，3～8 朵簇生；花瓣 4，白色，条形，长 1～2cm；雄蕊 4，退化雄蕊与雄蕊互生，鳞片状；子房半下位，每室具 1 垂生胚珠。蒴果木质；种子长卵形（图 6-39）。

【分布】分布于长江中、下游以南，北回归线以北地区；印度东北部也有。我国南方地区广为栽培。

【生态习性】喜光，稍耐阴。适应性强，耐旱。喜温暖，耐寒冷。萌芽力和发枝力强，耐修剪。耐瘠薄，但适宜在肥沃、湿润的微酸性土壤中生长。

【观赏特性及园林用途】四季常绿，春季白花点点，常用作绿篱植物，也是制作树桩盆景的良好材料。

图 6-39 檵木

(2) 红花檵木 var. *rubrum*

【别名】红桎木、红檵花。

【形态特征】檵木的变种，主要区别在于叶暗红色；花紫红色。

【分布】分布于湖南长沙岳麓山，南方地区广为栽培。

【生态习性】喜光，稍耐阴，但阴时叶色常变绿。适应性强，耐旱。喜温暖，耐寒冷。萌芽力和发枝力强，耐修剪。适宜在肥沃、湿润的微酸性土壤中生长，也耐瘠薄。

【观赏特性及园林用途】常年叶色鲜艳，枝盛叶茂，特别是开花时红艳奇美，极为夺目，是花、叶俱美的观赏树木。常用于色块布置或修剪成球形，也是制作盆景的好材料。

【品种】品种繁多，可划分为3大类、15个型、41个品种。3大类分别是：①嫩叶红：俗称单面红，新叶紫红色，老叶常年绿，抗高温、耐寒、耐瘠薄能力强。②透骨红：新叶紫红色，老叶正面黑绿间紫色，背面粉绿间紫红色，叶面有光泽，新梢韧皮部及木质部均为紫红色。③双面红：俗称大叶红，新叶紫红色，老叶正面紫黑色，背面紫红色，叶面毛被少，红亮光润，新梢韧皮部和木质部紫红色。

6.13　交让木（虎皮楠）科 Daphniphyllaceae

乔木或灌木；小枝具叶痕和皮孔，髓心片状分隔。单叶互生，全缘，叶面具光泽，无托叶。花序总状，腋生，基部具苞片；花小且单性异株；花萼有或无，无花瓣；雄蕊 5～18枚，辐射状排列，花丝短，花药大；子房上位，卵形或椭圆形，2室，每室具2胚珠。核果卵形或椭圆形，具1种子。

1属，约30种，分布于亚洲东南部。中国有10种，分布于长江以南各省区。

交让木（虎皮楠）属 *Daphniphyllum*

形态特征及分布与科相同。

虎皮楠 *D. oldhamii*

【别名】四川虎皮楠、南宁虎皮楠。

1.果枝；2.叶下面；3.雄花；4.雌花；5.果

图 6-40　虎皮楠

【形态特征】高 5～10m，稀灌木。叶纸质，多簇生枝顶，边缘反卷，干后叶暗绿色，具光泽，叶背常被白粉，具乳突体。雄花序长 2～4cm；萼片4～6，具齿，早落；雌花序长 4～6cm。果椭圆或倒卵圆形。花期 3～5 月，果期 8～11 月（图 6-40）。

【分布】产于长江以南各省区。朝鲜和日本也产。

【生态习性】喜排水良好的壤土、沙质壤土。喜光，也较耐阴，全日照、半日照均可。

【观赏特性及园林用途】树形美观，叶厚常绿，可作绿化和观赏树种。

【同属其它种】交让木 *D. macropodum*：叶薄革质，长圆形或倒披针形，先端渐尖；雌花序或果序直立。产于长江以南各省的山地。

6.14　杜仲科 Eucommiaceae

仅1属1种，即杜仲属杜（*Eucommia*）仲 *E.ulmoides*，为中国特有，产于我国西部、西北部至东部。野生的已不多见。

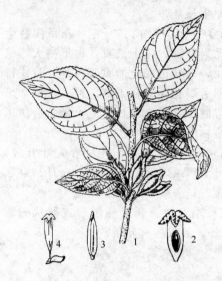

1.果枝；2.子房纵剖图；3.雄蕊；4.雌蕊

图 6-41　杜仲

杜仲属 *Eucommia*

杜仲 *E.ulmoides*

【形态特征】落叶乔木，高达 20m；树皮灰褐色。单叶互生，叶椭圆形、卵形或矩圆形，薄革质，具羽状脉，边缘有锯齿，具柄。花雌雄异株，花生于当年枝基部，雄花无花被，簇生；具倒卵状匙形小苞片。雌花单生于小枝下部，有倒卵形苞片。翅果扁平，长椭圆形，先端 2 裂。种子 1 个，垂生于顶端，扁平，线形。早春开花，秋后果实成熟（图 6-41）。

【分布】分布于陕西、甘肃、河南、湖北、四川、云南、贵州、湖南及浙江等省区，现各地广泛栽种。

【生态习性】喜阳光充足、温和湿润气候，耐寒，对土壤的选择不严格。不耐庇荫。根系较浅而侧根发达，萌蘖性强。

【观赏特性及园林用途】树干端直，枝叶茂密，树形整齐优美。可用作行道树或四旁绿化树种。

6.15　榆科 Ulmaceae

乔木或灌木；芽具鳞片。单叶，常绿或落叶，互生。单被花两性，稀单性或杂性，雌雄异株或同株，少数或多数排成疏或密的聚伞花序，或因花序轴短缩而似簇生状；花被浅裂或深裂，花被裂片常 4～8；雄蕊着生于花被的基底；雌蕊由 2 心皮连合而成。果为翅果、核果、小坚果或有时具翅或具附属物。

共 16 属，分布于热带至寒温带。中国有 8 属，广布全国。

6.15.1　榆属 *Ulmus*

乔木，稀灌木；树皮不规则纵裂，粗糙，稀裂成块片或薄片脱落。叶互生，二列，边缘具重锯齿或单锯齿，羽状脉。花两性，春季先叶开放，稀秋季或冬季开放，在去年生枝（稀当年生枝）的叶腋排成簇状聚伞花序、短聚伞花序、总状聚伞花序或呈簇生状；花被钟形，4～9 浅裂或裂至杯状花被的基部或近基部。果为扁平的翅果，种子扁或微凸。

30 余种，产于北半球。我国有 25 种 6 变种，分布遍及全国，以长江流域以北较多。另引入栽培 3 种。

榆树 *U. pumila*

【别名】白榆、家榆、钻天榆、钱榆。

【形态特征】落叶乔木。叶椭圆状卵形、长卵形、椭圆状披针形或卵状披针形，边缘具重锯齿或单锯齿。花先叶开放，在去年生枝的叶腋成簇生状。翅果近圆形，稀倒卵状圆形，

1.小枝；2.果枝；3.翅果（放大）

图 6-42 榆树

果核部分位于翅果的中部，成熟前后其色与果翅相同，初淡绿色，后白黄色。花果期 3～6 月（图 6-42）。

【分布】分布于东北、华北、西北及西南各省区。

【生态习性】阳性树，生长快，根系发达，适应性强，能耐干冷气候及中度盐碱，但不耐水湿。在土壤深厚、肥沃、排水良好之冲积土及黄土高原生长良好。

【观赏特性及园林用途】早春发叶前先开花，花呈簇状生成聚伞花序，花被钟形，尤为壮观。树干通直，树形高大，绿荫较浓，适应性强，生长快，是城市绿化的重要树种，栽作行道树、庭荫树、防护林及四旁绿化用。在干瘠、严寒之地常呈灌木状，有用作绿篱者。可制作盆景。在林业上也是营造防风林、水土保持林和盐碱地造林的主要树种之一。

【变种】春榆 var. *japonica* 落叶乔木。花早春先叶开放，深紫色；花两性；种子位于翅果的上部。花期 4～5 月；果熟期 5～6 月。分布在我国华中、华东、西北。

【同属其它种】榔榆 *U. parvifolia*：落叶乔木。花秋季开放。翅果椭圆形或卵状椭圆形。花果期 8～10 月。我国除东北、西北、西藏及云南外，各省均有分布。

6.15.2　榉属 *Zelkova*

落叶乔木。叶互生，具短柄，有圆齿状锯齿，羽状脉。花杂性，几乎与叶同时开放，雄花数朵簇生于幼枝的下部叶腋，雌花或两性花通常单生（稀 2～4 朵簇生）于幼枝的上部叶腋；雄花的花被钟形，4～6（～7）浅裂；雌花或两性花的花被 4～6 深裂。核果，偏斜，柱头宿存；种子上下多少压扁。

约 10 种，分布于地中海东部至亚洲东部。我国有 3 种，产于辽东半岛至西南以东的广大地区。

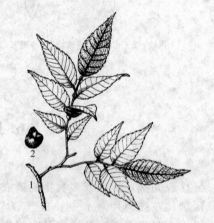

1.果枝；2.果实

图 6-43　榉树

榉树 *Z. serrata*

【别名】鸡油树、黄栀榆、大叶榆。

【形态特征】树皮灰褐色至深灰色，呈不规则的片状剥落；当年生枝灰绿色或褐灰色，密生伸展的灰色柔毛。叶厚纸质，卵形至椭圆状披针形。雄花 1～3 朵簇生于叶腋，雌花或两性花常单生于小枝上部叶腋。核果。花期 4 月，果期 9～11 月（图 6-43）。

【分布】产于辽宁、陕西、甘肃、山东、江苏、安徽、浙江、江西、福建、台湾、河南、湖北、湖南和广东。

【生态习性】喜光，喜温暖环境。适生于深厚、肥沃、湿润的土壤，对土壤的适应性强。

【观赏特性及园林用途】树体高大雄伟，盛夏绿荫浓密，秋叶红艳，是观赏秋叶的优良树种。可种植于路旁、墙边，作孤植、丛植配置和作行道树。也是营造防风林的好树种。

6.15.3　朴属 *Celtis*

常绿或落叶，叶互生，有锯齿或全缘，具 3 出脉或 3～5 对羽状脉；托叶膜质或厚纸质。

花小，两性或单性，有柄，聚伞花序或圆锥花序；雄花序多生于小枝下部无叶处或下部的叶腋，在杂性花序中，两性花或雌花多生于花序顶端；花被片4～5。核果；种子充满核内。

约60种，广布于全世界热带和温带地区。我国有11种2变种，产于辽东半岛以南广大地区。

（1）朴树 C. sinensis

【别名】沙朴、紫荆朴、小叶朴。

【形态特征】落叶乔木，高达20m；树皮灰褐色，枝条平展。当年生小枝密生毛。叶质较厚，阔卵形或圆形，中上部边缘有锯齿；三出脉。花杂性同株；雄花簇生于当年生枝下部叶腋；雌花单生于枝上部叶腋，1～3朵聚生。核果近球形，红褐色；花期4月，果熟期10月。核果橙红色（图6-44）。

【分布】产于山东、河南、江苏、安徽、浙江、福建、江西、湖南、湖北、四川、贵州、广西、广东、台湾。

【生态习性】喜光耐阴。喜肥厚湿润疏松的土壤，耐干旱瘠薄，耐轻度盐碱，耐水湿。

【观赏特性及园林用途】树冠圆满宽广，树荫浓郁。适合公园、庭园作庭荫树。也可以供街道、公路列植作行道树。也是农村"四旁"绿化及河网区防风固堤树种。

1.果枝；2.果核(放大)

图6-44　朴树

（2）四蕊朴 C. tetrandra

【别名】昆明朴，滇朴。

【形态特征】落叶乔木，树高达15m。叶卵形、卵状椭圆形或带菱形，基部偏斜，先端微急渐长尖或近尾尖，中上部边缘具明显或不明显的锯齿。果近球形，蓝黑色（图6-45）。

【分布】产于中国云南中部和西北部、四川南部。

【生态习性】阳性树种，稍耐阴，耐水湿，但有一定抗旱性，喜肥沃、湿润而深厚的中性土壤，在石灰岩的缝隙中亦能生长良好。

【观赏特性及园林用途】云南乡土树种，属高大乔木，适宜全国大部分地区种植，极具观赏价值。可在公园中孤植用作庭荫树，亦可列植水边或作行道树。可用于厂矿区绿化。

1.果枝；2.叶；3.果核

图6-45　滇朴

6.15.4　青檀属（翼朴属）Pteroceltis

落叶乔木。叶互生，有锯齿，基部3出脉，侧脉先端在未达叶缘前弧曲，不伸入锯齿；托叶早落。花单性、同株，雄花数朵簇生于当年生枝的下部叶腋，花被5深裂，裂片覆瓦状排列；雌花单生于当年生枝的上部叶腋，花被4深裂。坚果具长梗，近球状，围绕以宽的翅，内果皮骨质。

1种，特产于我国东北、华北、西北和中南。

图 6-46 青檀

青檀 *P. tatarinowii*

【别名】翼朴、檀树。

【形态特征】树皮灰色或深灰色，不规则的长片状剥落；小枝黄绿色。叶纸质，宽卵形至长卵形，边缘有不整齐的锯齿，基部 3 出脉。翅果状坚果近圆形或近四方形，黄绿色或黄褐色，翅宽，稍带木质。花期 3～5 月，果期 8～20 月（图 6-46）。

【分布】分布较广，星散分布于中国华中、华北及云贵川一带。

【生态习性】阳性树种。喜生于石灰岩山地，也能在花岗岩、砂岩地区生长。较耐干旱瘠薄，根系发达。生长速度中等，萌蘖性强，寿命长，山东等地庙宇中留有千年古树。

【观赏特性及园林用途】可用作石灰岩山地的造林树种。

6.16 桑科 Moraceae

木本，稀草本，常具乳液，有刺或无刺。叶互生，稀对生，全缘或具锯齿，叶脉掌状或羽状。花小，单性同株或异株，常集成头状花序，葇荑花序或隐头花序；花单被，通常 4 片，雄蕊与花被片同数且对生；子房上位，每室胚珠一枚。小瘦果或核果，瘦果外包有肉质花被，许多瘦果组成聚花果，或瘦果包被于肉质花序内，成为隐花果。

约 53 属，1800 种，主要分布于热带和亚热带，少数分布温带。中国产 17 属 160 余种，主要分布于长江以南各地。

6.16.1 桂木属（波罗蜜属）Artocarpus

乔木，有乳液。单叶互生，革质，全缘或羽状分裂，叶脉羽状，稀基生三出脉；托叶成对，大而抱茎，脱落后形成环状托叶痕，花单性，雌雄同株，密集于球形或椭圆形的花序轴上，腋生或生于老茎发出的短枝上；雄花及雌花花被管状。聚花果由多数藏于肉质的花被及花序轴内的小核果所组成。

约 50 种，分布于热带亚洲。中国约产 15 种。

波罗蜜 A. heterophyllus

【别名】木波罗、树波罗。

【形态特征】常绿乔木，高 10～20m。老树有板状根。托叶痕明显。叶革质，有光泽，背面浅绿色，侧脉羽状，中脉在背面显著凸起。花雌雄同株，雌花序生于老茎或短枝上，雄花序着生于枝端叶腋或短枝叶腋，圆柱形或棒状椭圆形。聚花果多椭圆形至球形，长 30～100cm，直径 25～50cm，表面有坚硬六角形瘤状凸体；核果长椭圆形。花期 2～3 月。果 7～8 月成熟（图 6-47）。

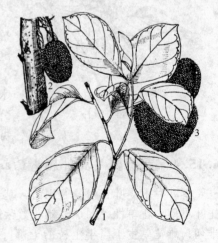

1.枝叶；2、3.聚花果及其着生状

图 6-47 波罗蜜

【分布】产于印度和马来西亚一带，现广植于热带各地。中国华南、海南、云南、台湾有栽培。

【生态习性】性喜高温高湿，生长适温22~23℃。喜日照充足。以表土深厚、排水良好的砂质土壤最佳。

【观赏特性及园林用途】树形端正，树大荫浓，花芳香，果硕大奇特，常用作行道树或庭荫树。

6.16.2 榕属 *Ficus*

乔木或灌木，或藤本。多为常绿，具气根，具乳液。叶互生，稀对生，有或无钟乳体；托叶合生，早落，遗留环状疤痕。雌雄同株，花小，生于中空的肉质花序托内，形成隐头花序。隐花果肉质，内具小瘦果。

约1000种，分布热带、亚热带地区。中国约120种，分布西南部至东部和南部。树形美观，是著名观赏树木。

(1) 榕树 *F. microcarpa*

【别名】小叶榕、细叶榕。

【形态特征】常绿乔木，高达20~30m；枝具下垂须状气生根。叶椭圆形至倒卵形，长4~10cm，先端钝尖，基部楔形，全缘或浅波状，羽状脉，侧脉5~6，革质，无毛，隐花果腋生，近扁球形，径8mm，花期5~6月（图6-48）。

图6-48 榕树

【分布】产于浙江、江西、广东、海南、福建、台湾、广西、贵州、云南等地。印度、马来西亚等国也有分布。

【生态习性】喜暖热多雨气候及酸性土壤，生长快，寿命长，播种，扦插等繁殖容易。

【观赏特性及园林用途】树冠庞大，枝叶茂密，大干气根低垂，又可入土成支柱干，形成"独木成林"的热带风情景观，是华南和西南地区常见的行道树及遮阴树。

【品种】①黄金榕 'Golden lea'：嫩叶或向阳叶片呈金黄色；②花叶榕（乳斑榕） 'Milky strips'：叶片表面绿色并有浅黄色或乳白色的斑块。

(2) 黄葛树 *F. virens* var. *sublanceolata*

【别名】黄桷树、黄桷榕、大叶榕。

【形态特征】落叶或半落叶乔木。叶薄革质或坚纸质，近披针形，先端渐尖，基部圆形或近心形，长10~15cm，宽4~7cm，全缘，无毛，基出3脉，侧脉每边7~10条，下面凸起而明显，网脉较明显。隐花果近球形，熟时黄色或红色，无总柄（图6-49）。

图6-49 黄葛树

【分布】产于陕西，湖北、贵州、广西、四川、云南等地。

【生态习性】阳性树种，喜温暖湿润气候，耐旱而不耐寒，耐寒性比榕树稍强。抗风，抗大气污染，耐瘠薄，对土质要求不严，生长迅速，萌发力强，易栽植。

【观赏特性及园林用途】高大挺拔，枝叶茂密；春季新叶展放后鲜红色的托叶纷纷落地，黄色或紫红色的果实挂满枝头，甚为美观。夏季叶片油绿光亮。园林应用中适宜栽植于公园湖畔、草坪、河岸边、风景区，孤植或群植造景，提供游憩、纳凉的场所，也可用作行道树。

【同属其它种】①印度榕（印度橡皮树）*F. elastica*：叶厚革质，较大，长圆形至椭圆形，长8～30cm，宽7～10cm；叶柄粗壮；托叶膜质，深红色。产于印度，缅甸。栽培品种有：花叶印度榕'Variegata'：叶片稍圆，叶缘及叶片上有许多不规则的黄白色斑块。金边橡皮树'Aureo Marginata'：叶片边缘为淡黄色，中间为翠绿色。白斑橡皮树，叶片较窄并有许多白色斑块。金星橡皮树'Goldstar'：叶片远较一般橡皮树大而圆，幼嫩时为褐红绿色，后变为红褐色，靠近边缘散生稀疏针头大小的斑点。②高山榕*F. altissima*：叶厚革质，广卵形至广卵状椭圆形，先端钝；托叶厚革质，外被灰色毛。产于海南、广西、云南、四川等地。东南亚地区也有分布。③垂叶榕*F. benjamina*：树冠广展；小枝下垂，叶薄革质。产于华南和西南。④地瓜藤（地石榴、地枇杷）*F. tikoua*：匍匐木质藤本，有乳汁。花序托球形或卵球形，熟时淡红色，可食。分布在湖南、湖北、广西西部、贵州、云南、四川和陕西南部。用作地被植物。

6.16.3 桑属 *Morus*

落叶乔木或灌木；冬芽具3～6枚芽鳞。叶互生，边缘具锯齿，全缘至深裂，基生叶脉三至五出，侧脉羽状；托叶侧生，早落。花雌雄异株或同株，或同株异序，雌雄花序均为穗状；雄花，花被片4，雄蕊4枚；雌花，花被片4，结果时增厚为肉质，子房1室；聚花果（俗称桑）为多数包藏于肉质花被片内的核果组成。种子近球形。

图 6-50 桑

约16种，主要分布在北温带，在亚洲热带山区达印度尼西亚，在非洲南达热带，在美洲可达安第斯山。我国产11种，各地均有分布。

桑 *M. alba*

【别名】家桑、桑树。

【形态特征】落叶乔木或灌木状，高达15m。叶卵形或宽卵形，长5～15cm，先端尖或渐短尖，基部圆或微心形，锯齿粗钝，有时缺裂，上面无毛。花雌雄异株，雄花序下垂，长2～3.5cm，密被白色柔毛，雄花花被椭圆形，淡绿色；雌花序长1～2cm，被毛。聚花果卵状椭圆形，长1～2.5cm，红色至暗紫色。花期4～5月，果期5～7月（图6-50）。

【分布】全国各地栽培。

【生态习性】阳性，适应性强，抗污染，抗风，耐盐碱。

【观赏特性及园林用途】树冠丰满，枝叶茂密，秋叶金黄。宜孤植作庭荫树，也可与喜阴花灌木配置树坛、树丛或与其它树种混植风景林，果能吸引鸟类，构成鸟语花香的自然景观。

6.16.4 构属 *Broussonetia*

乔木或灌木，或为攀缘藤状灌木；有乳液，冬芽小。叶互生，分裂或不分裂，边缘具锯齿，基生叶脉三出，侧脉羽状。花雌雄异株或同株；雄花为下垂柔荑花序或球形头状花序，花被片 4 或 3 裂，雄蕊与花被裂片同数而对生；雌花，密集成球形头状花序，花被管状，宿存，子房内藏。聚花果球形。

约 4 种，分布于亚洲东部和太平洋岛屿。我国均产，主要分布于西南部至东南部各省区。

构树 B. papyifera

【别名】褚桃、褚、谷桑。

【形态特征】落叶乔木，高 10～20m；树皮暗灰色，小枝密生柔毛。叶广卵形至长椭圆状卵形，背面密被细绒毛，不裂或 3～5 裂，叶柄长 2～3.8cm；托叶卵形，狭渐尖，长 1.5～2cm，宽 0.8～1cm；花雌雄异株，雄花序粗壮，长 3～8cm；聚花果直径 1.5～3cm；瘦果具与之等长的长柄；花柱单生。花期 4～5 月，果期 6～7 月（图 6-51）。

【分布】产于我国南北各地。野生或栽培。

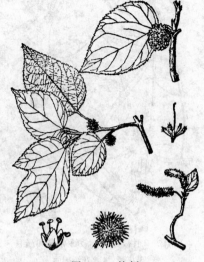

图 6-51 构树

【生态习性】强阳性树种，适应性和抗逆性强。萌芽力和分蘖力强，耐修剪。抗污染性强。

【观赏特性及园林用途】叶片粗犷，果实红艳，具有较高观赏性。因其有抗性强、生长快、繁殖容易等优点，是城乡绿化的重要树种，尤其适合用作矿区及荒山坡地绿化，亦可用作庭荫树及防护林。

6.17 荨麻科 Urticaceae

草本、亚灌木或灌木，稀乔木或攀援藤本，有时有刺毛。茎常富含纤维，有时肉质。叶互生或对生，单叶。花极小，单性，稀两性，风媒传粉，花被单层，稀 2 层；花序雌雄同株或异株，若同株时常为单性，有时两性（即雌雄花混生于同一花序），稀具两性花而成杂性，由若干小的团伞花序排成聚伞状、圆锥状、总状、伞房状、穗状、串珠式穗状、头状。雄花：花被片 4～5，覆瓦状排列或镊合状排列。雌花：花被片 5～9。果实为瘦果，有时为肉质核果状。

有 47 属，分布于热带和温带。中国产 25 属，全国各地均有分布。

6.17.1 糯米团属 Gonostegia

多年生草本或亚灌木。叶对生或在同一植株上部的互生，下部的对生，边缘全缘，基出脉 3～5 条，钟乳体点状；托叶分生或合生。团伞花序两性或单性，生于叶腋；苞片膜质，小。雄花：花被片（3～）4～5，镊合状排列，通常分生，长圆形，在中部之上成直角向内弯曲，因此花蕾顶部截平，呈陀螺形；雄蕊与花被片同数，并对生；退化雌蕊极小。雌花：花被管状，有 2～4 小齿，在果期有数条至 12 条纵肋，有时有纵翅；子房卵形，柱头丝形，有密柔毛，脱落。瘦果卵球形，果皮硬壳质，常有光泽。

约 12 种，分布于亚洲热带和亚热带地区及澳大利亚。我国有 4 种，自西南、华南至秦岭广布。

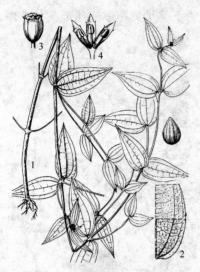

1.植株；2.叶被面放大，示钟乳体和糙毛；
3.花蕾；4.雄花纵剖面

图6-52 糯米团

糯米团 *G. hirta*

【别名】糯米草、红头带、猪粥菜。

【形态特征】多年生草本，有时茎基部变木质；茎蔓生、铺地或渐升。叶对生；叶片草质或纸质，宽披针形至狭披针形、狭卵形、稀卵形或椭圆形。团伞花序腋生，通常两性，有时单性，雌雄异株。雄花：花蕾直径约2mm，在内折线上有稀疏长柔毛；花被片5，分生，倒披针形；退化雌蕊极小，圆锥状。雌花：花被菱状狭卵形。瘦果卵球形，白色或黑色。花期5~9月（图6-52）。

【分布】自西藏东南部、云南、华南至陕西南部及河南南部广布。

【生态习性】喜阴植物，生命旺盛，生长迅速，对土壤要求不严，喜温喜湿。

【观赏特性及园林用途】四季常绿，枝蔓纤细秀美。可作地被绿化植物。

6.17.2 水麻属 *Debregeasia*

灌木或小乔木。叶互生，边缘具细牙齿或细锯齿，基出3脉。花单性，雌雄同株或异株，雄花团伞花簇常由10余朵花组成，雌花球形，多数花组成。雄花：花被片3~4（~5），镊合状排列。雌花：花被合生成管状，顶端紧缩，有3~4齿。瘦果浆果状；种子倒卵形。

约6种，主要分布于亚洲东部的亚热带和热带地区，1种分布至非洲北部。我国6种均产，分布于长江流域以南省区。

水麻 *D. orientalis*

【形态特征】灌木，小枝纤细，暗红色，常被贴生的白色短柔毛。叶纸质或薄纸质，长圆状狭披针形或条状披针形，边缘有不等的细锯齿或细牙齿。花序雌雄异株，生上年生枝和老枝的叶腋，2回二歧分枝或二叉分枝，每分枝的顶端各生一球状团伞花簇，雄的团伞花簇直径4~6mm，雌的直径3~5mm；苞片宽倒卵形。雄花在芽时扁球形；花被片4。雌花几无梗。瘦果小浆果状，倒卵形，鲜时橙黄色。花期3~4月，果期5~7月（图6-53）。

【分布】产于西藏东南部、云南、广西、贵州、四川、甘肃南部、陕西南部、湖北、湖南、台湾。日本也有分布。

【生态习性】喜温暖湿润气候，较耐阴。

【观赏特性及园林用途】叶柄和叶下面被一层厚的雪白色毡毛，颇具观赏性；树姿婆婆秀美。可孤植于庭院、园路边或作绿篱材料。

1.花枝；2.雄花；3.瘦果；4.叶被(放大)

图6-53 水麻

6.18　胡桃科 Juglandaceae

落叶乔木，稀常绿，植物体具芳香油脂。一回羽状复叶，互生，无托叶。花单性，雌雄同株，柔荑花序，雌雄花有1～2苞片，花被小，1～4裂或无花被；雄蕊3至多数，子房下位，一室或基部2～4室。果核果状，外果皮由苞片或花被衍生而成，无胚乳；子叶肉质，含油脂。

9属60多种，分布于北温带和亚热带。中国7属27种，南北均产。

6.18.1　黄杞属 Engelhardtia

常绿或半常绿乔木。芽无芽鳞而裸出。偶数羽状复叶；小叶全缘或具锯齿。雌性及雄性花序均为柔荑状，俯垂，常为一条顶生的雌花序及数条雄花序排列成圆锥式花序束。雄花苞片3裂；花被片4枚；雄蕊3～15枚，花丝短。雌花苞片3裂；小苞片2枚；花被片4枚；子房下位。果序长。果实坚果状，外侧具由苞片发育而成的膜质果翅，具网纹。

约15种，分布于亚洲热带及亚热带地区以及中美洲。中国6种，分布于长江以南。

黄杞 E. roxburghiana

【别名】黑油换、黄泡木。

【形态特征】半常绿乔木，高10m。偶数羽状复叶，小叶3～5对，叶片革质，全缘。雌花序及雄花序俯垂，常形成顶生的圆锥状花序束，顶端为雌花序，下方为雄花序。果序长达15～25cm。果实球形。5～6月开花（图6-54）。

图6-54　黄杞

【分布】产于台湾、广东、广西、湖南、贵州、四川和云南。

【生态习性】喜光，不耐阴；适生于温暖湿润的气候；对土壤要求不严，耐干旱瘠薄，但以深厚肥沃的酸性土壤较好。

【观赏特性及园林用途】枝叶茂密、树体高大，适宜在园林绿地中栽植，尤其适宜用于山地风景区绿化。

6.18.2　胡桃（核桃）属 Juglans

落叶乔木；叶为奇数羽状复叶，揉之有香味；雄花为柔荑花序；萼3～6裂；雄蕊8～40；雌花数朵排成顶生的总状花序；萼4裂；总苞2～5裂，与子房合生；子房下位，1室，有胚珠1颗；果为一大核果，有一厚而不开裂的硬壳；坚果有不规则的槽纹，基部2～4室，不开裂或最后分裂为2。

约20种。分布于两半球温、热带区域。我国产2组5种1变种，南北普遍分布。

胡桃 J. regia

【别名】核桃。

【形态特征】落叶乔木，高20～25m；树皮幼时平滑，老时浅纵裂，灰白色。小叶（3）5～9，椭圆状卵形或长椭圆形，长6～15cm，全缘，先端钝圆或短尖，基部歪斜、近圆，侧

图 6-55 胡桃

脉 11～15 对。雄荑黄花序下垂，长 5～10（～15）cm；雄花被腺毛。雌穗状花序具 1～3（4）花。果序短，俯垂，具 1～3 果。果近球形，径 4～6cm，无毛。花期4～5月，果期9～10月（图 6-55）。

【分布】产于新疆天山西部。东北南部、华北、西北、华中、华南及华东有栽培。

【生态习性】喜光，耐寒，抗旱，抗病能力强，适应多种土壤生长，喜水、肥。

【观赏特性及园林用途】树冠雄伟，树干灰白，枝叶繁茂，绿荫盖地，在园林中可作道路绿化，起防护作用。

【同属其它种】野核桃（山核桃）*J. cathayensis*：小叶 9～25 枚；小叶具明显的细密锯齿；果序长而下垂，通常具 6～10 个果实。产于甘肃、陕西、山西、河南、湖北、湖南、四川、贵州、云南、广西。

6.18.3 枫杨属 *Pterocarya*

乔木，叶脱落，互生，羽状复叶，无托叶；小叶近无柄，有锯齿；花单性同株，与叶同时开放，为下垂的荑黄花序；雄花生于苞腋内；萼片1～4；雄蕊 6～18 枚；雌花有苞片 1 和小苞片 2；子房1室，包藏于一个 4 齿裂的总苞内，花柱 2 裂；胚珠 1 颗；果为坚果，有翅 2。

枫杨 *P. stenoptera*

【别名】麻柳、娱蛤柳、水麻柳。

【形态特征】落叶乔木，高达30m。裸芽叠生，密被锈褐色腺鳞。偶数（稀奇数）羽状复叶，长 8～16(25) cm，叶轴具窄翅；小叶(6～) 10～16(～25)，长椭圆形或长椭圆状披针形，长 8～12cm，先端短尖，基部楔形、宽楔形或圆，具细锯齿。雄花序单生于去年生枝叶腋。雌花序顶生。果序长20～45cm。果长椭圆形。花期 4～5 月，果期 8～9 月（图 6-56）。

【分布】产于甘肃、陕西、河南、山东、安徽、江苏、浙江、福建、台湾、湖北、湖南、江西、广东、广西、贵州、云南及四川。

图 6-56 枫杨

【生态习性】喜光，幼树耐阴。以温度不太低，雨量比较多的暖温带和亚热带气候较为适宜。喜深厚肥沃湿润的土壤，耐湿性强，但不耐长期积水和水位太高之地。抗风；对有害气体二氧化硫及氯气的抗性弱。

【观赏特性及园林用途】树冠宽广，枝叶茂密，生长迅速，是优良的庭荫树和防护树种。

6.18.4 化香树属 *Platycarya*

落叶小乔木；芽具芽鳞，枝条髓部实心。叶互生，奇数羽状复叶，小叶边缘有锯齿。雄花序及两性花序常形成顶生而直立的伞房状花序束，两性花序上端为雄花序（花后脱落），下端为雌花序，果序球果状，果实小形，坚果状，两侧具狭翅，单个生于覆瓦状排列成球果状的各个苞片腋内。

2种；1种分布于我国黄河以南各省区及朝鲜和日本，1种我国特有。

化香树 *P. strobilacea*

【别名】山麻柳，换香树，饭香树。

【形态特征】落叶乔木，高达20m。奇数羽状复叶，具（3～）7～23小叶；小叶卵状披针形或长椭圆状披针形，长4～11cm，具锯齿，先端长渐尖，基部歪斜。两性花序常单生，长5～10cm，雌花序位于下部，长1～3cm，雄花序位于上部；雄花序常3～8，长4～10cm。果序卵状椭圆形或长椭圆状圆柱形，长2.5～5cm。花期5～6月，果期7～8月（图6-57）。

【分布】产于甘肃、陕西、河南、山东、安徽、江苏、浙江、福建、台湾、江西、湖北、湖南、广东、广西、贵州、云南及四川。

【生态习性】喜光树种，喜温暖湿润气候和深厚肥沃的沙质土壤，在酸性、中性、钙质土壤也可生长。耐干旱瘠薄，深根性，萌芽力强。

图6-57 化香树

【观赏特性及园林用途】羽状复叶，穗状花序，果序呈球果状，直立枝端经久不落，在落叶阔叶树种中具有特殊的观赏价值，在园林绿化中可作为点缀树种应用。

6.18.5 青钱柳属 *Cyclocarya*

现存仅1种，为我国特有，分布于长江以南各省区。

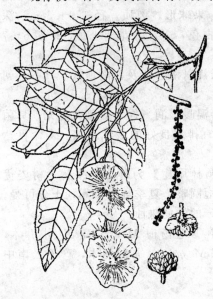

图6-58 青钱柳

青钱柳 *C. paliurus*

【别名】青钱李、山麻柳、山化树。

【形态特征】落叶乔木，高达30m。裸芽密被锈褐色腺鳞。枝条髓部薄片状分隔。奇数羽状复叶长20（～25）cm，具（5）7～9(11)小叶；小叶长椭圆状卵形或宽披针形，长5～14cm，基部歪斜，宽楔形或近圆，具锐锯齿，侧脉10～16对。花单性，雌雄同株；雌、雄花序均荑荑状。雄花序成束生于叶痕腋内；雌花序单生枝顶，雄花花被片4，雄蕊20～30；雌花花被片4，子房下位。果翅革质，圆盘状。花期4～5月，果期7～9月（图6-58）。

【分布】产于安徽、江苏、浙江、江西、福建、湖北、湖南、广东、广西、云南、贵州、四川、陕西及河南。

【生态习性】喜光，幼苗稍耐阴；喜深厚、湿润土质；耐旱，萌芽力强，生长中速。

【观赏特性及园林用途】高大挺拔，枝叶美丽多姿，其果实像一串串的铜钱，从10月至第二年5月挂在树上，迎风摇曳，别具一格，颇具观赏性，可作为园林绿化观赏树种。

6.19　杨梅科 Myricaceae

乔木或灌木，芳香，植物体被圆形树脂腺体。单叶，常密被腺体。花单性，雌雄异株或同株，荑黄花序，花无花被；雄花生于去年生枝叶腋或新生枝基部；雌花序腋生；雄蕊4～8，花丝短；雌花常具2～4个小苞片，2心皮雌蕊，1室，1胚珠生于基部，花柱极短。核果，肉质或干燥，外被规则的乳头状突起。

2属，约50种，分布于两半球热带、亚热带、温带地区。中国有1属4种，产于长江以南及西南地区。

杨梅属 *Myrica*

常绿灌木或乔木；叶互生，单叶，全缘、有齿缺或分裂；花通常单性异株，无花被，但承托以小苞片；雄花排成圆柱状的荑黄花序；雄蕊4～6(2～16)；雌花排成卵状或球状的荑黄花序；子房1室，下承托以2～4个小苞片，有直立的胚珠1颗；柱头2；果为一卵状或球形的核果，外果皮干燥或肉质，常有具树脂的颗粒或蜡被。

约37种，广布于两半球的热带、亚热带和温带。中国有4种、1变种，分布于长江以南各省区；云南有3种。

杨梅 *M. rubra*

【别名】山杨梅、朱红、树梅。

1.雄花枝；2.叶；3.叶下面的腺体；4.果枝；
5.雌蕊；6.雄蕊；7.花纵剖

图6-59　杨梅

【形态特征】常绿乔木，高15m；树皮灰色，老时浅纵裂。小枝粗壮，无毛，幼嫩时被圆形盾状腺体。叶革质，叶倒披针形，长6～16cm，先端钝，基部楔形，两面无毛，下面疏被黄色树脂腺体，全缘或近端有锯齿；叶柄长0.2～1cm，雄花序长1～3cm，雌花序长0.5～1.5cm。果球形，肉质，径1～1.5cm，深红色或紫红色，稀白色，多汁。花期4月，果期6～7月（图6-59）。

【分布】产于长江以南各地及西南地区。日本、朝鲜也有分布。

【生态习性】喜温暖湿润气候，成年树喜光，具菌根，耐干旱瘠薄，宜排水良好的酸性土壤。寿命可达200年。

【观赏特性及园林用途】为著名的果树，树姿优美，枝繁叶茂，树冠圆整，夏季红果累累，十分可爱，是园林绿化结合生产的优良树种。

【同属其它种】①毛杨梅 *M. esculenta*：小乔木，产于中国四川、贵州、广东、广西和云南。②云南杨梅 *M. nana*：常绿灌木，产于云南中部，向东达贵州西部。

6.20　山毛榉科 Fagaceae

常绿或落叶乔木，单叶互生，侧脉羽状；托叶早落。花单性同株，单被花，雄花序多为茱萸状,稀为头状;雌花 1～3 朵生于总苞中,子房下位,3～6 室,每室具 2 胚珠;总苞在果熟时木质化,并形成盘状、杯状、或球状称为"壳斗",外有刺或鳞片。每壳斗具 1～3 个坚果,种子无胚乳,子叶肥大。

8 属,约 900 种,产于北半球热带,亚热带和温带。中国产 6 属,约 300 种,其中落叶树类产于东北、华北及高山地区;常绿树类产于秦岭、淮河以南,在华南和西南地区最盛,是亚热带常绿阔叶林的主要树种。

6.20.1 栲属 (锥属,苦槠属) *Castanopsis*

常绿乔木,枝有顶芽,芽鳞多数。叶二列,全缘或有锯齿,革质。雄花序细长而直立,雄花常 3 朵聚生,萼片 5～6 裂,雄蕊 10～12;雌花子房 3 室,总苞片多近球形,稀杯状,外部具刺。坚果 1～3,第 2 年或当年成熟。约 120 种,产于亚洲热带及亚热带地区。中国约有 60 多种,产于长江以南各地。主要分布于西南及南部。

苦槠 *C. sclerophylla*

【别名】槠栗、苦槠锥、血槠。

【形态特征】常绿乔木,高 5～15m。当年生枝红褐色,略具棱。叶长椭圆形,卵状椭圆形,叶缘在中部以上有锯齿,叶背银灰色。花序轴无毛,雄穗状花序腋生;雌花序长达 15cm。坚果多为 1,圆球形或半圆球形,径 12～15mm,小苞片鳞片状,外被黄棕色柔毛。花期 4～5 月,果 10～11 月成熟 (图 6-60)。

【分布】产于长江以南各地。

【生态习性】喜阳光充足,耐旱。

【观赏特性及园林用途】枝繁叶茂,树冠浑圆,颇为美观,常构成常绿阔叶林为基调的风景林,又因抗有害气体,防尘,防火性能好,适宜工厂绿化及防护林带。

1.雌花枝;2.雄花枝;3.果枝;
4.雄花;5.雌花;6.果

图 6-60 苦槠

6.20.2 栗属 *Castanea*

落叶乔木,稀灌木。小枝无顶芽。幼叶对褶,叶互生,侧脉达齿端呈芒尖;托叶卵形或三角状披针形。花单性同株,雄蕊黄花序直立,雌花生于雄花序基部或单独形成花序。花被片 (5) 6 裂;雄花 1～3 (～5) 簇生,每簇具 3 苞片,雄蕊 10～12;总苞单生,具 1～3 (～7)雌花,子房 6(～9) 室。壳斗 4 瓣裂,密被尖刺;每壳斗具 1～3(～5) 坚果。

分布于亚洲、欧洲南部、非洲北部及北美洲东部。我国 3 种 1 变种,引入栽培 1 种。

栗 *C. mollissima*

【别名】板栗、魁栗、毛栗。

【形态特征】落叶乔木,高达 20m。小枝被灰色绒毛。叶椭圆形或长圆形,长 7～15cm,先端短尖或骤渐尖,基部宽楔形或近圆,上面近无毛,下面被星状绒毛或近无毛。雄花序长 10～20cm,花序轴被毛,雄花 3～5 成簇;每总苞具 (1～)3～5 雄花。壳斗具 (1)2～3 果,壳斗连刺径 5～8cm;果长 1.5～3cm,径 1.8～3.5cm。花期 4～5 月,果期 8～10 月。我国有上千年栽培历史,为重要干果 (图 6-61)。

【分布】我国南北各地大部分地区均有分布或栽培。

图 6-61 栗

【生态习性】喜光，光照不足引起枝条枯死或不结果实。喜肥沃温润、排水良好的砂质或沙质壤土，忌土壤黏重和积水。对有害气体抗性强。

【观赏特性及园林用途】树冠圆广、枝茂叶大，在公园草坪及坡地孤植或群植均适宜；亦可作山区绿化造林和水土保持树种。

6.20.3 栎属 *Quercus*

乔木，稀灌木。冬芽具芽鳞，覆瓦状排列。叶螺旋状互生；托叶早落。花单性，雌雄同株；雌花序为下垂荑黄花序；花被与雄蕊均 4～7 裂；雌花单生，簇生于总苞内，花被 5～6 深裂，子房 3 室，每室有 2 胚珠。壳斗（总苞）包着部分坚果。每壳斗有坚果 1。坚果当年或翌年成熟，顶端有突起柱座，底部有圆形果脐。

约 300 种，广布于亚、非、欧、美 4 洲。中国有 60 多种，分布全国各省区，多为组成森林的重要树种。

麻栎 *Q. acutissima*

【别名】橡碗树。

【形态特征】落叶乔木，高达 30m；树皮深纵裂。幼枝被灰黄色柔毛。叶长椭圆状披针形，长 8～19cm，宽 2～6cm，先端长渐尖，基部近圆或宽楔形，具刺芒状锯齿，两面同色，幼时被柔毛，老叶无毛或仅下面脉上被毛，侧脉 13～18 对。壳斗杯状，苞片外曲；果卵圆形或椭圆形，顶端圆。花期 3～4 月，果期翌年 9～10 月（图 6-62）。

【分布】产于我国辽宁南部、华北各省及陕西、甘肃以南。黄河中下游及长江流域较多。

【生态习性】喜光，耐寒，耐干旱瘠薄，在湿润肥沃深厚、排水良好的中性至微酸性砂壤土上生长最好，不耐水湿和盐碱。抗污染、抗风能力都较强。

【观赏特性及园林用途】树形高大，树冠伸展，浓荫葱郁，可作庭荫树、行道树，若与枫香、苦槠、青冈等混植，可构成风景林，抗火、抗烟能力较强，也是营造防风林、防火林、水源涵养林的树种。

图 6-62 麻栎

【同属其它种】①栓皮栎 *Q. variabilis*：落叶乔木，叶背面灰白色，密生灰白色星状毛。分布广于我国大部地区。②槲栎 *Quercus aliena*：落叶乔木，叶具波状钝齿。分布广于我国大部地区。③乌冈栎 *Q. phillyraeoides*：常绿落叶乔木，叶革质。产于长江以南地区，分布广泛。日本也有分布。

6.20.4 青冈属 *Cyclobalanopsis*

常绿乔木；树皮常光滑，稀深裂。叶互生，螺旋状排列。花单性，雌雄同株；雄蕊黄花序下垂，花被 5～6 深裂，雄蕊与花被裂片同数；雌花单生总苞内，花被裂片 5～6，子房 3

室，每室2胚珠。壳斗碟形、杯形或钟形，稀近球形，不裂，壳斗小苞片连成环带；每壳斗具1坚果。果顶端具突起柱座，底部具种脐，圆形。

约150种，主要分布于亚洲热带、亚热带地区。我国约77种，产于秦岭、淮河以南各地。

青冈栎 C. glauca

【别名】铁橺、青冈。

【形态特征】常绿乔木，高达20m；树皮平滑不裂；小枝青褐色，无棱。叶长椭圆形或倒卵状椭圆形，边缘上部有锯齿，背面灰绿色，有平伏毛。总苞片单生或2～3集生，杯状，鳞片结合成5～8条环带。坚果卵形或近球形。花期4～5月，果期10～11月。

【分布】产于长江流域及以南各地，是本属中分布范围最广且最北的1种。朝鲜、日本亦产。

【生态习性】喜温暖多雨气候，耐阴；喜钙质土，常生于石灰岩地区，在排水良好，腐殖质深厚的酸性土壤中生长较好。耐修剪，深根性，抗有毒气体能力强。

【观赏特性及园林用途】枝叶繁茂，树姿优美，终年常青，是良好的绿化、观赏及造林树种。耐阴，宜丛植、群植或与其他常绿树种混交成林，一般不宜孤植。因具较强的抗有毒气体、隔音和防火能力，可作绿篱、厂矿绿化、防火林、防风林。

6.20.5　石栎属 *Lithocarpus*

常绿乔木，枝有顶芽。叶互生，全缘，稀有锯齿。茉黄花序直立；雄花序单生或多个排成圆锥状，雄花3至多数聚成一簇，密生于花序轴上，雄蕊8～15，花被片常6裂；雌花单生于总苞内，1至多数聚成一簇生于花序轴上，花被6裂。壳斗部分包坚果，稀全包，苞片鳞形，每壳斗具坚果1。

约300种，产于东南亚。中国100余种，分布长江以南各地。

石栎 L. glaber

【别名】柯、木柯。

【形态特征】常绿乔木，高达20m，树冠半球形。叶长椭圆形，全缘或近端略有锯齿，厚革质，背面有灰白色蜡层。总苞浅碗状，鳞片三角形；坚果椭圆形，具白粉。花期8～9月，果翌年9～10月成熟（图6-63）。

【分布】产于长江以南各地，常生于海拔500m以下的山区丘陵。

【生态习性】稍耐阴，喜温暖气候及湿润、深厚土壤，但也较耐干旱贫瘠。

【观赏特性及园林用途】枝繁叶茂，绿荫深浓，经冬不落，宜作庭荫树。在草坪中孤植、丛植或在山坡上成片种植，也可作为其它花灌木的背景树。

图6-63　石栎

6.21　桦木科 Betulaceae

落叶乔木或灌木；小枝及叶有时具树脂腺体或腺点。单叶，互生，叶缘具重锯齿或单齿，较少具浅裂或全缘，叶脉羽状。花单性，雌雄同株；雄花具苞鳞；雄蕊2～20枚（很少

1枚）；雌花序为球果状、穗状、总状或头状。果序球果状、穗状、总状或头状；果苞由雌花下部的苞片和小苞片在发育过程中逐渐以不同程度的连合而成，木质、革质、厚纸质或膜质，宿存或脱落。果为小坚果或坚果。

共6属，100余种，主要分布于北温带，中美洲和南美洲亦有 *Alnus* 属的分布。我国6属均有分布，共约70种。

6.21.1　桦木属 *Betula*

单叶互生，叶下面通常具腺点，边缘具重锯齿。花单性，雌雄同株；雄花序2～4枚簇生于上一年枝条的顶端或侧生；雄蕊通常2枚；雌花序单1或2～5枚生于短枝的顶端，圆柱状、矩圆状或近球形，直立或下垂；雌花无花被。果苞革质，鳞片状，脱落，由3枚苞片愈合而成，具3裂片，内有3枚小坚果。小坚果小，扁平，具或宽或窄的膜质翅，顶端具2枚宿存的柱头。种子单生。

约100种，主要分布于北温带，少数种类分布至北极区内。我国产29种6变种。全国均有分布。

西南桦 *B. alnoides*
【别名】西桦

1.叶与果序；2.果苞；3.小坚果
图6-64　西南桦

【形态特征】乔木，高达16m；树皮红褐色；枝条暗紫褐色，有条棱；小枝密被白色长柔毛和树脂腺体。叶厚纸质，披针形或卵状披针形。果序长圆柱形，（2～）3～5枚排成总状；果苞甚小，长约3mm，背面密被短柔毛，边缘具纤毛，基部楔形，上部具3枚裂片，侧裂不甚发育，呈耳突状，中裂片矩圆形，顶端钝。小坚果倒卵形，长1.5～2mm，背面疏被短柔毛，膜质翅大部分露于果苞之外，宽为果的两倍（图6-64）。

【分布】产于云南、广东。

【生态习性】强阳性树种，喜光，不耐荫蔽，适生于酸性土壤。

【观赏特性及园林用途】主干通直，树形整齐，生长迅速，是继桉树后又一优良速生珍贵树种。与阴性或中性树种混交成林，如与红椎、木荷、阴香、樟树、杉木等许多针阔叶树种组成针—阔、阔—阔混交林，不仅生长好，而且林分结构好，防护性能强，生态效果好。

6.21.2　桤木（赤杨）属 *Alnus*

树皮光滑。单叶互生，边缘具锯齿或浅裂。花单性，雌雄同株；雄花序生于上一年枝条的顶端，圆柱形；雄花每3朵生于一苞鳞内；小苞片多为4枚；花被4枚；雌花序单生或聚成总状或圆锥状；雌花无花被。果序球果状；果苞木质，鳞片状，每个果苞内具2枚小坚果。小坚果小，扁平，具或宽或窄的膜质或厚纸质之翅；种子单生。

共40种，分布在北半球寒温带、温带及亚热带地区，美洲最南达秘鲁。我国7种，主要产于东北、华北、西南、华中、华南地区。

大多数种类的根部具固氮细菌，能固定空气中的游离氮素，对增加土壤肥力、改良土质有较好的效果。可用于水边湿地绿化、护岸树和改良土壤。

桤木 *A. cremastogyne*

【别名】水冬瓜树、水青风、桤蒿。

【形态特征】乔木，高可达 30～40m；树皮
灰色，平滑。叶倒卵形、倒卵状矩圆形、倒披
针形或矩圆形。雄花序单生，长 3～4cm。果序
单生于叶腋，矩圆形；序梗细瘦，柔软，下垂；
果苞木质，顶端具 5 枚浅裂片。小坚果卵形，
膜质翅宽仅为果的 1/2（图 6-65）。

【分布】我国特有种，四川各地普遍分布，
亦见于贵州北部、陕西南部、甘肃东南部。

【生态习性】喜水湿，多生于河滩低湿地，
对土壤适应性强。

【观赏特性及园林用途】花序于夏季形成，于
翌春先叶开放。桤木根系发达，耐潮湿土壤，常
种植于河边用以防洪和防水土流失。适于公园、
庭园的低湿地作庭荫树；或作混交，风景林。

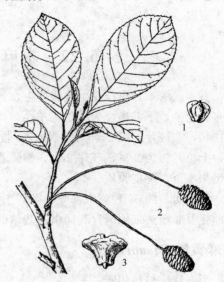

1.小坚果(放大)；2.果枝；3.果苞(放大)

图 6-65　桤木

【同属其它种】蒙自桤木（旱冬瓜）*A. nepalensis*：乔木。雄花序多数，排成圆锥状，
下垂。果序多数，呈圆锥状排列，矩圆形；小坚果矩圆形。产于西藏、云南、贵州、四川西
南部、广西。

6.21.3　榛属 *Corylus*

落叶灌木或小乔木；树皮暗灰色、褐色或灰褐色。单叶互生，边缘具重锯齿或浅裂。花
单性，雌雄同株；雄花序每 2～3 枚生于上一年的侧枝的顶端，下垂；苞鳞覆瓦状排列，每
个苞鳞内具 2 枚与苞鳞贴生的小苞片及 1 朵雄花；雄花无花被；雌花序为头状；每个苞鳞内
具 2 枚对生的雌花，每朵雌花具 1 枚苞片和 2 枚小苞片，具花被。果苞钟状或管状，一部分
种类果苞的裂片硬化呈针刺状。坚果球形；种子 1 枚。

约 20 种，分布于亚洲、欧洲及北美洲。我国有 7 种
3 变种，分布于东北、华北、西北及西南。

华榛 *C. chinensis*

【别名】山白果。

【形态特征】乔木；树皮灰褐色，纵裂。叶椭
圆形、宽椭圆形或宽卵形，边缘具不规则的钝锯齿。雄花序
2～8 枚排成总状；苞鳞三角形，顶端具 1 枚易脱落的
刺状腺体。果 2～6 枚簇生成头状；果苞管状。坚果球
形（图 6-66）。

【分布】原产于中国云南、四川西部，多分布于热带
和亚热带地区。

【生态习性】阳性树种，喜温凉、湿润的气候环境和
肥沃、深厚、排水良好的中性或酸性的山地黄壤和山地
棕壤。

1.果枝；2.枝之一部(放大)；3，4.果实

图 6-66　华榛

【观赏特性及园林用途】秋叶黄色。是公路护坡等环境恶劣地块的绿化首选用树。也可植于庭园、公园。

6.22 木麻黄科 Casuarinaceae

乔木或灌木；小枝轮生或假轮生，具节，纤细，常有沟槽。叶退化为鳞片状（鞘齿），4至多枚轮生，下部连合为鞘。花单性，雌雄同株或异株，无花梗；雄花荑葇花序，生枝顶，圆柱状，花被片1或2，早落；雄蕊1枚，花药大，2室，纵裂；雌蕊由2心皮组成，子房小，上位，初为2室，胚珠2颗，侧膜着生。果序球形，成熟时木质小苞片张开，内有具翅小坚果1个，种皮膜质。

仅1属，约65种，大部分种类产于大洋洲，其余分布于亚洲东南部、马来西亚、波利尼西亚及非洲热带地区。我国引进栽培的约有9种，较常见的有3种。

木麻黄属 Casuarina

形态特征与科相同。

木麻黄 C. equisetifolia

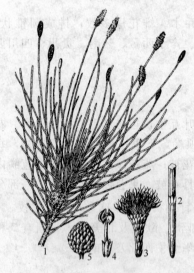

1.花枝；2.小枝放大；3.雌花；4.雄花；5.果序

图 6-67 木麻黄

【别名】短枝木麻黄、驳骨树、马尾树。

【形态特征】常绿乔木，高10～20m；枝淡褐色，纤细，有密生的节，下垂；小枝灰绿色，约有纵棱7条。叶鳞片状，淡褐色，多枚轮生。花单性，雌雄同株，无花被；雄花序穗状，生于小枝顶端或有时亦侧生于枝上；雌花序近头状，侧生于枝上，较雄花序略短而宽。果序近球形或宽椭圆状，直径1～1.2cm；木质的宿存小苞片内有一有薄翅的小坚果（图6-67）。

【分布】原产于大洋洲；我国南方多地有引种栽培。

【生态习性】生长迅速，萌芽力强，对立地条件要求不高，根系深广，具有耐干旱、抗风沙和耐盐碱的特性。

【观赏特性及园林用途】树形婆娑，可用作园景树和行道树。也是热带海岸防风固沙的优良先锋树种。

【同属其它种】①粗枝木麻黄 C. glauca：鳞片状叶每轮12～16枚，小枝直径1.3～1.7mm。广东、福建、台湾有栽培。②细枝木麻黄 C. cuninghamiana：鳞片状叶每轮通常8枚，较少为9或10枚，小枝直径1mm以下。广西、广东、福建、台湾有栽植。

6.23 紫茉莉科 Nyctaginaceae

草本、灌木或乔木，有时为具刺藤状灌木。单叶，对生、互生或假轮生，全缘，具柄，无托叶。花辐射对称，两性；单生、簇生或成聚伞花序、伞形花序；常具苞片或小苞片，有的苞片色彩鲜艳；花被单层，常为花冠状，圆筒形或漏斗状，下部合生成管，顶端5～10

裂。瘦果状掺花果包在宿存花被内。

约30属300种，分布于热带和亚热带地区，主产热带美洲。我国有7属11种1变种，其中常见栽培或有逸生者3种，主要分布于华南和西南。

叶子花属 *Bougainvillea*

灌木或小乔木，有时攀援。枝有刺。叶互生，具柄，叶片卵形或椭圆状披针形。花两性，通常3朵簇生枝端，外包3枚鲜艳的叶状苞片，红色、紫色或桔色；花被合生成管状，通常绿色，顶端5～6裂，玫瑰色或黄色。瘦果圆柱形或棍棒状，具5棱。

约18种，原产于南美，常栽培于热带及亚热带地区。我国有2种。广州常栽培，供庭园观赏用。

光叶子花 *B. glabra*

【别名】三角花、宝巾花。

【形态特征】藤状灌木。茎粗壮，枝下垂；刺腋生，长5～15mm。叶片纸质，卵形或卵状披针形。花顶生枝端的3个苞片内，花梗与苞片中脉贴生，每个苞片上生一朵花；苞片叶状，紫色或洋红色，长圆形或椭圆形；花被管长约2cm，淡绿色，顶端5浅裂。花期冬春间（广州、海南、昆明），北方温室栽培，3～7月开花（图6-68）。

图6-68 光叶子花

【分布】原产于巴西，中国南方栽植于庭院、公园，北方栽种温室内。

【生态习性】喜光，喜温暖气候，不耐寒；不择土壤，干湿都可以，但适当干些可以加深花色。

【观赏特性及园林用途】树形纤巧，枝叶扶疏；花色艳丽、繁花似锦，冬春间开花，红色或紫色。制成微型盆景、小型盆景、水旱盆景等置于阳台、几案，十分雅致。为美丽的庭园观赏植物。

【品种】品种有红花重瓣、白花重瓣、斑叶等。

【同属其它种】毛叶子花 *B. spectabilis*：藤状灌木。花被管狭筒形，绿色，密被柔毛，顶端5～6裂，裂片开展，黄色。花期冬春间。

6.24　五桠果科 Dilleniaceae

直立木本或木质藤本。叶互生，具叶柄，全缘或有锯齿；托叶不存在，或在叶柄上有宽广或狭窄的翅。花两性，少数单性，辐射对称，白色或黄色，单生或排成总状花序，圆锥花序或聚伞花序；萼片多数，或为3～5个，宿存；花瓣2～5个，在花芽时常皱折；雄蕊多数，常有退化雄蕊；心皮1～多个，常与隆起的花托合生，胚珠1或多个，花柱分离，常叉开。果实为浆果或蓇葖状；种子1或多个，常有假种皮。

共11属，约400种，分布于热带及亚热带地区，以大洋洲最多。中国有2属5种，产于广东、广西、海南岛及云南等地。

五桠果属 *Dillenia*

乔木或灌木。单叶，大型，具羽状脉，侧脉多而密，边缘有锯齿或波状齿；叶柄粗大，基部常略膨大，有翅。花单生或数朵排成总状花序，白色或黄色；苞片早落或缺；萼片常5

个，覆瓦状排列，宿存，厚革质或硬肉质；花瓣5，早落；雄蕊多数，离生，排成2轮，外轮较短，内轮较长。果实圆球形，有宿存的肥厚萼片包被；种子常有假种皮。

约60种，分布于亚洲热带地区。中国有3种，产于广东、广西及云南。

五桠果 *D. indica*

【别名】第伦桃。

1.枝叶；2.花；3.花纵剖；4.果实

图6-69　五桠果

【形态特征】常绿乔木，高25m；树皮红褐色，平滑，大块薄片状脱落；老枝有明显的叶柄痕迹。叶薄革质，矩圆形或倒卵状矩圆形，长15~40cm，宽7~14cm，先端近于圆形，基部广楔形，不等侧，在背脉上有毛，侧脉25~56对，上下两面均突起，边缘有锯齿，齿尖锐利。花单生于枝顶叶腋内，直径约12~20cm，花梗粗壮，被毛；萼片5个，肥厚肉质，花瓣白色。果实圆球形，不裂开，宿存萼片肥厚；种子压扁。花期4~5月（图6-69）。

【分布】产于云南及广西，生于低海拔山谷、沟边及林中。福建厦门、福州等地树木园有栽培。

【生态习性】喜欢温暖湿润气候，耐阴。适生在土层深厚，腐殖质丰富的热带山地黄壤、砖红壤性黄土。

【观赏特性及园林用途】树冠开展，亭亭如盖；花大，艳丽，甚为美丽，宜作庭荫树及行道树。

【同属其它种】大花五桠果 *D. turbinata*：花朵排列成顶生总状花序。分布于广东、海南、西南。

6.25　芍药科 Paeoniaceae

灌木、亚灌木或多年生草本。叶常为二回三出复叶，小叶片全缘或有裂片。花型大、单一，顶生，或数朵生于枝端和茎上部的叶腋，有时仅顶端一朵开放；苞片2枚，披针形、叶状，大小不等，宿存；萼片3~5，花瓣5~13（栽培均为重瓣），倒卵形。蓇葖果，种子数颗。

1属约30种，分布于欧洲、亚洲大陆温带地区。我国有11种，主要分布于西南、西北部地区，少数产东北、华北和长江两岸。

芍药属 *Paeonia*

灌木、亚灌木或多年生草本。根圆柱形或具纺锤形的块根。叶通常为二回三出复叶。单花顶生、或数朵生枝顶、或数朵生茎顶和茎上部叶腋，大型，直径4cm以上；萼片3~5，宽卵形；花瓣5~13，倒卵形。蓇葖果成熟时沿心皮的腹缝线开裂；种子数颗，黑色、深褐色。

约35种，分布于欧、亚大陆温带地区。我国有11种，主要分布在西南、西北地区，少数种类在东北、华北及长江两岸各省也有分布。

牡丹 *P. suffruticosa*

【别名】富贵花、木本芍药、洛阳花。

【形态特征】落叶灌木。茎高达2m。叶通常为二回三出复叶。花单生枝顶，直径10~17cm；苞片5，长椭圆形；萼片5，绿色，宽卵形；花瓣5，或为重瓣，玫瑰色、红紫色、粉红色至白色，通常变异很大，倒卵形，顶端呈不规则的波状。蓇葖果长圆形，密生黄褐色硬毛。花期 5 月；果期 6 月（图 6-70）。

图 6-70　牡丹

【分布】可能由产我国陕西延安一带的矮牡丹 *P. suffruticosa* var. *spontanea* 引种而来。目前全国栽培甚广，并早已引种至国外。在栽培类型中，主要根据花的颜色，可分为上百个品种。

【生态习性】性喜温暖、凉爽、干燥、阳光充足的环境。也耐半阴，耐寒，耐干旱，耐弱碱；忌积水，怕热，怕烈日直射。

【观赏特性及园林用途】花繁果茂，花色丰富，花形千姿百态，被誉为"花王"、"国色天香"，是中国著名的传统花木。常植于庭院中花台上，似一大型盆景，或在院墙前散植几株，与山石相配，极富诗情画意；也常盆栽观赏，或植于疏林草地，也可建专类园供人欣赏；花枝还可作切花水养。

【同属其它种】①矮牡丹 *P. suffruticosa* var. spontanea：落叶小灌木。花通常单瓣，黄、红、紫或白色，花瓣基部无紫斑。与牡丹的区别：叶背面和叶轴均生短柔毛，顶生小叶宽卵圆形或近圆形，3 裂至中部，裂片再浅裂。中国栽培广泛。②紫斑牡丹 *P. suffruticosa* var. *papaveracea*：落叶灌木。花单生枝端；花瓣 10～12，白色，内面基部具有深紫色斑块。与牡丹的区别：花瓣内面基部具深紫色斑块。广泛栽培于中国各地。③四川牡丹 *P. szechuanica*：灌木。花单生枝顶，玫瑰色、红色，倒卵形。花期 4 月下旬至 6 月上旬。四川牡丹与牡丹 *P. suffruticosa* 亲缘关系很近，但叶为三至四回三出复叶，叶裂片较小，两面无毛，花盘包住心皮 1/2～2/3，心皮无毛等，与后者易于区别。产于四川，目前尚未引种栽培。④黄牡丹 *P. delavayi* var. *lutea*：落叶小灌木或亚灌木。花瓣 9～12，黄色，倒卵形，有时边缘红色或基部有紫色斑块。种子数粒，黑色。与野牡丹的主要区别：花瓣为黄色，有时边缘红色或基部有紫色斑块。产于云南、四川西南部及西藏东南部。

6.26　山茶科 Theaceae

常绿乔木或灌木。叶革质，多常绿，互生，羽状脉，全缘或有锯齿，无托叶。花两性稀雌雄异株，单生或簇生，苞片 2 至多片，或苞萼不分逐渐过渡；萼片 5 至多片，脱落或宿存；花瓣 5 至多片，白色，或红色及黄色；雄蕊多数，多轮，花丝分离或基部合生，花药 2 室，子房上位，2～10 室；胚珠每室 2 至多数，中轴胎座。蒴果，核果及浆果状，种子圆形，多角形或扁平，有时具翅。

36 属 700 余种，产于热带和亚热带，多集中在亚洲热带地区。中国 15 属 5000 余种，产于长江以南。

6.26.1　山茶属 Camellia

叶有锯齿，具柄。花两性，顶生或腋生，单花或 2～3 朵并生；苞片 2～6 片；萼片 5～6，分离或基部连生；花冠白色或红色，有时黄色，基部有联合；花瓣 5～12 片；雄蕊多数，排成 2～6 轮，外轮花丝常于下半部连合成花丝管；子房上位，3～5 室；每室有胚珠数个。蒴果，果皮木质或栓质；种子圆球形或半圆形，种皮角质，无翅。

约 20 组，共 280 种，集中分布于东南亚亚热带地区。中国有 238 种，分布于南部及西南部。多为著名饮料、油脂和观赏种类。

山茶 *C. japonica*

【别名】茶花，华东山茶，川茶花，晚山茶。

【形态特征】常绿灌木或小乔木，高达 9m。叶革质，椭圆形，深绿色，发亮，无毛，边缘有锯齿。花顶生，红色，无柄；苞片及萼片约 10 片，组成苞被，外有绢毛，脱落；花瓣 6～7 片。蒴果圆球形，果皮厚木质。花期 1～4 月（图 6-71）。

【分布】分布于中国东南和西南地区，目前国内各地广泛栽培。

【生态习性】稍耐阴，适温暖气候及肥沃酸性土壤。

【观赏特性及园林用途】山茶是中国的传统名花，花大而美丽，观赏期长，叶色鲜绿而有光泽，四季常青，宜在园林中做点景用。另花期正值少花季节，更显珍贵。

【栽培品种】园艺品种多达 3000 个以上。花大多数为红色或淡红色，亦有白色，多为重瓣。

【同属其它种】①油茶 *C. oleifera*：嫩枝红褐色。花期 9 月到翌年 2 月。花色纯白，是优良的园林绿化树种，从长江流域到华南各地广泛栽培。②滇山茶（云南山茶）*C. reticulata*：叶椭圆形，或卵状披针形，具细锯齿。花期 11 月至翌年 3 月。产于云南，栽培品种达 300 个以上。③茶梅 *C. sasanqua*：常绿小乔木，常作为灌木栽培，分布于日本，我国有栽培。④金花茶 *C. nitidissima*：花金黄色，是珍贵的育种材料。产于广西南部。

1.花枝；2.雌蕊；3.蒴果开裂

图 6-71　山茶

6.26.2　木荷属 *Schima*

常绿乔木。单叶，全缘或有锯齿。花大，两性，生于枝顶叶腋，白色，有长柄；苞片 2～7，早落；萼片 5，革质，宿存；花瓣 5，离生，最外 1 片风帽状，在花蕾时完全包着花朵，雄蕊多数；子房 5 室，被毛，花柱 1。蒴果球形，木质，室背 5 裂。种子扁平，有薄翅。

约 30 种，分布于亚洲热带和亚热带地区。中国 21 种，主产长江以南。

3厘米

图 6-72　木荷

木荷 *S. superba*

【别名】何树。

【形态特征】常绿乔木，高 25m。叶革质或革质，椭圆形，长 7～12cm，宽 4～6.5cm，先端尖锐，有时略钝，基部楔形，上面发亮，侧脉 7～9 对，有钝齿。花呈总状花序生于枝顶叶腋，白色，芳香，花瓣长 1～1.5cm。蒴果直径 1.5～2cm。花期 6～8 月。果期 9～10 月（图 6-72）。

【分布】产于中国南方和西南。

【生态习性】喜光，喜温暖湿润气候，深根性，适应性强，在深厚，肥沃的酸性沙质土壤上生长迅速。

【观赏特性及园林用途】树冠浓荫，花芳香，可作为庭荫树及风景树。因耐火烧，萌芽力强，故可植为防火带树种。

【同属其它种】①银木荷 S. Argentea：幼枝和花梗被白色柔毛；叶长圆形至披针形，先端渐尖，背面显著被白霜；萼片圆形，外面上半部无毛。花期 7～8 月。产中国长江以南地区。②小花木荷 S. parviflora：花小，直径 2cm，白色，4～8 朵生于枝顶，总状花序。花期 6～8 月。产于湖南、四川、贵州及西藏东部的墨脱一带。

6.26.3　厚皮香属 Ternstroemia

常绿乔木或灌木，全株无毛。叶革质，单叶，螺旋状互生，常聚生于枝条顶端，呈假轮生状，全缘或具不明显腺状齿刻。花两性、稀杂性，通常单生于叶腋或侧生于无叶的小枝上；萼片 5，稀为 7，宿存；花瓣 5，基部合生；雄蕊 30～50 枚，排成 1～2 轮，花丝基部合生，子房上位，下垂。浆果；种子扁球形，假种皮成熟时通常鲜红色。

约 90 种，主要分布于中美洲、南美洲、西南太平洋各岛屿、非洲及亚洲等泛热带和亚热带地区。中国有 14 种，广布长江以南各省区，多数种类产于广东、广西及云南等省区。

厚皮香 T. gymnanthera

【别名】珠木树、猪血柴、水红树。

【形态特征】常绿乔木或灌木，高 1.5～10m，全株无毛。树皮灰褐色，平滑；嫩枝浅红褐色。叶革质或薄革质，常聚生枝端，边全缘，上面深绿色，有光泽。花两性或单性，常生于当年生无叶的小枝上或生于叶腋。两性花：小苞片 2；萼片 5；花瓣 5，淡黄白色。果实圆球形，小苞片和萼片均宿存。花期 5～7 月，果期 8～10 月（图 6-73）。

【分布】产于中国长江以南及西南，东南亚也产。

【生态习性】喜阴湿环境，在常绿阔叶树下生长旺盛。喜光，较耐寒，能忍受－10℃低温。喜酸性土，也能适应中性土和微碱性土。根系发达，抗风力强，萌芽力弱，生长缓慢，不耐强度修剪，抗污染力强。

【观赏特性及园林用途】树冠浑圆，枝叶繁茂，层次感强，叶色光亮，肥厚，入秋绯红，适宜种植在林下，也可作为基础种植材料。抗有害气体能力强，是厂矿区优良的绿化树种。

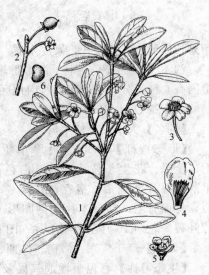

1.花枝；2.花果枝；3.花；4.花瓣连生雄蕊；5.花萼及雌蕊；6.种子

图 6-73　厚皮香

6.26.4　石笔木属 Tutcheria

常绿乔木。叶革质，互生，边缘有锯齿，具柄。花两性，白色或淡黄色，单生于枝顶叶腋内，有短柄，苞片 2，萼片 5～10 片，革质，常被毛，半宿存；花瓣 5，外面常被毛；雄蕊多数，花丝分离；花药 2 室，背部着生；子房 3～6 室；胚珠每室 2～5 个。蒴果木质，3～6 片从基部向上开裂，中轴宿存；种子每室 2～5 个；种皮骨质，种脐纵长。

26 种，中国产 21 种，主要分布华南各省，集中于两广，台湾及云南地区。另 5 种分布于越南、马来西亚、菲律宾。

石笔木 T. championii

【别名】槺捷花、石胆。

【形态特征】高 13m。叶革质，椭圆形或长圆形，上面黄绿色，发亮，边缘有锯齿。花

1.花枝；2.果

图 6-74 石笔木

单生于枝顶叶腋，白色，花柄长 6～8mm；苞片 2，卵形；萼片 9～11 片，圆形，厚革质，外面有灰毛；花瓣 5 片，倒卵圆形，有绢毛。蒴果球形。花期 6 月。果期 9～11 月（图 6-74）。

【分布】产于广东、广西、云南等地。

【生态习性】喜温暖湿润环境，常生于海拔 500m 左右的山谷、溪边常绿阔叶林中。

【观赏特性及园林用途】冠形优美，叶色翠绿，花大美丽，适合园林观赏，可用作行道树和庭荫树。

6.26.5 大头茶属 *Gordonia*

常绿乔木。叶革质，全缘或有少数齿突，叶有柄。花大，白色，腋生，有短柄；苞片 2～7 片，早落；萼片 5，干膜质或革质；花瓣 5～6 片；雄蕊多数，排成多轮，花丝离生，花药 2 室；子房 3～5 室；胚珠每室 4～8 个。蒴果长筒形，室背裂开，果皮木质，中轴宿存；种子扁平，上端有长翅。

约 40 种，主产亚洲热带及亚热带，北美 1 种。中国有 6 种，分布于华南及西南地区。

大头茶 *G. axillaris*

【别名】大山皮、楠木树。

【形态特征】高 9m。叶厚革质，倒披针形，无毛，全缘。花生于枝顶叶腋，白色；苞片 4～5 片，早落；萼片卵圆形，宿存；花瓣 5 片，最外 1 片较短，外面有毛，其余 4 片阔倒卵形或心形。蒴果，5 片开裂。花期 10 月至翌年 1 月（图 6-75）。

【分布】产于广东、海南、广西、台湾。

【生态习性】喜温暖湿润气候及富含腐殖质的酸性壤土。

1.果枝；2.花；3.花瓣连生雄蕊；4.蒴果；
5.种子

图 6-75 大头茶

【观赏特性及园林用途】花大而洁白，花期正值冬季少花季节，可于园林中丛植观赏。可供庭园树、行道树、公园树、造林等用途。

【同属其它种】四川大头茶 *G. acuminata*：产于广西北部、云南南部。在眉山县一带栽种作行道树。

6.26.6 茶梨属 *Anneslea*

常绿乔木或灌木。叶互生，常聚生于枝顶，革质，全缘，稀具齿尖。花两性，着生于枝顶的叶腋，单生或数朵排成近伞房花序状，花梗粗长；萼片 5，革质，基部取合，裂片 5；花瓣 5，基部稍连生，中部常收缩变狭窄；雄蕊 30～40 枚，离生；子房半下位，花柱单一，宿存。果不开裂或最后成不规则浆果状，近圆球形，外果皮厚木质；种子具假种皮。

约 4 种，分布于南亚及东南亚。我国有 1 种，4 变种，分布于福建、台湾、海南、广东、广西、贵州、云南等省区。

茶梨 A. fragrans

【别名】安纳士树、猪头果、胖婆茶。

【形态特征】常绿乔木或灌木状，高达 15m。叶椭圆形、窄椭圆形或披针状椭圆形，长（6～）8～13（～15）cm，宽（2）3～5.5（～7）cm，先端短渐尖或短尖，基部楔形，全缘，稀疏生浅齿，稍反卷，下面密被红褐色腺点，侧脉 10～12 对。花数朵至 10 多朵聚生枝端及叶腋。花梗长 3～5（～7）cm。果为浆果状，种子具红色假种皮。花期 1～3 月，果期 8～9 月（图 6-76）。

图 6-76　茶梨

【分布】产于福建中部偏南及西南部、江西南部、湖南南部、广东、广西、贵州东南部、云南。

【生态习性】喜温暖湿润，稍耐庇荫，常于谷地同其他常绿阔叶树种混生。

【观赏特性及园林用途】冠形整齐，枝叶浓密，花果繁多，观赏价值较高。在南方可作园景树，丛植或孤植，或于小路旁、草地边缘等处种植。

6.27　猕猴桃科 Actinidiaceae

乔木、灌木或藤本，常绿、落叶或半落叶；毛被发达，多样。叶为单叶，互生，无托叶。花序腋生，聚伞式或总状式，或简化至 1 花单生。花两性或雌雄异株，辐射对称；萼片 5 片，稀 2～3 片，覆瓦状排列，稀镊合状排列；花瓣 5 片或更多，覆瓦状排列。果为浆果或蒴果；种子每室无数至 1 颗，具肉质假种皮。

共 4 属 370 余种，主要分布在亚洲热带至大洋洲北部以及美洲热带。中国 4 属均产，主要分布于长江流域及以南各省区。

猕猴桃属 Actinidia

落叶、半落叶至常绿藤本；无毛或被毛，毛为简单的柔毛、茸毛、绒毛、绵毛、硬毛、刺毛或分枝的星状绒毛。叶为单叶，互生，膜质、纸质或革质。花白色、红色、黄色或绿色，雌雄异株，单生或排成简单的或分歧的聚伞花序，腋生或生于短花枝下部。浆果，少数被毛，球形，卵形至柱状长圆形；种子多数，细小，扁卵形，褐色。

图 6-77　中华猕猴桃

54 种，分布于马来西亚至西伯利亚东部的广阔地带。中国是优势主产区，有 52 种以上，从东北至海南岛，从西藏至台湾均有分布，主要集中于秦岭以南、横断山脉以东地区。

中华猕猴桃 A. chinensis

【别名】猕猴桃、柔毛猕猴桃。

【形态特征】大型落叶藤本；幼枝被有灰白色茸毛或褐色长硬毛或铁锈色硬毛状刺毛。叶纸质，倒阔卵形至倒卵形或阔卵形至近圆形，被灰白色茸毛或黄褐色长硬毛或铁锈色硬毛状刺毛。聚伞花序 1～3 花；花初放时白色，放后变淡黄色，有香气；花瓣 5 片，阔倒卵形。果黄褐色，近球形、圆柱形、倒卵形或椭圆形，被茸毛、长硬毛或刺毛状长硬毛（图 6-77）。

【分布】产于陕西、湖北、湖南、河南、安徽、江苏、浙江、江西、福建、广东和广西等省区。

【生态习性】喜欢腐殖质丰富、排水良好的土壤；分布于较北的地区者喜温暖湿润，背风向阳环境。喜阴，忌强烈日照。

【观赏特性及园林用途】可做攀援观果植物。

6.28　藤黄科 Guttiferae

乔木或灌木，有黄色树脂。小枝方形或具棱。单叶，全缘，对生，稀托叶。花两性或单性异株，单生或组成各式花序。萼片，花瓣 2～6，覆瓦状排列。雄蕊多数，离生或不同程度合生。子房上位，1～12 室，各室 1 至多数胚珠。果为蒴果、浆果或核果；种子 1 至多颗，完全被直伸的胚所充满。

约 40 属 1000 种，主分布于热带地区，稀亚热带。中国有 8 属 87 种，几乎遍布全国。

6.28.1　藤黄属 Garcinia

乔木或灌木，通常具黄色树脂。叶革质，对生，全缘，常无毛，侧脉少数，稀多数。花杂性，稀单性或两性；同株或异株，单生或排列成顶生或腋生的聚伞花序或圆锥花序；萼片和花瓣通常 4 或 5，覆瓦状排列；雄花的雄蕊多数；花药 2 室，稀 4 室，常纵裂，子房 2～12 室，胚珠每室 1 个。浆果，外果皮革质。种子具多汁瓢状的假种皮。

约 450 种，分布于东半球热带地区。中国有 21 种，产于南部或西南部。

1.果枝；2.花；3.雄蕊

图 6-78　多花山竹子

多花山竹子 G. multiflora

【别名】木竹子、酸白果。

【形态特征】常绿乔木，高 5～15m。树皮具黄色胶液。叶片革质，卵形、长圆状卵形或长圆状倒卵形。花杂性，同株。雄花序成聚伞状圆锥花序，长 5～7cm；萼片 2 大 2 小；花瓣橙黄色，倒卵形，花丝合生成 4 束，雌花序有雌花 1～5 朵。果卵圆形至倒卵圆形。花期 6～8 月，果期 11～12 月（图 6-78）。

【分布】产于华南和西南。

【生态习性】喜肥沃、深厚、湿润土壤，适应性较强。

【观赏特性及园林用途】树干端直，树形整齐，叶光绿，花果均有观赏价值，可用作行道树、庭荫树，幼树可做盆栽。

6.28.2　金丝桃属 Hypericum

草本或灌木；叶对生，有时轮生，有透明的腺点；花两性，黄色，很少粉红色或淡紫色，单生或排成顶生或腋生的聚伞花序；萼片 5；花瓣 5；雄蕊极多数，分离或基部合生成 3～5 束而与花瓣对生；子房上位，胚珠极多数；花柱 3～5；果为一蒴果；很少为浆果；种子无翅。

约 400 种，广布世界。我国约 55 种、8 亚种，全国各地有分布，主产于西南。多数是美丽的观花植物。

金丝桃 H. monogynum

【别名】过路黄、金线蝴蝶、金丝莲。

【形态特征】半常绿灌木，高达 1.3m。叶倒披针形、椭圆形或长圆形，侧脉 4～6 对，网脉密，明显。花序近伞房状，具 1～15(～30) 花。花径 3～6.5cm；花瓣金黄或橙黄色；雄蕊 5 束；花柱长为子房 3.5～5 倍。蒴果宽卵球形。花期 5～8 月，果期 8～9 月（图 6-79）。

【分布】产于陕西、河南、安徽、福建、台湾、湖北、湖北、广东、广西、四川及贵州。

【生态习性】喜温暖湿润气候，喜光，略耐阴，耐寒，对土壤要求不严，除黏重土壤外，在一般的土壤中均能较好地生长。

【观赏特性及园林用途】金丝桃叶片秀丽，其花不但花色金黄，而且其呈束状纤细的雄蕊花丝也灿若金丝，惹人喜爱。是南方庭院的常用观赏花木。可植于林荫树下，或者庭院角隅等处。

【同属其它种】①金丝梅 *H. patulum*：分布于甘肃和陕西南部、四川、云南、贵州、湖北、湖南、广西北部、江西、福建、台湾、浙江、安徽、江苏南部；越南北部也有。②西南金丝梅 *H. henryi*：产于贵州，云南西部及中部。③栽秧花 *H. beanii*：产于贵州西南部，云南中部及中南部。④美丽金丝桃 *H. bellum*：产于四川西部、云南西北部、西藏东南部。

图 6-79　金丝桃

6.29　杜英科 Elaeocarpaceae

常绿或半落叶木本。单叶，互生或对生，具柄。花两性或杂性，单生或排成总状或圆锥花序；萼片 4～5 片；花瓣 4～5 片，有时无花瓣，先端撕裂或全缘；雄蕊多数，分离，生于花盘上或花盘外，花药 2 室；子房上位。核果或蒴果，有时果皮外侧有针刺；种子椭圆形。

12 属约 400 种，分布于东西两半球的热带和亚热带地区。中国有 2 属 51 种，产于西南及东南。

杜英属 *Elaeocarpus*

乔木。叶互生；托叶线形。花两性，总状花序腋生；萼片 4～6 片，分离，镊合状排列；花瓣 4～6 片，白色，分离，顶端常撕裂；雄蕊多数，花丝极短；子房 2～5 室，每室有胚珠 2～6 颗。果为核果，内果皮硬骨质，表面常有沟纹；种子每室 1 颗。

200 种，分布于东亚、东南亚和大洋洲。中国 38 种，主产于华南和西南。

山杜英 *E. sylvestris*

【别名】杜英、胆八树。

【形态特征】常绿乔木，高约 10m。叶纸质，倒卵形或倒披针形，干后黑褐色，边缘有钝锯齿或波状钝齿。总状花序生于枝顶叶腋内，萼片 5 片；花瓣倒卵形，上半部撕裂，裂片 10～12 条；雄蕊 13～15 枚，核果细小，椭圆形。花期 4～5 月（图 6-80）。

【分布】产于中国东南和西南地区。越南也有

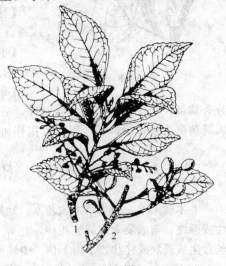

1.花枝；2.果枝

图 6-80　山杜英

分布。

【生态习性】稍耐阴，喜温暖湿润气候，耐寒性不强，不耐积水，若在平原栽植，必须排水良好。对二氧化硫抗性强。

【观赏特性及园林用途】枝叶茂密，树冠圆整，霜后部分叶变红色，红绿相间，十分美丽。因其对二氧化硫抗性强，可应用于工矿区绿化及防护林。

【同属其它种】水石榕 *E. hainanensis*：假单轴分枝，树冠宽广。花较大，花期 6～7 月。产于海南及云南等地。

6.30　椴树科 Tiliaceae

乔木或灌木，稀草本。单叶互生。花两性或单性雌雄异株，辐射对称，聚伞花序；萼片与花瓣各 5，萼片基部常有腺体，与花瓣对生；雄蕊多数，离生或基部连生成束；子房上位，中轴胎座，花柱 1，果为核果、蒴果、裂果，浆果状或翅果状。

约 52 属 500 种，主要分布于热带及亚热带地区。中国有 13 属 85 种。

椴树属 *Tilia*

乔木。单叶，互生，有长柄，基部常斜心形，基出脉有二次支脉，边缘具锯齿，稀全缘。花两性，白或黄色，排成聚伞花序，花序梗下部常与舌状苞片连生。萼片 5；花瓣 5，覆瓦状排列；雄蕊多数，离生或连生成 5 束；花柱合生，柱头 5 裂。核果，球形，稀浆果；不裂、稀干后开裂，有 1～2 种子。

图 6-81　椴树

约 80 种，分布于亚热带和北温带。我国 32 种。

椴树 *T. tuan*

【形态特征】落叶乔木，高 20m，树皮灰色，直裂。叶卵圆形，长 7～14cm，宽 5.5～9cm，先端短尖或渐尖，基部单侧心形或斜截形，侧脉 6～7 对，边缘上半部有疏齿突。聚伞花序长 8～13cm；萼片被茸毛；子房有毛。果实球形，被星状茸毛。花期 7 月（图 6-81）。

【分布】产于湖北、四川、云南、贵州、广西、湖南、江西。

【生态习性】喜光，也耐阴；喜冷凉湿润气候和肥沃、疏松的土壤，耐寒力强。

【观赏特性及园林用途】树形雄伟美观，叶大荫浓，花芳香馥郁，是优良的园林观赏树种，适宜城市公园、庭园作绿荫树、园景树及行道树种植。因其萌蘖力强，耐修剪，因此可用作树篱。

6.31　梧桐科 Sterculiaceae

乔木或灌木，稀为草本或藤本，幼嫩部分常有星状毛。叶互生，单叶，通常有托叶。花单性或两性，常成聚伞或圆锥花序，花萼 3～5 裂，雄蕊 5 至多数，排成两轮，外轮常退化，花丝合生成筒状或柱状，子房上位，中轴胎座。果通常为蒴果或蓇葖果，极少为浆果或核果。

68 属，约 1500 种，分布于东、西两半球热带和亚热带地区，个别种分布至温带地区。我国 17 属 84 种 6 变种，连常见栽培的种类在内共 19 属 88 种 6 变种。

6.31.1　苹婆属 *Sterculia*

乔木或灌木。单叶，全缘、具齿或掌状深裂，稀为掌状复叶。花序通常排成圆锥花序，腋生；花单性或杂性，萼片5；无花瓣；雄花的花药聚生于雌雄蕊柄的顶端，包围着退化雌蕊；雌花顶端有轮生的不育的花药和发育的雌蕊，子房上位，花柱基部合生，柱头与心皮同数而分离。蓇葖果革质或木质，成熟时始开裂，内有种子1个或多个。

约有300种，产于东西两半球的热带和亚热带地区，亚洲热带最多。中国有23种，1变种，产于南方和西南，云南南部种类最多。另引入栽培3种。

苹婆 *S. nobilis*

【别名】凤眼果、七姐果。

【形态特征】高10m。叶薄革质，矩圆形或椭圆形。圆锥花序顶生或腋生，长达20cm，有短柔毛；花梗远比花长；萼初时乳白色，后转为淡红色。蓇葖果鲜红色，厚革质，顶端有喙。花期4～5月，但10～11月常可见少数植株开第2次花（图6-82）。

【分布】产于广东、广西、福建、云南和台湾。广州附近和珠江三角洲多有栽培。

图 6-82　苹婆

【生态习性】喜生于排水良好的肥沃土壤，且耐阴蔽。根系发达，耐贫瘠。

【观赏特性及园林用途】树冠浓密，叶常绿，树形美观，不易落叶，是一种很好的行道树、风景树。

【同属其它种】假苹婆 *S. lanceolata*：花序短，远不及叶片长。产中国华南或西南。

6.31.2　梧桐属 *Firmiana*

落叶乔木；树皮淡绿色；叶大，掌状分裂；花小，杂性，排成顶生的圆锥花序；萼5深裂几至基部；花瓣缺；雄蕊合生成一柱，柱顶有花药10～15；子房圆球形，5室；果膜质，成熟前开裂为数个叶状的果瓣，有2～4个种子着生于果瓣的边缘。

约15种，分布亚洲和非洲东部。我国4种。

梧桐 *F. platanifolia*

【别名】青桐、桐麻。

【形态特征】落叶乔木，高可达12m；幼树皮绿色，平滑；叶子掌状3～7裂，裂片三角形，基部心形，两面均无毛或略被短柔毛，基生脉7条；夏季开淡黄绿色小花，圆锥花序；果实分为5个分果，分果成熟前分裂，种子生在其边缘（图6-83）。

【分布】产于我国南北各省，从广东海南岛到华北均产之。也分布于日本。多为人工栽培。

【生态习性】阳性，喜温暖湿润的环境；耐严寒，耐干旱及瘠薄。夏季树皮不耐烈日。在砂质土壤上生长较好。

【观赏特性及园林用途】树姿挺拔雄伟，枝叶茂盛，为优良庭荫树和行道树。

图 6-83　梧桐

【同属其它种】云南梧桐 *F. major*：产云南中部、南部和西部以及四川西昌地区。生长迅速，移植后易成活。

6.31.3 梭罗树属 *Reevesia*

乔木或灌木。叶为单叶，通常全缘。花两性，多花且密集，排成聚伞状伞房花序或圆锥花序；萼钟状或漏斗状；花瓣5片，具爪；雄蕊的花丝合生成管状，并与雌蕊柄贴生而形成雌雄蕊柄。蒴果木质，成熟后分裂为5个果瓣，果瓣室背开裂，有种子1~2个；种子具膜质翅。

约有18种，主要分布在中国南部、西南部和喜马拉雅山东部地区。中国有14种2变种。

梭罗树 *R. pubescens*
【别名】毛叶梭罗。
【形态特征】高达16m。树皮灰褐色，有纵裂纹。叶薄革质，椭圆状卵形、矩圆状卵形或椭圆形。聚伞状伞房花序顶生，长约7cm，被毛；花瓣5片，白色或淡红色，长1~1.5cm，外面被短柔毛；蒴果梨形或矩圆状梨形。花期5~6月（图6-84）。
【分布】产于广东、海南岛、广西、云南、贵州和四川。南亚等地也产。
【生态习性】喜阳光充足和温暖环境，耐半阴，耐湿，土壤需排水良好、肥而深厚，冬季温度不低于-8℃。
【观赏特性及园林用途】四季常绿，花白色，盛开时，好似雪盖满树，幽香宜人，是值得应用的优良绿化观赏树，适合做孤赏树、行道树和庭荫树等。

1.花枝；2.花及花纵剖面；3.果
图6-84　梭罗树

6.32　木棉科 Bombacaceae

乔木，主干基部常有板状根。叶互生，掌状复叶或单叶，常具鳞秕；托叶早落。花两性，大而美丽，辐射对称；花萼杯状；花瓣5片，覆瓦状排列，有时基部与雄蕊管合生，有时无花瓣；雄蕊5至多数，花丝分离或合生成雄蕊管；子房上位，2~5室，中轴胎座。蒴果，室背开裂或不裂；种子常为内果皮的丝状绵毛所包围。

约有20属180种，广布于热带（特别是美洲）地区。中国产1属2种，引种栽培5属5种。

6.32.1 瓜栗属 *Pachira*

掌状复叶，小叶3~9，全缘。花单生叶腋；苞片2~3枚；花萼内面无毛，果期宿存；花瓣长圆形或线形，白色或淡红色，外面常被茸毛；雄蕊多数，基部合生成管，基部以上分离为多束，每束再分离为多数花丝；花柱伸长，柱头5浅裂。果近长圆形，木质或革质，室背开裂为5片，内面具长绵毛。种子无毛。

2种，分布于美洲热带。中国引入1种。
马拉巴栗 *P. macrocarpa*
【别名】发财树、瓜栗。

【形态特征】常绿乔木，高4～5m，树冠较松散。掌状复叶，小叶5～11，具短柄或近无柄，长圆形至倒卵状长圆形，全缘。花单生枝顶叶腋；花梗粗壮，被黄色星状茸毛，基部有2～3枚圆形腺体；花瓣淡黄绿色，狭披针形至线形，长达15cm，上半部反卷。种子大，不规则的梯状楔形，有白色螺纹。花期5～11月（图6-85）。

【分布】产于中美洲墨西哥至哥斯达黎加。中国华南地区及云南西双版纳等地引入栽培，能正常生长。

【生态习性】喜高温高湿气候，耐寒力差，中国华南地区可露地越冬，以北地区冬季须移入温室内防寒；喜肥沃疏松、透气保水的沙质酸性壤土，忌碱性土或黏重土壤，较耐水湿，也稍耐旱。

【观赏特性及园林用途】株型美观，叶片全年青翠，为著名的室内观叶植物，幼苗枝条柔软，耐修剪，可加工成各种艺术造型的桩景及盆景，在热区露地栽植为庭园绿化树及行道树。

1.花、果、叶；2.种子
图6-85 马拉巴栗

6.32.2 木棉属 *Bombax*

落叶大乔木；茎有圆锥形的粗刺。叶为掌状复叶。花两性，大，红色；萼肉质，不规则分裂；花瓣5；雄蕊多数，5束；子房5室，每室有胚珠多颗；果为木质蒴果，室背开裂为5片，果片革质，内有丝状绵毛。种子黑色，藏于绵毛内。

约50种，主要分布于美洲热带，少数产于亚洲热带、非洲和大洋洲。我国有2种，分布于南部和西南部。

图6-86 木棉

木棉 *B. malabaricum*

【别名】红棉、英雄树、攀枝花。

【形态特征】高达25m，分枝平展；幼树树干常有圆锥状粗刺。小叶5～7，长圆形或长圆状披针形，长10～16cm，先端渐尖，基部宽或渐窄，全缘，羽状侧脉15～17对。花单生枝顶叶腋，红色，有时橙红色，径约10cm；花瓣肉质，两面被星状柔毛；花柱长于雄蕊。蒴果长圆形，长10～15cm，密被灰白色长柔毛和星状柔毛。花期3～4月，果夏季成熟（图6-86）。

【分布】产于台湾、福建、广东、香港、海南、广西、贵州、四川及云南。

【生态习性】喜温暖干燥和阳光充足环境。不耐寒，稍耐湿，忌积水。耐旱，抗污染、抗风力强。生长适温20～30℃，冬季温度不低于5℃，以深厚、肥沃、排水良好的砂质土壤为宜。

【观赏特性及园林用途】树形高大雄壮，枝干舒展，花硕大红艳，远观好似一团团在枝头尽情燃烧、欢快跳跃的火苗，极富感染力。因此，历来被视为英雄的象征。可植为园庭观赏树，行道树。为我国攀枝花市、广州市、高雄市、台中市市花，阿根廷国花。

6.32.3 吉贝属 *Ceiba*

落叶乔木。叶为掌状复叶，螺旋状排列，小叶3～9，常全缘。花先叶开放，单一或

2～15簇生于落叶的节上，下垂，辐射对称，稀近两侧对称；花萼宿存；花瓣淡红或黄白色，基部合生并贴生于雄蕊管上；花丝分离或分成5束，花柱线形。蒴果木质或革质，下垂，长圆形或近倒卵形，室背开裂为5片；果片内面密被绵毛。种子藏于绵毛内，具假种皮。

10种，多分布于美洲热带。我国引种栽培1种。

图6-87　吉贝

吉贝 *C. pentandra*

【别名】美洲木棉、爪哇木棉。

【形态特征】高达30m，有大而轮生的侧枝；幼枝平伸，有刺。小叶5～9，长圆披针形，短渐尖，基部渐尖，长5～16cm，宽1.5～4.5cm，全缘或近顶端有极疏细齿，背面带白霜；叶柄比小叶长。花先叶或与叶同时开放，多数簇生于上部叶腋间或单生；花瓣外面密被白色长柔毛。蒴果长圆形，5裂，果片内面密生丝状绵毛，种子圆形。花期3～4月（图6-87）。

【分布】原产于美洲热带，现广泛引种于亚洲、非洲热带地。云南，广西，广东热带地区有栽培。

【生态习性】喜光；喜暖热气候，耐热不耐寒；对土壤要求不严，耐瘠抗旱；忌排水不良。

【观赏特性及园林用途】树体高大，树形优美，花大而美丽，孤植、列植、群植均能构成美丽的景观。为危地马拉国花。

6.33　锦葵科 Malvaceae

草本、灌木至乔木。叶互生，单叶或分裂，叶脉通常掌状，具托叶。花腋生或顶生，单生、簇生、聚伞花序至圆锥花序；花两性，辐射对称；花瓣5片，彼此分离。蒴果，种子肾形或倒卵形。

约有50属，约1000种，分布于热带至温带。我国有16属，共81种和36变种或变型，产于全国各地，以热带和亚热带地区种类较多。

6.33.1　木槿属 Hibiscus

草本、灌木或乔木。叶互生，掌状分裂或不分裂，具掌状叶脉，具托叶。花两性，5数，花常单生于叶腋间；小苞片5或多数，分离或于基部合生；花萼钟状，很少为浅杯状或管状，5齿裂，宿存；花瓣59各色，基部与雄蕊柱合生。蒴果胞背开裂成5果片；种子肾形。

约200余种，分布于热带和亚热带地。我国有24种和16变种或变型（包括引入栽培种）。产于全国各地。

(1)　扶桑 *H. rosa-sinensis*

【别名】朱槿、大红花。

【形态特征】常绿灌木，高约1～3m；小枝圆柱形，疏被星状柔毛。叶阔卵形或狭卵形，先端渐尖，基部圆形或楔形，边缘具粗齿或缺刻。花单生于上部叶腋间，常下垂；小苞片6～7，线形，疏被星状柔毛，基部合生；花冠漏斗形，直径6～10cm，玫瑰红色或淡红、淡黄等色，花瓣倒卵形，先端圆，外面疏被柔毛。蒴果卵形，有喙。花期全年

（图 6-88）。

【分布】广东、云南、台湾、福建、广西、四川等省区栽培。

【生态习性】为喜阳花卉，喜温暖气候及湿润土壤，不耐寒霜。

【观赏特性及园林用途】花大色艳，四季常开。主供园林观用。

【品种】①红龙 'Red Dragon'：重瓣，花小，深红色。②玫瑰 'Rosea'：重瓣，花玫瑰红色。③波希米亚之冠 'Crown of Bohemia'：重瓣，花黄色或为橙色。④锦叶 'Cooperi'：叶狭长，披针形，绿色，具白、粉、红色斑纹。花小，鲜红色。

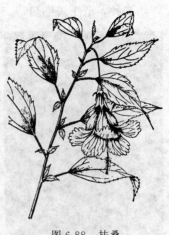

图 6-88　扶桑

(2) 木槿 H. syriacus

【别名】木棉、荆条。

【形态特征】落叶灌木，小枝密被黄色星状绒毛。叶菱形至三角状卵形，具深浅不同的 3 裂或不裂，先端钝，基部楔形，边缘具不整齐齿缺；托叶线形，疏被柔毛。花单生于枝端叶腋间；花萼钟形，密被星状短绒毛，裂片 5，三角形；花钟形，淡紫色，花瓣倒卵形。蒴果卵圆形，密被黄色星状绒毛；种子肾形，背部被黄白色长柔毛。花期 7～10 月（图 6-89）。

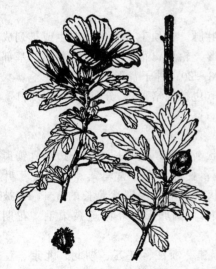

图 6-89　木槿

【分布】产于中国华东、中南、西南及河北、台湾等地。

【生态习性】喜光，喜温暖、湿润的气候，但也很耐半阴、耐干旱、耐寒，但不耐水湿。

【观赏特性及园林用途】盛夏季节开花，开花时满树花朵。可用于公共场所的花篱、绿篱及庭院布置。墙边、水滨种植也很适宜。

【品种】有紫花、白花、重瓣、斑叶等品种。①白花重瓣木槿：白色花瓣上有紫红色的细线条和小斑点，重瓣。②玻璃重瓣木槿：枝直条，花重瓣，天青色。③紫红重瓣木槿：花瓣紫红色或带白色，重瓣。④斑叶木槿：叶片生有白斑，花紫色，重瓣。

【同属其它种】①黄槿 H. tiliaceus：常绿灌木或乔木。花瓣黄色，内面基部暗紫色。蒴果卵圆形。花期 6～8 月。分布东南亚的越南和中国的台湾、广东、福建。②木芙蓉 H. mutabilis：落叶灌木或小乔木。花初开时白色或淡红色，后变深红色。蒴果扁球形。花期 8～10 月。分布中亚热带常绿、落叶阔叶林区，在中国分布于长江流域及其以南地区。

6.33.2　悬铃花属 Malvaviseus

灌木或粗壮草本。叶心形，浅裂或不分裂。花腋生，红色；小苞片 7～12，狭窄；萼裂片 5；花瓣直立而不张开。果为 1 肉质浆果状体。

约 6 种，产于美洲热带。我国引入栽培的有 2 变种。

图 6-90　垂花悬铃花

垂花悬铃花 *M. arboreus* var. *penduliflocus*

【别名】南美朱槿、灯笼扶桑、大红袍。

【形态特征】灌木，高达 2m，小枝被长柔毛。叶卵状披针形，先端长尖，基部广楔形至近圆形，边缘具钝齿，两面近于无毛或仅脉上被星状疏柔毛，主脉 3 条。花单生于叶腋，花梗被长柔毛；小苞片匙形，边缘具长硬毛，基部合生；花红色，下垂，筒状，仅于上部略开展。果未见（图 6-90）。

【分布】广州和云南西双版纳及陇川等地引种栽培。原产于墨西哥和哥伦比亚。

【生态习性】喜高温多湿和阳光充足环境，稍耐阴，耐热、耐旱、耐瘠，不耐寒，忌涝，生长快速。

【观赏特性及园林用途】鲜红色花朵，较为奇特，在热带地区全年开花不断，花姿奇特，鲜红的花瓣螺旋卷曲，雌雄蕊细长突出花瓣外，看似含苞，形似风铃，花朵向下悬垂是最大特色。适合于庭园、绿地、行道树的配植，也可以列植为花境、花篱或自然式种植，还可剪扎造型和盆栽观赏。

【同属其它种】小悬铃花 *M. arboreus* var. *drumnondii*：小灌木。花冠红色。栽培于广东广州和福建厦门等地。原产于古巴至墨西哥。

6.33.3　苘麻属 *Abutilon*

草本、亚灌木状或灌木。叶互生，基部心形，掌状叶脉。花顶生或腋生，单生或排列成圆锥花序状；小苞片缺如；花萼钟状，裂片 5；花冠钟形、轮形，很少管形，花瓣 5，基部联合。蒴果近球形，陀螺状、磨盘状或灯笼状，分果片 8～20；种子肾形。

约 150 种，分布于热带和亚热带地区。我国产 9 种（包括栽培种），分布于南北各省区。

金铃花 *A. striatum*

【别名】灯笼花。

【形态特征】常绿灌木。叶掌状 3～5 深裂，裂片卵状渐尖形，先端长渐尖，边缘具锯齿或粗齿，两面均无毛或仅下面疏被星状柔毛；叶柄无毛；托叶钻形，常早落。花单生于叶腋，花梗下垂无毛；花萼钟形，长约 2cm，裂片 5，卵状披针形，深裂达萼长的 3/4，密被褐色星状短柔毛；花钟形，桔黄色，具紫色条纹，花瓣 5，倒卵形，外面疏被柔毛。花期 5～10 月。

【分布】原产于南美洲的巴西、乌拉圭等地。我国福建、浙江、江苏、湖北、北京、辽宁等地各大城市栽培。

【生态习性】稍耐阴。喜温暖湿润气候，不耐寒，北方地区盆栽。

【观赏特性及园林用途】花期长，花形、花色均有较高的观赏价值。在园林绿地中可丛植或植为绿篱，亦可盆栽观赏。

6.34　大风子科 Flacourtiaceae

乔木或灌木，常绿或落叶；单叶互生，很少对生或轮生；花序腋生，顶生，或者茎生，总状，穗状，聚伞状，伞房状，或者圆锥状，有时花束状，或者单生；花瓣 3～8，通常与萼片同质并且互生。果具蒴果或浆果状。种子1到多数。

　　93属，1300余种，分布于热带和亚热带一些地区，如非洲、美洲、大洋洲。我国现有13属和2栽培属，约54种。主产于华南、西南，少数种类分布到秦岭和长江以南各省、区。

6.34.1　栀子皮属（伊桐属）*Itoa*

　　乔木。单叶互生，薄革质，大型叶，长椭圆形，边缘有锯齿；托叶缺。花单性，雌雄异株；雄花为直立的顶生圆锥花序，花梗短；雌花单一，顶生或腋生萼片3～4片，三角状卵形；花瓣缺。蒴果大，卵形或长圆形；种子多数，扁平，有膜质翅包围。

　　约有2种及1变种。间断分布于中国亚热带的西南至越南北方和东马来西亚。

栀子皮 *I. orientalis*

【别名】伊桐、盐巴菜、木桃果。

【形态特征】落叶乔木，高8～20m；树皮灰色或浅灰色，光滑。叶大型，薄革质，椭圆形或卵状长圆形或长圆状倒卵形，先端锐尖或渐尖，基部钝或近圆形，边缘有钝齿。花单性，雌雄异株，稀杂性；花瓣缺；萼片4片，三角状卵形；雄花比雌花小，圆锥花序，顶生，长4～8cm，有柔毛；雌花比雄花大，单生枝顶或叶腋。蒴果大，椭圆形；种子多数周围有膜质翅。花期5～6月，果期9～10月（图6-91）。

1.果枝；2.雌花；3.雄花；4.果实

图6-91　栀子皮

【分布】产于四川、云南、贵州和广西等省区。越南也有分布。

【生态习性】喜温暖、较阴湿的环境，不耐寒。

【观赏特性及园林用途】树姿优美，叶大荫浓，果实纺锤状。在园林中可混植于树丛内，或作庭荫树。

6.34.2　山桐子属 *Idesia*

　　落叶乔木。单叶，互生，大型，边缘有锯齿；叶柄细长，有腺体；托叶小，早落。花雌雄异株或杂株；多数，呈顶生圆锥花序；苞片小，早落；花瓣通常无；雄花：花萼3～6片，绿色，有柔毛；雄蕊多数；雌花：淡紫色，花萼3～6片。浆果；种子多数，红棕色。

　　仅1种。分布于中国、日本、朝鲜。

山桐子 *I. polycarpa*

【别名】水冬瓜、水冬桐、椅树。

【形态特征】落叶乔木；树皮淡灰色；树冠长圆形。叶薄革质或厚纸质，卵形或心状卵形，边缘有粗的齿，齿尖有腺体。花单性，雌雄异株或杂性，黄绿色，有芳香，花瓣缺，排列成顶生下垂的圆锥花序；雄花比雌花稍大，直径约1.2cm；萼片3～6片，覆瓦状排列；雌花比雄花稍小，直径约9mm；萼片3～6片。浆果紫红色，扁圆形；种子红棕色，圆形。花期4～5月，果熟期10～11月（图6-92）。

【分布】产于甘肃、陕西、山西、河南、台湾和西

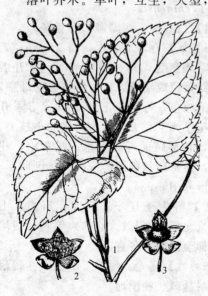

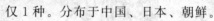

1.果枝；2.雄花；3.雌花

图6-92　山桐子

南、中南、华东、华南等17个省区。朝鲜、日本也有分布。

【生态习性】喜阳光充足、温暖湿润的气候，疏松、肥沃土壤，耐寒、抗旱，在轻盐碱地上可生长良好。

【观赏特性及园林用途】树形优美，果实长序，结果累累，果色朱红，形似珍珠，风吹袅袅，为山地、园林的观赏树种。庭荫树、行道树应用。

【变种】毛叶山桐子 var. *vestita*：叶下面有密的柔毛，无白粉而为棕灰色，脉腋无丛毛；叶柄有短毛。花序梗及花梗有密毛。成熟果实长圆球形至圆球状，血红色，高过于宽。花期4～5月。产于陕西、甘肃、河南三省的南部和中南区二省、华东六省、华南二省及西南等省区。

6.35 柽柳科 Tamaricaceae

灌木、半灌木或乔木。叶小，多呈鳞片状，互生，多具泌盐腺体。花通常集成总状花序或圆锥花序，通常两性；花萼4～5深裂；花瓣4～5，分离。蒴果，圆锥形，室背开裂。种子多数，全面被毛或在顶端具芒柱。

共3属110种。我国有3属32种。几乎全为阳性木本植物，耐干旱，西北沙地最常见。

柽柳属 *Tamarix*

灌木或乔木，多分枝，幼枝无毛（仅个别种被毛）；枝条有两种：一种是木质化的生长枝，经冬不落，一种是绿色营养小枝，冬天脱落。叶小，鳞片状，互生，无柄，抱茎或呈鞘状，多具泌盐腺体。花集成总状花序或圆锥花序，春季开花。花两性，花萼草质或肉质，深4～5裂；花瓣与花萼裂片同数。蒴果圆锥形，室背三瓣裂。种子多数，细小。

约90种。主要分布于亚洲大陆和北非，部分分布于欧洲的干旱和半干旱区域，沿盐碱化河岸滩地到森林地带，间断分布于南非西海岸。我国约产18种1变种，主要分布于西北、内蒙古及华北。

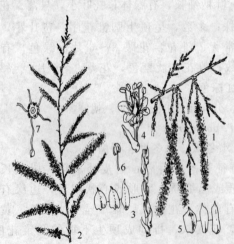

1.春花枝一部分；2.夏花枝一部分；3.嫩枝
上的叶；4.花；5.苞片；6.花药；7.花盘

图 6-93 柽柳

柽柳 *T. chinensis*

【别名】三春柳、西湖柳、观音柳。

【形态特征】乔木或灌木，高3～8m；老枝直立，暗褐红色，幼枝稠密细弱，常开展而下垂，红紫色或暗紫红色；嫩枝繁密纤细，悬垂。叶鲜绿色，每年开花2～3次。春季开花：总状花序侧生在去年生木质化的小枝上，花大而少，较稀疏而纤弱点垂；花5出，花瓣粉红色，通常卵状椭圆形或椭圆状倒卵形。蒴果圆锥形（图6-93）。

【分布】野生于辽宁、河北、河南、山东、江苏（北部）、安徽（北部）等省；栽培于我国东部至西南部各省区。

【生态习性】喜光、耐旱、耐寒，亦较耐水湿。极耐盐碱、沙漠地。

【观赏特性及园林用途】枝叶纤细悬垂，

婀娜可爱，1年开花3次，绿叶红花相映成趣。在庭院可作绿篱用，适于就水滨、池畔、桥头、河岸种植，也是防风固沙的优良树种之一。

6.36　西番莲科 Passifloraceae

草质或木质藤本。腋生卷须卷曲。单叶、稀为复叶，常有腺体，通常具托叶。聚伞花序腋生，有时退化仅存 1～2 花；通常有苞片 1～3 枚。花辐射对称，两性、单性、罕有杂性；萼片 5 枚；花瓣 5 枚；雄蕊 4～5 枚，子房上位，通常着生于雌雄蕊柄上，侧膜胎座，花柱与心皮同数。果为浆果或蒴果，不开裂或室背开裂；种子数颗，种皮具网状小窝点。

16 属 500 余种，分布于热带至温带地区。我国 2 属 20 余种，主产于华南至西南地区。

西番莲属 *Passiflora*

攀援植物，有腋生卷须；叶全缘、指状分裂或深裂，叶柄常有腺体；花两性，大而美丽，单生或排成总状花序，常腋生；小苞片 3，常与花序柄合生，萼片 5；花瓣 5 或有时缺；副花冠由 1 至数列、丝状裂片组成；子房柄基部亦围以膜质、浅杯状副花冠；雄蕊 5（～8）枚，花柱 3；果肉质，浆果状；种子有假种皮。

400 余种，主要分布于热带至亚热带美洲。我国野生及栽培近 20 种，主产于东南部至西南部。

西番莲 *P. coerulea*

【别名】转心莲、西洋鞠，转枝莲。

【形态特征】草质藤本。叶纸质，长 5～7cm，宽 6～8cm，基部近心形，掌状 3～7 深裂，裂片先端尖或钝，全缘，两面无毛；叶柄中部散生 2～6 腺体；托叶肾形，抱茎。聚伞花序具 1 花。花淡绿色，径 6～10cm；副花冠裂片丝状，3 轮排列；内花冠裂片流苏状，紫红色。果橙色或黄色，卵球形或近球形，长 5～7cm，径 4～5cm。花期 5～7月，果期 7～9 月（图 6-94）。

【分布】原产于美洲。热带、亚热带地区常见栽培。我国栽培于广西、江西、四川、云南等地，有时逸生。

【生态习性】喜光，喜温暖至高温湿润的气候，不耐寒，适宜于北纬 24°以南的地区种植。对土壤的要求不很严格。

【观赏特性及园林用途】花大而奇特，开花期长，开花量大，可作庭园棚架观赏植物。

【同属其它种】鸡蛋果 *Passiflora edulia*：原产于大小安的列斯群岛，现广植于热带和亚热带地区。我国栽培于广东、海南、福建、云南、台湾，有时逸生于山谷丛林中。

1.花枝;2.苞片

图 6-94　西番莲

6.37　番木瓜科 Caricaceae

小乔木或灌木，具乳状汁液，通常不分枝；叶有长柄，聚生于茎顶；叶片常掌状分裂，少有全缘；无托叶；花单性或两性，同株或异株；雄花通常组成下垂的总状花序或圆锥花序；雌花单生于叶腋或数朵组成伞房花序；雄花：花冠管细长，雄蕊10；雌花：花瓣5，有极短的管；子房上位；花柱5；两性花；雄蕊5~10；果为肉质浆果。

4属55种，产热带美洲及非洲。我国引入栽培的只有番木瓜属 *Carical* 属。

番木瓜属 *Carica*

常绿小乔木或灌木，材质软木质；干直立；叶大，掌状深裂；花两性或单性异株；花萼小，下部联合，上部5裂；雄花冠长管状；雌花花瓣5；雄蕊10或5（两性花），近基部合生；子房上位；果为1浆果。

约45种，分布于热带和亚热带美洲。我国引入栽培的有番木瓜 *C. papaya* 1种。

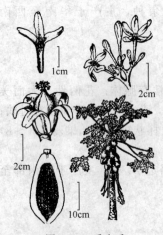

图 6-95　番木瓜

番木瓜 *C. papaya*

【别名】木瓜、万寿果、树冬瓜。

【形态特征】软木质小乔木，高达8m，有乳汁，茎不分枝或可在损伤处发生新枝；有螺旋状排列的粗大叶痕。叶大，生茎顶，近圆形，常7~9深裂，直径可达60cm，裂片羽状分裂；叶柄中空，长常超过60cm 花单性，雌雄异株；雄花排成长达1米的下垂圆锥花序；花冠乳黄色，下半部合生成筒状；雌花单生或数朵排成伞房花序，花瓣5，分离，乳黄色或黄白色，柱头流苏状。浆果大，矩圆形，长可达30cm，熟时橙黄色（图6-95）。

【分布】原产于美洲热带地区；我国福建、台湾、广东、广西、云南南部都有广泛栽培。是热带果树之一，广植于世界热带地区。

【生态习性】喜炎热及光照，不耐寒，遇霜即凋。根系浅，怕大风，忌积水。对土壤的适应性较强，以肥沃、疏松的砂质壤土生长最好。

【观赏特性及园林用途】树姿挺拔秀美，叶、果均具有较高观赏性，充满热带风情，可于庭前、窗际或住宅周围栽植。

6.38　杨柳科 Salicaceae

叶乔木或直立、垫状和匍匐灌木。树皮光滑或开裂粗糙，通常味苦，有顶芽或无顶芽；芽由1~多数鳞片所包被。单叶互生，稀对生，不分裂或浅裂，全缘，锯齿缘或齿牙缘；托叶鳞片状或叶状，早落或宿存。花单性，雌雄异株；荑荑花序，直立或下垂，先叶开放，或与叶同时开放，稀叶后开放，花着生于苞片与花序轴间；基部有杯状花盘或腺体；雌花子房无柄或有柄。蒴果2~4(5)瓣裂。种子微小，基部围有多数白色丝状长毛。

3属，620多种，分布于寒温带、温带和亚热带。我国3属均有，约320余种，各省均有分布，尤以山地和北方较为普遍。

6.38.1　杨属 *Populus*

乔木。树干通常端直；树皮光滑或纵裂，常为灰白色。有顶芽，芽鳞多数，常有粘脂。枝有长短枝之分，圆柱状或具棱线。叶互生，多为卵圆形、卵圆状披针形或三角状卵形，在不同的枝上常为不同的形状，齿状缘；叶柄长，侧扁或圆柱形，先端有或无腺点。荑荑花序下垂，常先叶开放；雄花序较雌花序稍早开放。蒴果2~4(5)裂。种子小。

100 多种，广泛分布于欧、亚、北美。一般在北纬30～72 度范围；垂直分布多在海拔 3000m 以下。其中分布我国的有 57 种，引入栽培的约 4 种，此外还有很多变种、变型和引种的品系。

1.叶枝；2.花序；3.花

图 6-96　滇杨

(1) 滇杨 *P. yunnanensis*

【别名】云南白杨。

【形态特征】乔木，高达 20m。树皮灰色，纵裂。小枝幼时有棱，黄褐色，无毛，老枝无棱，紫褐色。叶纸质，卵形、椭圆状卵形、广卵形或三角状卵形；短枝叶卵形，较大。雄花序长 12～20cm；雌花序长 10～15cm。蒴果 3～4 瓣裂。花期 4 月上旬，果期 4 月中、下旬（图 6-96）。

【分布】产于云南、贵州和四川。

【生态习性】喜光，喜温凉气候。较喜水湿，在土层较厚、湿润、肥沃的土壤生长良好。适生于土层深厚的宅旁、路旁、河池旁以及沟谷地、冲积土、沙壤土。

【观赏特性及园林用途】树干挺直，雄伟壮观。在园林中植于草坪、水边、山坡等地，亦可多行种植作防护林。常栽培为行道树。

(2) 加拿大杨 *P.×canadensis*

【别名】欧美杨、加拿大白杨、美国大叶白杨。

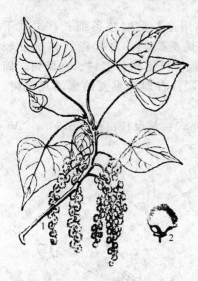

1.果枝；2.蒴果

图 6-97　加拿大杨

【形态特征】大乔木，高 30 多米。干直，树皮粗厚，深沟裂，树冠卵形。芽大，先端反曲，富黏质。叶三角形或三角状卵形，长枝和萌枝叶较大，边缘半透明，有圆锯齿。雄花序长 7～15cm；雌花序有花 45～50 朵。果序长达 27cm；蒴果卵圆形。雄株多，雌株少。花期 4 月，果期 5～6 月（图 6-97）。

【分布】是美洲黑杨（*P. deltoides*）与欧洲黑杨（*P. nigra*）之杂交种，现广植于欧洲、亚洲及美洲各地。我国华北至长江流域普遍栽培，东北南部也有引种。

【生态习性】喜光，喜温凉气候及湿润土壤，也能适应暖热气候，耐水湿和轻盐碱土；生长迅速。多系雄株，不飞絮；扦插极易成活。

【观赏特性及园林用途】树体高大，树冠宽阔，叶片大而具有光泽，夏季绿荫浓密。适合作行道树、庭荫树及防护林用。同时，也是工矿区绿化及"四旁"绿化的好树种。

【同属其它种】'中华'红叶杨 *P.×euramericana* 'Zhonghuahongye'：高大乔木，叶片大而厚，叶面颜色三季四变，色泽亮丽诱人，为世界所罕见，观赏价值颇高，是彩叶树种红叶类中的珍品。

6.38.2　柳属 *Salix*

乔木或匍匐状、垫状、直立灌木。叶互生，稀对生，通常狭而长，多为披针形，羽状脉，有锯齿或全缘。荑荑花序直立或斜展，先叶开放，或与叶同时开放；苞片全缘。蒴果2瓣裂；种子小。暗褐色。

520多种，主产于北半球温带地区，寒带次之，亚热带和南半球极少，大洋洲无野生种。我国257种，122变种，33变型，各省区均产。

本属植物多喜湿润。生于水边者常有水生根；一般扦插极易成活。为保持水土、固堤防沙和四旁绿化及美化环境的优良树种；有的是早春蜜源植物。

1.枝叶；2.雌花枝；3.雄花枝；4.雄花序；5.雌花序；6.雄花；7.雌花；8.种子；9.果

图6-98 垂柳

（1）垂柳 S. babylonica

【别名】水柳、垂丝柳。

【形态特征】乔木，高达12～18m，树冠开展而疏散。枝细，下垂，淡褐黄色、淡褐色或带紫色。叶狭披针形或线状披针形，锯齿缘。花序先叶开放，或与叶同时开放；雌花序苞片披针形，外面有毛；腺体1。蒴果长3～4mm，带绿黄褐色。花期3～4月，果期4～5月（图6-98）。

【分布】产于长江流域及其以南各省区平原地区，华北、东北有栽培。亚洲、欧洲及美洲许多国家都有悠久的栽培历史。

【生态习性】喜光，喜温暖湿润气候及潮湿深厚之酸性及中性土壤。较耐寒，特耐水湿，但亦能生于土层深厚之高燥地区。

【观赏特性及园林用途】垂柳枝条细长，柔软下垂，随风飘舞，姿态优美潇洒；对有毒气体抗性较强，并能吸收二氧化硫。可用作行道树、庭荫树、固岸护堤树及平原造林树种，植于河岸及湖池边最为理想，自古即为重要的庭园观赏树。也适用于工厂区绿化。

【品种】金丝柳（金丝垂柳）'Tristis'（S. ×hrysocoma）：是金枝白柳（S. alba 'Vitellina'）与垂柳的杂交种，小枝亮黄色，细长下垂；叶狭长披针形。近年在我国北方城市有引种栽培。金丝垂柳生长速度快，枝条自然下垂，树形优美，冬季满树金黄色的枝条如同一条条黄色丝绦，明媚耀眼。

（2）旱柳 S. matsudana

【别名】立柳、直柳。

【形态特征】乔木。大枝斜上，树冠广圆形；树皮暗灰黑色，有裂沟；枝细长。叶披针形，有细腺锯齿缘，幼叶有丝状柔毛。雄花序圆柱形；苞片卵形，黄绿色，先端钝，基部多少有短柔毛；腺体2；雌花序较雄花序短，有3～5小叶生于短花序梗上，轴有长毛；苞片同雄花；腺体2，背生和腹生。果序长达2cm。花期4月，果期4～5月（图6-99）。

【分布】产于东北、华北平原、西北黄土高原，西至甘肃、青海，南至淮河流域以及浙江、江苏。为平原地区常见树种。朝鲜、日本、俄罗斯远东地区也有

1.果序枝；2.雄花序；3.雄花；4.开裂的果

图6-99 旱柳

分布。

【生态习性】喜光，较耐寒，耐干旱。喜湿润排水、通气良好的砂壤土。稍耐盐碱。

【观赏特性及园林用途】旱柳枝条柔软，树冠丰满，是中国北方常用的庭荫树、行道树。常栽培在河湖岸边或孤植于草坪，对植于建筑两旁。亦用作公路行道树、防护林及沙荒造林，农村"四旁"绿化等。

【变型】①龙爪柳（变型）f. tortusoa：枝卷曲。我国各地多栽于庭院做绿化树种。②馒头柳（变型）f. umbraculifera：与原变型的主要区别，为树冠半圆形，如同馒头状。我国各地多栽培于庭院做绿化树种。③绦柳（变型）f. pendula：枝长而下垂，小枝黄色，叶下面苍白色或带白色；雌花有 2 腺体。产于东北、华北、西北、上海等地，多栽培为绿化树种。

(3) 银芽柳 S. leucopithecia

【别名】棉花柳。

【形态特征】落叶灌木，高 2～3m。分枝芽红紫色，有光泽。叶长椭圆形，有细浅齿，表面微皱，背面密被白毛。雄花序盛开前密被银白色绢毛（图 6-100）。

【分布】原产于日本，我国沪、宁、杭一带有栽培。

【生态习性】喜光，也耐阴、耐湿、耐寒，适应性强，在土层深厚、湿润、肥沃的环境中生长良好。

【观赏特性及园林用途】银色花序十分美观，系观芽植物，水养时间耐久，适于瓶插观赏，是春节主要的切花材料。在园林中常配植于池畔、河岸、湖滨、堤防绿化，春节前后可供插瓶观赏。

图 6-100　银芽柳

6.39　白花菜科（山柑科）Capparidaceae

草本，灌木或乔木，常为木质藤本，毛被存在时分枝或不分枝，如为草本常具腺毛和有特殊气味。叶互生，单叶或掌状复叶。花序为总状、伞房状、亚伞形或圆锥花序，或（1～）2～10 花排成一短纵列；花两性，有时杂性或单性，辐射对称或两侧对称；花瓣 4～8，常为 4 片，有时无花瓣。果为有坚韧外果皮的浆果或瓣裂蒴果；种子 1 至多数，肾形至多角形。

42～45 属，700～900 种，主产热带与亚热带，少数至温带。我国有 5 属，约 44 种及 1 变种，主产西南部至台湾。

鱼木属 Crateva

乔木或有时灌木，常绿或落叶。小枝有髓或中空，圆形，有皮孔。叶为互生掌状复叶，有小叶 3 片。总状或伞房状花序着生在新枝顶部；花大，白色，萼片与花瓣着生在花托边缘上；萼片 4；花瓣 4，有爪。果为浆果，球形或椭圆形，果皮革质。种子多数，埋于果肉中。

1.花枝；2.正开放的花；3.花萼；4.花瓣；
5.雄蕊；6.雌蕊；7.花托；8.果

图 6-101　单色鱼木

约 20 种，产于全球热带与亚热带，但不产澳大利亚与新喀里多尼亚，也不产荒漠地区，北半球延伸至日本南部，南半球到达阿根廷南部。我国产 4 种，多见于西南、华南至台湾。

据典籍所载，我国台湾沿海及日本琉球群岛的渔民以其木雕作小鱼形（亦云以其果）为饵以钓鱼，故有"鱼木"之称。

单色鱼木 C. unilocularis

【别名】树头菜。

【形态特征】乔木，花期时树上有叶。枝灰褐色，常中空。小叶薄革质。总状或伞房状花序着生在下部有数叶的小枝顶部；萼片卵披针形；花瓣白色或黄色，爪长（4～）7～10mm，瓣片长 10～30mm，宽 5～25mm，有 4～6 对脉。果球形，表面粗糙，有近圆形灰黄色小斑点。种子多数，暗褐色。花期 3～7 月，果期 7～8 月（图 6-101）。

【分布】产于广东、广西及云南等省区。

【生态习性】喜温暖湿润气候。

【观赏特性及园林用途】花姿美丽，可作庭院观赏树种。

6.40　杜鹃花科 Ericaceae

木本植物，灌木或乔木，体型小至大；常绿或落叶。叶革质，少有纸质，互生。花单生或组成总状、圆锥状或伞形总状花序，顶生或腋生，两性，辐射对称或略两侧对称；花瓣合生成钟状、坛状、漏斗状或高脚碟状，花冠常 5 裂；雄蕊为花冠裂片的 2 倍。蒴果或浆果；种子小，粒状或锯屑状，无翅或有狭翅，或两端具伸长的尾状附属物。

约 103 属 3350 种，全世界分布，除沙漠地区外，广布于南、北半球的温带及北半球亚寒带，少数属、种环北极或北极分布。中国有 15 属，约 757 种，分布全国各地，主产地在西南部山区，尤以四川、云南、西藏三省区相邻地区为盛。

杜鹃花科的许多属、种是著名的园林观赏植物，已为世界各地广为利用。

6.40.1　杜鹃花属 Rhododendron

灌木或乔木，有时矮小成垫状；叶常绿或落叶，互生，全缘，稀有不明显的小齿。花显著，常排列成伞形总状或短总状花序，稀单花，顶生，少有腋生；花冠漏斗状、钟状、管状或高脚碟状，5 裂。蒴果自顶部向下室间开裂，果瓣木质；种子多数，细小，具膜质薄翅或两端具狭长或尾状附属物。

约 960 种。中国约 542 种，集中产于西南、华南。花显著而美丽，是南方庭院优良观花植物。

(1) 锦绣杜鹃 R. pulchrum

【别名】鲜艳杜鹃。

【形态特征】半常绿灌木；枝开展，淡灰褐色，被淡棕色糙伏毛。叶薄革质，椭圆状长圆形至长圆状倒披针形，先端钝尖，基部楔形全缘，上面深绿色，下面淡绿色，被微柔毛和糙伏毛。伞形花序顶生，有花1～5朵；花冠玫瑰紫色，阔漏斗形，裂片5，具深红色斑点。蒴果长圆状卵球形，被刚毛状糙伏毛，花萼宿存。花期4～5月，果期9～10月（图6-102）。

【分布】产于江苏、浙江、江西、福建、湖北、湖南、广东和广西。著名栽培种，传说产于我国，但至今未见野生，栽培变种和品种繁多。

【生态习性】喜半阴，喜温暖湿润气候和酸性土壤，不耐寒，华北盆栽需在温室越冬。

【观赏特性及园林用途】花大、色艳，仲春时节花团锦簇，犹如朵朵绣球，是重要园林花卉。可做建筑周围、道路、公园风景区之花篱，亦可群植于风景区林下、边坡。或两三棵灌木球点缀、对植于小型入口，烘托出春季繁花似锦、热烈奔放的气氛。

1.花枝；2.雄蕊；3.雌蕊；4.蒴果

图6-102 锦绣杜鹃

（2）马缨杜鹃 R.delavayi

【别名】马缨花。

图6-103 马缨杜鹃

【形态特征】常绿灌木或小乔木。树皮淡灰褐色，薄片状剥落，幼枝粗壮。叶革质簇生枝端，长圆状披针形长8～15cm，背面有海绵状薄毡毛。顶生伞形花序，有花10～20朵；花冠钟形，肉质，深红色，直径3～5cm裂片5。蒴果长圆柱形，黑褐色。花期5月，果期12月（图6-103）。

【分布】产于广西西北部、四川西南部及贵州西部、云南全省和西藏南部。越南北部、泰国、缅甸和印度东北部也有分布。

【生态习性】喜凉爽、湿润气候，忌酷热干燥，不耐寒。富含腐殖质、排水良好的酸性土壤最适合。

【观赏特性及园林用途】马缨杜鹃花团锦簇，犹如古时红缨枪上的红缨挂于枝头，花色红艳夺目。是西南地区极具特色的杜鹃种类，具有较高的园林观赏价值。宜配置于花坛、假山中，形成视觉中心或陪衬视觉中心，种植于花境后部成为背景。在革命纪念园中，与松柏、玉兰等植物相互配置，取"杜鹃啼血"的含义，从而讴歌生命与和平。

（3）杜鹃 R.simsii

【别名】杜鹃花、山踯躅、山石榴、映山红、照山红、唐杜鹃。

【形态特征】落叶或半常绿灌木，分枝多而纤细，枝叶及花梗密被亮棕褐色扁平糙伏毛。叶革质长椭圆形，常集生枝端。花冠阔漏斗形，玫瑰色、鲜红色或暗红色，裂片5，具深红色斑点，花期4～5月，果期6～8月（图6-104）。

【分布】产于江苏、安徽、浙江、江西、福建、台湾、湖北、湖南、广东、广西、四川、贵州和云南。

1.花枝；2.花剖面；3.雄蕊；4.雌蕊；5.萼片；
6.果实

图 6-104 杜鹃

【生态习性】喜半阴，温暖湿润气候和酸性土壤，不耐寒。

【观赏特性及园林用途】先花后叶或花叶同放，远远望去如同一片红霞，观赏特性类似锦绣杜鹃。可种植于水际、登山道、各种假山小品旁边，较大植株还能在小空间内形成主景。或与其它种类杜鹃大面积混交形成"花海"景观。

（4）比利时杜鹃 R. hybrid

【别名】西洋杜鹃。

【形态特征】常绿灌木，矮小，枝、叶均细小且表面疏生柔毛。叶互生革质，叶片卵圆形，全缘。花顶生，花冠阔漏斗状，半重瓣，花玫红色、水红色、粉红色或间色等。品种很多。花期主要在冬、春季，气候适宜可全年开花（图 6-105）。

【分布】最早由比利时园艺学家用皋月杜鹃（R. indicum）、杜鹃（R. simsii）及毛白杜鹃（R. mucronatum）等反复杂交选育而成，尤以比利时栽培和输出最多，因此得名。1930 年，我国无锡的园艺爱好者首先从日本引进国内，很受欢迎。

【生态习性】喜温润凉爽、通风和半阴的环境，不耐暑，亦不耐寒。

【观赏特性及园林用途】花色丰富，植株矮小可爱。非常适合与二年生草花搭配充当花境前景材料，在昆明、贵州等冷凉地区作为花坛用花、草坪边缘镶边、庭院盆栽观赏。

【品种】常见有：'美洲'（花红色），'宁安白'（花白色），'海尔马特·沃格尔'（花深红色），'英加'（花深粉白边），'科斯莫斯'（早花种）等众多品种。

（5）羊踯躅 R. molle

【别名】闹羊花、黄杜鹃。

【形态特征】落叶灌木；分枝稀疏，枝条直立。叶纸质，长圆形至长圆状披针形，边缘具睫毛；总状伞形花序顶生，花多达 13 朵，先花后叶或与叶同时开放；花萼裂片小；花冠阔漏斗形，黄色或金黄色，内有深黄色斑点，裂片 5。蒴果圆锥状长圆形，被微柔毛和疏刚毛。花期 3～5 月，果期 7～8 月（图 6-106）。

【分布】产于江苏、安徽、浙江、江西、福建、河南、湖北、湖南、广东、广西、四川、贵州和云南。

【生态习性】性喜强光和干燥、通风良好的环境，能耐—20℃的低温；喜排水良好的土壤，耐贫瘠和干旱，忌雨涝积水。

【观赏特性及园林用途】花色明艳，为杜鹃种类中少有的黄色，对于丰富园林色彩有重要作用。由于该种有毒切勿植与儿童易接触之处，并标注告知游人。

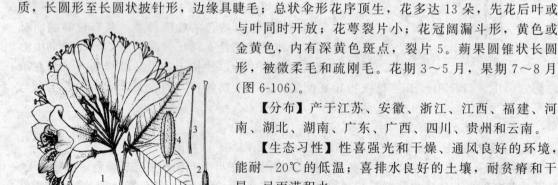

图 6-105 比利时杜鹃

1.花枝；2.雌蕊；3.雄蕊；4.果实

图 6-106 羊踯躅

【品种】'金踯躅'花外金黄色，内面纯黄色，洁净无斑点，柱头紫红色。

【同属其它种】①迷人杜鹃 *R. agastum*：常绿灌木，叶革质，总状伞形花序，有花 4～10 朵，粉红色，具紫红色斑点，花期 4～5 月。产于云南西部及北部、贵州东部。②大树杜鹃 *R. protistum*：乔木。叶革质。顶生总状伞形花序，有花 20～30 朵；乳白色带蔷薇红色。蒴果圆柱形。花期 5 月，果期 8 月。产于云南西部和西北部。缅甸东北部也有分布。③云锦杜鹃 *R. fortunei*：常绿灌木或小乔木。叶厚革质。顶生总状伞形花序疏松，有花 6～12 朵；花粉红色。蒴果长圆状卵形至长圆状椭圆形。花期 4～5 月，果期 8～10 月。产于陕西、河南、南方各省高地山林及云贵高原东北部。④马银花 *R. ovatum*：常绿灌木或小乔木，叶革质，花单生叶腋，花冠淡紫色有斑点，花期 4 月。产于长江以南地区。⑤露珠杜鹃 *R. irroratum*：常绿灌木或小乔木，叶革质，总状伞形花序，有 7～15 花，花淡黄色、白色或粉红色，有黄绿色至淡紫红色斑点，花期 3～5 月，果期 9～10 月。产于四川西南部、贵州西北部及云南北部。⑥大白花杜鹃 *R. decorum*：常绿灌木，叶厚革质。顶生总状伞房花序，有花 8～10 朵，花冠淡红色或白色，花期 4～6 月，果期 9～10 月。产于四川西部至西南部、贵州西部、云南西北部和西藏东南部。缅甸东北部也有分布。

6.40.2 马醉木属 *Pieris*

常绿灌木或小乔木。单叶，互生或假轮生，革质，无毛或近于无毛，边缘有细锯齿或圆锯齿或钝齿，稀为全缘。圆锥花序或总状花序，顶生或腋生；花冠坛状或筒状坛形，顶端 5 浅裂；雄蕊 10，不伸出花冠外。蒴果近于球形，室背开裂，缝线不加厚；种子多数，细小，纺锤形。

约 7 种，产于亚洲东部（尼泊尔经中国、日本、千岛群岛、南堪察加半岛和科曼多尔群岛）、北美东部、西印度群岛。我国现有 3 种，产于东部及西南部。

马醉木 *P. japonica*

【形态特征】常绿灌木或小乔木；树皮棕褐色，小枝开展多沟棱，单叶互生集生枝端，倒披针形，基部全缘中上部有细齿，硬革质，有光泽。花下垂，花冠卵状坛形，细小繁多，白色；总状花序直立，多条簇生枝顶；花期 4～5 月，果期 7～9 月，蒴果近球形，室背 5 瓣裂（图 6-107）。

【分布】产于安徽、浙江、福建、台湾等省。

【生态习性】喜温暖湿润、半阴环境。耐寒，秦岭淮河以南均可陆地越冬。

【观赏特性及园林用途】花美丽，原种花白色似流云飞瀑，清新幽雅，幼叶红褐色，远处观赏犹如簇簇鲜花开于枝顶。可布置于登山小道两侧，也可种植于建筑中庭、天井与假山置石组合等。值得注意是该种有剧毒，枝叶煎汁可做农药。

1.植株；2～4.叶片；5.花；6、7.雄蕊；8.蒴果

图 6-107 马醉木

【品种】'Variegata'（叶片银边）、'Aureovariegata'（叶片金边）、'Rosea'（粉花）。

【同属其它种】①杂交马醉木 *P. hybird*：常绿灌木，国外杂交种，大体上可分为观叶和观花两大系列。观叶系按叶色可分为红叶、花叶及绿叶三大系列。观花系可分为红花、白花两大系列。②美丽马醉木 *P. formosa*：常绿灌木至小乔木。花冠坛状，总状花序簇生于枝顶的叶腋，或有时为顶生圆锥花序。花期较晚 5～6 月，果期 7～9 月。产于华中、华南至西南山区。

6.40.3　越桔属 *Vacinium*

灌木或小乔，叶常绿，少数落叶，互生，稀假轮生，全缘或有锯齿。总状花序，顶生、腋生或假顶生，稀腋外生，花小形，花萼（4～）5裂，稀檐状不裂；花冠坛状、钟状或筒状，5裂，裂片短小。浆果球形，顶部冠以宿存萼片；种子多数细小。

约450种。我国已知91种，24变种，2亚种，南、北各地均产，主产于西南、华南。有一些种的浆果大，味佳，且富含维生素C，有较高的食用价值。

南烛 *V. bracteatum*

1.植株；2.雄蕊；3.花萼；4.蒴果

图6-108　南烛

【别名】染菽、乌饭树、乌饭叶。

【形态特征】常绿灌木或小乔木。叶片薄革质，椭圆形至披针形。总状花序顶生和腋生；萼筒密被短柔毛或茸毛，花冠白色，筒状，有时略呈坛状。浆果，熟时紫黑色，外面通常被短柔毛。花期6～7月，果期8～10月（图6-108）。

【分布】产于台湾岛、华东、华中、华南至西南。

【生态习性】喜温暖气候及酸性土地，耐旱、耐寒、耐瘠薄，要求光照充足。

【观赏特性及园林用途】春季小白花如朵朵灯笼悬挂枝头，十分秀美可爱。果实成熟后酸甜可食，干后入药，名为"南烛子"。因其耐瘠薄耐旱等特点，可作为瘠薄地、荒山造园的先锋树种，大片群植于缓坡远远望去犹如层层白雪积于枝头。同时可作为果园、庭院树、游步道两侧景观树。

【同属其它种】乌鸦果 *V. fragile*：常绿矮小灌木。总状花序，花冠白色至淡红色，浆果绿色变红色熟时紫黑色。花期春夏以至秋季，果期7～10月。产于西南大部、西藏地区。

6.41　柿树科 Ebenaceae

乔木或灌木，无乳汁，少数种类有刺。叶为单叶，通常互生，排成二列，全缘，无托叶，叶脉羽状，花通常雌雄异株，雌花常单生，花萼在雌花或两性花中宿存，结果期间常增大；花冠合瓣。果常为肉质的浆果。

3属，500余种，主要分布于两半球热带地区，在亚洲温带和美洲北部种类少。我国1属，约57种，6变种，1变型，1栽培种，黄河南北、北至辽宁、南至广东、广西和云南，各地都有，主要分布于西南部至东南部。

柿属 *Diospyros*

乔木或灌木。无顶芽。叶互生。花单性，雌雄异株或杂性；雄花组成聚伞花序，生在当年生枝上，或很少在较老的枝上侧生，雌花常单生叶腋；萼通常深裂；花冠壶形、钟形或管状，浅裂或深裂，裂片向右旋转排列；雄蕊4至多数；花柱2～5枚，分离或在基部合生。浆果肉质，基部通常有增大的宿存萼；种子较大，通常两侧压扁。

柿 *D. kaki*

【别名】柿子、柿子树。

【形态特征】落叶乔木，高达15m；树皮鳞片状开裂。叶椭圆状卵形、矩圆状卵形或倒卵形，长6～18cm，宽3～9cm，基部宽楔形或近圆形。花雌雄异株或同株，雄花成短聚伞花序，雌花单生叶腋；花萼4深裂，果熟时增大；花冠白色，4裂，有毛；雌花中有8个退化雄蕊，子房上位。浆果卵圆形或扁球形，直径3.5～8cm，橙黄色或鲜黄色，花萼宿存（图6-109）。

图6-109 柿

【分布】原产于长江流域，现辽宁西部、长城一线经甘肃南部至四川、云南，在此线以南，东至台湾各省区多有栽培。

【生态习性】对气候适应性强，耐寒。强阳性树种，不耐阴。喜湿润，也耐干旱，忌积水。深根性，耐瘠薄。抗污染性强。

【观赏特性及园林用途】树形优美，叶大呈浓绿色且有光泽，秋季叶红，果实累累且不容易脱落，是观叶观果俱佳的景观树，适于庭院、公园中孤植或成片种植。也是村庄绿化的优良树种。

【同属其它种】①君迁子（黑枣、软枣）D. lotus：落叶乔木，果球形，较小，熟时为蓝黑色。分布于辽宁、河北、山东、山西、中南、西南各省及西藏。②乌柿（金弹子）D. cathayensis：半常绿灌木或小乔木，花、果均美丽，常栽作盆景，也可植于庭园观赏。产于湖北、湖南、四川及广东等地。

6.42 野茉莉科（安息香科）Styracaceae

乔木或灌木，常被星状毛或鳞片。单叶互生；无托叶。总状、聚伞或圆锥花序。花两性，稀杂性，辐射对称；花萼部分至全部与子房贴生或离生；花冠合瓣，稀离瓣；雄蕊8～10（～16～20）或与花冠裂片同数与其互生；子房上位、半下位或下位，胚珠倒生，中轴胎座，柱头头状或不明显3～5裂。核果或蒴果，稀浆果，花萼宿存。种子无翅或具翅。

约11属，180种，主要分布于亚洲东南部至马来西亚和美洲东南部，少数分布至地中海沿岸。我国11属，50余种。

6.42.1 安息香属 Styrax.

乔木或灌木。单叶互生，被星状毛或鳞片。花序总状、圆锥状或聚伞状，稀单花或数花聚生，小苞片小。花萼杯状、钟状或倒圆锥状，与子房基部分离或稍合生；花冠（4）5（6～7）深裂；雄蕊（8～9）10（11～13），花丝基部连合成筒；子房上位，柱头3浅裂或头状。核果肉质，干燥，不裂或不规则3瓣裂。种子1～2。

约100余种，分布于东亚至马来西亚和北美洲东南部经墨西哥至安第斯山，地中海沿岸。我国30余种。

野茉莉 S. japonicus
【别名】齐墩果、野花培、茉莉苞。
【形态特征】落叶灌木或小乔木，高达8（～10）m。单叶互生，椭圆形至长圆状椭圆形，

图 6-110 野茉莉

长 4~10cm，宽 1.5~5cm，边缘有浅疏齿。花白色，长 14~17cm 单生叶腋或 2~4 朵成总状花序，花序梗无毛，长 2~3cm 花期 6~7 月，核果卵圆形，长 1.5cm。种子卵圆形，表面有皱纹和纵棱，紫褐色。花期 4~7 月，果期 9~11 月（图 6-110）。

【分布】产于中国秦岭和黄河以南地区，朝鲜、日本也有。

【生态习性】喜光，稍耐阴；喜湿润、肥沃、深厚而疏松富腐殖质土壤，耐旱、忌涝。

【观赏特性及园林用途】树形优美，开花期间朵朵白花悬垂于枝条，繁花似雪。适合配置于水滨湖畔或阴坡谷地、溪流两旁，或在常绿树丛边缘群植，白花映于绿叶中，饶有风趣。

【同属其它种】大花野茉莉 *S. grandiflorus*：花萼和花梗密被星状绒毛。产于西南地区、湖南、广西、广东、海南。

6.42.2 白辛树属 *Pterostyrax*

小乔木或灌木。具裸芽。叶互生，具锯齿。伞房状圆锥花序，顶生或腋生。花具短梗，花梗与花萼间具关节；花萼钟状，具 5 齿，萼筒全部贴生于子房；花冠 5 裂；雄蕊 10，花丝上部分离，下部连合成筒；柱头 3 微裂，子房下位。果顶端具长喙，几乎全部为宿萼所包，不裂，具翅或棱，种子 1~2。

约 4 种，产于我国、日本和缅甸。我国 2 种。

白辛树 *P. psilophyllus*

【别名】鄂西野茉莉，裂叶白辛树，刚毛白辛树。

【形态特征】落叶乔木，高达 15(25)m。叶倒卵形，先端有时具粗齿或 3 深裂，下表面灰绿色并疏被星状柔毛。圆锥花序顶生或腋生，下垂，花小，白色。核果干燥，具 5~10 棱，密被黄色长硬毛。花期 4~5 月，果期 8~10 月（图 6-111）。

【分布】产于安徽、湖南、湖北、四川、贵州、云南、广西。中国特有种。

【生态习性】喜光，喜湿润气候，适生于酸性土壤。

【观赏特性及园林用途】树形雄伟挺拔，叶形奇特，花香，可用于庭园绿化。

1~4.小叶白辛树；5.花枝；6.叶；
7.花；8.果实；9.叶背；10.子房纵
切；11.子房横切

图 6-111 白辛树

6.43 山矾科 Symplocaceae

灌木或乔木。单叶，互生，通常具锯齿、腺质锯齿或全缘。花辐射对称，两性，稀杂性，排成穗状花序、总状花序、圆锥花序或团伞花序，很少单生；花通常为苞片所承托；萼 3~5 深裂或浅裂，通常宿存；花冠裂片分裂至近基部或中部，裂片 3~11 片；雄蕊通常多数，着生于花冠筒上；子房下位或半下位。果为核果，顶端冠以宿存的萼裂片，通常具薄的中果皮和坚硬木质的核（内果皮）；核光滑或具棱，1~5 室，每室有种子 1 颗。

仅1属，约300种，广布于亚洲、大洋洲和美洲的热带和亚热带，非洲不产。我国有77种，主要分布于西南部至东南部，以西南部的种类较多。

山矾属 *Symplocos*

形态特征与科相同。

白檀 *S. paniculata*

【别名】碎米子树、乌子树。

【形态特征】落叶灌木或小乔木；嫩枝、叶两面、叶柄和花序均被柔毛。叶椭圆形或倒卵形，长3～11cm，宽2～4cm，顶端急尖或渐尖，基部楔形，边缘有细尖锯齿，中脉在上面凹下。圆锥花序生于新枝顶端，长4～8cm；花冠有芳香，5深裂；雄蕊约30枚，花丝基部合生成五体雄蕊；子房顶端圆锥状，无毛。核果蓝色，卵形，宿存萼裂片直立（图6-112）。

图6-112　白檀

【分布】分布于我国东北、华北、长江以南各省区及台湾；朝鲜、日本也有。

【生态习性】喜温暖湿润的气候和深厚肥沃的砂质壤土，喜光也稍耐阴。深根性树种，适应性强，耐寒，抗干旱耐瘠薄，以河溪两岸、村边地头生长最为良好。

【观赏特性及园林用途】树形优美，枝叶秀丽，春日白花，秋结蓝果，是良好的园林绿化点缀树种。

6.44　紫金牛科 Myrsinaceae

灌木或乔木，有时藤本；叶互生，稀对生，单叶，无托叶，常有油腺斑点，花两性或单性，4～5数，排成各式的花序；萼片联合或分离；花瓣合生，稀离生，常有腺点；雄蕊着生于花瓣上且与彼对生；子房上位，稀半下位，1室，有基生或特立中央胎座；胚珠数至多颗；果为核果或浆果，稀为蒴果。

32～35属，1000余种，主要分布于热带和亚热带地区，南非及新西兰亦有。我国6属，129种；18变种。主要产于长江流域以南各省区。

紫金牛属 *Ardisia*

常绿灌木、亚灌木或小乔木。叶互生，常具不透明腺点。聚伞、伞形或伞房花序或圆锥花序。两性花，常5数；花萼基部联合，萼片常具腺点；花瓣基部微联合，右旋螺旋状排列，花时外反或开展，常具腺点；雄蕊生于花瓣基部，子房上位。核果球形，常红色，具腺点。种子1枚，球形或扁球形。

约300种，分布于热带美洲、太平洋诸岛，印度半岛东部、亚洲东部及南部，少数产大洋洲，非洲不产。我国68种，12变种。多为美丽的观果植物。

朱砂根 *A. crenata*

【别名】红铜盘、大罗伞、富贵籽。

【形态特征】常绿灌木。茎无毛，无分枝。叶革质或坚纸质，椭圆形、椭圆状披针形或倒披针形，长7～15cm，宽2～4cm，具边缘腺点；叶柄长约1cm。伞形或聚伞花序，花白

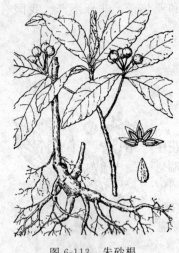

图 6-113　朱砂根

色或淡红色。萼片绿色，具腺点。果穗下垂，果径 6～8mm，鲜红色，具腺点。花期 5～6 月，果期 10～12 月（图 6-113）。

【分布】产于江苏、安徽、浙江、台湾、福建、江西、河南、湖北、湖南、广东、香港、海南、广西、贵州、云南、西藏、四川及陕西。

【生态习性】喜温暖湿润、散射光充足、排水良好的酸性土壤环境，夏季不耐高温强光，冬季畏寒怕冷，忌燥热干旱。

【观赏特性及园林用途】植株亭亭玉立，串串红果经久不落，十分高雅，给人以温馨、喜庆、富贵、吉祥的感觉，观赏性极强，是一种不可多得的耐阴观果花卉。适合盆栽摆设于室内，也可成片栽植于城市立交桥下、公园、庭院或景观林下，绿叶红果交相辉映，秀色迷人。

【同属其它种】紫金牛 A. japonica：小灌木，果鲜红至黑色。分布于陕西及长江流域以南各省区。

6.45　海桐花科 Pittosporaceae

乔木、灌木或木质藤本；单叶；花两性，罕单性或杂性，辐射对称，单生或组成伞房花序或聚伞花序，排成圆锥花序式，罕簇生；萼片、花瓣和雄蕊 5 枚，花瓣常有爪；子房上位，1 室，有时 2～5 室，胚珠多数，倒生；果为浆果或蒴果；种子通常多数，藏于有黏质的果肉内，罕具翅。

9 属，约 200 种，广布于东半球的热带和亚热带地区，主产于大洋洲，我国有 1 属，约 34 种。

海桐花属 Pittosporum

常绿灌木或乔木；叶互生，全缘或有波状齿缺，在小枝上的常轮生；花为顶生的圆锥花序或伞房花序，或单生于叶腋内或顶生；萼片、花瓣和雄蕊均 5 枚；花瓣基部粘合或几达中部；子房上位，不完全的 2 室，稀 3～5 室，有胚珠数颗；果为球形或倒卵形的蒴果，果瓣 2～5；种子数颗，藏于胶质或油质的果肉内。

约 160 种，分布于东半球的热带和亚热带地区。我国有约 34 种，产于西南部至台湾。

海桐 P. tobira
【别名】海桐花、山矾、山瑞香。
【形态特征】常绿小乔木或灌木，高 2～6m；枝条近轮生。叶聚生枝端，革质，狭倒卵形，长 5～12cm，宽 1～4cm，顶端圆形或微凹，全缘，无毛或近叶柄处疏生短柔毛。花序近伞形；花有香气，白色或带淡黄绿色；萼片 5；花瓣 5；雄蕊 5；子房密生短柔毛。蒴果近球形，裂为 3 片，果皮木质；种子暗红色。花期 5 月（图 6-114）。

【分布】产于浙江、福建、台湾、江西及湖北，现长江

图 6-114　海桐

以南各地栽培供观赏。

【生态习性】对气候的适应性较强，能耐寒冷，亦颇耐暑热。黄河流域以南，可在露地安全越冬。对光的适应能力亦较强，较耐阴蔽，亦颇耐烈日，但以半阴地生长最佳。喜肥沃湿润土壤，干旱贫瘠地生长不良，稍耐干旱，颇耐水湿。

【观赏特性及园林用途】枝叶繁茂，树冠球形；叶色浓绿而又光泽，经冬不调，初夏花朵清丽芳香，入秋果实开裂露出红色种子，也颇为美观。通常可作绿篱栽植和基础种植。也可孤植、丛植于草丛边缘、林缘或门旁、列植在路边。因为有抗海潮及有毒气体能力，故又为海岸防潮林、防风林及矿区绿化的重要树种。

【同属其它种】①短萼海桐 *P. brevicalyx*：高4～10m。叶矩圆状倒披针形。花淡黄色，极芳香。花期4～5月。产于云南。②昆明海桐 *P. kunmingense*：高4m，叶矩圆状倒披针形或倒披针形。分布于云南及贵州。

6.46　绣球花科 Hydrangeaceae

灌木或草本，稀小乔木或藤本。单叶，常有锯齿，羽状脉或基脉3～5出。花两性或杂性异株，有时具不育放射花；总状花序、伞房状或圆锥状复伞形花序，顶生。萼筒常与子房合生，萼裂片4～5(8～10)，绿色；花瓣4～5(8～10)，白色，分离；雄蕊4至多数，花丝分离或基部联合；子房下位、半下位或上位，花柱1～7。蒴果，室背或顶部开裂。种子多数，细小。

17属，约250种，主产于北温带至亚热带，少数至热带。我国11属，120余种。

绣球属 *Hydrangea*

亚灌木、灌木或小乔木。叶常2片对生。聚伞花序顶生，花2型，稀1型，具不育花或缺，具长梗。萼片花瓣状，2～5片，分离或基部稍连合；孕性花小而具短梗，花萼筒状，与子房贴生，4～5裂；花瓣4～5，分离；雄蕊(8)10(～25)；子房1/3～2/3上位或下位，花柱2～4(5)，分离或基部连合。蒴果，于顶端花柱基部间孔裂。种子多数，细小。

60余种，分布于亚洲东部至东南部、北美洲东南部至中美洲和南美洲西部。我国约37种，7变种。

绣球 *H. macrophylla*

【别名】八仙花、紫绣球、八仙绣球。

【形态特征】落叶灌木，高达4m，树冠球形。叶倒卵形或宽椭圆形，长6～15cm，先端骤尖，具短尖头，基部钝圆或宽楔形，具粗齿，两面无毛或下面中脉两侧疏被卷曲柔毛，侧脉6～8对。伞房状聚伞花序近球形或头状，径8～20cm，花密集。不育花多数，萼片4，粉红、淡蓝或白色；孕性花极少，萼筒倒圆锥状，萼齿卵状三角形；花瓣长圆形；雄蕊10；子房大半下位，花柱3。幼果陀螺状。花期6～8月（图6-115）。

【分布】产于福建、江西、湖北、湖南、广东、香港、贵州、云南及四川。

【生态习性】性喜温暖、湿润和半阴环境。怕旱又怕涝，不耐寒。喜肥沃湿润，排水良好的轻壤土，但适应性较强。

【观赏特性及园林用途】伞形花序如雪球累累，簇拥在

图 6-115　绣球

绿叶中，非常美丽。园林中常植于疏林下、游路边缘、建筑物入口处，或丛植几株于草坪一角，或散植于常绿树之前都很美观。小型庭院中，可对植，也可孤植，墙垣、窗前栽培也富有情趣。

【品种】有红、蓝、紫等多种颜色。

6.47　虎耳草科 Saxifragaceae

直立灌木；叶对生，单叶，脱落或一部宿存；花白色，常芳香，单生或数朵排成聚伞花序，有时为总状花序；萼片和花瓣 4 (5～6)，雄蕊 20～40；子房 4 (3～5) 室，下位或半下位，有中轴胎座；花柱 4 (3～5)；果为蒴果，有种子多颗。

约 75 种，分布于北温带。我国约有 15 种，产西南部至东北部，大多供观赏用。

6.47.1　山梅花属 *Philadelphus*

直立灌木；少具刺。小枝对生。叶对生，全缘或具齿，离基 3 或 5 出脉；无托叶。总状花序，下部分枝成聚伞状或圆锥状。花白色，芳香；萼筒贴生子房，裂片 4 (5)；花瓣 4 (5)，旋转覆瓦状排列；雄蕊 20～90，花丝分离；子房下位或半下位，花柱 (3) 4 (5)，合生。蒴果 4 (5)，瓣裂。种子多数。种皮前端冠以白色流苏。

70 多种，产北温带地区，东亚较多，欧洲 1 种，北美洲至墨西哥亦产。我国 22 种，17 变种。几乎全国均产，但主产于西南各省区。

图 6-116　山梅花

山梅花 *P. incanus*

【别名】白毛山梅花。

【形态特征】灌木，高达 3.5m。叶卵形或宽卵形，长 6～12.5cm，先端尾尖，基部圆，先端渐尖，基部宽楔形，疏生锯齿，上面被刚毛，下面密被白色长粗毛。总状花序有 5～7 (～11) 花。花梗密被长柔毛；花萼外面密被紧贴糙伏毛，萼筒钟形；花冠盘状，径 2.5～3cm；花瓣白色；雄蕊 30～35。蒴果倒卵形，长 7～9mm，径 4～7mm。花期 5～6 月，果期 7～8 月（图 6-116）。

【分布】产于山西、陕西、甘肃、河南、湖北、安徽和四川。

【生态习性】适应性强，喜光，喜温暖也耐寒耐热。怕水涝。对土壤要求不严，生长速度较快。

【观赏特性及园林用途】花朵繁茂，芳香美丽，花期较久，为优良的观赏花木。宜栽植于庭园、风景区。亦可作切花材料。宜丛植、片植于草坪、山坡、林缘地带，若与建筑、山石等配植效果也好。

【同属其它种】①云南山梅花 *P. delavayi*：花白色，花期 6～8 月。产四川、云南和西藏。②昆明山梅花：*P. kunmingensis* 花白色，花期 6 月。产于云南。

6.47.2　溲疏属 *Deutzia*

落叶灌木，通常被星状毛。小枝中空或具疏松髓心；芽具鳞片；叶对生，具叶柄，边缘具锯齿。花两性，组成圆锥花序，伞房花序、聚伞花序或总状花序；萼筒钟状，与子房壁合生，裂片 5，果时宿存；花瓣 5，白色，粉红色或紫色；雄蕊 10，常成两轮；花盘环状，扁平；子房下位；花柱 3～5，离生。蒴果 3～5 室，室背开裂；种子多颗，具短喙和网纹。

60 多种，分布于温带东亚、墨西哥及中美。我国有 53 种（其中 2 种为引种或已归化种）1 亚种 19 变种，各省区都有分布，但以西南部最多。

齿叶溲疏 _D. crenata_

【别名】齿叶溲疏、哨棍、溲疏。

【形态特征】灌木，高 1～3m。花枝长 8～12cm。叶纸质，卵形或卵状披针形，长 5～8cm，宽 1～3cm，先端渐尖，基部宽楔形，边缘具细圆齿，两面均被星状毛；羽状脉，侧脉每边 3～5 条。圆锥花序，长 5～8cm，多花；萼筒杯状；花冠白色，直径 1.5～2.5cm；雄蕊 10，外轮长，内轮较短；花柱 3～4，较雄蕊长。蒴果球形，直径约 4mm。花期 4～5 月，果期 6～9 月（图 6-117）。

【分布】原产于日本，现我国大多地区有栽培。已野化。

【生态习性】喜光、稍耐阴。喜温暖湿润气候但也耐寒。耐旱，对土壤的要求不严。

【观赏特性及园林用途】初夏白花繁密素雅，宜丛植于草坪、路边、山坡及林缘，也可作花篱及岩石园种植材料。花枝可供瓶插观赏。

1.花枝；2.叶上面；3.叶下面；4.花(去花瓣)；5.花瓣；6.外轮雄蕊；7.内轮雄蕊

图 6-117　齿叶溲疏

【栽培品种】'白花重瓣'溲疏 'Candidissima'：花重瓣，白色；'紫花重瓣'溲疏，'Flore Plene'：花瓣外面带玫瑰紫色；'粉花重瓣'溲疏 'Godsall Pink'：花粉红色。

6.48　蔷薇科 Rosaceae

草本、灌木或乔木，落叶或常绿，有刺或无刺。叶互生，稀对生，单叶或复叶，有明显托叶，稀无托叶。花两性，稀单性。通常整齐，周位花或上位花；萼片和花瓣同数，通常 4～5，覆瓦状排列，稀无花瓣，萼片有时具副萼。果实为蓇葖果、瘦果、梨果或核果，稀蒴果。

约有 124 属 3300 余种，分布于全世界，北温带较多。中国约有 51 属 1000 余种，产于全国各地。

6.48.1　蔷薇属 _Rosa_

直立、蔓延或攀援灌木；多数被有皮刺、针刺或刺毛，稀无刺。叶为基数羽状复叶，互生，小叶边缘有锯齿，多数有托叶。花单生或成伞房状。萼片、花瓣 5，稀 4。瘦果多数，生于肉质坛状花托。

约 200 种，广泛分布亚、欧、北非、北美洲寒温带至亚热带地区。我国产 82 种。

本属是世界著名的观赏植物之一，庭园普遍栽培。中国蔷薇在 18～19 世纪间输入英法后，大受西方人士重视。他们用中国蔷薇和原有的品种杂交和反复回交，培育出许多优美新品种。中国原产蔷薇属植物特别是月季花 _R. chinensis_、香水月季 _R. odorata_，蔷薇 _R. multiflora_、光叶蔷薇 _R. wichuriana_ 和玫瑰 _R. rugosa_ 在创造现代蔷薇属新品种中起着重要的作用。

(1) 月季花 _R. chinensis_

【别名】月月红、月月花。

1.花枝；2.叶片；3.果实

图 6-118 月季花

【形态特征】常绿或半常绿灌木；小枝具短粗钩刺或无刺，无毛。小叶 3～5，卵状椭圆形，缘有尖锯齿。花单生或几朵集生成伞房状，重瓣，有紫、红、粉红等色，芳香，萼片羽状裂；花期依栽培地区而不同，华南、西南部分地区可全年开花，往北花期逐渐缩短，果期很长（图 6-118）。

【分布】产于中国，各地普遍栽培。引入欧洲后，作为重要亲本培育出现代月季，现代月季重复开花的特性都源于月季。

【生态习性】强阳性树种，光线充足则花开灿烂，喜肥沃土壤及温暖湿润气候，耐寒性不强。

【观赏特性及园林用途】花期较长，生长季节月月有花开、季季有花赏，月季之名由此而来。色香俱佳，是温带、亚热带不可多得美化庭园的优良花木。可将不同花形、花色的月季混植，搭配草花开辟出一片草坪共同布置成婚庆园供新婚人士使用。亦可种植于入口、节点等主要场所烘托氛围。

【品种】①月月红（紫月季）'Semperflorens'：茎纤细，常带紫红晕，叶较薄，常带紫晕，花单生，紫色至深粉红色，花梗细长而下垂，花期长，在我国长期栽培。②小月季'Minima'：植株矮小，宜盆栽，花较小，径约 3cm，玫瑰红色。③绿月季'Viridiflora' 花绿化，花瓣萼片化，奇特。④变色月季'Mutabilis'：幼枝紫色，幼叶古铜色。花单瓣，初硫黄色逐渐变橙红最后变暗红。

(2) 香水月季 R. ×odorata

【形态特征】常绿或半常绿灌木；有长匍枝或攀援枝，疏生钩状皮刺。小叶 5～7(9)，卵形或椭圆状卵形，缘有尖锯齿；叶轴叶柄均有钩刺和短腺毛。花单生或 2～3 朵聚生，白色、淡黄或带粉红，半重瓣至重瓣，香味类似茶叶，花柱离生伸出花托口外，萼片大部分全缘；花期 6～9 月（图 6-119）。

【分布】产于云南，有人认为是月季与巨花蔷薇（R. odorata var. gigantea）的天然杂种。在云南栽培已久，野生植株在云南常见。19 世纪初引入法国，以它花大、有香气、重瓣的特点派生出茶香月季（Tea Roses）组群。

【生态习性】喜光照、耐寒性不强，喜温暖湿润气候和肥沃土壤。能够重复开花。

【观赏特性及园林用途】花色比月季淡雅，花朵更大，早期倍受育种家和园艺家重视，后由于无法克服不耐寒及花梗不挺直的缺点，逐渐被取代。

(3) 玫瑰 R. rugosa

【形态特征】落叶丛生灌木；茎粗壮，丛生；小枝密被绒毛、针刺和腺毛，小叶 5～9，

1.花枝；2.叶片；3.果实

图 6-119 香水月季

椭圆形或椭圆状倒卵形，边缘有尖锐锯齿，表面网脉凹下，皱而有光泽，背面灰绿色，密被绒毛。托叶大部贴生于叶柄，离生部分卵形。花单生于叶腋或数朵簇生，苞片卵形，边缘有腺毛，外被绒毛；花梗密被绒毛和腺毛；萼片卵状披针形，先端尾状渐尖，常有羽状裂片而扩展成叶状，上面有稀疏柔毛，下面密被柔毛和腺毛；花瓣倒卵形，重瓣至半重瓣，浓香，紫红色至白色。果扁球形，砖红色，肉质。花期5~6月，果期8~9月（图6-120）。

【分布】产于我国华北以及日本和朝鲜。我国各地均有栽培。

【生态习性】喜光，不耐阴，耐寒耐旱，不耐积水，在肥沃而排水良好的中性或微酸性土上生长最好，在微碱性土中也能生长。萌蘖性强。

【观赏特性及园林用途】花色艳丽带浓香，盛花期4~5月，秋季零星开花。鲜花可以供食用及化妆品用。由于大多只春季开花，多作为生产之用，小庭院可栽培观赏。

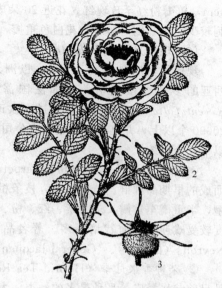

1.花枝；2.叶片；3.宿存萼片与果实
图6-120 玫瑰

【品种】①白玫瑰 'Alba'：花白色，单瓣。②红玫瑰 'Rosea' 花玫瑰红色，单瓣。③紫玫瑰 'Rubra'：花红紫色，单瓣。④重瓣紫玫瑰 'Rubro-plena'：花重瓣，玫瑰紫红色，香气浓。⑤重瓣白玫瑰 'Albo-plena'：花重瓣，白色。

（4）野蔷薇 _R. multiflora_

【别名】多花蔷薇、蔷薇。

【形态特征】落叶攀援灌木；枝细长，上升或攀援状，皮刺通常生于托叶下，小叶5~7(9)倒卵状椭圆形，缘有尖锯齿，背面有柔毛；托叶篦齿状附着于叶柄上，边缘有腺毛。花白色，径2~3cm芳香；花多朵密集成圆锥状伞房花序；5~6月开花，果近球形。本种变异性强（图6-121）。

1.花枝；2.叶片；3.皮刺
图6-121 野蔷薇

【分布】产于江西、山东、河南等省，日本、朝鲜习见。

【生态习性】性强健，喜光亦耐半阴。耐寒耐旱也耐水湿，对土壤和栽培管理要求不严。

【观赏特性及园林用途】花虽小却繁多，随着枝条或悬于树枝间或匍匐于缓坡。盛开之时整体气势不逊于名贵花卉，"量大为美"最适合形容蔷薇，秋季果实变红橙点缀在绿枝间。可栽培于水际，花枝下垂抚水恰似梳妆打扮的少女。还可作为花篱、刺篱或攀附于小型廊架之上。

【变种及品种】①十姐妹（七姐妹）'Grevillea'（'Platyphylla'）：叶较大；花也比原种较大，重瓣、深粉红色，常6~9朵聚生成扁伞房花序，花甚美丽，各地常见栽培，适合于风景区、疗养院等。②粉团蔷薇（粉花蔷薇）var. _cathayensis_：小叶较大，花较大，直径3~

4cm，单瓣粉红至玫瑰红。花近 20 朵成平顶伞房花序，果红色。③白玉棠 'Albo~plena'：刺较少；小叶倒广卵形。花白色重瓣，多朵聚生；花期较早。

(5) 现代月季 *R. hybrida*

现代月季是 19 世纪上半叶，欧洲人通过来自我国的月季、香水月季、蔷薇等与当地及西亚的多种蔷薇属植物（如法国蔷薇 *R. gallica*、突厥蔷薇 *R. damascens*、百叶蔷薇 *R. centifolia* 等）杂交，并经过多次改良而成的一大类优秀杂交月季的统称。品种多达 20000 个以上，并且现今欧美花卉公司每年推出一定数量的新品种。目前广为栽培的品种分以下几个系统：

① 杂种长春月季（Hybrid Perpetual Roses）是由中国的月季与欧洲几种蔷薇杂交选育而成的早期品种群。植株高大，枝条粗壮。叶大而厚常呈暗绿色而无光泽。花蕾肥圆，花大型，半重瓣至重瓣，多为紫、红、粉、白等色；花开一季至两季（春、秋）。耐寒性强，一度较受欢迎，目前栽培不多。著名品种有：'Frau Karl Druschki'（德国白）、'Paul Neyron'（阳台梦）、'General Jacqueminot'（贾克将军）等。

② 杂种香水月季（Hybrid Tea Roses）是由香水月季与杂种长春月季杂交选育而成，是目前栽培最广、品种最多的一类。大多数为灌木、少数为藤本，落叶或半常绿性。叶绿色或带古铜色，表面通常光泽。花蕾较长而尖，多少芳香，花大且色形丰富，除白、黄、粉红、大红、紫红外，还有各种朱红、橙黄、双色、变色等，花梗多长而坚韧；在生长季中花开不绝。著名品种：'Condesa de Sastago'（金背大红）'Crimson Glory'（墨红）'Peace'（和平）'Superstar'（明星）'Confidence'（信用）'Frangrant Cloud'（香云）等。

③ 丰花月季（Floribunda Roses）是由杂种香水月季与小姊妹月季（Poly antha Roses）杂交改良的一个近代强健多花品种群。有成团成簇开放的中型花朵，花色丰富，花期长。耐寒性较强，平时不需细致管理。品种如：'Independence'（独立）、'Iceberg'（冰山）、'Betty Prior'（杏花村）、'Red Cap'（红帽子）、'Winter Plum'（冬梅）、'Gold Marry'（金玛丽）、'Carefree Beauty'（无忧女）、'Green Sleeves'（绿袖）、'Rumba'（伦巴）等。

④ 壮花月季（Grandiflra Roses）是由杂种香水月季与丰花月季杂交而成的改良品种群。是近代月季花中年轻而有希望的一类。植株强健，生长较高，能开出成群的大型花朵，四季开花，适应性强。著名品种：'Queen Elizabeth'（粉后）、'Garden Party'（游园会）、'Diamond'（火炬）、'Montezuma'（杏醉）、'Miss France'（法国小姐）等。

⑤ 微型月季（Miniature Roses）植株特矮小，一般高不及 30cm，枝叶细小。花径 1.5cm 左右，重瓣，花色丰富四季开花。耐寒性强，宜盆栽观赏，尤其适用于窗台绿化。品种有 'Scarlet Gem'（红宝石）、'Margo Koster'（小古铜）、'Tom Thumb'（拇指）、星条旗、神奇、彩虹等。

⑥ 藤本月季（Climbing Roses）枝条长，蔓性或攀援。包括杂种光叶蔷薇群（Hyrid Wichuraianas）和其他类群中芽变成的藤本品种。有些只开一季，有的能重复开花，适合墙面、护坡、围栏等垂直绿化美化。品种有 'Climbing Peace'（藤和平）、'Mermaid'（美人鱼）等。

(6) 木香 *R. Banksiae*

【形态特征】落叶或半常绿攀援灌木，绿色细长而刺少。小叶 3～5，长椭圆状披针形，长 2～5cm，边缘有细齿，上面无毛，深绿色，下面淡绿色；小叶柄和叶轴有稀疏柔毛和散生小皮刺。花白色、淡黄色，芳香，单瓣或重瓣；伞形花序；花期 4～5 月份。果近球形，红色（图 6-122）。

【分布】产于中南及西南地区，国内外普遍栽培观赏。

【生态习性】喜光也耐阴，喜温暖气候。有一定耐寒能力，对环境适应强，管理简单。

【观赏特性及园林用途】花量大，花朵丛丛开放，芳香袭人，花色淡雅。适宜在棚架、凉亭等幽静处种植。亦可供护坡、围墙垂直绿化之用。

【品种】'单瓣'白木香；'重瓣'白木香。

【同属其它种】①黄蔷薇 R.hugonis：落叶灌木。花瓣淡黄，径4～5cm。果扁球形，紫红色，花期5～6月，果期7～8月。产山西、陕西、甘肃、西南地区。②黄刺玫 R.xanthina：落叶直立灌木。花黄色重瓣或半重瓣。花期4～6月，果期7～8月。北方春季重要观花灌木。③刺玫蔷薇 R.dacurica：落叶直立灌木。花粉红色，单生或2～3朵集生。萼片狭，先端呈叶状，果球形红色。花期6～7月。产于我国北部。④缫丝花 R.roxburghii：落叶灌木。分枝多。花淡紫色重瓣。果扁球形黄绿色外面密被针刺。花期5～7月，果期8～10月。产于长江流域至西南。

1.花枝；2.叶片

图 6-122　木香

6.48.2　悬钩子属 Rubus

落叶稀常绿灌木或多年生匍匐草本；茎直立、攀援或匍匐，具皮刺、针刺稀无刺。叶互生，单叶、掌状复叶或羽状复叶，边缘常具锯齿。托叶与叶柄合生，常较狭窄，或着生于叶柄基部及茎上，较宽大常分裂。花两性，稀单性而雌雄异株，组成聚伞状圆锥花序、总状花序、伞房花序或数朵簇生及单生；花萼5裂；花瓣5，果实为由小核果集生于花托上而成聚合果，红色、黄色或黑色，无毛或被毛。

约700余种，分布于全世界，主要产地在北半球温带，少数分布到热带和南半球，我国有194种。少数种类庭园栽培供观赏。

1.花；2.雌蕊；3.叶片；4.果实；5.叶背

图 6-123　树莓

树莓 R.corchorifolius

【别名】山莓、山抛子、牛奶泡。

【形态特征】直立灌木；枝具皮刺。单叶，卵形至卵状披针形，边缘不分裂或3裂，通常不育枝上的叶3裂，有不规则锐锯齿或重锯齿，基部具3脉；叶柄疏生小皮刺，幼时密生柔毛。花单生或少数生于短枝上；花直径可达3cm；花萼外密被细柔毛，无刺；萼片卵形顶端急尖至短渐尖；花白色，直径2cm，花瓣顶端圆钝，椭圆形，子房有柔毛。果实由很多小核果组成，近球形或卵球形，红色，密被细柔毛；核具皱纹。花期2～3月，果期4～6月（图6-123）。

【分布】除东北、甘肃、青海、新疆、西藏外，全国均有分布。

【生态习性】喜阳，喜温暖气候，有一定耐寒能力，喜酸性沙质壤土。为浅根植物，要求湿润但排水良好。

【观赏特性及园林用途】果实因品种不同，有黑果、红果之分。颜色诱人，含糖量高，风味浓，香味厚，观赏经济价值高。可植于草坪、池塘、边坡等光照充足处，或盆栽于庭院、空中花园等处。

【同属其它种】红毛悬钩子 *R. pinfaensis*：落叶攀援灌木。花数朵在叶腋团聚成束白色，果实球形，熟时金黄色或红黄色。花期 3～4 月，果期 5～6 月。产于华中及西南。

6.48.3 绣线菊属 *Spiraea*

落叶灌木。单叶互生，边缘有锯齿或缺刻，有时分裂。稀全缘，羽状叶脉，或基部有 3～5 出脉。花两性成伞形、伞形总状、伞房或圆锥花序；萼筒钟状；萼片 5，通常稍短于萼筒；花瓣 5，常圆形，较萼片长。蓇葖果 5 裂，常沿腹缝线开裂，内具数粒细小种子；种子线形至长圆形。

有 100 余种，分布在北半球温带至亚热带山区。我国有 50 余种。多数种类耐寒，具美丽的花朵和细致的叶片，是庭园中常见栽培的观赏灌木。

1.花枝；2.花的纵剖面；3.果

图 6-124 粉花绣线菊

粉花绣线菊 *S. japonica*

【别名】日本绣线菊。

【形态特征】落叶直立灌木。叶卵状椭圆形，先端渐尖或急尖，基部楔形，边缘复锯齿或单锯齿，背面灰白色，脉上有毛。花粉红色；复伞房花序有柔毛，当年生枝条顶端开花，花期 6～7 月。变异性强，形态多变异（图 6-124）。

【分布】产于日本及朝鲜，我国各地栽培观赏。

【生态习性】耐寒喜光，稍耐阴蔽。对土壤适宜性强，微碱性土壤上也能生长，栽种成活后稍耐干旱，忌积水。

【观赏特性及园林用途】花序较大，小花繁多密集，洋洋洒洒点缀在细碎的叶片中，富有野趣。可做绿篱、花篱，点缀在草坪边缘。还能配置于岩石园、小径边。与观赏草搭配富有野趣，同时也是花境中优良木本花卉。

【品种】白花 'Albi～flora'、斑叶 'Variegata'、矮生 'Nana' 等。

【同属其它种】①李叶绣线菊（笑靥花）*S. prunifolia*：高大。花白色重瓣，春季与叶同放。产于长江流域。②金山绣线菊 *S.×bumalda* 'Gold Mound'：由粉花绣线菊与其白花品种杂交而成，较矮小，新叶金黄色，夏季转黄绿，花粉红。

6.48.4 枇杷属 *Eriobotrya*

常绿灌木或小乔木；叶大，互生，单叶；花白色，排成顶生的圆锥花序；萼裂片 5，宿存；花瓣 5；梨果，有种子 1 至数颗。

30 种，分布于东亚。我国产 13 种，其中枇杷 *E. japonica* 各地广为栽植。

枇杷 *E. Japonica*

【别名】卢桔。

【形态特征】常绿小乔木。叶片革质，披针形、倒披针形、倒卵形或椭圆长圆形，先端急尖或渐尖，基部楔形或渐狭成叶柄，上部边缘有疏锯齿，基部全缘，下面密生灰棕色绒毛。圆锥花序顶生，具多花；花瓣白色，长圆形或卵形。果实球形或长圆形，黄色或桔黄色；种子1~5。初冬开花，翌年初夏果熟（图6-125）。

【分布】产于我国中西部，南方各地普遍栽培。

【生态习性】喜温暖湿润，稍耐阴，不耐严寒。平均温度12~15℃以上、冬季不低-5℃，花期，幼果期不低于0℃的地区，都能生长良好。喜肥沃湿润及排水良好的中性、酸性土。

【观赏特性及园林用途】叶大、质感粗，树形或开展，或亭亭如华盖，姿态优美。四季常青，春萌新叶白毛茸茸，秋孕冬花，春实夏熟，在绿叶丛中，累累金丸，古人称其为佳实。是美丽观赏树木和果树，可植于公园、庭园，也可做行道树。

1.花枝；2.果实及种子；3.叶片；4.花剖面；5.雌蕊
图6-125 枇杷

6.48.5 石楠属 *Photinia*

乔木或灌木。叶互生，革质或纸质，多数有锯齿，稀全缘。花两性，多数，成顶生伞形、伞房或复伞房花序，稀成聚伞花序；花瓣5。果实为2~5室小梨果，每室有1~2种子。

有60余种，分布在亚洲东部及南部。中国产40余种。

（1）石楠 *P. serrulata*

【别名】凿木、千年红

【形态特征】常绿灌木或小乔木。全体无毛，单叶互生革质，长椭圆形、长倒卵形或倒卵状椭圆形。基部圆形或广楔形，缘有细锯齿，表面深绿有光泽，复伞房花序顶生；花瓣白色，有特殊气味。果实球形，红色，花期4~5月，果期10月（图6-126）。

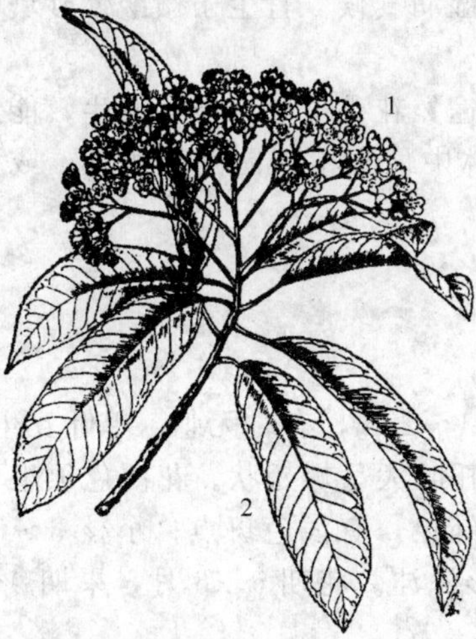

【分布】产于华东、中南及西南地区。日本、印尼也有分布。

【生态习性】稍耐阴，喜温暖湿润气候。耐干旱瘠薄，不耐水湿，对有毒气体抗性较强。

【观赏特性及园林用途】春季新叶颜色变化丰富，花序大。整体效果好，秋冬还能欣赏红果。也可作为林缘过渡的材料，也可用于道路绿化、植于草坪作为配景。

（2）球花石楠 *P. glomerata*

【形态特征】常绿灌木或小乔木；幼枝密生黄色绒毛后脱落，枝紫褐色。叶片革质，长圆形、披针形、倒披针形或长圆披针形，先端短渐尖，基部楔形至圆形，常偏斜。花多数，密集成顶生复伞房花序，花瓣白色，近圆形，芳香。果卵形红色。花期5月，果期9月。

【分布】产于云南、四川。

【生态习性】喜温暖湿润的气候，抗寒较强，喜光也耐阴，对土壤要求不严，以肥沃湿润的沙质土壤最为适宜，萌芽力强，耐修剪，对烟尘和有毒气体有一定的抗性。

1.花序；2.叶片
图6-126 石楠

【观赏特性及园林用途】枝繁叶茂，叶、花、果均可观赏，春季新叶颜色变化丰富，花序大。整体效果好，秋冬还能欣赏红果。类似于石楠。可植于公园、庭园、墓地作为遮蔽视线的灌木，也可作为行道树。

【同属其它种】①椤木石楠 *P. daviosoniae*：乔木，高 6~15m。叶片革质。顶生白色复伞房花序；果实球形或卵形，黄红色；种子 2~4，卵形，褐色。花期 5 月，果期 9~10 月。产于南方各省。②光叶石楠 *P. glabra*：乔木。叶片革质。花瓣白色。果实卵形，红色。花期 4~5 月，果期 9~10 月。产于南方各省。③红叶石楠 *P. serrulata*：石楠属杂交种的统称，为常绿小乔木，叶革质，春季新叶红艳，夏季转绿，秋、冬、春三季呈现红色，栽培范围广。

6.48.6 石斑木属 *Rhaphiolepis*

1.花枝；2.小花；3.花剖面；4.叶片
图 6-127 石斑木

常绿灌木或小乔木。单叶互生，革质，具短柄；托叶锥形，早落。花成直立总状花序、伞房花序或圆锥花序；萼筒钟状至筒状，下部与子房合生；萼片 5，直立或外折，脱落；花瓣 5，有短爪。梨果核果状，近球形，肉质，萼片脱落后顶端有一圆环或浅窝；种子 1~2，近球形。

约有 15 种，分布于亚洲东部。我国产 7 种。

石斑木 *R. indica*

【别名】车轮梅。

【形态特征】常绿灌木。叶片集生于枝顶，卵形、长圆形、稀倒卵形或长圆披针形，先端圆钝、急尖、渐尖或长尾尖，基部渐狭连于叶柄，边缘具细钝锯齿。顶生圆锥花序或总状花序；花瓣 5，白色或淡红色。果实球形，紫黑色。花期 4 月，果期 7~8 月（图 6-127）。

【分布】产于南方各省。

【生态习性】喜温暖湿润气候。宜生于微酸性砂壤土中，耐干旱瘠薄。

【观赏特性及园林用途】花朵美丽，枝叶密生，能形成圆形紧密树冠。在园林中最宜植于园路转角处，或用于空间分隔，或用于作阻挡视线。

6.48.7 山楂属 *Crataegus*

山楂 *C. pinnatifida*

【形态特征】落叶小乔木；树皮粗糙，暗灰色，刺长约 1~2cm，有时无刺。单叶互生，卵形。每侧各有 3~5 浅裂，缘有尖锐稀疏不规则重锯齿。托叶大呈蝶翅状。花白色顶生伞房花序，总花梗和花梗均被柔毛。果实近球形或梨形，深红色，有浅色斑点；小核 3~5，外面稍具棱，内面两侧平滑；萼片脱落很迟，先端留一圆形深洼。花期 5~6 月，果期 9~10 月（图 6-128）。

【分布】产于东北、内蒙、华北至江浙。朝鲜、俄罗斯也有分布。

【生态习性】适应性强，喜光，喜冷凉气候及排水良好土壤，耐寒。

【观赏特性及园林用途】枝叶繁茂，初夏开花满树洁白，秋季红果累累，果酸而带甜。可做园景树。也能做成大型盆景，配植于假山石旁。

【同属其它种】中甸山楂 *C.chungtienensis*：灌木。伞房花序具多花，密集，果实椭圆形，红色。花期5月，果期9月。产于云南西北部高山地区。

6.48.8 花楸属 *Sorbus*

落叶乔木或灌木；冬芽大形，具多数覆瓦状鳞片。叶互生，有托叶，单叶或奇数羽状复叶，在芽中为对折状，稀席卷状。花两性，多数成顶生复伞房花序；萼片和花瓣各5。果实为2～5室小形梨果，子房壁成软骨质，各室具1～2种子。

多数花楸属植物有密集的花序，点缀着很多白色花朵，秋季结成红色、黄色或白色的果实，挂满枝头，可供观赏之用。有些种类果实中含丰富的维生素和糖分，可作果酱、果糕及酿酒之用。有些种类已成了果树育种和砧木的重要原始材料之一。

全世界约有80余种，分布在北半球，亚洲、欧洲、北美洲。中国产50余种。

1.花枝；2.花剖面；3.花瓣；4.雌雄；5.花药；
6.叶片
图6-128 山楂

花楸树 *S.pohuashanensis*

【别名】百花花楸、百华花楸。

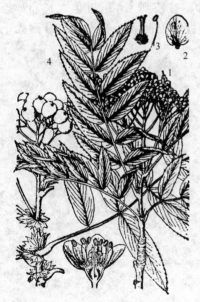

1.果枝；2.花瓣；3.雄雌蕊；4.叶片
图6-129 花楸树

【形态特征】落叶乔木或小乔木；小枝粗壮幼时被绒毛，冬芽密被白色绒毛。奇数羽状复叶互生，小叶5～7对，基部和顶部的小叶片常稍小。椭圆披针形，中部以上有锯齿，背面粉白色，有柔毛。托叶大，草质宿存。顶生复伞房花序，有白色绒毛，花小而白色。果实近球形，直径6～8mm，红色或桔红色，花期6月，果期9～10月（图6-129）。

【分布】产于东北、华北、内蒙高山地区。

【生态习性】喜冷凉湿润气候，稍耐阴。耐寒，适应性强。喜欢湿润的微酸或酸性土壤。

【观赏特性及园林用途】花、叶美丽，入秋红果累累，叶子也变红。落叶后果实宿存一段时间，颇为红艳，吸人眼球。可种植于庭院、风景区。避免植于硬质铺装上，果实量大，易污染地面。

【同属其它种】①水榆花楸 *S.alnifolia*：乔木，花白色。果实红色或黄色。花期5月，果期8～9月。产于东北、华北、四川、湖北、江西、安徽、浙江。②川滇花楸 *S.vilmorinii*：灌木或小乔木，花白色。果实小淡红色，花期6～7月，果期9月。产于四川西南部、云南西北部。③石灰花楸 *S.folgneri*：乔木。复伞房花序被白色绒毛，花白色，果椭圆形红色。花期4～5月，果期7～8月。产于陕西、甘肃、河南、中南及西南各省。④西南花楸 *S.rehderiana*：灌木或小乔木。复伞房花序。花白色，果实卵形粉红色至深红色。花期6月，果期9月，产于四川、云南、西藏。

1.花；2.雄蕊；3.叶片；4.果实

图 6-130 木瓜

6.48.9 木瓜属 *Chaenomeles*

(1) 木瓜 *C. Sinensis*

【别名】楱楂、木李。

【形态特征】灌木或小乔木，树皮成片状脱落。叶片革质椭圆卵形，先端急尖，基部宽楔形或圆形，边缘有刺芒状尖锐锯齿，齿尖有腺。花单生于叶腋，花梗短粗；萼片三角披针形；花瓣倒卵形，淡粉红色；果实长椭圆形，暗黄色，木质芳香。花期 4 月，果期 9～10 月（图 6-130）。

【分布】产于山东、陕西、湖北、江西、安徽、江苏、浙江、广东、广西。

【生态习性】喜光，喜温暖湿润气候及肥沃深厚而排水良好土壤，耐寒性不强。

【观赏特性及园林用途】花大美丽，果香袭人，干皮斑驳秀丽。小型场地的庭荫树，可群植于岸边及游人经过停留的小径、小品等处。

(2) 贴梗海棠 *C. Speciosa*

【别名】铁角海棠、贴梗木瓜、皱皮木瓜。

【形态特征】落叶灌木，高达 2m，枝条直立开展光滑，有枝刺。单叶互生，长卵形至椭圆形长 3～9cm。先端急尖稀圆钝，基部楔形，缘具锐齿，表面无毛有光泽，背面无毛或脉上稍有毛，托叶大形，肾形或半圆形。花先叶开放，3～5 朵簇生于二年生老枝上；径 3～5cm，猩红色，淡红色或白色，花梗短粗，梨果黄色，径 4～6cm，有香气。花期 3～5 月，果期 9～10 月（图 6-131）。

【分布】产于东部、中部至西南，缅甸也有分布。

【生态习性】喜光，耐瘠薄，有一定耐寒能力，喜排水良好深厚、肥沃土壤，不耐水湿。

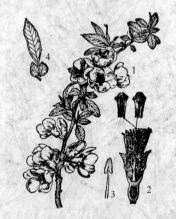

1.花枝；2.花剖面；3.雄蕊；4.叶片及托叶

图 6-131 贴梗海棠

【观赏特性及园林用途】春天叶前开放，花相纯式，簇生枝间，花梗极短故名贴梗，鲜艳美丽。宜群植，与梅花、桃花混交，延长观赏期丰富花色。也可点缀于路边绿地。

【品种】白花 'Alba'、红白二色 'Toyonishik'（东洋锦）、重瓣 'Rosea Plena'、曲枝 'Tortuosa'、矮生 'Pygmaea'。

【同属其它种】木瓜海棠 *C. cathayensis* 落叶灌木或小乔木。花粉红色或近白色，果卵形至椭球形，黄色有红晕。花期 3～4 月，果期 9～20 月。产于我国中部、西部。

6.48.10 棣棠属 *Kerria*

灌木，小枝细长。单叶互生，具重锯齿；花两性，大而单生；萼筒短，碟形，萼片 5，覆瓦状排列；花瓣黄色，长圆形或近圆形，具短爪。瘦果侧扁。

仅有 1 种，产于中国和日本。欧美各地引种栽培。为美丽的观赏植物，供庭园绿化和药用。

棣棠 K. japonica

【别名】鸡蛋黄花。

【形态特征】落叶灌木；小枝绿色，无毛，常拱垂，嫩枝有棱角。叶互生，三角状卵形或卵圆形，顶端长渐尖，基部圆形、截形或微心形，边缘有尖锐重锯齿。单花，着生在当年生侧枝顶端；萼片卵状椭圆形，顶端急尖，有小尖头；花瓣黄色，宽椭圆形，顶端下凹。瘦果倒卵形至半球形，褐色或黑褐色，有皱褶。花期 4～6 月，果期 6～8 月（图 6-132）。

【分布】我国黄河流域至华南、西南均有分布。日本也有分布。

【生态习性】喜光，稍耐阴，喜温暖湿润气候，耐寒性不强，不耐旱。

【观赏特性及园林用途】枝叶翠绿细柔，金花满树，别具风姿，有些品种似小菊，富有野趣。宜丛植于水畔、坡边、林下和假山旁，也可用于花丛、花径和花篱，还可栽在墙隅及管道旁，有遮蔽之效。若配植疏林草地或山坡林下，则尤为雅致，野趣盎然，盆栽观赏也可。

1.花枝；2.果实

图 6-132　棣棠

【品种】①重瓣棣棠 'Plentiflora'：花重瓣，栽培最为普遍。②菊花棣棠 'Stellata'：花瓣 6～8 细长，形似菊花。③白花 'Alescens'：花白色。④银边 'Aregenteo～variegata'：叶缘为白色。⑤金边 'Aureo～variegata'：叶缘为黄色。⑥斑枝 'Aureo～vittata'：小枝有黄色和绿色条纹。

6.48.11　苹果属 *Malus*

落叶稀半常绿乔木或灌木，通常不具刺；单叶互生，叶片有齿或分裂，在芽中呈席卷状或对折状，有叶柄和托叶。伞形总状花序；花瓣近圆形或倒卵形，白色、浅红至艳红色。梨果，子房壁软骨质，3～5 室，每室有 1～2 粒种子；多数重要果树及砧木或观赏用树种。

约有 35 种，广泛分布于北温带，亚洲、欧洲和北美洲均产。我国有 20 余种。

（1）苹果 M. pumila

【形态特征】乔木，高可达 15m，多具有圆形树冠和短主干；小枝紫褐色幼时密被绒毛。叶椭圆形至卵形，长 5～10cm，先端急尖，基部宽楔形或圆形，锯齿圆钝，背面有柔毛，托叶早落。伞房花序，具花 3～7 朵，集生于小枝顶端，花白色或带红晕，含苞时粉红色，萼片长而尖，宿存。果大，果径 5cm 以上，两端均凹陷，顶部常有棱脊。花期 5 月，果期 7～10 月（图 6-133）。

【分布】产于我国北方大部、西南，欧洲及亚洲中西部。

【生态习性】喜光，喜冷凉干燥气候及肥沃深厚而排水良好的土壤，湿热气候下生长不良。

1.花枝；2.果实；3.叶片

图 6-133　苹果

【观赏特性及园林用途】树形浑圆，春华秋实。典型温带水果，也可做绿化苗木。适合园林结合生产。

【品种】经长期栽培，品种众多，著名品种如下，早熟品种有黄魁、红魁、金花、早生赤，中熟品种有祝、旭、金冠、优花皮，晚熟品种有红玉、国光、白龙、元帅、香蕉等。

1.叶片；2.果实

图 6-134　西府海棠

(2) 西府海棠 *M. micramalus*

【别名】小果海棠。

【形态特征】落叶小乔木，树枝直立性强，小枝暗紫色。叶长椭圆形或椭圆形。伞形总状花序，有花 4～7 朵，集生于小枝顶端，花粉红色，花梗花萼均具柔毛。果红色。花期 4～5 月，果期 8～9 月（图 6-134）。

【分布】产于华北、陕西、甘肃、云南、辽宁等地。

【生态习性】喜光，耐寒，抗干旱。对土壤适应性强，较耐盐碱和水湿，根系发达。

【观赏特性及园林用途】树姿峭立，似亭亭少女。花色艳丽，花蕾有时颜色较深，一株上深浅呼应。适合植于水滨高处及庭院一隅，郭稹诗中"朱栏明媚照黄塘，芳树交加枕短墙。"就是西府海棠最生动形象的写照。新式庭园中，以浓绿针叶树为背景，植海棠于前列，则其色彩尤为夺目，若列植为花篱，鲜花怒放，蔚为壮观。

(3) 垂丝海棠 *M. halliana*

【形态特征】小乔木，枝开展，幼时紫色，叶片卵形或椭圆形。基部楔形至近圆形，锯齿细钝，叶质较后硬，上面深绿色，有光泽并常带紫晕，中脉偶带柔毛。叶柄常紫红色，花 4～6 朵簇生小枝端，花梗紫色下垂；花粉红色至玫瑰红色，萼片深紫色。果倒卵形，紫色。花期 3～4 月，果期 9～10 月（图 6-135）。

【分布】产于西南地区，长江流域至西南各地均有栽培。

【生态习性】喜光，温暖湿润气候。微酸至微碱土壤均能生长，在深厚、肥沃、排水良好、稍黏的土壤生长最佳，不耐寒冷和干旱，怕涝。

【观赏特性及园林用途】垂丝海棠花梗细长，花量大，朵朵下垂故名垂丝，在花微微开放时最为鲜艳动人。秋季果实如红灯点点悬挂枝间，也很喜庆。常以常绿树为背景，树下配以春花灌木。用于小型入口、通道地段，对植、列植都很合适。

图 6-135　垂丝海棠

【变种及品种】①白花垂丝海棠 var. *spontanea*：叶较小，花较小近白色，花梗较短。②重瓣垂丝海棠 'Parkmanii'：花半重瓣，花梗深红色。③垂枝垂丝海棠 'Pendula'：小枝明显下垂。④斑叶垂丝海棠 'Variegata'：叶有白斑。

6.48.12　梨属 *Pyrus*

乔木或灌木，稀半常绿乔木，有时具刺。单叶，互生，有锯齿或全缘，稀分裂，有叶柄与托叶。花先于叶开放或同时开放，伞形总状花序；萼片 5，反折或开展；花瓣 5，具爪，白色稀粉红色；梨果，果肉多汁，富石细胞；种子黑色或黑褐色。各地普遍栽培，是重要果树及观赏树，木材坚硬细致具有多种用途。

全世界约有 25 种，分布亚洲、欧洲至北非。中国有
14 种。

(1) 沙梨 *P. pyrifolia*

【形态特征】乔木。二年生枝紫褐色或暗褐色，叶片
卵状椭圆形或卵形，先端长尖，基部圆形或近心形，稀
宽楔形，边缘有刺芒锯齿。伞形总状花序，具花 6～9
朵，花白色。果实近球形，浅褐色，有浅色斑点，先端
微向下陷（图 6-136）。

【分布】主产于长江流域，华南西南地区也有分布。

【生态习性】喜光，喜温暖湿润气候及肥沃湿润酸性
土、钙质土。耐旱，也耐水湿，根系发达。优良品种很
多，形成南方梨系统。

【观赏特性及园林用途】春季开花时，叶尚未展开。
满树洁白，沙梨不仅春季美丽，秋季果实累累也能增添
一份收获美。可做庭荫树。

【品种】著名品种'酥梨'、'雪梨'、'宝珠梨'、'黄
樟梨'等。

1.花枝；2.叶片；3.果实

图 6-136　沙梨

(2) 白梨 *P. bretshneideri*

【形态特征】小乔木，树冠开展。叶片卵形或椭圆卵形，
先端渐尖，稀急尖，基部宽楔形，稀近圆形，边缘有尖锐锯
齿，齿尖有刺芒。伞形总状花序，有花 7～10 朵，花白色。
果实卵形或近球形，黄色，有细密斑点。花期 4 月，果期 8～
9 月（图 6-137）。

【分布】产于我国北部及西北，黄河流域多栽培。

【生态习性】喜冷凉干燥气候及肥沃湿润的沙质土，耐水
湿，平原生长最好。优良品种多，形成了北方梨系统。

【观赏特性及园林用途】观赏特性同沙梨类似。应用同
沙梨。

【品种】著名品种'鸭梨'、'雪花梨'、'秋白梨'、'慈
梨'等。

1.花枝；2.花；3.果实

图 6-137　白梨

【同属其它种】①豆梨 *P. calleryana*：小乔木，花白色。
果褐色有斑点。产于长江流域至华南。②杜梨 *P. betulifolia*：
乔木。花白色，果小，褐色。产于东北南部、内蒙古，黄河
流域至长江流域。

6.48.13　桃属 *Amygdalus*

落叶乔木或灌木；枝无刺或有刺。腋芽常 3 个或 2～3 个并生，两侧为花芽，中间是叶
芽。幼叶在芽中呈对折状，后于花开放，稀与花同时开放，叶柄或叶边常具腺体。花单生，
稀 2 朵生于 1 芽内，粉红色，罕白色，几无梗或具短梗；雄蕊多数；雌蕊 1 枚，子房常具柔
毛，1 室具 2 胚珠。果实为核果，成熟时果肉多汁不开裂，或干燥开裂，腹部有明显的缝合
线；核扁圆、圆形至椭圆形，与果肉粘连或分离，表面具深浅不同的纵、横沟纹和孔穴。

全世界有 40 多种，分布于亚洲中部至地中海地区，栽培品种广泛分布于寒温带、暖温
带至亚热带地区。我国有 12 种，主要产于西部和西北部，栽培品种全国各地均有。

桃是我国原产植物，已有三千多年的栽培历史，培育成为数众多的栽培品种，除作果树外，又是绿化和美化环境的优良树种。

桃 A. persica

【形态特征】落叶小乔木；树冠宽广而平展。叶片长圆披针形、椭圆披针形，先端渐尖，基部宽楔形，叶边具细锯齿或粗锯齿。花单生，萼外被短柔毛；花粉红色，罕白色。果实形状和大小均有变异，卵形、宽椭圆形或扁圆形，外面常密被短柔毛，果肉多汁有香味，甜或酸甜；核大表面具纵、横沟纹和孔穴。花期3~4月叶前开放，果实成熟期通常为8~9月（图6-138）。

1.花枝；2.花剖面；3.果枝；4.核

图6-138 桃

【分布】产于我国中部及北部。

【生态习性】喜光，较耐旱，不耐水湿，喜夏季高温的暖温带气候，有一定耐寒能力。寿命短，是重要果树之一。

【观赏特性及园林用途】桃原产于我国，栽培历史悠久。《诗经》周南中写到"桃之夭夭，灼灼其华。之子于归，宜其室家。"以桃花春季满树灿烂的花朵，来赞美新娘年轻美貌。这也说明自古人们就认同桃花之观赏价值。可以孤植在石旁、墙际等人们能近距离观赏的地点，展现其枝条美以及花朵和果实。在景区、公园内群植，或三四颗点缀在道路两旁

【品种】观赏类桃品种主要有：①寿星桃 'Densa'：植株矮小，节间特短，花芽密集。花单瓣或半重瓣，花色有红、桃红、白等。②塔形桃 'Pyramidalis'：枝条近直立向上，形成窄塔形树冠。③垂枝桃 'Pendula'：枝条下垂，花近于重瓣，有白、粉红、红、粉白二色等花色。④紫叶桃 'Atropurpurea'：嫩叶紫红色，后渐变为近绿色，花单瓣或重瓣，粉红或大红。⑤菊花桃 'Stellata'花鲜桃红色，花瓣细长而多，似菊花。⑥碧桃 'Duplex'：花较小，粉红色，单瓣或半重瓣。⑦白碧桃 'Albo~plena'：花大白色，重瓣，花密生。还有红碧桃、花碧桃等。

【同属其它种】①山桃 A.davidiana：落叶乔木。花淡粉红色。早春叶前开花，果较小，果肉干燥。主产于黄河流域。②榆叶梅 A.triloba：落叶灌木。花粉红色，春天叶前开花。果近球形。花期4~5月，果期5~7月。

6.48.14 杏属 *Armeniaca*

落叶乔木，极稀灌木；枝无刺，极少有刺；叶芽和花芽并生，2~3个簇生于叶腋。幼叶在芽中席卷状；叶柄常具腺体。花常单生，稀2朵，先于叶开放，近无梗或有短梗；萼5裂；花瓣5，着生于花萼口部；雄蕊15~45；心皮1，花柱顶生；子房具毛，1室，具2胚珠。果实为核果，两侧多少扁平，有明显纵沟，果肉肉质而有汁液，成熟时不开裂，稀干燥而开裂，离核或粘核；核两侧扁平，表面光滑、粗糙或呈网状，罕具蜂窝状孔穴。

约8种。分布于东亚、中亚、小亚细亚和高加索。我国有7种，分布范围大致以秦岭和淮河为界，淮河以北杏的栽培渐多，尤以黄河流域各省为其分布中心，淮河以南杏树栽植较少。

(1) 杏 A. vulgaris

【形态特征】乔木；树冠圆形、扁圆形或长圆形。小枝红褐色。叶片宽卵形或圆卵形，先端急尖至短渐尖，基部圆形至近心形，叶边有圆钝锯齿。花通常单生，淡红色或近白色，

先于叶开放。果球形，具纵沟，白、黄色或黄红，带红晕。果肉多汁。花期3~4月，果期6~7月（图6-139）。

【分布】产于东北、华北、西北、西南及长江中下游各地。

【生态习性】喜光，适应性强，耐寒与耐旱力强，抗盐碱。不耐涝，深根性，寿命长。

【观赏特性及园林用途】早春开花树种，叶前开放，满树繁花。通常成林成片种植，也可以作荒山造林树种。观赏及应用类似于海棠。

【品种】有重瓣'Plena'、垂枝'Pendula'、斑叶'Variegata'等园艺变种。

(2) 梅 *P. mume*

【形态特征】小乔木，稀灌木；树皮浅灰色或带绿色；小枝绿色。叶片卵形或椭圆形，先端尾尖，基部宽楔形至圆形，叶边常具小锐锯齿，灰绿色。花单生或有时2朵同生于1芽内，香味浓，叶前开放，白色、粉红或红色，花近无梗。果实近球形，黄色或绿白色，果核有蜂窝状小孔。花期冬春季，果期5~6月（图6-140）。

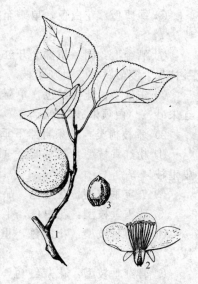

1.果枝；2.花剖面；3.核

图6-139 杏

【分布】产于我国南方，长江流域最多，江苏北部和河南南部也有少数品种，某些品种已在华北引种成功。花芽需低温春化，华南地区多开花不良。日本和朝鲜也有。

【生态习性】喜光，温暖湿润气候，耐寒性不强，较耐干旱，不耐涝。寿命长可达千年。

【观赏特性及园林用途】早春开花，色香俱佳，透人心脾，品种极多。是我国著名的花木。可以孤植在石旁、墙际等人们能近距离观赏的地点，展现其枝条美以及花朵和果实。或成林成片种植于有微地形变化的地区，人处期间犹如花海，还可与其他蔷薇科早春开花树种一起种植，达到延长整体花期的效果。

【品种】陈俊愉院士经过长期而深入的研究，对梅花建立了一套完整的分类系统，该系统将300余个梅花品种，首先按其种源组成分为真梅、杏梅和樱李梅3个种

1.花枝；2.叶

图6-140 梅

系（Branch），其下按枝态分为若干个类（Group），再按花的特征分为若干个型（Form）。主要类群介绍如下：

A 真梅系：血统纯正，由梅直接选育而成。

1）直枝梅类：枝条直立或斜出。

① 品字梅型：雌蕊具心皮3~7，每花能结数果。品种如'品字'梅。

② 江梅型：花单瓣，呈红、粉、白等单色，花萼不为纯绿。品种如'江梅'、'单粉'、'白梅'、'小玉蝶'等。

③ 宫粉型：花重瓣或半重瓣，呈或深或浅的粉红色，花萼绛紫色。品种多如'红梅'、'宫粉'、'粉皮宫粉'、'千叶红'等。

④ 玉蝶型：花重瓣或半重瓣，白色或近白色，花萼绛紫色。品种如'玉蝶'、'三轮玉蝶'。

⑤ 黄香型：花单瓣至重瓣，淡黄色。品种如'单瓣黄香'、'南京复黄香'等。

⑥ 绿萼型：花白色，单瓣至重瓣，花萼纯绿。品种如'小绿萼'、'金钱绿萼'、'二绿萼'。

⑦ 洒金型：同一植株上开红白二色斑点、条纹之花朵，单瓣或半重瓣。品种如'单瓣跳枝'、'复瓣跳枝'、'晚跳枝'等。

⑧ 朱砂型：花紫红色，单瓣至重瓣，枝内新生木质部紫红色。品种如'骨里红'、'粉红朱砂'、'白须朱砂'等。

2）垂枝梅类：枝条自然下垂或斜垂。

① 粉红垂枝型：花单瓣至重瓣，粉红，单色。品种如'单粉垂枝'、'单红垂枝'、'粉皮垂枝'等。

② 五宝垂枝型：花复色。品种如'跳雪垂枝'。

③ 残雪垂枝型：花白色，半重瓣，花萼绛紫色。品种如'残雪'。

④ 白碧垂枝型：花白色，重瓣或半重瓣，花萼纯绿。品种如'双碧垂枝'、'单碧垂枝'。

⑤ 骨红垂枝型：花紫红色，花萼绛紫色，枝内新生木质部紫红色。品种如'骨红垂枝'、'棉红垂枝'等。

3）龙游梅类：枝条自然扭曲，宛如行龙游水。品种'龙游'梅，花白色，半重瓣。

B 杏梅系：枝叶形态介于梅、杏之间。花较似杏，花托肿大，不香或微香，花期较晚。是梅与杏或山杏之杂种，抗寒性较强，品种有'北杏梅'，单瓣；'丰后'；'送春'，重瓣或半重瓣。

C 樱李梅系：枝叶似紫叶李，花较似梅，淡紫红色，重瓣或半重瓣，花梗约1cm，花叶同放。是紫叶李与'宫粉'梅的杂交种，19世纪于法国育成，品种有：'美人'梅、'小美人'梅。

6.48.15 李属 *Prunus*

落叶小乔木或灌木；顶芽常缺，腋芽单生，有鳞片。单叶互生，幼叶在芽中为席卷状或

1.花枝；2.花瓣；3.花剖面；4.雌蕊；5.花药；6.果实；7.核

图 6-141 李

对折状；在叶片基部边缘或叶柄顶端常有2小腺体。花单生或2～3朵簇生，具短梗，先叶开放或与叶同时开放；萼片和花瓣均为5数，覆瓦状排列；雄蕊多数（20～30）；雌蕊1，周位花，子房上位，1室具2个胚珠。核果，外面有沟，无毛，常被蜡粉；具有1个成熟种子，核两侧扁平，平滑。

有30余种，主要分布于北半球温带，现已广泛栽培。我国原产及习见栽培者有7种，栽培品种很多。为温带的重要果树之一。

（1）李 *P. salicina*

【别名】嘉庆子、嘉应子。

【形态特征】落叶乔木；树冠广圆形，树皮灰褐色。小枝黄红色。叶片长圆倒卵形、长椭圆形，先端渐尖、急尖或短尾尖，基部楔形，边缘有圆钝重锯齿，常混有单锯齿。花白色，具长柄，3朵簇生。果实近球形，具1纵沟，外被白粉。4月叶前开花或与叶同放。果期7～8月（图6-141）。

【分布】产于华北、华东、华中至西南各省。

【生态习性】适应性强，管理粗放。

【观赏特性及园林用途】花洁白朴素；适宜作为配景树。可植于小型庭院观赏，秋季采食果实。风景区与其他花灌木混植，应用方式类似于桃、梅。

（2）樱李 *P. cerasifera*

【别名】樱桃李、欧洲樱李。

【形态特征】灌木或小乔木；多分枝，枝条细长开展。小枝暗红色，叶片椭圆形、卵形或倒卵形，极稀椭圆状披针形，先端急尖，基部楔形或近圆形，边缘有圆钝锯齿，有时混有重锯齿。花1朵，稀2朵。白色。核果近球形，黄色、红色或黑色，微被蜡粉，具有浅侧沟。花期4月，果期8月（图6-142）。

【分布】产于亚洲西部至中亚，新疆天山、伊朗、小亚细亚、巴尔干半岛均有分布。

【生态习性】喜光、耐寒耐瘠薄，多生山坡林中或多石砾的坡地以及峡谷水边等处。

1.花枝；2.果枝；3.花；4.花瓣；5.果实

图6-142　樱李

【观赏特性及园林用途】由于长期栽培，产生很多栽培种。国内以紫叶李、红叶李为主。可观花、观叶、观果，常植于庭园观赏。

【品种】①紫叶李 'Pissardii'：落叶小乔木。叶紫红色。花较小，淡粉红色。果小，暗红色。以观叶为主，常年呈现异色。②红叶李 'Newportii'：叶色较紫叶李稍红艳，花白色。

6.48.16　樱属 *Cerasus*

落叶乔木或灌木；腋芽单生或3个并生，中间为叶芽，两侧为花芽。幼叶在芽中为对折状，后于花开放或与花同时开放；叶有叶柄和脱落的托叶，叶边有锯齿或缺刻状锯齿，叶柄、托叶和锯齿常有腺体。花常数朵着生在伞形、伞房状或短总状花序上，或1～2花生于叶腋内，常有花梗；萼筒钟状或管状，萼片反折或直立开张；花瓣白色或粉红色，先端圆钝、微缺或深裂。

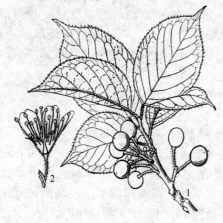

1.果枝；2.花剖面

图6-143　樱桃

樱属有百余种，分布北半球温和地带，亚洲、欧洲至北美洲均有记录，主要种类分布在我国西部和西南部以及日本和朝鲜。

（1）樱桃 *C. pseudocerasus*

【别名】车厘子。

【形态特征】乔木，树皮灰白色。小枝灰褐色，嫩枝绿色。冬芽卵形，无毛。叶片卵形或长圆状卵形，先端渐尖或尾状渐尖，基部圆形，边有尖锐重锯齿，齿端有小腺体。花序伞房状或近伞形，有白花3～6朵，先叶开放；花瓣卵圆形，先端下凹或二裂。核果近球形，红色、橘红色。花期3～4月，果期5～6月（图6-143）。

【分布】产于华北、华东、华中至四川。

1.叶；2.花枝

图6-144 山樱花

【生态习性】喜光，喜温暖湿润气候及排水良好的砂质壤土，较耐干旱瘠薄。

【观赏特性及园林用途】花朵洁白繁茂，花期较早，果实红艳。适于庭院栽培观赏。

（2）山樱花 C. serrulata

【形态特征】乔木，树皮灰褐色或灰黑色。小枝灰白色或淡褐色，无毛。叶片卵状椭圆形或倒卵椭圆形，先端渐尖，基部圆形，边有渐尖单锯齿及重锯齿，齿尖有小腺体。花序伞房总状或近伞形，有花2~3(4)朵；花瓣白色，稀粉红色，倒卵形，先端下凹。核果球形或卵球形，紫黑色，直径8~10mm。花期4~5月，果期6~7月（图6-144）。

【分布】产于东北南部、华北、长江中下游至西南。

【生态习性】喜光、有一定耐寒及抗旱能力，但对烟尘及有害气体抗性较弱。

【观赏特性及园林用途】春季重要观花树种，盛花时灿烂无比。可作为景区行道树、庭荫树。孤植、对植、群植等都很合适。

（3）日本晚樱 C. serrulata var. lannesiana

【别名】里樱。

【形态特征】落叶乔木。皮干浅灰色。叶卵形具长尾尖，缘重锯齿具长芒。花粉红色或白色，重瓣有香气，花萼钟状，花2~5朵聚生，具叶状苞片，花叶同放。花期较其他樱花晚而长，4月中下旬（图6-145）。

【分布】产于日本。

【生态习性】喜光、有一定耐寒及抗旱能力。

【观赏特性及园林用途】花重瓣而较大，适宜孤植在石旁、墙际等地点，方便人们能近距离观赏，靠近花朵能闻到淡淡的香味。或与山樱花等其他樱花混交延长整体观赏期。

图6-145 日本晚樱

【品种】①牡丹'Botanzakura'：花粉红或淡粉，重瓣。幼叶古铜色，在我国栽培较广。②菊花'Chrysanthemoides'：花粉红至红色，花瓣细长而多似菊花。③杨贵妃'Yokihi'：花淡粉色，外部较浓，重瓣日。④暮'Amabilis'：花淡红色，中心近白色，重瓣，幼叶黄绿色。

（4）高盆樱桃 C. cerasoides

【别名】冬樱花。

【形态特征】乔木；枝幼时绿色，被短柔毛后脱落；老枝灰黑色，叶片卵状披针形或长圆披针形，先端长渐尖，基部圆钝，缘有细锐重锯齿或单锯齿，上面深绿色，下面淡绿、无毛，网脉细密，近革质。花瓣卵圆形，先端圆钝或微凹，淡粉色至深红色。花期10~12月（图6-146）。

【分布】产于西藏东南及云南西北部。

【生态习性】喜光，喜温暖湿润气候及肥沃土壤，忌积

1.花剖面；2.叶；3.果实

图6-146 高盆樱桃

水，畏严寒。

【观赏特性及园林用途】冬季开花，花后萌发暗红色嫩叶，均十分美观。类似于山樱花，可作为行道树、庭荫树。

【变种】红花高盆樱桃（云南樱花、西府海棠）var. *rubea* 高大乔木，可达 30m，叶片长圆卵形至长圆倒卵形，长约 10cm，宽 5cm，先端渐尖，叶边有单锯齿或重锯齿，下面中肋和细脉有长柔毛，花先叶开，伞形总状花序，有短总花梗，花 2～4 朵，直径约 2.9cm，花梗长 1～2.3cm，萼筒宽钟状，深红色，萼片三角形，先端圆钝，直立，深红色；花瓣倒卵形，先端全缘或微凹，深粉红色。花期 2～3 月。产于云南。分布区海拔 1500～2000m。在昆明常见栽培，花粉红色，近半重瓣，垂枝累累，颇似北方的红色海棠花，因此有西府海棠之称，可视为园艺品种。

【同属其它种】①东京樱花 *C. yedoensis*：落叶乔木。花白色或粉红。核果近球形，黑色，核表面略具棱纹。花期 4 月，果期 5 月。产于日本。②麦李 *C. glandulosa*：灌木。花叶同开或近同开，白色或粉红。花期 3～4 月，果期 5～8 月。产于长江流域至西南地区。

6.48.17 移依属 *Docynia*

常绿或半常绿乔木。冬芽小，卵形，有数枚外露鳞片。单叶，互生，全缘或具齿，幼时微具分裂，有叶柄与托叶。花 2～5 朵，丛生，与叶同时开放或先叶开放；花梗短或近于无梗；苞片小，早落；萼筒钟状，外被绒毛，具 5 裂片；花瓣 5，基部有短爪，白色。梨果近球形，卵形或梨形，直径 2～3cm，具宿存直立萼片。

约有 5 种，分布亚洲。我国有 2 种，产于西南各地。

云南移依 *D. delavayi*

【别名】酸多李皮、多衣、大树木瓜。

【形态特征】常绿乔木；叶片披针形或卵状披针形，先端急尖或渐尖，基部宽楔形或近圆形，全缘或稍有浅钝齿，上面无毛，深绿色，革质，有光泽，下面密被黄白色绒毛。花 3～5 朵，丛生于小枝顶端。花瓣宽卵形或长圆，基部有短爪，白色。果实卵形或长圆形，黄色，幼果密被绒毛。花期 3～4 月，果期 5～6 月（图 6-147）。

【分布】产于云南、四川、贵州。

【生态习性】喜光，稍耐阴；喜温暖湿润气候；宜生于排水良好、富含腐殖质的中性或微酸性的沙壤土。

【观赏特性及园林用途】本种春开白花，秋结黄果，甚美丽。是园林坡地、湖畔及草坪边缘绿化的好材料。

【同属其它种】移依 *D. indica*：半常绿或落叶乔木；花白色。果实近球形或椭圆形，黄色。花期 3～4 月，果期 8～9 月。产于云南东北部、四川西南部。印度、巴基斯坦、尼泊尔、不丹、缅甸、泰国、越南有分布。

1.花枝；2.果实

图 6-147 云南移依

6.48.18 栒子属 *Cotoneaster*

落叶、常绿或半常绿灌木，有时为小乔木状。叶互生，有时成两列状，柄短，全缘；托叶细小早脱落。花单生，2～3 朵或多朵成聚伞花序，腋生或着生在短枝顶端，有短萼片 5；花瓣 5，白色、粉红色或红色，直立或开张，在花芽中覆瓦状排列。果实小型梨果状，红色、褐红色至紫黑色，先端有宿存萼片，内含 1～5 小核；小核骨质，常具 1 种子。

1.果枝；2.叶的上面；3.叶的下面；4.
花；5.果

图 6-148　平枝枸子

有 90 余种，分布在亚洲（日本除外）、欧洲和北非的温带地区。主要产地在中国西部和西南部，共 50 余种。

大多数为丛生灌木，夏季开放密集的小形花朵，秋季结成累累成束的红色或黑色的果实，在庭园中可作为观赏灌木或剪成绿篱。有些匍匐散生的种类是点缀岩石园和保护堤岸的良好植物材料。园艺上已培育出若干杂种。

(1) 平枝枸子 C. horizontalis

【别名】铺地蜈蚣。

【形态特征】落叶或半常绿匍匐灌木，枝水平开张成整齐两列状，叶片近圆形或宽椭圆形，稀倒卵形，先端多数急尖，基部楔形。花粉红色 1～2 朵。果实近球形，鲜红色，常具 3 小核。花期 5～6 月，果期 9～10 月（图 6-148）。

【分布】产于陕西、甘肃、湖北、湖南、四川、贵州、云南。

【生态习性】喜光，耐干旱瘠薄，适应性强。

【观赏特性及园林用途】结实繁多，入秋后红果累累，经冬不落，颇为美观。宜作基础种植及布置岩石园的材料，也可以植于斜坡、路边、假山上观赏。

【品种】微型 'Minor'（植株及果、叶均变小）、斑叶 'Variegatus' 等。

(2) 小叶枸子 C. microphyllus

【形态特征】常绿矮生灌木。枝条开展，小枝圆柱形，红褐色至黑褐色，幼时具黄色柔毛，逐渐脱落。叶片厚革质，倒卵形至长圆倒卵形，先端圆钝，基部宽楔形，上面无毛或具稀疏柔毛，下面被带灰白色短柔毛，叶边反卷。花通常单生，白色，稀 2～3 朵。果实球形，直径 5～6mm，红色，内常具 2 小核。花期 5～6 月，果期 8～9 月（图 6-149）。

【分布】产于四川、云南、西藏。普遍生长于多石山坡地、灌木丛中。

【生态习性】喜光，耐干旱瘠薄，适应性强。

【观赏特性及园林用途】结实繁多，入秋后红果累累，经冬不落，颇为美观。宜作基础种植及布置岩石园的材料，也可以植于斜坡、路边、假山上观赏。

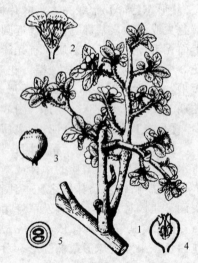

1.花枝；2.花纵剖面；3.果实；4.果实
纵剖面；5.果实横剖面

图 6-149　小叶枸子

【同属其它种】①西南枸子 C. franchetii：半常绿灌木。花粉红色，果实卵球形，桔红色。花期 6～7 月，果期 9～10 月。产于四川、云南、贵州。②水枸子 C. multiflorus：落叶灌木。花白色。果实近球形或倒卵形，红色。花期 5～6 月，果期 8～9 月。产于东北、华北、西北、西南地区。③匍匐枸子 C. adpressus：落叶匍匐灌木。花粉红色 1～2 朵，果鲜红色。花期 5～6 月，果期 8～9 月。产于西部山区。

6.48.19 火棘属 Pyracantha

常绿灌木或小乔木，常具枝刺；芽细小，被短柔毛。单叶互生，具短叶柄，边缘齿或全缘；托叶细小，早落。花白色，成复伞房花序。萼片5，花瓣5，近圆形，开展。梨果小，球形，顶端萼片宿存，内含小核5粒。多常绿多刺灌木，枝叶茂盛，结果累累，适宜作绿篱栽培，很美观；果实磨粉可以代粮食用，嫩叶可作茶叶代用品。

共10种，产于亚洲东部至欧洲南部。中国有7种。

(1) 火棘 P. fortuneana

【别名】火把果。

【形态特征】常绿灌木。侧枝先端成刺状，嫩枝外被锈色短柔毛，老枝暗褐色无毛，拱形下垂。叶片倒卵状长圆形，先端圆钝或微凹，有时具短尖头，基部楔形，下延连于叶柄，钝锯齿稀疏，近基部全缘。花集成复伞房花序。萼片三角卵形，先端钝；花瓣白色，近圆形。果实近球形，桔红色或深红色。花期3～5月，果期8～11月（图6-150）。

【分布】产于我国东部、中部及西南地区。

【生态习性】喜光，不耐寒，适应性强。

【观赏特性及园林用途】初夏白花繁密，入秋果红如火，且宿存甚久，可引鸟，十分美丽。可作园林空间的分割绿墙，隐蔽不雅物。还可作为防护刺篱。

图6-150 火棘

(2) 窄叶火棘 P. angustifolia

1.果枝；2.叶；3.花；4.果

图6-151 窄叶火棘

【别名】狭叶火棘。

【形态特征】常绿灌木或小乔木，多枝刺而长。叶片窄长圆形至倒披针状长圆形，先端圆钝而有短尖或微凹，基部楔形，叶边全缘，微向下卷，上面初时有灰色绒毛，逐渐脱落，暗绿色，下面密生灰白色绒毛；叶柄密被绒毛。复伞房花序，总花梗、花梗、萼筒和萼片均密被灰白色绒毛，萼片三角形；花瓣近圆形，白色。果实扁球形，砖红色。花期5～6月，果期10～12月（图6-151）。

【分布】产于湖北、云南、四川、西藏。

【生态习性】喜光，不耐寒，适应性强。

【观赏特性及园林用途】同火棘。

【品种】①小丑火棘'Harlequin'：火棘的栽培变种，春、秋两季嫩叶为白、黄、绿相间的花白色，如同京戏中的小丑，故名小丑火棘。②斑纹窄叶火棘'Variegata'：叶边有不规则黄白斑纹。

【同属其它种】细圆齿火棘 P. crenulata：常绿灌木或小乔。花白色，果橘红色。花期4～5月，果期9～12月。产于我国中南部至西南地区。

6.48.20 金露梅（委陵菜）属 Potentilla

多年生草本，稀为一年生草本或灌木。茎直立、上升或匍匐。叶为奇数羽状复叶或掌状

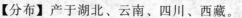

复叶；托叶与叶柄不同程度合生。花通常两性，单生、聚伞花序或聚伞圆锥花序；萼筒下凹，多呈半球形，萼片5，镊合状排列，副萼片5，与萼片互生；花瓣5，通常黄色，稀白色或紫红色。瘦果多数；种子1颗。

约200余种，大多分布北半球温带、寒带及高山地区，极少数种类接近赤道。我国有80多种，全国各地均产，但主要分布在东北、西北和西南各省区。

金露梅 _P. fruticosa_

【别名】金老梅、金蜡梅。

图6-152　金露梅

【形态特征】落叶灌木，多分枝，树皮纵向剥落。小枝红褐色，幼时被长柔毛。羽状复叶，有小叶2对，稀3小叶，上面一对小叶基部下延与叶轴汇合；小叶长圆形、倒卵长圆形或卵状披针形，全缘，边缘平坦，顶端急尖或圆钝，基部楔形，两面绿色。单花或数朵生于枝顶。萼片卵圆形，顶端急尖至短渐尖，副萼片披针形至倒卵状披针形；花瓣黄色，宽倒卵形，顶端圆钝，比萼片长。瘦果近卵形，褐棕色，外被长柔毛。花果期6～9月（图6-152）。

【分布】产于东北、华北、西北至西南地区。

【生态习性】喜光；抗逆性强，十分耐寒，耐旱、耐盐碱，不择土壤。

【观赏特性及园林用途】枝叶茂密，黄花鲜艳，花期较长。适宜作庭园观赏灌木或作矮篱，也可用于边坡地的绿化和岩石园。

【同属其它种】银露梅 _P. glabra_ 灌木，花瓣白色。花果期6～11月。产于内蒙古、河北、山西、陕西、甘肃、青海、安徽、湖北、四川、云南。

6.48.21　牛筋条属 _Dichotomanthes_

常绿灌木至小乔木；叶互生，全缘，短柄；托叶细小，早落。花多数，着生在顶生复伞房花序；萼筒钟状，萼片5；花瓣白色，5片。果革质，成小核状，具1种子，突出在肉质萼筒的顶端；种子扁。

仅有1种，产于我国西南部。

牛筋条 _D. tristaniaecarpa_

【别名】白牛筋。

【形态特征】常绿灌木至小乔木。枝条丛生。叶长圆披针形、倒卵形至椭圆形，先端急尖或圆钝并有凸尖，基部楔形至圆形，全缘。上面光亮，叶背幼时密被白色绒毛。花多数，密集成顶生复伞房花序被黄白色绒毛。花瓣白色，平展，近圆形或宽卵形，先端圆钝或微凹，基部有极短爪。果革质，长圆柱状，褐色至黑褐色。花期4～5月，果期8～11月（图6-153）。

【分布】产于云南、四川。

【生态习性】喜光，稍耐阴，耐旱耐瘠薄，不耐寒。

【观赏特性及园林用途】枝叶茂密。可做林缘绿化

1.花枝；2.花纵剖面；3.果穗；4.果实纵剖面

图6-153　牛筋条

植物或绿篱。

6.48.22　红果树属 *Stranvaesia*

常绿乔木或灌木；冬芽小，卵形，有少数外露鳞片。单叶，互生，革质，全缘或有锯齿，有叶柄与托叶。顶生伞房花序；苞片早落；萼筒钟状，萼片5；花瓣5，白色，基部有短爪。梨果；种子长椭圆形。

约有5种，分布于我国及印度、缅甸北部山区。我国约有4种。

红果树 *S. davidiana*

【形态特征】常绿灌木或小乔木，枝条密集；小枝粗壮，圆柱形，幼时密被长柔毛后脱落，当年枝条紫褐色，老枝灰褐色，有稀疏不明显皮孔。叶片长圆形、长圆披针形，先端尖基部楔形，全缘，上面中脉下陷，沿中脉被灰褐色柔毛，下面中脉突起，沿中脉有稀疏柔毛。复伞房花序，密具多花。花白色，萼片三角卵形。果实近球形，桔红色；萼片宿存，种子长椭圆形。花期5~6月，果期9~10月（图6-154）。

【分布】产于云南、广西、贵州、四川、江西、陕西、甘肃。

【生态习性】耐寒，抗干旱贫瘠。

【观赏特性及园林用途】秋季红果满树，颇为美丽。宜于庭园或坡地种植。

【同属其它种】①毛萼红果树 *S. amphidoxa*：常绿灌木或小乔木，顶生伞房花序。花白色。果实卵形，红黄色。花期5~6月，果期9~10月。产于长江流域至西南。②滇南红果树 *S. oblanceolata*：常绿灌木，复伞房花序，花白色，果实卵形。花期4月，果期6月。产于云南南部。

1.花枝；2.果枝；3.花纵剖面；4.果实纵剖面；5.果实横剖面

图6-154　红果树

6.49　含羞草科 Mimosaceae

乔木、灌木、亚灌木或草本，直立或攀援，常有能固氮的根瘤。叶常绿或落叶，通常互生，稀对生，常为一回或二回羽状复叶；托叶有或无，有时叶状或变为棘刺。花两性，辐射对称或两侧对称，通常排成总状花序、聚伞花序、穗状花序或头状花序。果为荚果；种子通常具革质或膜质的种皮。

约650属，18000种，广布于全世界。我国有172属约1485种，各省区均有分布。

6.49.1　合欢属 *Albizia*

乔木或灌木，稀为藤本，通常无刺，很少托叶变为刺状。二回羽状复叶，互生，通常落叶。花小，常两型，5基数，两性，组成头状花序、聚伞花序或穗状花序。荚果带状，扁平，果皮薄，种子间无间隔。

约150种，产于亚洲、非洲、大洋洲及美洲的热带、亚热带地区。我国有17种，大部分产于西南部、南部及东南部各省区。

合欢 *A. julibrissin*

【别名】绒花树、夜合花。

图 6-155　合欢

【形态特征】落叶乔木，高可达 16m，树冠开展；小枝有棱角，嫩枝、花序和叶轴被绒毛或短柔毛。托叶线状披针形，较小叶小。二回羽状复叶，总叶柄近基部及最顶一对羽片着生处各有 1 枚腺体；羽片 4～20 对；小叶 10～30 对，线形至长圆形，长 6～12mm，向上偏斜，先端有小尖头，有缘毛。头状花序于枝顶排成圆锥花序；花粉红色。荚果带状。花期 6～7 月，果期 8～10 月（图 6-155）。

【分布】产于我国东北至华南及西南部各省区。

【生态习性】喜温暖湿润和阳光充足环境，对气候和土壤适应性强，宜在排水良好、肥沃土壤中生长，但也耐瘠薄土壤和干旱气候。

【观赏特性及园林用途】树形优美，树冠幅大，羽叶雅致，红色的绒花鲜艳夺目。可作为行道树、庭荫树等。

【同属其它种】①山合欢 *A. kalkora*：落叶小乔木或灌木。花初白色，后变黄。花期 5～6 月，果期 8～10 月。产于我国华北、西北、华东、华南至西南部各省区。②楹树 *A. chinensis*：落叶乔木，高达 30m。托叶大，膜质，心形。头状花序有花 10～20 朵，花绿白色或淡黄色。花期 3～5 月，果期 6～12 月。产于福建、湖南、广东、广西、云南、西藏。

6.49.2　金合欢属 *Acacia*

灌木、小乔木或攀援藤本，有刺或无刺。二回羽状复叶，小叶通常小而多对，或叶片退化，叶柄变为叶片状，总叶柄及叶轴上常有腺体。花小，两性或杂性，5～3 基数，大多为黄色，少数白色；总花梗上有总苞片；花萼通常钟状，具裂齿；花瓣分离或于基部合生。荚果形状多种，长圆形或线形，直或弯曲，多数扁平，少有膨胀，开裂或不开裂。

800～900 种，分布于全世界的热带和亚热带地区，尤以大洋洲及非洲的种类最多。我国连引入栽培的有 18 种，产于西南部至东部。

台湾相思 *A. confusa*

【别名】相思树、相思子。

【形态特征】常绿乔木，高 6～15m，无毛；枝灰色或褐色，无刺，小枝纤细。苗期第一片真叶为羽状复叶，长大后小叶退化，叶柄变为叶状柄，叶状柄革质，披针形，长 6～10cm。头状花序球形，单生或 2～3 个簇生于叶腋，直径约 1cm；花金黄色，有微香。荚果扁平，干时深褐色，有光泽；种子 2～8 颗，椭圆形，压扁。花期 3～10 月，果期 8～12 月（图 6-156）。

【分布】产于我国台湾、福建、广东、广西、云南。

【生态习性】喜暖热气候，亦耐低温，喜光，亦耐半阴，耐旱瘠土壤，亦耐短期水淹，喜酸性土。

1.花枝；2.花；3.花枝；4.花；5.果
图 6-156　台湾相思

【观赏特性及园林用途】树冠苍翠绿荫。为优良的庭荫树、行道树、园景树、防风树、护坡树。

【同属其它种】①大叶相思 *A. auriculi formis*：常绿乔木，枝条下垂，树皮平滑，灰白色。叶状柄镰状长圆形。穗状花序，花橙黄色。荚果成熟时旋卷。广东、广西、福建、云南等地有引种。②黑荆树 *A. mearnsii*：常绿乔木。树干自然弯曲或倾斜，树形为自然不对称偏冠形（扯旗形或风致形）。叶为小型羽状叶，叶片密集，深绿色。原产于新南威尔士、维多利亚、南澳大利亚、塔斯马尼亚。适宜栽植于南方温暖地区。③银荆树 *A. dealbata*：灌木或小乔木；嫩枝及叶轴被灰色短绒毛，被白霜。二回羽状复叶，银灰色至淡绿色。头状花序，排成腋生的总状花序或顶生的圆锥花序；花淡黄或橙黄色。花期 4 月。原产于澳大利亚。④金合欢 *A. farnesiana*：灌木或小乔木，高 2～4m；小枝常呈"之"字形弯曲，有小皮孔。二回羽状复叶，叶轴槽状，被灰白色柔毛，有腺体。头状花序；花黄色，有香味。荚果膨胀，近圆柱状。花期 3～6 月。原产地热带美洲，热带地区广布，分布于浙江、福建、台湾、广东、广西、四川、云南。

6.49.3　银合欢属 *Leucaena*

常绿、无刺灌木或乔木。托叶刚毛状或小型，早落。二回羽状复叶；小叶偏斜；总叶柄常具腺体。花白色，通常两性，5 基数，无梗，组成密集、球形、腋生的头状花序，单生或簇生于叶腋；花瓣分离；雄蕊 10 枚，分离，伸出于花冠之外。荚果扁平带状，成熟后 2 瓣裂，无横隔膜。

约 40 种，大部产于美洲。我国有 1 种，产于台湾、福建、广东、广西和云南。

银合欢 *L. leucocephala*

【别名】白合欢、勒篱树、绿篱笆。

【形态特征】常绿乔木，高 6～15m，小枝纤细。苗期第一片真叶为羽状复叶，长大后小叶退化，叶柄变为叶状柄，叶状柄革质，披针形，长 6～10cm。头状花序球形，单生或 2～3 个簇生于叶腋，直径约 1cm；花金黄色，有微香。荚果扁平；种子 2～8 颗，椭圆形，压扁。花期 3～10 月，果期 8～12 月（图 6-157）。

【分布】产于台湾、福建、广东、广西和云南。

【生态习性】适应性强、抗旱，不择土壤、耐瘠薄盐碱，幼株对冻害比较敏感，成熟植株具有较强的抗冻害能力。

1.花枝；2.果；3.花瓣；4.花；5.雄蕊；6.雌蕊

图 6-157　银合欢

【观赏特性及园林用途】长势旺盛、分枝多。适合工矿、学校、公园、别墅、庭院和城镇绿化。

6.49.4　海红豆属 *Adenanthera*

无刺乔木。二回羽状复叶，小叶多对，互生。花小，具短梗，两性或杂性，5 基数，组成腋生、穗状的总状花序或在枝顶排成圆锥花序；花萼钟状，具 5 短齿；花瓣 5 片，披针形，基部微合生或近分离，等大；雄蕊 10 枚，花药卵形。荚果带状，弯曲或劲直，革质，种子间具横隔膜，成熟后沿缝线开裂，果皮旋卷；种子小，种皮坚硬，鲜红色或二色。

约 10 种，产于热带亚洲和大洋洲，非洲及美洲有引种。我国产 1 种的变种，分布于云南、广西、广东等省区。

海红豆 A. pavonina

【别名】孔雀豆、相思豆。

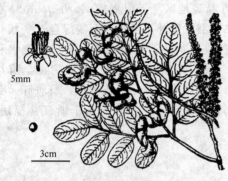

图 6-158　海红豆

【形态特征】落叶乔木，高 5～20m；嫩枝被微柔毛。二回羽状复叶；叶柄和叶轴被微柔毛；羽片 3～5 对，小叶 4～7 对，互生，长圆形或卵形，长 2.5～3.5cm。总状花序单生于叶腋或在枝顶排成圆锥花序；花小，白色或黄色，有香味。荚果狭长圆形，盘旋；种子近圆形至椭圆形，鲜红色，有光泽。花期 4～7 月；果期 7～10 月（图 6-158）。

【分布】产于云南、贵州、广西、广东、福建和台湾。缅甸、柬埔寨、老挝、越南、马来西亚、印度尼西亚也有分布。

【生态习性】喜温暖湿润气候、喜光，稍耐阴，对土壤条件要求较严格，喜土层深厚、肥沃、排水良好的沙壤土。

【观赏特性及园林用途】种子鲜红色而光亮，甚为美丽，可作观果的园景树。

6.49.5　红绒球（朱缨花）属 Calliandra

灌木或小乔木。托叶常宿存。二回羽状复叶；羽片 1 至数对；小叶对生，小而多对或大而少至 1 对。花通常少数组成球形的头状花序，腋生或顶生的总状花序，杂性；花萼钟状，浅裂；花瓣连合至中部，中央的花常异型而具长管状花冠；雄蕊多数，红色或白色。荚果线形，扁平，劲直或微弯。

约 200 种，产于美洲、西非、印度至巴基斯坦的热带、亚热带地区。我国有引种栽培。

红绒球 C. haematocephala

【别名】朱缨花、红合欢、美洲欢。

【形态特征】落叶灌木或小乔木，高 1～3m；枝条扩展，小枝圆柱形，褐色，粗糙。托叶卵状披针形，宿存。二回羽状复叶；羽片 1 对；小叶 7～9 对，长 2～4cm。头状花序腋生，直径约 3cm（连花丝），花深红色。荚果线状倒披针形，暗棕色，果皮外翻；种子 5～6 颗，长圆形，棕色。花期 8～9 月，果期 10～11 月（图 6-159）。

【分布】原产于南美，现热带、亚热带地区常有栽培。我国台湾、福建、广东有引种，栽培供观赏。

【生态习性】性喜温暖、湿润和阳光充足的环境，不耐寒，要求土层深厚且排水良好。

【观赏特性及园林用途】花色艳丽，树姿优美，叶形雅致，盛夏绒花满树，有色有香，能形成轻柔舒畅的气氛，宜种植于林缘、房前、草坪、山坡等地。

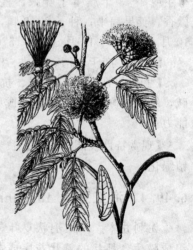

图 6-159　红绒球

6.50 云实科 Caesalpiniaceae

乔木或灌木，有时为藤本，很少草本。叶互生，一回或二回羽状复叶，稀为单叶。花两性，很少单性，总状花序或圆锥花序，很少穗状花序；萼片 5 (-4)，离生或下部合生，在花蕾时通常覆瓦状排列；花瓣通常数片，很少为 1 片或无花瓣；雄蕊 10 枚或较少，稀多数，花丝离生或合生，花药 2 室。荚果开裂或不裂而呈核果状或翅果状；种子有时具假种皮。约 180 属 3000 种。分布于全世界热带和亚热带地区，少数属分布于温带地区。我国引入栽培的有 21 属，约 113 种，4 亚种，12 变种，主产于南部和西南部。

6.50.1 羊蹄甲属 Bauhinia

乔木，灌木或攀援藤本。托叶常早落；单叶，全缘。花两性，很少为单性，组成总状花序，伞房花序或圆锥花序；花瓣 5 片，花药背着，纵裂，很少孔裂，退化雄蕊数枚，花药较小，无花粉；假雄蕊先端渐尖，无花药；花盘扁平或肉质而肿胀，子房通常具柄，花柱细长丝状或短而粗，柱头顶生。荚果长圆形，带状或线形，通常扁平，开裂，稀不裂；种子圆形或卵形，扁平。

约 600 种，遍布于世界热带地区。我国有 40 种，4 亚种，11 变种，主产于南部和西南部。

洋紫荆 B. Variegata

【别名】红花紫荆、红花羊蹄甲。

【形态特征】落叶乔木；幼嫩部分常被灰色短柔毛。叶近革质，广卵形至近圆形，长 5～9cm，肾形 2 裂，基部心形。总状花序侧生或顶生，花径 10～15cm，紫红色或淡红色，杂以黄绿色及暗紫色的斑纹。荚果带状，扁平；种子 10～15 颗，近圆形，扁平。花期全年，3 月最盛。

【分布】产于我国南部。印度、中南半岛有分布。

【生态习性】喜光，不甚耐寒，喜肥厚、湿润的土壤，忌水涝。

【观赏特性及园林用途】花美丽而略有香味，花期长，生长快，为良好的观花及蜜源植物。

【同属其它种】宫粉羊蹄甲 B. variegate：落叶乔木，树身可达 7m 高度，单叶互生，长 5～12cm，肾形 2 裂，基部心形。原产于我国南部、印度，现广泛栽培于亚热带和热带地区，香港也有栽培。

6.50.2 云实属 Caesalpinia

乔木、灌木或藤本，通常有刺。二回羽状复叶。总状花序或圆锥花序腋生或顶生；花黄色或橙黄色；萼片离生，覆瓦状排列；花瓣 5 片，常具柄，展开；雄蕊 10 枚，离生，2 轮排列；子房有胚珠 1～7 颗，花柱圆柱形。荚果卵形、长圆形或披针形，有时呈镰刀状弯曲，少数肉质；种子卵圆形至球形。

约 100 种。分布热带和亚热带地区。我国产 17 种，除少数种分布较广外，主要产地在南部和西南部。

云实 C. decapetala

【别名】云英、天豆、到钩刺。

【形态特征】藤本；树皮暗红色；枝、叶轴和花序均被柔毛和钩刺。二回羽状复叶长

图 6-160 云实

20～30cm；羽片 3～10 对，对生，具柄，基部有刺 1 对；小叶 8～12 对，膜质，长圆形，长 10～25mm。总状花序顶生，直立，长 15～30cm，具多花；花瓣黄色，盛开时反卷。荚果长圆状舌形；种子 6～9 颗，椭圆状，棕色。花果期 4～10 月（图 6-160）。

【分布】产于广东、广西、云南、四川、贵州、湖南、湖北、江西、福建、浙江、江苏、安徽、河南、河北、陕西、甘肃等省区。

【生态习性】喜温暖向阳，以排水良好、土层深厚的砂质壤土较好。

【观赏特性及园林用途】攀援灌木，平原地区常栽培作绿篱。

【同属其它种】金凤花 C. pulcherrima：大灌木或小乔木；枝散生疏刺。二回羽状复叶长；羽片 4～8 对，对生；小叶 7～11 对；花瓣橙红色或黄色。花果期几乎全年。我国云南、广西、广东和台湾均有栽培。

6.50.3　决明属 Cassia

叶丛生，偶数羽状复叶；小叶对生，无柄或具短柄。花近辐射对称，通常黄色，组成腋生的总状花序或顶生的圆锥花序；苞片与小苞片多样；萼筒很短，裂片 5，覆瓦状排列；花瓣通常 5 片，近相等或下面 2 片较大；雄蕊 10 枚，常不相等；花柱内弯。荚果形状多样，圆柱形或扁平。

约 600 种，分布于热带和亚热带地区，少数分布至温带地区。我国原产 10 余种，包括引种栽培的 10 余种，广布于南北各省区。

黄槐 C. surattensis

【别名】金凤树、豆槐、金药树。

【形态特征】小乔木，高 5～7m。偶数羽状复叶，常有夜合的现象；叶柄及最下 2～3 对小叶间的叶轴上有 2～3 枚棍棒状腺体；小叶 14～18 枚，长椭圆形或卵形，长 2～5cm。伞房状花序生于枝条上部的叶腋，长 5～8cm；花黄色或深黄色。荚果条形，全年开花结果（图 6-161）。

【分布】原产于印度、斯里兰卡、中南半岛、马来半岛、澳大利亚、波利尼西亚等地。我国福建、广东、云南等省有栽培。

【生态习性】喜光；喜高温高湿、光照，不耐寒。2～5℃易受冻害，在华南北部正常年份可越冬。对土壤要求不严，以砂壤土为最好，耐土壤干旱，也耐水湿，喜肥。

【观赏特性及园林用途】枝叶茂密，树姿优美，花期长，花色金黄灿烂，富有热带气息，为美丽的观花树、庭园树和行道树。

1.花枝；2.花；3.花瓣；4.雄蕊；5.托叶；6.果；7、8.粉叶决明

图 6-161　黄槐（1—6）

【同属其它种】①双荚决明 C. bicapsularis：直立灌木，多分枝，无毛。有小叶 3～4 对；在最下方的一对小叶间有黑褐色线形而钝头的腺体 1 枚。花鲜黄色。荚果圆柱状，膜

质。花期 10～11 月。栽培于广东、广西、云南等省区。②腊肠树 *C. fistula*：落叶小乔木或中等乔木，高可达 15m。有小叶 3～4 对，在叶轴和叶柄上无翅亦无腺体。总状花序长达 30cm 或更长，疏散，下垂；花黄色。荚果圆柱形，不开裂。花期 6～8 月。原产于印度、缅甸和斯里兰卡。我国南部和西南部各省区均有栽培。③粉叶决明 *C. glauca*：大灌木，小叶 4～6 对，通常 5 对，叶轴上面最下 2 对小叶间各有棍棒状的腺体 1 枚，小叶上面绿色，下面粉白色。花瓣黄色或深黄色，荚果扁平，开裂。花果期几乎全年。栽培于福建、广东、云南等省。

6.50.4　紫荆属 *Cercis*

灌木或乔木。单叶互生，全缘或先端微凹；托叶小，鳞片状或薄膜状。花两侧对称，两性，紫红色或粉红色，具梗，排成总状花序单生于老枝上或聚生成花束簇生于老枝或主干上；苞片鳞片状；花萼短钟状，微歪斜，红色；花瓣 5，近蝶形；雄蕊 10 枚，分离。荚果扁狭长圆形，两端渐尖或钝；种子 2 至多颗，近圆形，扁平。

约 8 种，其中 2 种分布于北美，1 种分布于欧洲东部和南部，5 种分布于我国。通常生于温带地区。

紫荆 *C. chinensis*

【别名】满条红、苏芳花。

【形态特征】丛生或单生灌木，高 2～5m；树皮和小枝灰白色。叶纸质，近圆形或三角状圆形，长 5～10cm。花紫红色或粉红色，2～10 余朵成束，簇生于老枝和主干上，通常先于叶开放。荚果扁狭长形，绿色；种子 2～6 颗，黑褐色，光亮。花期 3～4 月，果期 8～10 月（图 6-162）。

【分布】产于我国东南部，北至河北，南至广东、广西，西至云南、四川，西北至陕西，东至浙江、江苏和山东等省区。

【生态习性】喜光照，有一定的耐寒性。喜肥沃、排水良好的土壤，不耐淹。

【观赏特性及园林用途】树干挺直丛生，花形似蝶，早春先于叶开放，盛开时花朵繁多，成团簇状，紧贴枝干。夏秋季节则绿叶婆娑，满目苍翠。适合栽种于庭院、公园、广场、草坪、街头游园、道路绿化带等处，也可盆栽观赏或制作盆景。

图 6-162　紫荆

【变型】白花紫荆 *f. alba*：花白色。

【同属其它种】云南紫荆 *C. yunnanensis*：乔木，高达 10m。叶互生，心形或近心形，长 8～20cm。总状花序下垂，花长 1.5cm。荚果扁平，2～4 个种子。花期 3～4 月，果期 9～10 月。

6.51　蝶形花科 Fabaceae

叶互生，稀对生，常为一回或二回羽状复叶，少数为掌状复叶或 3 小叶、单小叶，或单叶，罕可变为叶状柄。花两性，稀单性，辐射对称或两侧对称，通常排成总状花序、聚伞花序、穗状花序、头状花序或圆锥花序；花被 2 轮；萼片 3～5；花瓣 0～5，常与萼片的数目相等，稀较少或无；雄蕊通常 10 枚，有时 5 枚或多数。果为荚果；种子通常具革质或有时膜质的种皮。

6.51.1 槐属 *Sophora*

奇数羽状复叶；小叶多数，全缘；花序总状或圆锥状，顶生、腋生或与叶对生；花白色、黄色或紫色，苞片小，线形；花萼钟状或杯状，萼齿5；雄蕊10，花药卵形或椭圆形；子房具柄或无，胚珠多数。荚果圆柱形或稍扁，串珠状；种子1至多数，卵形、椭圆形或近球形，种皮黑色、深褐色、赤褐色或鲜红色。

图 6-163 槐

70余种，广泛分布于两半球的热带至温带地区。我国有21种，14变种，2变型，主要分布在西南、华南和华东地区，少数种分布到华北、西北和东北。

槐 *S. japonica*

【别名】槐花木、槐花树、豆槐。

【形态特征】乔木，高达25m；树皮灰褐色，具纵裂纹。当年生枝绿色，无毛。羽状复叶长达25cm；小叶4~7对，对生或近互生，纸质，卵状披针形或卵状长圆形，长2.5~6cm。圆锥花序顶生，长达30cm，花冠白色或淡黄色。荚果串珠状，种子卵球形，淡黄绿色，干后黑褐色。花期7~8月，果期8~10月（图6-163）。

【分布】原产于中国，现南北各省区广泛栽培，华北和黄土高原地区尤为多见。

【生态习性】性耐寒，喜阳光，稍耐阴，不耐阴湿而抗旱，在低洼积水处生长不良，深根性，对土壤要求不严，较耐瘠薄，石灰及轻度盐碱地（含盐量0.15%左右）上也能正常生长。但在湿润、肥沃、深厚、排水良好的砂质土壤上生长最佳。耐烟尘，能适应城市街道环境。病虫害不多。寿命长，耐烟毒能力强。甚至在山区缺水的地方都可以成活的很好。

【观赏特性及园林用途】树冠优美，花芳香，是优良的行道树和蜜源植物。

【品种】①'龙爪'槐 'Pendula'：芽变品种，小枝弯曲下垂，树冠呈伞状。②'金枝'槐 'Cuchlnensis'：枝条金黄色，叶片浅黄色。③'金叶'槐：叶片为金黄色，树枝为绿色。

6.51.2 锦鸡儿属 *Caragana*

灌木，稀为小乔木。偶数羽状复叶或假掌状复叶，有2~10对小叶；叶轴顶端常硬化成针刺，刺宿存或脱落；托叶宿存并硬化成针刺，稀脱落；小叶全缘。花梗单生、并生或簇生叶腋；花萼管状或钟状，基部偏斜，囊状凸起或不为囊状，萼齿5，常不相等；花冠黄色，少有淡紫色、浅红色；二体雄蕊；胚珠多数。荚果筒状或稍扁。

100余种，主要分布于亚洲和欧洲的干旱和半干旱地区。我国产62种，9变种，12变型。主产于我国东北、华北、西北、西南各省区。

锦鸡儿 *C. sinica*

【别名】金雀花、洋袜脚子、娘娘袜。

【形态特征】灌木，高1~2m。树皮深褐色；小枝有棱，无毛。叶轴脱落或硬化成针刺，针刺长7~15(25)mm；小叶2对，羽状，有时假掌状，上部1对常较下部的为大，厚革质或硬纸质，倒卵形或长圆状倒卵形，长1~3.5cm。花单生，黄色，常带红色。荚果圆筒状。花期4~5月，果期7月（图6-164）。

【分布】产于河北、陕西、江苏、江西、浙江、福建、河南、湖北、湖南、广西北部、四川、贵州、云南。

【生态习性】喜光，常生于山坡向阳处。根系发达，具根瘤，抗旱耐瘠，能在山石缝隙处生长。忌湿涝。萌芽力、萌蘖力均强，能自然播种繁殖。

【观赏特性及园林用途】干似古铁，开花时满树金黄，宜布置于林缘、路边、建筑物或岩石旁旁，或作绿篱用，亦可作盆景材料，还是良好的蜜源植物及水土保持植物。

图 6-164　锦鸡儿

图 6-165　紫穗槐

6.51.3　紫穗槐属 *Amorpha*

落叶灌木或亚灌木。叶互生，奇数羽状复叶，小叶多数，全缘，对生或近对生；托叶针形，早落。花小，穗状花序；苞片钻形，花萼钟状，5齿裂；蝶形花冠退化，仅存旗瓣1枚，蓝紫色；雄蕊10；子房无柄，花柱外弯，无毛或有毛，柱头顶生。荚果短，长圆形，镰状或新月形，不开裂，表面密布疣状腺点；种子1～2颗，长圆形或近肾形。

约25种，主产于北美至墨西哥。我国引种1种。

紫穗槐 A. fruticosa

【别名】棉槐、紫槐。

【形态特征】落叶灌木，丛生，高1～4m。嫩枝密被短柔毛。叶互生，奇数羽状复叶，长10～15cm，有小叶11～25片；小叶卵形或椭圆形，长1～4cm。穗状花序常1至数个顶生和枝端腋生，长7～15cm。荚果下垂，棕褐色，表面有凸起的疣状腺点。花、果期5～10月（图6-165）。

【分布】原产于美国东北部和东南部。现我国东北、华北、西北及山东、安徽、江苏、河南、湖北、广西、四川等省区均有栽培。

【生态习性】喜光，耐寒、耐旱、耐湿、耐盐碱，抗风沙，抗逆性极强。

【观赏特性及园林用途】根部有根瘤，可改良土壤，枝叶对烟尘有较强的抗性，故又可用作水土保持、地面覆盖和工业区绿化或蜜源植物，适合栽植于河岸、河堤、沙地、山坡及铁路沿线，有护堤防沙、防风固沙的作用。

6.51.4　胡枝子属 *Lespedeza*

多年生草本或灌木。羽状复叶具3小叶；托叶小，钻形或线形；小叶全缘，先端有小刺

图 6-166　胡枝子

尖、网状脉。花 2 至多数组成腋生的总状花序或花束；小苞片 2；花常二型；一种有花冠，结实或不结实，另一种为闭锁花，花冠退化，结实；花萼钟形，5 裂；雄蕊 10，二体（9＋1）；子房上位，花柱内弯。荚果卵形、倒卵形或椭圆形，稀稍呈球形，双凸镜状，常有网纹；种子 1 颗，不开裂。

60 余种，分布于东亚至澳大利亚东北部及北美。我国产 26 种，除新疆外，广布于全国各省区。

胡枝子 L. bicolor

【别名】随军茶、二色胡枝子。

【形态特征】直立灌木，高 1～3m，多分枝，小枝黄色或暗褐色，有条棱，被疏短毛。羽状复叶具 3 小叶；小叶质薄，卵形、倒卵形或卵状长圆形，长 1.5～6cm。总状圆锥花序腋生，比叶长；花萼 5 浅裂；花冠红紫色，极稀白色，长约 10mm。荚果斜倒卵形，稍扁，密被短柔毛。花期 7～9 月，果期 9～10 月（图 6-166）。

【分布】产于黑龙江、吉林、辽宁、河北、内蒙古、山西、陕西、甘肃、山东、江苏、安徽、浙江、福建、台湾、河南、湖南、广东、广西等省区。

【生态习性】耐阴、耐寒、耐干旱、耐瘠薄。根系发达，适应性强，对土壤要求不严格。

【观赏特性及园林用途】花期长，为优良的夏、秋观花灌木，宜植于庭园、草坪、假山等地。也是优良的固沙护岸、水土保持树种。

【同属其它种】美丽胡枝子 L. formosa：落叶灌木，干皮有细纵棱，密被白色短柔毛。花紫红色，荚果卵形或矩圆形，被锈毛。花期 7～9 月。产于河北、陕西、甘肃、山东、江苏、安徽、浙江、江西、福建、河南、湖北、湖南、广东、广西、四川、云南等省区。

6.51.5　杭子梢属 Campylotropis

落叶灌木或半灌木。羽状复叶具 3 小叶；托叶 2，叶柄通常有毛；顶生小叶通常比侧生小叶稍大。花序通常为总状，单一腋生或有时数个腋生并顶生；花梗有关节；花萼通常为钟形，5 裂；旗瓣椭圆形、近圆形、卵形以至近长圆形等；雄蕊二体（9＋1）；子房被毛或无毛，花柱丝状。荚果压扁，两面凸，不开裂；种子 1 颗。通常由于花柱基部宿存而形成荚果顶端的喙尖。

约 45 种，分布于缅甸、老挝、泰国、越南、印度北部、尼泊尔、不丹，最南达印度尼西亚爪哇，西达克什米尔，北至中国的华北北部。中国有 29 种。6 变种，6 变型，多数种则集中于中国的西南部。

杭子梢 C. macrocarpa

【形态特征】灌木，高达 2m；幼枝近圆柱形，密被绢毛。复叶互生，小叶椭圆形至长圆形，长 3～6.5cm。花紫色，长约 1cm，排成腋生密集总状花序；花萼阔钟状，萼齿 4，中间 2 萼齿三角形，有柔毛；花冠紫色；苞脱落性，花梗在萼下有关节。荚果斜椭圆形，有明显网脉。花期 5～6 月（图 6-167）。

【分布】产于河北、山西、陕西、甘肃、山东、江苏、安徽、浙江、江西、福建、河南、湖北、湖南、广西、四川、贵州、云南、西藏等省区。

【生态习性】植株强健，喜光也略耐阴。根系发达，萌芽力强，易更新。

【观赏特性及园林用途】花美丽，是优良的夏秋观花灌木，亦可作水土保持植物。

【同属其它种】多花杭子梢 C. polyantha：小枝有角棱，被绢毛。小叶表面无毛，背面密被柔毛。圆锥花序，白色、粉红色或紫色。花期 3～4 月。产于甘肃南部、四川、贵州、云南、西藏东部。

图 6-167 杭子梢

6.51.6　木蓝属 *Indigofera*

灌木或草本，稀小乔木。奇数羽状复叶，偶为掌状复叶、三小叶或单叶；小叶通常对生，稀互生，全缘。总状花序腋生，少数成头状、穗状或圆锥状；苞片常早落；花萼钟状或斜杯状，萼齿，近等长或下萼齿稍长；花冠紫红色至淡红色，偶为白色或黄色；雄蕊二体，花药同型；子房无柄，花柱线形，通常无毛。荚果线形或圆柱形，稀长圆形或卵形或具 4 棱。

有 700 余种，广布亚热带与热带地区，以非洲占多数。我国有 81 种，9 变种。

花木蓝 I. kirilowii

【别名】山绿豆、山扫帚。

【形态特征】小灌木，高 30～100cm。幼枝有棱，疏生白色丁字毛。羽状复叶长 6～15cm；小叶 3-5 对，对生，阔卵形、卵状菱形或椭圆形，长 1.5～4cm。总状花序长 5～12cm，疏花；花萼杯状；花冠淡红色，稀白色。荚果棕褐色，圆柱形，有种子 10 余粒；种子赤褐色，长圆形。花期 5～7 月，果期 8 月（图 6-168）。

【分布】分布于东北、华北、华东。朝鲜、日本也有分布。

【生态习性】强阳性树种，喜光，抗寒，耐干燥瘠薄，适应性广，不择土壤，适宜于亚热带地区栽培。

图 6-168　花木蓝

【观赏特性及园林用途】枝叶茂密，羽状复叶，初夏开花，花色淡红，极为美丽，在园林绿化中可作为点缀树种穿插于乔木树种之间增添景色。

6.51.7　红豆属 *Ormosia*

乔木。裸芽，稀鳞芽。奇数羽状复叶，稀单叶，小叶对生；无托叶，稀具小托叶。圆锥或总状花序；花萼钟形，5 裂；花瓣 5，有爪；花冠白色或紫色，旗瓣宽卵形，雄蕊 5～10，全分离。荚果木质、革质或肉质；种子 1 至数粒，种皮鲜红色、暗红色或黑褐色。

约 100 种，产于热带美洲、东南亚和澳大利亚西北部。我国有 35 种，2 变种，2 变型，大多分布于五岭以南，沿北纬 23°，以广东、广西、云南为主要分布区。

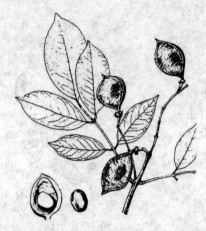

图 6-169　红豆树

红豆树 *O. hosiei*

【别名】何氏红豆、鄂西红豆、江阴红豆。

【形态特征】常绿或落叶乔木，高达 20～30m；树皮灰绿色，平滑。小枝绿色。奇数羽状复叶，长 12.5～23cm；小叶（1～）2（～4）对，薄革质，卵形或卵状椭圆形，稀近圆形，长 3～10.5cm。圆锥花序顶生或腋生，长 15～20cm，下垂；花有香气；花萼钟形，浅裂，紫绿色；花冠白色或淡紫色。荚果近圆形，扁平；种子近圆形或椭圆形，种皮红色。花期 4～5 月，果期 10～11 月（图 6-169）。

【分布】产于陕西、甘肃、江苏、安徽、浙江、江西、福建、湖北、四川、贵州。

【生态习性】喜光，幼树耐阴，喜肥沃、湿润土壤。萌芽能力较强，根系发达。

【观赏特性及园林用途】树姿优雅，为很好的庭园树种。在园林中可植为片林或作林荫道树种，也是珍贵的用材树种。

6.51.8　紫檀属 *Pterocarpus*

乔木。叶为奇数羽状复叶；小叶互生；托叶小，无小托叶。花黄色，圆锥花序；花萼倒圆锥状，稍弯，萼齿短；花冠伸出萼外，花瓣有长柄，旗瓣圆形；雄蕊 10，单体；子房有柄或无柄；有胚珠 2～6 粒，花柱丝状，柱头小，顶生。荚果圆形，扁平，通常有种子 1 粒；种子长圆形或近肾形，种脐小。

约 30 种，分布于全球热带地区。我国有 1 种。

紫檀 *P. indicus*

【别名】檀香紫檀、青龙木、黄柏木。

【形态特征】乔木，高 15～25m，胸径达 40cm；树皮灰色。羽状复叶长 15～30cm；托叶早落；小叶 3～5 对，卵形，长 6～11cm。圆锥花序顶生或腋生，多花；花萼钟状；花冠黄色。荚果圆形，扁平，偏斜；种子 1～2 粒。花期春季（图 6-170）。

【分布】产于台湾、广东和云南。印度、菲律宾、印度尼西亚和缅甸也有分布。

【生态习性】喜光，不耐遮阴，喜湿热气候。对土壤要求不严，萌芽更新能力强。

【观赏特性及园林用途】树冠扩展、浓绿，形美，是优良的庭院绿化树种。其木材是极为珍贵的红木。

图 6-170　紫檀

6.51.9　刺槐属 *Robinia*

乔木或灌木。无顶芽，腋芽为叶柄下芽。奇数羽状复叶，小叶对生；托叶刚毛状或刺状；小叶全缘；具小叶柄及小托叶。总状花序腋生，下垂；花萼钟状，5 齿裂；花冠白色、粉红色或玫瑰红色，花瓣具柄，旗瓣大；雄蕊二体（9＋1）。荚果扁平，沿腹缝线具狭翅。种子长圆形或偏斜肾形。

约 20 种，分布于北美洲至中美洲。我国栽培 2
种，2 变种。

刺槐 _R. pseudoacacia_

【别名】洋槐。

【形态特征】落叶乔木，高 10～25m；树皮浅裂
至深纵裂，稀光滑。小枝幼时有棱脊；具托叶刺，长
达 2cm。羽状复叶长 10～25cm；小叶 2～12 对，常
对生，椭圆形、长椭圆形或卵形，长 2～5cm。总状
花序腋生，长 10～20cm，下垂，花多数，白色，芳
香。荚果褐色，线状长圆形，扁平，有种子 2～15
粒；种子褐色至黑褐色，近肾形。花期 4～6 月，果
期 8～9 月（图 6-171）。

【分布】原产于美国东部，17 世纪传入欧洲及非
洲。我国于 18 世纪末从欧洲引入青岛栽培，现全国
各地广泛栽植。

【生态习性】喜光，不耐阴，根系发达，萌蘖力
强，有根瘤，具有一定的抗旱性，但不耐涝。抗烟
尘，具有一定抗盐碱能力。

1.花枝；2.花萼(展开背面观)；3.旗瓣；4.翼
瓣；5.龙骨瓣；6.雄蕊；7.雌蕊；8.荚果；
9～17 毛洋槐

图 6-171　刺槐（1-8）

【观赏特性及园林用途】树冠高大，叶色鲜绿，
每当开花季节绿白相映，素雅而芳香。可作为行道树、庭荫树，也是工矿区绿化及荒山绿化
的先锋树种。

6.51.10　香槐属 _Cladrastis_

落叶乔木，稀为攀援灌木。奇数羽状复叶；小叶互生或近对生；小托叶有或无。圆锥花
序或近总状花序；花萼钟状，萼齿 5；花冠白色，瓣片近等长；雄蕊 10，花丝分离或近基部
稍连合，花药丁字着生；子房线状披针形，花柱内弯，柱头小。荚果压扁。种子长圆形，压
扁，种阜小，种皮褐色。

约 7 种，分布于亚洲东南部和北美洲东部的温带和亚热带地区。我国有 5 种，分布于华
东、华南和西南等省区。

图 6-172　香槐

香槐 _C. wilsonii_

【形态特征】落叶乔木，高达 16m。树皮平滑，具皮孔。
奇数羽状复叶；小叶 4～5 对，纸质，互生，卵形或长圆状卵
形，顶生小叶较大，有时呈倒卵状，长 6～10(～13)cm。圆锥
花序顶生或腋生，长 10～20cm；花长 1.8～2cm；花萼钟形；
花冠白色。荚果长圆形，扁平，有种子 2～4 粒；种子肾形，
种皮灰褐色。花期 5～7 月，果期 8～9 月（图 6-172）。

【分布】产于山西、陕西、河南、安徽、浙江、江西、福
建、湖北、湖南、广西、四川、贵州、云南。

【生态习性】喜光，适应性强，但以深厚肥沃的酸性土壤
上生长较好。

【观赏特性及园林用途】花极芳香，秋季叶片鲜黄色，适
合作花灌木种植。

6.51.11　黄檀属 *Dalbergia*

乔木、灌木或木质藤本。奇数羽状复叶，稀单叶；小叶互生、全缘，托叶早落。花小，白色或黄白色，组成聚伞或圆锥花序。花萼钟状，裂齿5；雄蕊10或9枚，单体或二体，稀多体。荚果长圆形或带状，薄而扁平，不开裂。种子肾形，扁平，胚根内弯。

图 6-173　黄檀

约100种，分布于亚洲、非洲和美洲的热带和亚热带地区。我国有28种，1变种，产西南部、南部至中部。

黄檀 *D. hupeana*

【别名】白檀、檀木、不知春。

【形态特征】乔木，高10～20m；树皮暗灰色，呈薄片状剥落。幼枝淡绿色，无毛。羽状复叶长15～25cm；小叶3～5对，近革质，椭圆形至长圆状椭圆形，长3.5～6cm。圆锥花序顶生或生于最上部的叶腋间；花萼钟状；花冠白色或淡紫色，荚果长圆形或阔舌状，有1～2(～3)粒种子；种子肾形。花期5～7月（图6-173）。

【分布】产于山东、江苏、安徽、浙江、江西、福建、湖北、湖南、广东、广西、四川、贵州、云南。

【生态习性】喜光，耐干旱、瘠薄，在酸性、中性及石灰质土上均能生长。

【观赏特性及园林用途】荒山、荒地绿化的优良树种。

6.51.12　刺桐属 *Erythrina*

乔木或灌木；小枝常有皮刺。羽状复叶具3小叶，叶柄长；小叶全缘，羽状脉。总状花序腋生或顶生；花大，红色，密集；花萼佛焰苞状，钟状或陀螺状；花瓣极不相等；雄蕊1束或2束，上面的1枚花丝离生，其余的花丝至中总合生；子房具柄，胚珠多数。荚果具果颈，多为线状长圆形，镰刀形，具长柄，肿胀；种子卵球形。

约200种，分布于全球热带和亚热带地区。我国有5种，产于西南部至南部，引入栽培的约有5种。

刺桐 *E. variegata*

【别名】山芙蓉、空桐树、木本象牙红。

【形态特征】大乔木，高可达20m。枝有明显叶痕及短圆锥形的黑色直刺，髓部疏松，颓废部分成空腔。羽状复叶具3小叶，常密集枝端；小叶膜质，宽卵形或菱状卵形，长宽15～30cm。总状花序顶生，长10～16cm；花萼佛焰苞状；花冠红色，长6～7mm。荚果黑色，肥厚；种子1～8颗，肾形，暗红色。花期3月，果期8月。

【分布】产于台湾、福建、广东、广西等省区。马来西亚、印度尼西亚、柬埔寨、老挝、越南亦有分布。

【生态习性】喜温暖湿润、光照充足的环境，耐旱，对土壤要求不严，耐寒性较差。

【观赏特性及园林用途】树身高大挺拔，枝叶茂盛，花色鲜红，形如辣椒，花序硕长，远远望去，每一只花序就好似一串火红的辣椒。适合单植于草地或建筑物旁，可供公园、绿地及风景区绿化，又是公路及市街的优良行道树。

【同属其它种】①鸡冠刺桐 E. cristagalli：落叶灌木或小乔木，茎和叶柄稍具皮刺。小叶长卵形或披针状长椭圆形，长 7～10cm。花与叶同出，总状花序顶生；花深红色。原产于巴西，我国台湾、云南西双版纳有栽培，可供庭园观赏。②龙牙花 E. corallodendron：灌木或小乔木，高 3～5m。干和枝条散生皮刺。小叶菱状卵形，长 4～10cm。总状花序腋生，长可达 30cm 以上；花深红色。原产于南美洲，广州、桂林、贵阳、西双版纳、杭州和台湾等地有栽培。

6.51.13　鸡血藤属 Millettia

藤本、直立或攀援灌木或乔木。奇数羽状复叶互生；小叶 2 至多对，常对生，全缘。圆锥花序大，花萼阔钟状，萼齿 5；花冠紫色、粉红色、白色或堇青色；雄蕊二全（9＋1），花药同型，花丝顶端不膨大；子房线形，无柄或具短柄。荚果扁平或肿胀，线形或圆柱形，开裂；种子凸镜形、球形或肾形。

约 200 种，分布热带和亚热带的非洲、亚洲和大洋洲。我国有 35 种，11 变种。

鸡血藤 M. reticuiata

【别名】山鸡血藤。

【形态特征】藤本。叶为羽状复叶。窄小叶 3 片，革质，长圆状椭圆形至卵状椭圆形，长 8～16cm。总状花序腋生，长 30～38cm；具花 20～30 朵；萼钟状；花冠蝶形，灰白色，长 7.5～8.5cm。荚果木质，长矩形，外被棕色短柔毛，两侧有狭翅，种子间有紧缩；种子 10 余枚，肾形，黑色。花、果期 4～9 月（图 6-174）。

【分布】分布于浙江、江西、福建、广东、广西、湖南、湖北、四川、云南、贵州等地。

【生态习性】生溪边、山谷疏林下，喜半阴、湿润气候。

【观赏特性及园林用途】枝叶青翠茂盛，紫红或玫红色的圆锥花序成串下垂，色彩艳美，适用于花廊、花架、建筑物墙面等的垂直绿化，也可配置于亭、山石旁，亦可作地被覆盖荒坡、河堤岸及疏林下的裸地，还可作盆景材料。

图 6-174　鸡血藤

6.51.14　油麻藤属 Mucuna

木质或草质藤本。叶为羽状复叶，具 3 小叶。花序腋生或生于老茎上，近聚伞状，或为假总状或紧缩的圆锥花序；花大，苞片小或脱落；花萼钟状，4～5 裂；花冠伸出萼外，深紫色、红色、浅绿色或近白色；雄蕊二体；胚珠 1～10 多颗；花柱丝状，柱头小，头状。荚果膨胀或扁。种子肾形、圆形或椭圆形。

100～160 种，多分布于热带和亚热带地区。我国约 15 种，广布于西南部经中南部至东南部。

常春油麻藤 M. sempervirens

【别名】油麻藤。

【形态特征】常绿木质藤本，长可达 25m。老茎树皮有皱纹，幼茎有纵棱和皮孔。羽状复叶具 3 小叶，叶长 21～39cm。总状花序生于老茎上，长 10～36cm，每节上有 3 花；花萼

图 6-175　常春油麻藤

密被暗褐色伏贴短毛；花冠深紫色，干后黑色，长约 6.5cm。果木质，带形，种子 4～12 颗。花期 4～5 月，果期 8～10 月（图 6-175）。

【分布】产于四川、贵州、云南、陕西、湖北、浙江、江西、湖南、福建、广东、广西。

【生态习性】喜半阴、高温、多湿的环境。不耐寒。

【观赏特性及园林用途】叶片常绿，老茎开花，适于攀附建筑物、围墙、陡坡、岩壁等处生长，是棚架和垂直绿化的优良藤本植物。

【同属其它种】白花油麻藤 *M. birdwoodiana*：常绿、大型木质藤本。花冠白色或带绿白色。产于江西、福建、广东、广西、贵州、四川等省区。

6.51.15　葛属 *Pueraria*

缠绕藤本，茎草质或基部木质。叶为具 3 小叶的羽状复叶；小叶大，卵形或菱形，全缘或具波状 3 裂片。总状花序或圆锥花序腋生；花萼钟状，上部 2 枚裂齿部分或完全合生；花冠伸出于萼外，天蓝色或紫色；子房无柄或近无柄，胚珠多颗，花柱丝状。荚果线形，稍扁或圆柱形；种子扁，近圆形或长圆形。

约 35 种，分布于印度至日本，南至马来西亚。我国产 8 种及 2 变种，主要分布于西南部，中南部至东南部。

葛藤 *P. lobata*

【别名】葛、野葛。

【形态特征】粗壮藤本，长可达 8m，全体被黄色长硬毛，茎基部木质，有粗厚的块状根。羽状复叶具 3 小叶；小叶三裂，偶尔全缘，顶生小叶宽卵形或斜卵形，长 7～15（～19）cm。总状花序长 15～30cm，中部以上有颇密集的花；花萼钟形，被黄褐色柔毛；花冠长 10～12mm，紫色。荚果长椭圆形，扁平，被褐色长硬毛。花期 9～10 月，果期 11～12 月（图 6-176）。

【分布】产于我国南北各地，除新疆、青海及西藏外，分布几遍全国。

【生态习性】喜阳，喜温暖湿润气候，对土壤适应性广，以湿润和排水通畅的土壤为宜，耐酸性强。耐旱，年降水量 500mm 以上的地区可以生长。耐寒，在寒冷地区，越冬时地上部冻死，但地下部仍可越冬，第二年春季再生。

图 6-176　葛藤

【观赏特性及园林用途】蔓叶繁茂，藤条重叠，交错穿插，是良好的地被植物，可用于荒山荒坡、土壤侵蚀地、石山、悬崖峭壁、复垦矿山等废弃地的绿化。

6.51.16　紫藤属 *Wisteria*

落叶大藤本。奇数羽状复叶，小叶互生；具小托叶，托叶早落；总状花序顶生，下垂；

花萼杯状，萼齿5；花冠蓝紫色或白色，通常大，旗瓣圆形；雄蕊二体（9+1）。荚果扁而长，具数种子，种子间常略紧缩。

约10种，分布于东亚、北美和大洋洲。我国有5种，1变型，其中引进栽培1种。

紫藤 *W. sinensis*

【别名】藤萝、朱藤。

【形态特征】落叶藤本。茎左旋，嫩枝被白色柔毛，后秃净。奇数羽状复叶长15～25cm；小叶3～6对，纸质，卵状椭圆形至卵状披针形，上部小叶较大。总状花序腋生或顶芽，长15～30cm，径8～10cm；花紫色，长2～2.5cm，芳香。荚果倒披针形，长10～15cm，密被绒毛，悬垂枝上不脱落，有种子1～3粒；种子圆形，扁平。花期3～4月，果期5～8月（图6-177）。

【分布】产于河北以南黄河长江流域及陕西、河南、广西、贵州、云南。

【生态习性】喜光，略耐阴，喜深厚、排水良好、肥沃的疏松土壤，有一定的抗旱能力，耐水湿和瘠薄土壤，对城市环境适应性强。

【观赏特性及园林用途】生长迅速，枝叶繁茂，花大而美丽，具有香气，为长寿树种，民间极喜种植，成年的植株茎蔓蜿蜒屈曲，开花繁多，串串花序悬挂于绿叶藤蔓之间，瘦长的

图6-177 紫藤

荚果迎风摇曳，自古以来中国文人皆爱以其为题材咏诗作画。在庭院中用其攀绕棚架，制成花廊，或用其攀绕枯木，有枯木逢生之意。还可做成姿态优美的悬崖式盆景，置于高几架、书柜顶上，繁花满树，老桩横斜，别有韵致。

【品种】栽培品种较多，常见的有‘重瓣’紫藤、‘丰花’紫藤等。

【同属其它种】白花藤萝 *W. venusta*：落叶藤本，长2～10m。花冠白色。产华北。

6.52　胡颓子科 Elaeagnaceae

灌木，稀乔木。树体被盾状鳞片或星状毛。单叶互生，稀对生或轮生，全缘，羽状叶脉，具柄，无托叶。花两性或单性，稀杂性。单生或2～8朵簇生，或组成总状花序；萼筒状，顶端4裂，稀2裂，无花瓣，雄蕊与裂片同数或为其倍数；子房上位，1室1胚珠，基底胎座。果实为瘦果或坚果，为肉质萼筒状所包，呈核果状。

共3属80余种，主要分布于亚洲东南地区，亚洲其他地区、欧洲及北美洲也有。我国有2属约60种，遍布全国各地。

胡颓子属 *Elaeagnus*

常绿或落叶灌木或小乔木。常具枝刺，稀无刺，被银白色或黄褐色鳞片或星状绒毛。单叶互生，具短柄。花两性，稀杂性，单生或簇生叶腋，成伞形总状花序；花萼筒状，4裂；雄蕊4，与裂片互生。果实为坚果，为膨大肉质化的萼管所包围，呈核果状，常为长椭圆形；果核具条纹。

约有80种，产亚洲、欧洲南部及北美。我国有约50种，全国各地均有分布。许多种为丛生灌木，冬季或春夏季开淡白色或金黄色的小形花，常密集下垂，秋季或春夏季结成粉红色下垂的果实，在庭园中常有栽培，作为观赏灌木或绿篱。

图 6-178　胡颓子

胡颓子 *E. pungens*

【别名】蒲颓子、半含春、羊奶果。

【形态特征】常绿直立灌木，高 3～4m，具刺，刺顶生或腋生，长 20～40mm；幼枝微扁棱形，密被锈色鳞片。叶革质，椭圆形或阔椭圆形，稀矩圆形，长 5～10cm，上面幼时具银白色和少数褐色鳞片，成熟后脱落，具光泽，下面密被银白色和少数褐色鳞片。花白色或淡白色，下垂，密被鳞片，1～3 花生于叶腋锈色短小枝上。果实椭圆形，长 12～14mm，成熟时红色。花期 9～12 月，果期次年 4～6 月（图 6-178）。

【分布】产于江苏、浙江、福建、安徽、江西、湖北、湖南、贵州、广东、广西。

【生态习性】较耐阴，喜高温、湿润气候，其耐盐性、耐旱性和耐寒性佳，抗风强。

【观赏特性及园林用途】枝条交错，叶背银色，花芳香，红果下垂，甚是可爱。宜配花丛或林缘，还可作为绿篱种植。

【品种】花叶胡颓子 ‘Maculata’：叶片中脉部分呈黄色至黄白色。

【同属其它种】密花胡颓子 *E. conferta*：常绿攀援灌木，无刺；幼枝略扁。果实大，长椭圆形或矩圆形，长达 20～40mm，成熟时红色。产于云南、广西。

6.53　山龙眼科 Proteaceae

乔木或灌木。叶互生，全缘或各式分裂。花两性，排成总状、穗状或头状花序，有时生于茎上；苞片小，通常早落，有时大，或花后增大呈木质，组成球果状。花被片 4，开花时分离或花被筒一侧开裂或下半部不裂；雄蕊 4，生于花被片上；子房上位，花柱细长，不裂，顶部增粗。蓇葖果、坚果、核果或蒴果。种子 1～2 或多颗，有的具翅。

约 60 属，1300 种，主产大洋洲及非洲南部，亚洲及南美洲有分布。我国 4 属，24 种，2 变种（含引种 2 属 3 种）。

银桦属 Grevillea

乔木或灌木。叶互生，全缘，有齿或各式分裂。花两性，成对在每一苞腋内，为顶生或腋生总状花序或丛生花序；花被管常弯曲，4 裂，开裂时反卷；花药无柄，藏于花被裂片的凹陷处；子房具柄，胚珠 2；花柱长，近侧生，柱头头状。果为 1 硬木质的蓇葖果；种子具翅或无翅。

约 200 种，大部产于大洋洲（至新喀里多尼亚、新赫布里底群岛），有 1 种在苏拉威西。我国（云南、广州）栽培 1 种，为良好的城市绿化及行道树种之一。

银桦 *G. robusta*

【别名】绢柏、丝树、银橡树。

【形态特征】常绿大乔木，高可达 20m；幼枝被锈色绒毛。叶为二回羽状深裂，裂片 5～13 对，披针形，两端均渐狭，长 5～10cm，裂片边缘加厚，表面无毛而亮，背面密被浅褐色的丝毛。总状花序单生或数个聚生于无叶的短枝上，长 7～15cm，多花，花橙黄色；子房长圆形，外面光滑，橙色。蓇葖果卵状长圆形，先端常具宿存花柱，内具 2 种子；种子卵形，压扁，周边具膜质翅。花期：在滇南为 3 月，滇中 5 月（图 6-179）。

【分布】原产于大洋洲。云南中部（昆明市）、南部和西南部各城镇引种栽培，生长情况良好。广东、广西等地城镇也有引种。

【生态习性】喜光，喜温暖、湿润气候，根系发达，较耐旱。不耐寒，遇重霜和−4℃以下低温，枝条易受冻。在肥沃、疏松、排水良好的微酸性砂壤土上生长良好，在质地黏重、排水不良偏碱性土中生长不良。耐一定的干旱和水湿。对烟尘及有毒气体抗性较强。

【观赏特性及园林用途】常绿，树干笔直，树形美观，尤其在开花季节，万绿丛中衬以橙黄色的花朵，显得十分美丽，为优良的风景树和城市行道树，是云南省主要城市绿化树种之一。

图 6-179 银桦

6.54 千屈菜科 Lythraceae

草本、灌木或乔木；枝通常四棱形。单叶对生，稀轮生或互生，全缘，叶柄极短，托叶小或无。花两性，辐射对称，稀左右对称，单生、簇生或组成顶生或腋生的聚伞、总状或圆锥花序；花萼筒状或钟状，顶端 4～8(16) 裂，裂片间常有附属体；花瓣与萼裂片同数或无，雄蕊通常为花瓣的倍数，着生于萼筒上；子房上位，通常无柄，2～16 室，中轴胎座。蒴果革质或膜质，常开裂；种子多数。

约有 25 属，550 种，广布于全世界，但主要分布于热带和亚热带地区。我国有 11 属，约 48 种，全国各地多有分布。

6.54.1 紫薇属 *Lagerstroemia*

灌木或乔木。叶对生或在小枝的上部互生，全缘，叶柄短。花两性，辐射对称，顶生或腋生的圆锥花序；花梗具脱落性苞片；花萼半球形或陀螺形，革质，具 5～9 裂片；花瓣 5～8，通常 6，每瓣具细长爪，瓣边皱波状；雄蕊 6 至多数，花丝细长；子房无柄，3～6 室，花柱长，柱头头状。蒴果木质，成熟时室背开裂为 3～6 果瓣；种子多数，顶端有翅。

约 55 种，分布于亚洲东部、东南部、南部的热带、亚热带地区，大洋洲也产。我国有 16 种，引人栽培的有 2 种，共 18 种，分布于华中、华南及西南至台湾省。

紫薇 *L. indica*

【别名】百日红、痒痒树、满堂红。

【形态特征】落叶灌木或小乔木，高可达 7m；树皮平滑，灰色或灰褐色；枝干多扭曲，小枝纤细，具 4 棱。叶互生或有时对生，纸质，椭圆形、阔矩圆形或倒卵形，长 2.5～7cm。花淡红色或紫色、白色，直径 3～4cm，常组成 7～20cm 的顶生圆锥花序。蒴果椭圆状球形或阔椭圆形，成熟时室背开裂；种子有翅。花期 6～9 月，果期 9～12 月（图 6-180）。

图 6-180 紫薇

【分布】原产于亚洲，我国广东、广西、湖南、福建、江西、浙江、江苏、湖北、河南、河北、山东、安徽、陕西、四川、云南、贵州及吉林均有生长或栽培。

【生态习性】耐旱，怕涝，喜温暖潮润，喜光，喜肥，对二氧化硫、氟化氢及氮气的抗性强，能吸收有害气体，中性土或偏酸性土较好。

【观赏特性及园林用途】枝繁叶茂，花色鲜艳美丽，令人精神振奋。为优秀的观花乔木，被广泛用于公园绿化、庭院绿化、道路绿化，可栽植于建筑物前、院落内、池畔、河边、草坪旁及公园中小径两旁等处。也是做盆景的好材料。

【品种】①'翠'紫薇：花蓝紫色，叶色暗绿。②'赤'紫薇：花火红色。③'银'紫薇：花白色或微带淡茧色，叶色淡绿。

【同属其它种】大花紫薇 *L. speciosa*：大乔木，高可达 25m；小枝圆柱形。花淡红色或紫色，直径 5cm。广东、广西、云南及福建有栽培。分布于斯里兰卡、印度、马来西亚、越南及菲律宾。

6.54.2　虾子花属 *Woodfordia*

灌木。叶对生，近无柄，全缘。花组成短聚伞状圆锥花序，腋生；有总花梗，稀单生，紫红色；花 6 基数，极少为 5，基数；萼长圆筒状；雄蕊 12，着生于萼筒中部以下；子房生于萼筒基部，无柄，长椭圆形，2 室，花柱线形，柱头小；胚珠多数。蒴果椭圆形，室背开裂；种子多数，狭楔状倒卵形，平滑。

图 6-181　虾子花

仅 2 种，我国产 1 种。

虾子花 *W. fruticosa*

【别名】虾子木、虾米草、吴福花。

【形态特征】灌木，高 3～5m，有长而披散的分枝；幼枝有短柔毛，后脱落。叶对生，近革质，披针形或卵状披针形，长 3～14cm。1～15 花组成短聚伞状圆锥花序，长约 3cm；萼筒花瓶状，鲜红色；花瓣小而薄，淡黄色，线状披针形。蒴果膜质，线状长椭圆形，开裂。种子甚小，卵状或圆锥形，红棕色。花期春季（图 6-181）。

【分布】产于广东、广西及云南。越南、缅甸、印度、斯里兰卡、印度尼西亚及马达加斯加也有分布。

【生态习性】喜温暖、湿润和通气的环境，不耐寒，华北各地均作温室栽培，喜阳光，也较耐阴，对土壤适应性广，以富含腐殖质的沙质壤土为佳。

【观赏特性及园林用途】花繁叶茂，树形美观，花色鲜艳、花期长、花形奇特有趣、可为公园、庭院增添情趣。

6.54.3　萼距花属 *Cuphea*

草本或灌木。叶对生或轮生，稀互生。花左右对称，单生或组成总状花序，生于叶柄之间，稀腋生或腋外生；萼筒延长而呈花冠状，有颜色，有棱 12 条有 6 齿或 6 裂片，具同数的附属体；花瓣 6，不相等，稀只有 2 枚或缺；雄蕊 11，稀 9、6 或 4 枚；子房通常上位，花柱细长，柱头头状，2 浅裂。蒴果长椭圆形，包藏于萼管内，侧裂。

约 300 种，原产美洲和夏威夷群岛。我国引种栽培的有 7 种。

萼距花 *C. hookeriana*

【别名】紫花满天星、雪茄花。

【形态特征】灌木或亚灌木状，高30～70cm，直立，粗糙，被粗毛及短小硬毛，分枝细，密被短柔毛。叶薄革质，披针形或卵状披针形，长2～4cm。花单生于叶柄之间或近腋生，组成少花的总状花序；花萼基部上方具短距，带红色；花瓣6，其中上方2枚特大而显著，矩圆形，深紫色，波状，具爪，其余4枚极小，锥形，有时消失（图6-182）。

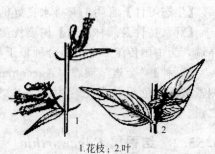

1.花枝；2.叶

图6-182 萼距花

【分布】原产于墨西哥。我国南方有引种。

【生态习性】稍耐阴，喜高温。不耐寒，在5℃以下常受冻害。耐贫瘠土壤。

【观赏特性及园林用途】枝繁叶茂，叶色浓绿，四季常青，且具有光泽，花美丽而周年开花不断，耐修剪，有较强的绿化功能和观赏价值。适于庭园石块旁作矮绿篱、花丛、花坛边缘种植；空间开阔的地方宜群植、丛植或列植，绿色丛中，繁星点缀，十分怡人。栽培于乔木下，或与常绿灌木或其他花卉配置均能形成优美景观；亦可作地被栽植或作盆栽观赏。

6.55　瑞香科 Thymelaeaceae

灌木或小乔木，稀草本；茎通常具发达的韧皮纤维。单叶，互生或对生，全缘。花辐射对称，两性或单性，头状、穗状或总状花序；萼筒花冠状，白色、黄色或淡绿色，稀红色或紫色，裂片4～5，似花瓣，覆瓦状排列；花瓣缺；雄蕊通常为萼裂片的2倍或同数；子房1室，稀2室，胚珠1颗，稀2～3颗。浆果、核果或坚果。

约48属650种以上，广布于热带和温带地区。我国有10属，约100种，各省均有分布，但主产于长江流域及以南地区。

6.55.1　瑞香属 Daphne

灌木或亚灌木，稀草本；单叶互生，有时近对生或簇生于分枝的上部，具短柄。花通常两性，稀单性，组成顶生头状花序，稀为圆锥、总状或穗状花序，有时花序腋生；花萼筒钟形、筒状或漏斗状管形，顶端4裂，稀5裂；无花瓣；雄蕊8或10，子房1室，有1颗下垂胚珠，花柱短，柱头头状。浆果肉质或革质，种子1颗。

约有95种，主要分布于欧洲、非洲、大洋洲、亚洲温带、亚热带及热带。我国有44种，主产于西南和西北部。

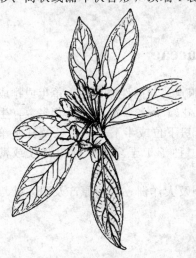

图6-183　瑞香

瑞香 D. odora

【别名】睡香、蓬莱紫、千里香。

【形态特征】常绿直立灌木；枝粗壮，通常二歧分枝，小枝近圆柱形，紫红色或紫褐色，无毛。叶互生，纸质，长圆形或倒卵状椭圆形，长7～13cm。花外面淡紫红色，内面肉红色，无毛，数朵至12朵组成顶生头状花序；花萼筒管状，长6～10mm，裂片4，心状卵形或卵状披针形。果实红色。花期3～5月，果期7～8月（图6-183）。

【分布】分布于中国和中南半岛，日本仅有栽培。

【生态习性】喜阴，喜排水良好的酸性土壤，不耐寒。

【观赏特性及园林用途】树姿优美，树冠圆形，条柔叶厚，枝干婆娑，花繁馨香，寓意祥瑞，为中国传统名花。适合种植于林间空地、林缘道旁、山坡台地及假山阴面。

【品种】'金边'瑞香'Aureomarginata'：叶缘金黄色，花蕾红色，开后白色，花被外侧密被灰黄色绢状柔毛。为瑞香中之佳品，素有"牡丹花国色天香，瑞香花金边最良"之说。

6.55.2　结香属 *Edgeworthia*

落叶或灌木，多分枝；树皮强韧。叶互生，厚膜质，窄椭圆形至倒披针形，常簇生于枝顶，具短柄。花两性，组成紧密的头状花序，顶生或生于侧枝的顶端或腋生；花萼圆柱形，常内弯；裂片4，开展；雄蕊8，2列，着生于花萼筒喉部，花药长圆形，花丝极短；子房1室，无柄，被长柔毛，花柱长。核果卵形，包于花被基部，果实皮质。

图 6-184　结香

共5种，主产于亚洲。我国有4种。自印度、尼泊尔、不丹、缅甸、中国、日本至美洲东南部有分布。

结香 *E. chrysantha*

【别名】黄瑞香、打结花、雪里开。

【形态特征】灌木，高约0.7～1.5m，小枝粗壮，褐色，常作三叉分枝，幼枝常被短柔毛，韧皮极坚韧，叶痕大。叶在花前凋落，长圆形，披针形至倒披针形，长8～20cm。头状花序顶生或侧生，具花30～50朵成绒球状，外围以10枚左右被长毛而早落的总苞；花芳香，无梗，花萼长约1.3～2cm，外面密被白色丝状毛，内面无毛，黄色，顶端4裂，裂片卵形。果椭圆形，绿色。花期冬末春初，果期春夏间（图6-184）。

【分布】产于河南、陕西及长江流域以南诸省区。野生或栽培。

【生态习性】喜半阴及湿润环境，较耐水湿，不耐寒。

【观赏特性及园林用途】早春开花，美丽芳香，多栽于庭园、水边、石涧，北方常盆栽观赏。枝条柔软，弯之可打结而不断，可做各种造型。结香象征喜结连枝，被称为中国的爱情树。

6.56　桃金娘科 Myrtaceae

乔木或灌木。单叶，具羽状脉或基出脉，全缘，有油腺点。花两性或杂性；单生或排成花序。萼筒与子房合生，萼片4～5裂或更多，有时粘合；花瓣4～5，或缺；雄蕊多数，生于花盘边缘，花丝分离或连成短筒或成束与花瓣对生；子房下位或半下位，花柱及柱头单一，稀2裂。蒴果、浆果、核果或坚果，顶端或具萼檐。种子1至多个，种皮坚硬或薄膜质。

约100属3000种，主产于热带美洲、热带亚洲、非洲及大洋洲。我国原产及引入栽培9属126种。

6.56.1　桉属 *Eucalyptus*

乔木或灌木，含有鞣质树脂。叶多型性，幼态叶与成熟叶异型，幼态叶多为对生，3至多对；成熟叶革质，互生，全缘，有透明腺点。花两性，多花排成伞形花序或圆锥花序，单花或2～3花簇生叶腋。萼筒钟形或倒锥形；花瓣与萼片合生成帽状体，或二者不结合而有两层帽状体，花开放时帽状体脱落；雄蕊多数，离生，多列；子房与萼筒合生，顶端隆起。蒴果全部或下部藏于萼筒内，上半部突出时常形成3～6果瓣。种子多数，大多数不育。

图6-185 蓝桉

约600种，主产于澳大利亚及其附近岛屿，现全球热带亚热带地区广泛引种栽培。我国百年来先后引入近100种。

蓝桉 E. globulus

【别名】洋草果、灰杨柳、玉树油树。

【形态特征】常绿乔木；树皮灰蓝色，片状剥落。幼枝微具棱。幼态叶卵形，基部心形，蓝绿色，被白粉；成熟叶镰状披针形，长15～30cm，宽1～2cm，两面有腺点。花4mm，单生或2～3簇生叶腋；萼筒倒圆锥形，被白粉；帽状体稍扁平，中部呈圆锥状突起。蒴果半球形，有4棱，果瓣4，不突出萼筒（图6-185）。

【分布】原产于澳洲塔斯马尼亚岛。广西、云南及四川有栽培。

【生态习性】阳性，耐旱，有一定耐寒力。抗污染。耐湿热性较差。

【观赏特性及园林用途】用作公路行道树和造林树种。

【同属其它种】①赤桉 E. camaldulensis：树皮暗灰色，成熟叶片狭披针形至披针形。华南到西南均有栽培。②柠檬桉 E. citriodora：树皮灰白色，成熟叶片狭披针形，两面有黑腺点，揉之有浓厚的柠檬气味。广东、广西及福建南部有栽种。

6.56.2 红千层属 Callistemon

乔木或灌木。叶互生，有油腺点，全缘。花单生苞腋，再排成顶生的总状或头状花序，花开后花序轴能继续生长。花无梗；萼齿5；花瓣5，圆形；雄蕊多数，红或黄色，分离或基部稍连生，多列，长于花瓣数倍；子房下位，与萼筒合生，花柱线形，柱头不扩大。蒴果藏于宿萼筒内，球形或半球形，顶端平截，顶部开裂。种子线状。

图6-186 红千层

约20种，产澳大利亚。我国引入栽培10余种。

红千层 C. rigidus

【别名】瓶刷木、金宝树、红瓶刷。

【形态特征】常绿小乔木；嫩枝有棱。叶片坚革质，线形，长5～9cm，宽3～6mm，先端尖锐，油腺点明显，中脉在两面均突起，侧脉明显，边脉突起。穗状花序生于枝顶；花瓣绿色，卵形，有油腺点；雄蕊长2.5cm，鲜红色；花柱比雄蕊稍长，先端绿色，其余红色。蒴果半球形，长5mm，宽7mm，先端平截，果瓣3裂，脱落。花期6～8月（图6-186）。

【分布】原产于澳大利亚。广东、广西和云南等地有栽培。

【生态习性】喜暖热气候，能耐烈日酷暑，不很耐寒、不耐阴，喜肥沃潮湿的酸性土壤，也能耐瘠薄干旱的土壤。生长缓慢，萌芽力强，耐修剪，抗风。

【观赏特性及园林用途】株形飒爽美观，花朵盛开时丝丝雄蕊组成一支支艳红的"瓶刷子"，甚为奇特美艳，且花期甚长（春至秋季），花数多，每年春末夏初，火树红花，满枝吐焰，为优良观花树，可作为行道树、园景树，还可用于大型盆栽，并可修剪整形成为盆景。

【同属其它种】柳叶红千层 C. salignus：嫩枝圆柱形，雄蕊苍黄色。我国云南、广东有栽培。树形美观，为美丽的观赏植物。

6.56.3　白千层属 Melaleuca

乔木或灌木。叶互生，少数对生，叶片革质，披针形或线形，具油腺点，有基出脉数条。花排成穗状或头状花序，有时单生于叶腋内，花序轴无限生长，花开后继续生长；萼片5；花瓣5；雄蕊多数，绿白色，花丝基部稍连合成5束，并与花瓣对生；子房下位或半下位，与萼管合生，先端突出，花柱线形。蒴果半球形或球形，顶端开裂；种子近三角形。

图 6-187　白千层

约100种，分布于大洋洲各地。我国引入栽培2种。

白千层 M. leucadendron

【别名】脱皮树，千层皮，玉树。

【形态特征】乔木，高达20m；树皮灰白色，厚而松软，呈薄层状剥落。幼枝灰白色。叶互生，革质，披针形或窄长圆形，长4～10cm，两端尖，有基出脉3～7条及多数侧脉，有腺点。花白色，密集于枝顶再排成长达15cm的穗状花序，花序轴在花后继续生长成一有叶的新枝。花柱长于雄蕊。蒴果顶部3裂。花期每年3～4次（图6-187）。

【分布】原于产澳大利亚。广东、台湾、福建、广西、云南均有栽培。

【生态习性】阴性树种，喜温暖潮湿环境，要求阳光充足，适应性强，能耐干旱高温，亦可耐轻霜及短期0℃左右低温。对土壤要求不严。

【观赏特性及园林用途】树冠椭状圆锥形，树姿优美整齐，叶浓密，花奇特美丽，多作行道树以及防护林树种。

【同属其它种】千层金 M. bracteata：树高6～8m，枝条细长柔软，叶片全年金黄色或鹅黄色。原产于新西兰、荷兰等，我国长江以南地区广泛种植。

6.56.4　蒲桃属 Syzygium

常绿乔木或灌木。幼枝常2～4棱。叶对生，稀轮生，革质，羽状脉常较密，有透明腺点，有边脉。花排成聚伞花序再组成圆锥花序。萼筒倒圆锥形，有时棒状，萼片常4～5，分离；花瓣常4～5，分离或联合成帽状；雄蕊多数，离生；子房下位，花柱线形。浆果或核果状，顶部有宿存环状萼檐。种子1～2，种皮多少与果皮粘合。

500余种，分布于亚洲热带及非洲。我国原产和引入栽培约72种。多见于广东、广西和云南。

蒲桃 S. jambos

【别名】广东葡桃。

【形态特征】常绿乔木，高 10m，主干极短，广分枝。叶片革质，披针形或长圆形，长 12～25cm，宽 3～4.5cm，先端长渐尖，基部阔楔形，叶面多透明细小腺点，侧脉12～16 对，在下面明显突起，网脉明显。聚伞花序顶生，有花数朵，花白色，直径 3～4cm；花瓣分离。果实球形，直径 3～5cm，成熟时黄色，有油腺点；种子1～2 颗。花期 3～4 月，果 5～6 月成熟（图 6-188）。

【分布】产于台湾、福建、广东、广西、贵州、云南等省区。喜生河边及河谷湿地。华南常见野生，也有栽培供食用。

【生态习性】性喜暖热气候，属于热带树种。喜温暖湿润、阳光充足的环境和肥沃疏松的砂质土壤，喜生于水边，耐水湿。

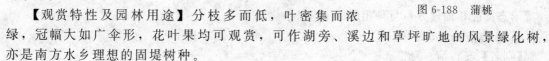
图 6-188 蒲桃

【观赏特性及园林用途】分枝多而低，叶密集而浓绿，冠幅大如广伞形，花叶果均可观赏，可作湖旁、溪边和草坪旷地的风景绿化树，亦是南方水乡理想的固堤树种。

【同属其它种】①洋蒲桃（莲雾）S. samarangense：浆果钟形或洋梨形，顶端压扁状，淡粉红色，热带果树之一，又可栽作园林风景树、行道树和观果树种。我国广州、西双版纳等地有栽培。②赤楠 S. buxifolium：常绿灌木，高达 5m，叶形颇似黄杨，可植于庭园观赏。产于长江以南各省区山地。

6.56.5　番石榴属 *Psidium*

乔木。叶对生，羽状脉，全缘。花较大，单生或 2～3 排成聚伞花序。萼筒钟形或壶形，开花时萼片不规则裂为 4～5；花瓣 4～5，白色；雄蕊多数，离生，排成多列，着生于花盘上；子房下位，与萼筒合生，花柱线形，柱头扩大。浆果多肉，球形或梨形，顶端有宿存萼裂片，胎座发达，肉质。种子多数。

约 150 种，产于热带美洲。我国引入栽培 2 种。

图 6-189　番石榴

番石榴 *P. guajava*
【别名】拔子、那拔。
【形态特征】常绿小乔木或灌木，高 10m；幼枝四棱形。叶长圆形或椭圆形，长 6～12cm，先端急尖，基部近圆，下面疏被毛，侧脉12～15 对，在上面下陷，在下面凸起显，全缘。花单生或 2～3 朵排成聚伞花序。花瓣白色；子房与萼筒合生，花柱与雄蕊近等长。浆果球形、卵圆形或梨形，长 3～8cm，顶端有宿存萼片。种子多数（图 6-189）。

【分布】原产于南美洲。台湾、福建、广东、海南、香港、广西、云南南部及四川南部有栽培或已野化。为常见的热带水果之一。

【生态习性】喜温暖湿润气候，生长最适温度23～28℃，最低月平均温度 15.5℃以上才有利于生长。年降雨量以 1000～2000mm 为宜；喜光；耐旱亦耐湿；

对土壤水分要求不严，土壤 pH 值 4.5～8.0 均能种植。

【观赏特性及园林用途】热带观果植物，用于庭院绿化。

6.57　石榴科 Punicaceae

落叶乔木或灌木。单叶，通常对生或簇生，全缘，无托叶。花顶生或近顶生，单生或几朵簇生或组成聚伞花序，两性，辐射对称；萼革质，萼管与子房贴生，且高于子房，近钟形，裂片 5～9；花瓣 5～9，覆瓦状排列；雄蕊生萼筒内壁上部，多数，花丝分离；子房下位或半下位，心皮多数，1 轮或 2～3 轮，胚珠多数。浆果球形，顶端有宿存花萼裂片，果皮厚；种子多数，有角，种皮外层肉质。

1 属 2 种，产于地中海至亚洲西部地区。我国引入栽培的有 1 种。

石榴属 Punica

形态特征和地理分布与科相同。

石榴 P. granatum

【别名】安石榴、海榴。

【形态特征】落叶灌木或乔木，高通常 3～5m，枝顶常成尖锐长刺，幼枝具棱角。叶通常对生，纸质，矩圆状披针形，长 2～9cm。花大，1～5 朵生枝顶；萼筒长 2～3cm，通常红色或淡黄色，裂片略外展，卵状三角形；花瓣通常大，红色、黄色或白色，长 1.5～3cm。浆果近球形，直径 5～12cm，通常为淡黄褐色或淡黄绿色，有时白色，稀暗紫色。种子多数，肉质的外种皮供食用（图 6-190）。

图 6-190　石榴

【分布】原产于巴尔干半岛至伊朗及其邻近地区，全世界的温带和热带都有种植。我国栽培石榴的历史，可上溯至汉代，据陆巩记载是张骞引入的。

【生态习性】性喜光，有一定的耐寒能力，喜湿润肥沃的石灰质土壤。

【观赏特性及园林用途】树姿优美，枝叶秀丽，盛夏繁花似锦，色彩鲜艳，秋季累果悬挂，可孤植或丛植于庭院、游园之角，对植于门庭之出处，列植于小道、溪旁、坡地、建筑物之旁，也宜做成各种桩景和插花观赏。

【变种及品种】根据花的颜色以及重瓣或单瓣等特征又可分为若干个栽培变种：①月季石榴 var. nana：矮小灌木，叶线形，花果均较小，高只有 50～70cm，花大果多。成树全年开花，树上常年挂有鲜果，为盆景植物佳品。②'白'石榴 'albescens'：花白色、单瓣。③'重瓣白花'石榴 'multiplex'：高 3～5m，花白色、重瓣。④'黄'石榴 'flavescens'：花黄色。⑤'玛瑙'石榴 'legrellei' 花重瓣，有红色或黄白色条纹。

6.58　野牡丹科 Melastomataceae

枝条对生。单叶，对生或轮生；无托叶。花两性，辐射对称，通常为 4～5 数，稀 3 或 6 数；呈聚伞花序、伞形花序、伞房花序，或由上述花序组成的圆锥花序，或蝎尾状聚伞花序，稀单生、簇生或穗状花序；花萼漏斗形、钟形或杯形；花瓣通常具鲜艳的颜色，着生于萼管喉部，与萼片互生，通常呈螺旋状排列或覆瓦状排列；雄蕊为花被片的 1 倍或同数，与萼片及花瓣两两对生，或与萼片对生；花丝丝状；子房下位或半下位，稀上位，花柱单 1，柱头点尖。蒴果或浆果，通常顶孔开裂；种子极小。

约 240 属，3000 余种，分布于各大洲热带及亚热带地区，以美洲最多。我国有 25 属，160 种，25 变种，产于西藏至台湾、长江流域以南各省区。

6.58.1　野牡丹属 Melastoma

灌木，茎四棱形或近圆形，通常被毛。叶对生，被毛，全缘；具叶柄。花单生或组成圆锥花序顶生或生于分枝顶端，5 数；花萼坛状球形，裂片披针形至卵形，裂片间有或无小裂片；花瓣淡红色至红色，或紫红色，通常为倒卵形，常偏斜；雄蕊 10，5 长 5 短；花柱与花冠等长，柱头点尖。蒴果卵形，顶孔最先开裂或宿存萼中部横裂；种子小，近马蹄形。

约 100 种，分布于亚洲南部至大洋洲北部以及太平洋诸岛。我国有 9 种，1 变种，分布于长江流域以南各省区。

野牡丹 M. candidum

【别名】山石榴、大金香炉、猪古稔。

【形态特征】灌木，高 0.5～1.5m，分枝多；茎钝四棱形或近圆柱形，密被紧贴的鳞片状糙伏毛。叶片坚纸质，卵形或广卵形，顶端急尖，基部浅心形或近圆形，长 4～10cm。伞房花序生于分枝顶端，近头状，有花 3～5 朵，稀单生，基部具叶状总苞 2；花萼长约 2.2cm，密被鳞片状糙伏毛及长柔毛；花瓣玫瑰红色或粉红色，倒卵形，长 3～4cm。蒴果坛状球形，密被鳞片状糙伏毛；种子镶于肉质胎座内。花期 5～7 月，果期 10～12 月（图 6-191）。

【分布】产于云南、广西、广东、福建、台湾。印度也有。

图 6-191　野牡丹

【生态习性】喜温暖湿润的气候，稍耐旱和耐瘠。排水良好的砂质土壤或腐叶土生长最佳，全日照或半日照均可。性虽耐旱，但若土壤能经常保持湿润，则生长较旺。

【观赏特性及园林用途】花大，玫瑰红色，美丽，可孤植或丛植于园林，也适合庭院点缀或者盆栽，可充分体现乡土气息与自然韵味。

【同属其它种】展毛野牡丹 M. normale：茎钝四棱形或近圆柱形，密被平展的长粗毛及短柔毛。伞房花序有花 3～5 朵，稀单生；花瓣玫瑰红色或粉红色。花期春夏季。分布于西藏、四川、福建至台湾以南各省区。

6.58.2　金锦香属 Osbeckia

草本、亚灌木或灌木。叶对生或 3 枚轮生，全缘。头状花序或总状花序，或组成圆锥花序，顶生；花 4～5 数，萼管坛状或长坛状；花瓣倒卵形至广卵形；雄蕊为花被片的 1 倍，同型，等长或近等长，花丝较花药短或近相等，花药长圆状卵形；子房半下位，4～5 室。蒴果卵形或长卵形，4～5 纵裂，顶孔最先开裂；种子小，马蹄状弯曲。

约 100 种，分布于东半球热带及亚热带至非洲热带。我国 12 种，2 变种，分布于西藏至台湾、长江流域以南各省区。

朝天罐 O. opipara

【别名】高脚红缸、罐子草、线鸡腿。

图 6-192　朝天罐

【形态特征】灌木，高 0.3～1(～1.2)m；茎四棱形或稀六棱形，被平贴的糙伏毛或上升的糙伏毛。叶对生或有时 3 枚轮生，叶片坚纸质，卵形至卵状披针形。稀疏的聚伞花序组成圆锥花序，顶生，长 7～22cm 或更长；花深红色至紫色。蒴果长卵形，为宿存萼所包，宿存萼长坛状。花果期 7～9 月（图 6-192）。

【分布】分布于贵州、广西至台湾、长江流域以南各省区。生于海拔 250～800m 的山坡、山谷、水边、路旁、疏林中或灌木丛中。

【观赏特性及园林用途】花色艳丽，花期长，适宜湖旁、涧边成片栽植。

【同属其它种】假朝天罐 O. crinita：灌木，高 0.2～1.5m，稀达 2.5m；茎四棱形，被疏或密平展的刺毛。总状花序，顶生，或每节有花 2 朵，常仅 1 朵发育，或由聚伞花序组成圆锥花序；花瓣 4，紫红色。蒴果 4 纵裂，宿存萼坛形。花期 8～11 月，果期 10～12 月。

6.58.3　尖子木属 *Oxyspora*

灌木，茎钝四棱形，具槽。单叶对生，具叶柄。聚伞花序组成的圆锥花序，顶生；苞片极小，常早落；花 4 数，花萼狭漏斗形，具 8 脉，萼片短；花瓣粉红色至红色，或深玫瑰色，卵形；雄蕊 8，4 长 4 短；子房通常为椭圆形，4 室，顶端无冠。蒴果倒卵形或卵形；种子多数，近三角状披针形，有棱。

约 20 种，产于我国西南部、尼泊尔、缅甸、印度、越南、老挝、泰国等。我国有 3 种，分布于西藏、四川至广西。

尖子木 *O. paniculata*

【别名】酒瓶果、砚山红。

【形态特征】灌木，高 1～2m，稀达 6m；茎四棱形或钝四棱形，通常具槽，幼时被糠秕状星状毛及具微柔毛的疏刚毛。叶片坚纸质，卵形或狭椭圆状卵形或近椭圆形，长 12～24cm。由聚伞花序组成的圆锥花序，顶生，被糠秕状星状毛，长 20～30cm；花萼狭漏斗形，具钝四棱；花瓣红色至粉红色，或深玫瑰红色，卵形。蒴果倒卵形，宿存萼较果长，漏斗形。花期 7～9 月，稀 10 月，果期 1～3 月，稀达 5 月（图 6-193）。

图 6-193　尖子木

【分布】产于西藏、贵州、云南、广西。尼泊尔、缅甸至越南也有分布。

【生态习性】性喜阴，喜潮湿环境，不耐旱。

【观赏特性及园林用途】花色艳丽，花期长，适合庭院或坡地种植。

6.58.4　光荣树属 *Tibouchina*

巴西野牡丹 *T. seecandra*

【别名】紫花野牡丹、艳紫野牡丹。

【形态特征】常绿小灌木，高约 60cm。叶椭圆形，两面具细茸毛，全缘，3～5 出分脉。花顶生，花大型，5 瓣，浓紫蓝色，中心的雄蕊白色且向上弯曲。刚开的花呈现深紫色，开一段时间后则呈现紫红色。花期长，主要集中于夏季。

【分布】原产巴西。我国广东、云南等地引种栽培。

【生态习性】性喜高温，也有一定耐寒力。冬季气温 3℃ 以上的地方可安全越冬。极耐旱。

【观赏特性及园林用途】花色十分艳丽，花期极长，在暖热地区，花期近乎全年。适合用于盆栽阳台观赏或庭园花坛种植。

6.59　使君子科 Combretaceae

木质藤本至乔木；叶互生或对生；花两性，稀单性。排成穗状花序、总状花序或头状花序；萼管与子房合生，且延伸其外成一管，4～5 裂；花瓣 4～5 或缺；雄蕊与萼片同数或 2 倍之；子房下位；果革质或核果状，有翅或有纵棱。

18～19 属，450 余种，主产热带，亚热带地区有分布。我国 6 属，25 种 7 变种。

诃子属 *Terminalia*

榄仁树 *T. catappa*

【别名】山枇杷树。

【形态特征】落叶或半常绿乔木，高达 20m。单叶互生，常密集枝顶，倒卵形，先端钝圆或短尖，中下部渐窄，基部平截或窄心形，全缘，稀微波状，中脉粗，侧脉 10～12 对。穗状花序腋生，长 15～20cm，雄花生于上部，两性花生于下部。花多数；无花瓣；雄蕊 10；花盘具 5 个腺体。果椭圆形，具 2 纵棱，棱上具翅状窄边。种子 1。花期 3～6 月，果期 7～9 月（图 6-194）。

【分布】产于广东、海南、香港、台湾、云南。常生于气候湿热的海边沙滩上，多栽培作行道树。马来西亚、越南以及印度、大洋洲均有分布。南美热带海岸也很常见。

【生态习性】热带海滩树种，深根性，抗风力强。

【观赏特性及园林用途】旱季落叶前红叶美丽。可作庭荫树、行道树和防风林树种。

图 6-194　榄仁树

【同属其它种】①小叶榄仁 *T. mantaly*：侧枝自然分层，轮生于主干四周，水平向四周开展，春季萌发青翠的新叶，随风飘逸，姿态甚为优雅。原产非洲。中国分布在广东、香港、台湾、广西和云南。是优美的行道树。②千果榄仁 *T. myriocarpa*：常绿大乔木，大型圆锥花序，瘦果极多数，有 3 翅，是美丽的观果植物。产于广西、云南和西藏。

6.60　蓝果树科 Nyssaceae

落叶乔木，稀灌木。单叶互生，羽状脉，有叶柄，无托叶。花序头状、总状或伞形；花单性或杂性，异株或同株。雄花：花瓣 5，稀更多；雄蕊常为花瓣的 2 倍或较少，常排列成 2 轮。雌花：花萼的管状部分常与子房合生，上部裂成齿状的裂片 5；花瓣小，5 或 10，排列成覆瓦状；子房下位。果实为核果或翅果。

共 3 属，约 12 种，分布于北美和亚洲。我国有 3 属，8 种。

6.60.1　珙桐属 *Davidia*

仅有 1 种及 1 变种，我国西南部特产。

珙桐 *D. involucrata*

【别名】鸽子树。

【形态特征】落叶乔木，高 15～20m。叶纸质，互生，常密集于幼枝顶端，阔卵形或近圆形，常长 9～15cm。两性花与雄花同株，两性花位于花序的顶端，雄花环绕于其周围，基部具纸质、矩圆状卵形或矩圆状倒卵形花瓣状的苞片 2～3 枚，长 7～15cm，初淡绿色，继变为乳白色，后变为棕黄色而脱落。雄花无花萼及花瓣。果实为长卵圆形核果，外果皮很薄，中果皮肉质，内果皮骨质具沟纹。花期 4 月，果期 10 月（图 6-195）。

图 6-195　珙桐

【分布】产于湖北西部、湖南西部、四川以及贵州和云南两省的北部。

【生态习性】多生于阴湿处，喜中性或微酸性腐殖质深厚的土壤，在干燥多风、日光直射之处生长不良，不耐瘠薄，不耐干旱。幼苗生长缓慢，成年树趋于喜光。

【观赏特性及园林用途】枝叶繁茂，叶大如桑，花形似鸽子展翅。珙桐有"植物活化石"之称，为中国特有的珍稀名贵观赏植物、国家一级重点保护植物。

【变种】光叶珙桐 var. *vilmoriniana*：叶下面常无毛或幼时叶脉上被很稀疏的短柔毛及粗毛，有时下面被白霜。产于湖北西部、四川、贵州等省。

6.60.2　喜树属 *Camptotheca*

仅有喜树 1 种，我国特产。

喜树 *C. acuminata*

【别名】旱莲、千丈树。

【形态特征】落叶乔木。单叶互生，卵形，顶端锐尖，基部近圆形，叶脉羽状。头状花序近球形，苞片肉质；花杂性；花萼杯状，上部裂成 5 齿状的裂片；花瓣 5，卵形，覆瓦状排列；雄蕊 10，不等长，排列成 2 轮，花药 4 室；子房下位，1 室，胚珠 1 颗，下垂。果实为矩圆形翅果，顶端截形，有宿存的花盘，1 室 1 种子，无果梗，着生成头状果序（图 6-196）。

1.花枝；2.翅果；3.翅果的内面和外面

图 6-196　喜树

【分布】分布四川、安徽、江苏、河南、江西、福建、湖北、湖南、云南、贵州、广东、广西等长江以南各省区。

【生态习性】喜阳光充足、温暖、湿润环境，不耐寒；宜生于深厚、肥沃、湿润土壤上，较耐水湿，不耐干旱瘠薄，在酸性、中性和弱碱性土上均能生长。抗病虫能力强，耐烟性弱。

【观赏特性及园林用途】主干通直，树冠开展，生长迅速，为优良的庭园树和行道树。

6.60.3　蓝果树属 *Nyssa*

乔木或灌木。单叶互生，羽状脉。花杂性，异株，成头状花序、伞形花序或总状花序；

雄花的花托盘状、杯状或扁平，雌花或两性花的花托较长，常成管状、壶状或钟状；花萼细小，裂片5～10；花瓣通常5～8；雄蕊在雄花中与花瓣同数或为其2倍；在两性花和雌花中子房下位和花托合生，1室稀2室，每室有胚珠1颗。核果矩圆形、长椭圆形或卵圆形，顶端有宿存的花萼和花盘。

10余种，产于东亚和北美地区。我国有7种。

蓝果树 N. sinensis

【别名】紫树、枢萨木。

【形态特征】落叶乔木，高达20m。叶纸质或薄革质，互生，椭圆形或长椭圆形，长12～15cm。花序伞形或短总状，花单性。雄花着生于老枝上；花瓣早落。雌花生于具叶的幼枝上，基部有小苞片；花萼的裂片近全缘；花瓣鳞片状。核果矩圆状椭圆形或长倒卵圆形，幼时紫绿色，成熟时深蓝色，后变深褐色。种子外壳坚硬，骨质，稍扁。花期4月下旬，果期9月（图6-197）。

图6-197 蓝果树

【分布】产于江苏南部、浙江、安徽南部、江西、湖北、四川东南部、湖南、贵州、福建、广东、广西、云南等省区。

【生态习性】阳性，喜温暖湿润气候，耐干旱瘠薄，生长快，宜生于酸性土壤中。

【观赏特性及园林用途】干形挺直，叶茂荫浓，春季有紫红色嫩叶，秋日叶转绯红，分外艳丽，适于作行道树和秋景树配植于庭园中。

6.61　山茱萸科 Cornaceae

乔木、灌木或多年生草本，叶对生，稀互生或轮生，单叶；花两性或单性，为顶生的花束或生于叶的表面；萼4～5齿裂或缺；花瓣4～5或缺；雄蕊4～5，与花瓣同着生于花盘的基部；子房下位，1～4室；胚珠每室1颗，下垂；花柱单一；果为一核果或浆果，有种子1～2颗。

约14属130种，主要分布于热带至温带，稀至寒带。我国8属，60余种。

6.61.1　四照花属 Dendrobenthamia

常绿或落叶小乔木或灌木。冬芽顶生或腋生。叶对生，亚革质或革质，稀纸质，卵形、椭圆形或长圆披针形，侧脉3～6(～7)对；具叶柄。头状花序顶生，有白色花瓣状的总苞片4，卵形或椭圆形；花小，两性；花萼管状，先端有齿状裂片4，钝圆形、三角形或截形；花瓣4，分离，稀基部近于合生；雄蕊4，花丝纤细，花药椭圆形，2室；花盘环状或垫状；子房下位，2室，每室1胚珠，花柱粗壮，柱头截形或头形。果为聚合状核果，球形或扁球形。

为东亚特有属，约11种，我国产10种，引入栽培1种。本属植物具顶生头状花序及大型白色总苞片，成熟头状果序为红或黄色，鲜艳美观，可作为庭园观赏植物。

头状四照花 D. capitata

【别名】鸡嗦子

图 6-198 头状四照花

【形态特征】常绿乔木，高达 15（～20）m。叶革质或薄革质，长圆形或长圆状倒卵形，稀披针形，长 6～9（～12）cm，先端锐尖，基部楔形或宽楔形，下面脉腋具凹孔。侧脉 4（5）对，弧状上升。顶生球形头状花序常由近 100 朵花组成，径达 1.2cm；总苞片倒卵形或宽椭圆形，长 3～5cm。花瓣倒卵状长圆形，长 2～3.5mm；雄蕊短于花瓣；花柱具 4 纵棱。果序扁球形，径 2.5～3.5cm，成熟时紫红色。花期 5～7 月，果期 8～10 月（图 6-198）。

【分布】产于浙江南部、湖北、湖南、广西、贵州、云南、四川及西藏，生于海拔 1000～3200m 林中及阴湿溪边。

【生态习性】性喜光，亦耐半阴，喜温暖气候和阴湿环境，适生于肥沃而排水良好的砂质土壤。适应性强，能耐－15℃低温。较耐旱、耐瘠薄。

【观赏特性及园林用途】因花序外有 2 对黄白色花瓣状大型苞片而得名。其树形圆整美观，叶片光亮，秋季红果满树。春赏绿叶，夏观白花，秋看红果，是一种极其美丽的庭园观花观叶观果绿化树种，可孤植或列植，也可丛植于草坪、路边、林缘、池畔，果可食。

6.61.2　灯台树属 *Bothrocaryum*

落叶乔木或灌木。叶互生，纸质或厚纸质，阔卵形至椭圆状卵形，全缘。伞房状聚伞花序，顶生；花小，两性；花萼管状，顶端有齿状裂片 4；花瓣 4，白色；雄蕊 4，着生于花盘外侧；花柱圆柱形，子房下位。核果球形，有种子 2 枚；核顶端有一个方形孔穴。

有 2 种，分布于东亚及北美亚热带及北温带地区。我国有 1 种。

灯台树 *B. controversum*

【别名】六角树、瑞木

【形态特征】落叶乔木，高 6～15m；当年生枝紫红绿色，2 年生枝淡绿色，有半月形的叶痕和圆形皮孔。叶互生，纸质，阔卵形、阔椭圆状卵形或披针状椭圆形，长 6～13cm，宽 3.5～9cm，先端突尖，基部圆形或急尖，全缘，上面黄绿色，下面灰绿色，密被淡白色平贴短柔毛，中脉在下面凸出，微带紫红色，侧脉 6～7 对，弓形内弯；叶柄紫红绿色。花白色，直径 8mm。核果直径 6～7mm，成熟时紫红色至蓝黑色。花期 5～6 月，果期 7～8 月（图 6-199）。

图 6-199　灯台树

【分布】产于辽宁、河北、陕西、甘肃、山东、安徽、台湾、河南、广东、广西以及长江以南各省区。

【生态习性】喜半阴环境，对气候适应性强，耐寒、耐热、生长快。宜在肥沃、湿润及疏松、排水良好的土壤上生长。

【观赏特性及园林用途】树冠形状美观，叶形秀丽，花序明显，花色素雅，果实初为紫红色，成熟后变为蓝黑色，枝条紫红色，具有很高的观赏价值，是我国珍贵的乡土绿化树种，可用于公园、庭院、街道、风景区等各种园林绿地。

6.61.3 桃叶珊瑚属 *Aucuba*

常绿小乔木或灌木。小枝对生。叶对生，边缘具锯齿或腺状齿。花单性，雌雄异株，雌花序常圆锥状，雄花排成总状圆锥花序。花 4 基数；雌花萼管常与子房合生，子房下位，1 室，具倒生悬垂胚珠。核果肉质，成熟时为红色或深红色，顶端宿存萼齿、花柱及柱头。种子 1，种皮白色。

约 13 种，分布于中国、锡金、不丹、印度、缅甸、越南、日本及韩国。我国全产。本属植物严冬具鲜红色圆锥果序，极为美观，为绿化庭园的优良树种。

桃叶珊瑚 *A. chinensis*

【别名】东瀛珊瑚、青木。

【形态特征】高达 6(~12)m。小枝二歧分枝，皮孔白色；叶痕大而显著。叶革质，椭圆形或椭圆形，长 10~20cm，先端钝尖，基部楔形或宽楔形，边缘微反卷，1/3 以上具 5~8 对锯齿或腺状齿，稀粗锯齿。圆锥花序顶生。雄花序长于雌花序，雄花 4 数，绿或紫红色。核果浆果状，熟时深红色，萼片、花柱及柱头均宿存顶端。花期 1~2 月（图 6-200）。

图 6-200 桃叶珊瑚

【分布】产于福建、台湾、江西、湖南、广东、海南、广西、贵州及云南。

【生态习性】喜温暖湿润和半阴环境，土壤以肥沃、疏松、排水良好的壤土为好，属耐阴灌木，夏季怕强光暴晒，较耐寒。

【观赏特性及园林用途】叶色青翠光亮，果实鲜艳夺目，为良好的耐阴观叶、观果树种，宜于配植在林下及荫处。又可盆栽供室内观赏。

【变种】花叶青木（洒金珊瑚）var. *variegata*：叶片有大小不等的黄色或淡黄色斑点。我国各大、中城市公园及庭园中广泛栽培。

6.62 卫矛科 Celastraceae

乔木、灌木或藤本。单叶，羽状脉。花两性或单性，排成腋生或顶生聚伞花序或总状花序，或单生；花瓣 4~5，萼 4~5 裂，宿存；雄蕊 4~5，与花瓣同数，互生，着生花盘之上或花盘之下；子房上位，2~5 室，每室 1~2 胚珠；中轴胎座。多为蒴果，亦有核果、翅果或浆果；种子多少被肉质具色假种皮包围。

约有 60 属，850 种。主要分布于热带、亚热带及温暖地区，少数分布至寒温带。我国有 12 属 201 种，全国均产，其中引进栽培有 1 种。

6.62.1 卫矛属 *Euonymus*

灌木或小乔木，稀为藤本。叶对生，极少为互生或 3 叶轮生。花为 3 出至多次分枝的聚伞圆锥花序；花两性，较小；花部 4~5 数，花萼绿色；花瓣较花萼长，多为白绿色或黄绿色，偶为紫红色；雄蕊着生花盘上面，多在靠近边缘处，少在靠近子房处；子房半沉于花盘内，轴生或室顶角垂生。蒴果近球状、倒锥状；种子外被红色或黄色肉质假种皮。

约有 220 种，分布东西两半球的亚热带和温暖地区，仅少数种类北伸至寒温带。我国有

111 种，10 变种，4 变型。

图 6-201 冬青卫矛

(1) 冬青卫矛 E. japonicus

【别名】正木、大叶黄杨、冬青。

【形态特征】灌木或小乔木，高 0.6～2m，胸径 5cm；小枝四棱形，光滑，无毛。叶革质或薄革质，上面光亮。卵形、椭圆状或长圆状披针形以至披针形，长 4～8cm，缘有钝齿。花序腋生，花小，具花盘。蒴果近球形，假种皮鲜红色，全包种子。花期 3～4 月，果期 6～7 月（图 6-201）。

【分布】产于贵州西南部、广西东北部、广东西北部、湖南南部、江西南部。

【生态习性】喜光，也较耐阴。喜温暖、湿润的海洋性气候及肥沃湿润土壤，耐干旱瘠薄，温度低达－17℃左右即受冻害，黄河以南地区可露地种植。极耐整形修剪，生长较慢，寿命长。对各种有毒气体及烟尘有很强的抗性。

【观赏特性及园林用途】枝叶茂密，四季常青，极耐修剪，为庭院中常见绿篱树种。可经整形环植门旁道边，或作花坛中心栽植，亦可盆植观赏。

【品种】① '银边' 冬青卫矛 'Albo-marginatus'：叶柄和小枝呈白绿或灰色，叶边缘有很狭的银白色条带。② '金边' 冬青卫矛 'Ovatus Aureus'：叶边缘黄色。③ '金心' 冬青卫矛 'Avrens'：小枝和叶柄均为淡黄色，叶片主脉部分呈黄色，部分枝端叶片全为黄色。

(2) 扶芳藤 E. fortunei

【别名】爬行卫矛。

【形态特征】常绿攀援灌木，高 1 至数米；小枝方棱不明显。叶薄革质，椭圆形、长方椭圆形或长倒卵形，宽窄变异较大，可窄至近披针形，长 3.5～8cm。聚伞花序 3～4 次分枝；花白绿色，4 数，直径约 6mm；花盘方形。蒴果粉红色，果皮光滑，近球状；种子长方椭圆状，棕褐色，假种皮鲜红色，全包种子。花期 6 月，果期 10 月（图 6-202）。

【分布】产于江苏、浙江、安徽、江西、湖北、湖南、四川、陕西等省。

【生态习性】耐阴，喜温暖，耐寒性不强，对土壤要求不严，能耐干旱、瘠薄。多生于林缘和村庄附近，攀树、爬墙或匍匐石上。

图 6-202 扶芳藤

【观赏特性及园林用途】叶色油绿光亮，入秋红艳可爱，又有较强的攀缘能力，在园林中用以掩覆墙面、花坛边缘、山石或攀缘于老树、花格之上。也可盆栽观赏，将其修剪成悬崖式、圆头形等，用作室内绿化，颇为雅致。

【变种及品种】①小叶扶芳藤 var. radicans：叶较小而厚，叶色浓绿，秋叶变红。② '银边' 扶芳藤：叶缘乳白色，冬季变为粉红色。③ '金边' 扶芳藤：叶片较小，长 1～2cm，叶缘金黄色，冬季变为红色。④ '金心' 扶芳藤：叶卵圆形，长 2～2.5cm，浓绿色，叶片主脉部分呈金黄色。茎蔓黄色，多向上生长。

【同属其它种】①丝棉木 E. bungeanus：落叶小乔木，高 6～8m。秋季叶色变红。蒴果粉红色。产于我国北部、中部和东部，辽宁、河北、河南、山东、山西、甘肃、安徽、江苏、浙江、福建、江西、湖北四川均有分布。②脉瓣卫矛 E. tingens：常绿小乔木，高

5～8m。花瓣白绿色带紫色脉纹。蒴果倒锥状或近球状，成熟时粉红色。产于四川、云南、广西及西藏。具有很高的观赏价值，是西南亚高山地区优良的园林观赏植物和绿化造林树种。

6.62.2　南蛇藤属 Celastrus

藤状灌木。单叶互生，边缘具各种锯齿，羽状网脉；托叶小，线形，常早落。花小，通常功能性单性、异株或杂性，稀两性，聚伞花序成圆锥状或总状；花黄绿色或黄白色，花5数；花萼钟状；雄蕊着生花盘边缘，稀出自扁平花盘下面；子房上位。蒴果类球状，通常黄色；种子1～6个，椭圆状或新月形到半圆形，假种皮肉质红色。

30余种，分布于亚洲、大洋洲、南北美洲及马达加斯加的热带及亚热带地区。我国约有24种和2变种，除青海、新疆尚未见记载外，各省区均有分布，而长江以南为最多。

南蛇藤 *C. orbiculatus*

【别名】蔓性落霜红、南蛇风、大南蛇。

【形态特征】小枝光滑无毛，灰棕色或棕褐色，具稀而不明显的皮孔；腋芽小，卵状到卵圆状，长1～3mm。叶通常阔倒卵形，近圆形或长方椭圆形，长5～13cm，边缘具锯齿。聚伞花序腋生，小花1～3朵；花盘浅杯状，裂片浅，顶端圆钝。蒴果近球状；种子椭圆状稍扁，赤褐色。花期5～6月，果期7～10月（图6-203）。

【分布】产于黑龙江、吉林、辽宁、内蒙古、河北、山东、山西、河南、陕西、甘肃、江苏、安徽、浙江、江西、湖北、四川。

图 6-203　南蛇藤

【生态习性】适应性强，喜光，也耐半阴，耐寒，在土壤肥沃、排水良好及气候湿润处生长良好。

【观赏特性及园林用途】入秋后叶色变红，鲜黄色的果实开裂后露出鲜红色的假种皮，颇为美观。宜植于湖畔、溪边、坡地、林缘及假山、石隙等处，也可作为棚架绿化及地被植物材料，颇具野趣。果枝可作瓶插材料。

6.63　冬青科 Aquifoliaceae

乔木或灌木；单叶互生，稀对生或假轮生。花小，辐射对称，单性，稀两性或杂性，腋外生或近顶生的聚伞花序、假伞形花序、总状花序、圆锥花序或簇生，稀单生；花萼4～6裂，常宿存；花瓣4～6，分离或基部合生；雄蕊与花瓣同数；子房上位，2至多室。果通常为浆果状核果，具2至多数分核。

约4属，400～500种，分布中心为热带美洲和热带至暖带亚洲，仅有3种到达欧洲。我国产1属，约204种，分布于秦岭南坡、长江流域及其以南地区，以西南地区最盛。

冬青属 *Ilex*

乔木或灌木；叶互生，少数对生，有齿缺或有刺状锯齿；花单性异株，有时杂性，为腋生的聚伞花序或伞形花序；花萼裂片、花瓣和雄蕊通常4；子房上位，3至多室，每室有下垂的胚珠1～2颗，生于中轴胎座上；核果为球形，红色或黑色，果核通常4，萼宿存。

图 6-204　冬青

400 种以上，分布于两半球的热带、亚热带至温带地区，主产中南美洲和亚洲热带。我国 200 余种，分布于秦岭南坡、长江流域及其以南广大地区，而以西南和华南最多。

（1）冬青 *I. chinensis*

【别名】北寄生、槲寄生、桑寄生。

【形态特征】常绿乔木，高达 13m；当年生小枝具细棱。叶片薄革质至革质，椭圆形或披针形，长 5～11cm，边缘具圆齿。雄花：花序具 3～4 回分枝；花淡紫色或紫红色，4～5 基数；花萼浅杯状，具缘毛；花冠辐状，花瓣卵形；雌花：花序具 1～2 回分枝，具花 3～7 朵；花萼和花瓣同雄花。果长球形，成熟时红色，长 10～12mm。花期 4～6 月，果期 7～12 月（图 6-204）。

【分布】产于我国长江流域及其以南各省区。

【生态习性】喜光，稍耐阴，喜温暖湿润气候及肥沃的酸性土壤，较耐潮湿，不耐寒。常生于山坡杂木林中。萌芽力强，耐修剪，生长较慢。深根性，抗风力强，对二氧化硫及烟尘有一定抗性。

【观赏特性及园林用途】枝繁叶茂，四季常青，入秋红果累累，经久不落，十分美观。宜作园景树及绿篱植物栽培，也可盆栽或制作盆景观赏。

（2）枸骨 *I. cornuta*

【别名】鸟不宿、猫儿刺、枸骨冬青。

【形态特征】常绿灌木或小乔木，高 3～4m。树皮灰白色，平滑。叶硬革质，长圆状方形，长 4～8cm，宽 2～4cm，顶端扩大并有 3 枚大而尖的刺齿，基部平截，两侧各有坚硬刺齿 1～2。花单性异株，黄绿色，簇生于 2 年生枝上。核果球形，鲜红色，径 8～10mm，具 4 核。花期 4～5 月，果期 9～10(11) 月（图 6-205）。

图 6-205　枸骨

【分布】产于我国长江中下游各省。朝鲜亦有分布。

【生态习性】喜光，稍耐阴，喜温暖气候及肥沃、湿润、排水良好的微酸性土壤，耐寒性不强。多生于山坡谷地灌木丛中，现各地庭园常有栽培。颇能适应城市环境，对有害气体有较强抗性。生长缓慢，萌蘖力强，耐修剪。

【观赏特性及园林用途】枝繁叶茂，四季常青，叶形奇特、光亮，入秋红果累累，经冬不凋，鲜艳美丽，是良好的观叶、观果树种。宜作基础种植及岩石园材料，也可孤植于花坛中心、对植于前庭或路口，或丛植于草坪边缘，同时又是很好的绿篱（兼有果篱、刺篱的效果）及盆栽材料，选其老桩制作盆景亦有风趣。果枝可供瓶插，经久不凋。

【变种】无刺枸骨 var. *fortunei*：叶缘两侧无刺齿，园林应用较原种多。

（3）齿叶冬青 *I. crenata*

【别名】波缘冬青、钝齿冬青、假黄杨。

【形态特征】常绿灌木，高 5～10m；多分枝。叶小而密生，椭圆形至倒长卵形，长

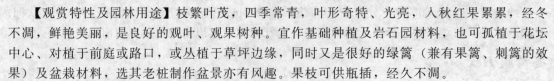

1.5～3cm，缘有浅钝齿，厚革质，表面深绿有光泽，背面浅绿有腺点。花小，白色；雌花单生。果球形，熟时黑色（图6-206）。

【分布】山东以南各省区，常作庭园观赏树种。

【生态习性】喜光，稍耐阴，喜温湿气候，较耐寒。

【观赏特性及园林用途】江南庭园中时见栽培观赏，或作盆景材料。

【品种】'龟甲'齿叶冬青'Convexa'：矮灌木，小叶密生，叶形小巧，叶色亮绿，叶面凸起。可成片栽植作为地被树，也常用于彩块及彩条作为基础种植。也可植于花坛、树坛及园路交叉口，观赏效果均佳。

图 6-206　齿叶冬青

6.64　黄杨科 Buxaceae

常绿灌木或小乔木，稀为草本。单叶互生或对生，全缘或有齿牙，羽状脉或离基三出脉，无托叶。花小，无花瓣；单性，雌雄同株或异株；花序总状或密集的穗状，有苞片；雄花萼片4，雌花萼片6；雄蕊4，稀6；子房上位，3室，每室1～2胚珠，脊向背缝线。蒴果或核果。种子黑色、光亮。

共9属，约100种，生热带和温带。在我国有3属，27种左右，分布于西南部、西北部、中部、东南部，直至台湾省。

黄杨属 Buxus

(1) 黄杨 B. sinica

【别名】山黄杨、千年矮、万年青。

【形态特征】灌木或小乔木，高1～6m；枝圆柱形，有纵棱，灰白色；小枝四棱形，全面被短柔毛或外方相对两侧面无毛，节间长0.5～2cm。叶长1.5～3.5cm，宽0.8～2cm，先端圆或钝，常有小凹口，叶面中脉凸出，叶背中脉上常密被白色短线状钟乳体。花序腋生，头状，花密集。蒴果近球形。花期3月，果期5～6月（图6-207）。

【分布】产于陕西、甘肃、湖北、四川、贵州、广西、广东、江西、浙江、安徽、江苏、山东各省区。

【生态习性】喜光，喜潮湿环境，耐寒性弱，在−10℃易冻伤，怕水淹，耐旱，浅根性，根系密集发达。养护管理简单方便，寿命长。

【观赏特性及园林用途】四季常绿，树干灰白光洁，枝叶密生。适宜在公园绿地，庭前入口两侧群植、列植，或作为花境之背景，或与山石搭配，适合修剪造型，也是厂矿绿化的重要树种。

图 6-207　黄杨

【变种】小叶黄杨 var. parvifolia：树干灰白光洁，枝条密生。叶长7～10mm。花簇生叶腋或枝端，黄绿色，无花瓣。

(2) 雀舌黄杨 B. bodinieri

【别名】匙叶黄杨。

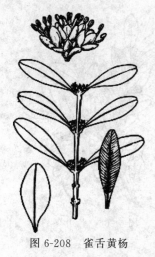

图 6-208　雀舌黄杨

【形态特征】灌木，高 3～4m；枝圆柱形；小枝四棱形，被短柔毛，后变无毛。叶薄革质，通常匙形，亦有狭卵形或倒卵形，大多数中部以上最宽，长 2～4cm，宽 8～18mm。花序腋生，头状，密集。蒴果卵形，宿存花柱直立。花期 2 月，果期5～8 月（图 6-208）。

【分布】产于云南、四川、贵州、广西、广东、江西、浙江、湖北、河南、甘肃、陕西。

【生态习性】喜温暖湿润和阳光充足环境，耐干旱和半阴，要求疏松、肥沃和排水良好的沙壤土。弱阳性，耐修剪，较耐寒，抗污染。

【观赏特性及园林用途】植株低矮，枝叶繁茂，叶形别致，四季常青，耐修剪，是优良的矮篱材料，常用作模纹图案或布置花坛边缘，也可用来点缀草地、山石，或盆栽、制成盆景观赏。

6.65　大戟科 Euphorbiaceae

乔木、灌木或草本，稀为藤本，常有乳状汁液。叶互生，少有对生或轮生，单叶，稀为复叶；具羽状脉或掌状脉，托叶 2。花单性，雌雄同株或异株，通常为聚伞状或总状花序，顶生或腋生，花瓣有或无；雄蕊 1 枚至多数，雄花常有退化雌蕊；子房上位，3 室，每室有1～2 颗胚珠，花丝分离或合生。蒴果，少数为浆果状或核果状；种子常为卵圆状。

约 300 属，5000 种，广布于全球，主产于热带和亚热带地区。我国 70 多属 460 种，分布于全国各地，主产地为西南至台湾。

6.65.1　乌桕属 Sapium

乔木或灌木。叶互生，稀近对生，具羽状脉；叶柄顶端有 2 腺体或罕有不存在。花单性，雌雄同株或有时异株，若为雌雄同序则雌花生于花序轴下部，雄花生于花序轴上部，密集成顶生的穗状花序、穗状圆锥花序或总状花序，无花瓣和花盘；雄花小，黄色或淡黄色，数朵聚生于苞腋内；雌花比雄花大，每一苞腋内仅 1 朵雌花；花萼杯状。蒴果球形、梨形，稀浆果状，通常 3 室；种子近球形。

约 120 种，广布于全球，主产热带地区，尤以南美洲为最多。我国 9 种，多分布于东南至西南部丘陵地区。

乌桕 S. sebiferum

【别名】腊子树、桕子树、木子树。

【形态特征】乔木，高可达 15m，各部均无毛而具乳状汁液。叶互生，纸质，叶片菱形、菱状卵形或稀有菱状倒卵形，长 3～8cm，全缘。花单性，雌雄同株，聚集成顶生、长 6～12cm 的总状花序，雌花通常生于花序轴最下部，雄花生于花序轴上部或有时整个花序全为雄花。蒴果梨状球形，成熟时黑色，直径 1～1.5cm。具 3 种子，种子扁球形，黑色，外被白色、蜡质的假种皮。花期 4～8 月（图 6-209）。

【分布】分布于黄河以南各省区，北达陕西、甘肃。日

图 6-209　乌桕

本、越南、印度也有。此外，欧洲、美洲和非洲亦有栽培。

【生态习性】喜光，喜温暖气候及深厚肥沃而水分丰富的土壤，耐寒性不强。土壤水分条件好则生长旺盛。能耐短期积水，亦耐旱。寿命较长，抗火烧，并对二氧化硫及氯化氢抗性强。

【观赏特性及园林用途】树冠整齐，秋叶经霜后如火如荼，十分美观，有"乌桕赤于枫，园林二月中"之赞名。若与亭廊、花墙、山石等相配，也甚协调。冬日白色的种子挂满枝头，经久不凋，颇为美观，古人就有"偶看柏树梢头白，疑是江海小着花"的诗句。可孤植、丛植于草坪和湖畔、池边，在园林绿化中可栽作护堤树、庭荫树及行道树。也可成片栽植于景区、森林公园中，能产生良好的造景效果。

6.65.2　重阳木属 *Bischofia*

大乔木，有乳管组织，汁液呈红色或淡红色。叶互生，三出复叶，稀 5 小叶，具长柄，小叶片边缘具有细锯齿。花单性，雌雄异株，稀同株，组成腋生圆锥花序或总状花序；花序通常下垂；无花瓣及花盘；萼片 5，离生。果实小，浆果状，圆球形，不分裂，外果皮肉质，内果皮坚纸质；种子 3～6 个，长圆形，外种皮脆壳质。

有 2 种，分布于亚洲南部及东南部至澳大利亚和波利尼西亚。我国全产，分布于西南、华中、华东和华南等省区。

(1) 秋枫 B. javanica

【别名】万年青树、赤木、茄冬。

【形态特征】常绿或半常绿大乔木，高达 40m。三出复叶，稀 5 小叶；叶片纸质，卵形、椭圆形、倒卵形或椭圆状卵形，长 7～15cm，边缘有浅锯齿。花小，雌雄异株，多朵组成腋生圆锥花序；雄花序长 8～13cm，被微柔毛至无毛；雌花序长 15～27cm，下垂。果实浆果状，圆球形或近圆球形；种子长圆形。花期 4～5 月，果期 8～10 月。

【分布】产于陕西、江苏、安徽、浙江、江西、福建、台湾、河南、湖北、湖南、广东、海南、广西、四川、贵州、云南等省区。

【生态习性】喜阳，稍耐阴，喜温暖而耐寒力较差，对土壤要求不严，能耐水湿，根系发达，抗风力强，在湿润肥沃壤土上生长快速。

【观赏特性及园林用途】树叶繁茂，树冠圆盖形，树姿壮观。宜作庭园树和行道树，也可在草坪、湖畔、溪边、堤岸栽植。

(2) 重阳木 B. polycarpa

【别名】乌杨、茄冬树、红桐。

【形态特征】落叶乔木，高达 15m；树冠伞形状，全株均无毛。三出复叶，小叶片纸质，卵形或椭圆状卵形，有时长圆状卵形，长 5～9(～14)cm。花雌雄异株，春季与叶同时开放，组成总状花序；雄花序长 8～13cm；雌花序 3～12cm。果实浆果状，圆球形，成熟时褐红色。花期 4～5 月，果期 10～11 月（图 6-210）。

【分布】产于秦岭、淮河流域以南至福建和广东的北部，在长江中下游平原或农村四旁习见。

【生态习性】喜光，稍耐阴；喜温暖湿润的气候，耐寒力弱；对土壤要求不严，在湿润、肥沃土壤中生长最好，较耐水湿。根系发达，抗风力强，生长较快。对二氧化硫有一定的抗性。

图 6-210　重阳木

【观赏特性及园林用途】树姿优美，冠如伞盖，花叶同放，秋叶转红，艳丽夺目，抗风耐湿，生长快速，是良好的庭荫和行道树种，也适合用于堤岸、溪边、湖畔和草坪周围作为点缀树种。

6.65.3 橡胶树属 *Hevea*

乔木；有丰富乳汁。叶互生或生于枝条顶部的近对生，具长叶柄，叶柄顶端有腺体，全缘，有小叶柄。花雌雄同株，同序，无花瓣，由多个聚伞花序组成圆锥花序，花萼5齿裂或5深裂；雄蕊5～10枚；雌花的花萼与雄花同；子房3室，稀较少或较多，每室有1颗胚珠。蒴果大，外果皮近肉质，内果皮木质；种子长圆状椭圆形，具斑纹，子叶宽扁。

1.花枝；2.花；3.雄蕊群；4.果；5.种子

图 6-211　橡胶树

约12种，分布于美洲热带地区。其中橡胶树在我国南部栽培。

橡胶树 *H. brasiliensis*

【别名】巴西橡胶、橡皮树、三叶橡胶。

【形态特征】大乔木，高可达30m，有丰富乳汁。指状复叶具小叶3片；叶柄长达15cm，顶端有2(3～4)枚腺体；小叶椭圆形，长10～25cm，全缘。花序腋生，圆锥状，长达16cm，被灰白色短柔毛。蒴果椭圆状，外果皮薄，干后有网状脉纹，内果皮厚、木质；种子椭圆状。花期5～6月（图6-211）。

【分布】原产于巴西，现广泛栽培于亚洲热带地区。我国台湾、福建南部、广东、广西、海南和云南均有栽培。

【生态习性】喜高温、高湿、静风和肥沃土壤，不耐寒，5℃以下即受冻害。适于土层深厚、肥沃而湿润、排水良好的酸性沙壤土生长。

【观赏特性及园林用途】树体高大挺拔，四季常绿。可作为行道树和庭荫树。

6.65.4 油桐属 *Vernicia*

落叶乔木，植物体具乳液。叶互生，全缘或1～4裂；叶柄顶端有2枚腺体。花雌雄同株或异株，由聚伞花序再组成伞房状圆锥花序；雄花花萼花蕾时卵状或近圆球状；花瓣5枚，基部爪状；腺体5枚；雄蕊8～12枚，2轮，外轮花丝离生，内轮花丝较长且基部合生；雌花：萼片、花瓣与雄花同；子房密被柔毛，3室，每室有1颗胚珠。果大，核果状，近球形，有种子3颗，种皮木质。

共有3种，分布于亚洲东部地区。我国有2种，分布于秦岭以南各省区。

图 6-212　油桐

油桐 *V. fordii*

【别名】三年桐、桐油树、桐子树。

【形态特征】落叶乔木，高达10m；枝条具明显皮孔。叶卵圆形，长8～18cm，全缘。花雌雄同株，先叶或与叶同时开放；花瓣白色，有淡红色脉纹。核果近球状，果皮光滑；种子3～4颗，种皮木质。花期3～4月，果期8～9月（图6-212）。

【分布】产于陕西、河南、江苏、安徽、浙江、江西、福建、湖南、湖北、广东、海南、广西、四川、贵州、云南等省区。越南也有分布。

【生态习性】喜光；喜温暖、湿润气候，不耐寒；喜土壤深厚、肥沃而排水良好，不耐水湿和干旱，微酸性、中性及微碱性土均能生长。生长较快，寿命较短。

【观赏特性及园林用途】树冠圆整，叶大荫浓，花大而美丽，可植为庭荫树及行道树。对二氧化硫极为敏感，可作大气中二氧化硫污染的指示植物。也是我国重要的特产经济树种。

6.65.5　铁苋菜属 Acalypha

草本，灌木或小乔木。叶互生，羽状脉。雌雄同株，稀异株，花序腋生或顶生，雌雄花同序或异序；雄花序穗状，雌花序总状或穗状花序；雌花和雄花同序（两性）；花无花瓣，无花盘；雄蕊通常 8 枚，花丝离生，花药 2 室；雌花：萼片 3～5 枚，覆瓦状排列，近基部合生；子房 3 或 2 室，每室具胚珠 1 颗。蒴果小；种子近球形或卵圆形，种皮壳质。

约 450 种，广布于热带、亚热带地区。我国约 17 种，其中栽培 2 种，除西北部外，各省区均有分布。

红桑 A. wilkesiana

【别名】血见愁。

【形态特征】灌木，高 1～4m，嫩枝被短毛。叶纸质，阔卵形，古铜绿色或浅红色，常有不规则的红色或紫色斑块，长 10～18cm，边缘具粗圆锯齿。雌雄同株，通常雌雄花异序，雄花序长 10～20cm；雌花序长 5～10cm。蒴果直径约 4mm，具 3 个分果；种子球形。花期几乎全年。

【分布】原产于太平洋岛屿，现广泛栽培于热带、亚热带地区，为庭园赏叶植物。我国台湾、福建、广东、海南、广西和云南的公园和庭园有栽培。

【生态习性】喜高温多湿，抗寒力低，当气温 10℃ 以下时，叶片即有轻度寒害，遇长期 6～8℃ 低温，植株严重受害。对土壤水肥条件要求较高，干旱贫瘠土壤上生长不良。

【观赏特性及园林用途】枝条丛密，冠形饱满，可修整为圆球形、长椭圆形或矮化铺地为半圆形，古朴凝重，端庄典雅。为著名的观叶植物，常年红叶展景，红绿相间，为园林添色彩，很适于作花坛中的镶边、图案布景及路旁彩篱、建筑物基础种植。

【品种】栽培较多的品种有金边红桑 'Marginata'：叶缘金黄色。

【同属其它种】狗尾红 A. hispida：灌木，高 0.5～3m；雌雄异株，雌花序长且下垂。花期 2～11 月。

6.65.6　变叶木属 Codiaeum

灌木或小乔木。叶互生，全缘，稀分裂；托叶小或缺花雌雄同株稀异株，花序总状；雄花数朵簇生于苞腋，花萼（3～）5（～6）裂，裂片覆瓦状排列；花瓣细小，5～6 枚，稀缺；花盘分裂为 5～15 个离生腺体；雄蕊 15～100 枚；雌花单生于苞腋，花萼 5 裂；无花瓣；花盘近全缘或分裂；子房 3 室，每室有 1 颗胚珠，花柱 3 枚，不分裂，稀 2 裂。蒴果。

约 15 种，分布于亚洲东南部至大洋洲北部。我国栽培 1 种。

变叶木 C. variegatum

【别名】洒金榕。

【形态特征】灌木或小乔木，高可达 2m。枝条有明显叶痕。叶薄革质，形状大小变异很大、线形、线状披针形、长圆形、椭圆形、披针形、卵形、匙形、提琴形至倒卵形，有时由长的中脉把叶片间断成上下两片。长 5～30cm，边全缘、浅裂至深裂、绿色、淡绿色、紫红色、紫红与黄色相间、黄色与绿色相间或有时在绿色叶片上散生黄色或金黄色斑点或斑

图 6-213 变叶木

纹。总状花序腋生，雌雄同株异序，长 8～30cm，雄花白色；雌花淡黄色。蒴果近球形，稍扁。花期 9～10 月（图 6-213）。

【分布】原产于亚洲马来半岛至大洋洲，现广泛栽培于热带地区。我国南部各省区常见栽培。

【生态习性】喜高温、湿润和阳光充足的环境，不耐寒。若光照长期不足，叶面斑纹、斑点不明显，缺乏光泽，枝条柔软，甚至产生落叶。

【观赏特性及园林用途】叶形、叶色变化可显示出色彩美、姿态美，在观叶植物中深受人们喜爱，热带地区多用于公园、绿地和庭园绿化，既可丛植，也可做绿篱，在长江流域及以北地区均作盆花栽培，装饰房间、厅堂和会场。

【品种】约有 120 多个品种，常见的有：‘飞燕’、‘细黄卷’、‘鸿爪’、‘晨星’、‘柳叶’等。

6.65.7 大戟属 *Euphorbia*

草本，灌木，或乔木，植物体具乳状液汁。叶常互生或对生，少轮生，常全缘，少分裂或具齿或不规则。杯状聚伞花序，单生或组成复花序；雄花无花被，仅有 1 枚雄蕊；雌花常无花被，少数具退化的且不明显的花被；子房 3 室，每室 1 个胚株。蒴果，成熟时分裂为 3 个 2 裂的分果；种子每室 1 枚，常卵球状，种皮革质，深褐色或淡黄色。

约 2000 种，遍布世界各地，其中非洲和中南美洲较多。我国原产约 66 种，南北均产，但以西南的横断山区和西北的干旱地区较多。

图 6-214　一品红

(1) 一品红 *E. pulcherrima*

【别名】圣诞花、猩猩木、老来娇。

【形态特征】灌木。茎直立，高 1～3m。叶互生，卵状椭圆形、长椭圆形或披针形，长 6～25cm，绿色，边缘全缘或浅裂或波状浅裂；苞叶 5～7 枚，狭椭圆形，通常全缘，极少边缘浅波状分裂，朱红色。花序数个聚伞排列于枝顶。蒴果，三棱状圆形。种子卵状。花果期 10 月至次年 4 月（图 6-214）。

【分布】原产于中美洲，广泛栽培于热带和亚热带。我国绝大部分省区市均有栽培，常见于公园、植物园及温室中，供观赏。

【生态习性】喜温暖气候，生长适温为 18～25℃。冬季温度不低于 10℃，否则会引起苞片泛蓝，基部叶片易变黄脱落，形成"脱脚"现象。喜湿润、喜阳；土壤以疏松肥沃，排水良好的砂质土壤为好。

【观赏特性及园林用途】四季苍翠，冬季新叶红艳，红叶期长。常用作花坛种植或盆栽室内观赏。

(2) 肖黄栌 *E. cotinifolia*

【别名】紫锦木、非洲红。

【形态特征】常绿乔木，高 13～15m，直径 12～17cm。叶 3 枚轮生，圆卵形，长 2～6cm，先端钝圆，基部近平截；两面红色。花序生于二歧分枝的顶端。蒴果三棱状卵形，光滑无毛。种子近球状,褐色(图6-215)。

【分布】原产于热带美洲。我国福建、台湾有栽培。

【生态习性】喜阳光充足、温暖、湿润的环境。要求土壤疏松、肥沃、排水良好。生长期充分浇水、施肥。适当修剪整形。冬季保持温暖,适当控制浇水,越冬温度8℃以上。

【观赏特性及园林用途】叶片终年红色,是非常美丽的观叶植物,温暖地区用于园林布置,可做行道树和独赏树。

图 6-215 肖黄栌

(3) 虎刺梅 E. milii

【别名】铁海棠、麒麟刺、虎刺。

【形态特征】蔓生灌木。茎长60~100cm,具纵棱,密生硬而尖的锥状刺,刺长1~1.5(2.0)cm,直径0.5~1.0mm,常旋转状排列于棱脊上。叶互生,通常集中于嫩枝上,倒卵形或长圆状匙形,长1.5~5.0cm,全缘。花序2.4或8个组成二歧状复花序,生于枝上部叶腋。苞叶2枚,肾圆形,长8~10mm,上面鲜红色,下面淡红色。蒴果三棱状卵形,成熟时分裂为3个分果。种子卵柱状,具微小的疣点。花果期全年(图6-216)。

【分布】原产于非洲(马达加斯加),广泛栽培于旧大陆热带和温带。

【生态习性】喜温暖湿润和阳光充足环境。耐高温、不耐寒。以疏松、排水良好的腐叶土为最好。冬季温度不低于12℃。

【观赏特性及园林用途】花期长,红色苞片,鲜艳夺目,我国南北均有栽培,常见于公园、植物园和庭院中。幼茎柔软,可用来绑扎造型,成为宾馆、商场等公共场所摆设的精品。

图 6-216 虎刺梅

(4) 光棍树 E. tirucalli

【别名】绿玉树、绿珊瑚、青珊瑚。

【形态特征】小乔木,高2~6m,直径10~25cm,老时呈灰色或淡灰色,幼时绿色,上部平展或分枝;小枝肉质,具丰富乳汁。叶互生,长圆状线形,长7~15mm。花序密集于枝顶。蒴果棱状三角形,平滑。种子卵球状。花果期7~10月(图6-217)。

【分布】原产于非洲东部,广泛栽培于热带和亚热带,并有逸为野生现象。

【生态习性】喜温暖气候,需要在温室过冬,喜光照,耐半阴,耐干燥,适宜排水好的土壤。

【观赏特性及园林用途】树形奇特,常用作行道树或温室栽培观赏。

(5) 金刚纂 E. royleana

【别名】霸王鞭。

【形态特征】肉质灌木状小乔木,乳汁丰富。茎圆柱状,上部多分枝,高3~5(8)m,具不明显5条隆起、且呈螺旋状旋转排列的脊,绿色。叶互生,少而稀疏,肉质,常呈5列生于嫩枝顶端脊上,倒卵形、倒卵状长圆形至匙形,长4.5~12cm,全缘。花序二歧状腋生。花期

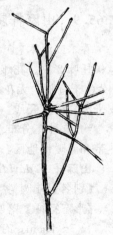

图 6-217 光棍树

图 6-218　金刚纂

6～9 月（图 6-218）。

【分布】原产于印度，我国南北方均有栽培，常用作绿篱。

【生态习性】喜高温干燥气候，喜半阴、耐干燥，不耐寒、忌涝。温度不宜低于 8℃。生根易而生长慢。南方高温地区露地栽培；北方低温地区盆栽，室内越冬。

【观赏特性及园林用途】多作盆栽，布置厅、堂，供室内观赏。

6.65.8　海漆属 *Excoecaria*

乔木或灌木，具乳状汁液。叶互生或对生，具羽状脉。花单性，雌雄异株或同株异序，极少雌雄同序者，无花瓣，聚集成腋生或顶生的总状花序或穗状花序。雄花萼片 3，稀为 2；雄蕊 3 枚，花丝分离，花药纵裂，无退化雌蕊。雌花花萼 3 裂、3 深裂或为 3 萼片；子房 3 室，每室具 1 胚珠。蒴果；种子球形，种皮硬壳质。

约 40 种，分布于亚洲、非洲和大洋洲热带地区。我国有 6 种和 1 变种，产西南部经南部至台湾。

红背桂 *E. cochinchinensis*

【别名】青紫木、紫背桂。

【形态特征】常绿灌木，高达 1m；枝无毛，具多数皮孔。叶对生，稀兼有互生或近 3 片轮生，纸质，叶片狭椭圆形或长圆形，长 6～14cm，边缘有疏细齿，背面紫红或血红色。花单性，雌雄异株，聚集成腋生或稀兼有顶生的总状花序，雄花序长 1～2cm，雌花序由 3～5 朵花组成，略短于雄花序。蒴果球形；种子近球形。花期几乎全年。

【分布】我国台湾、广东、广西、云南等地普遍栽培，广西龙州有野生。亚洲东南部各国也有。

【生态习性】不耐干旱，不甚耐寒，生长适温 15～25℃，冬季温度不低于 5℃。耐半阴，忌阳光曝晒，夏季放在庇荫处，可保持叶色浓绿。要求肥沃、排水好的砂壤土。

【观赏特性及园林用途】枝叶飘飒，清新秀丽，适合盆栽，常点缀室内厅堂、居室，南方用于庭园、公园、居住小区绿化，茂密的株丛、鲜艳的叶色，与建筑物或树丛构成自然、闲趣的景观。

6.65.9　山麻杆属 *Alchornea*

乔木或灌木。叶互生，纸质或膜质，边缘具腺齿，具 2 枚小托叶或无；羽状脉或掌状脉；托叶 2 枚。花雌雄同株或异株，花序穗状或总状或圆锥状，雄花多朵簇生于苞腋，雌花 1 朵生于苞腋，无花瓣；雄花：花萼花蕾时闭合，开花时 2～5 裂。蒴果具 2～3 个分果，果皮平滑；种皮壳质。

约 70 种，分布于热带、亚热带地区。我国产 7 种，2 变种，分布于西南部和秦岭以南热带和温暖带地区。

山麻杆 *A. davidii*

【别名】桂圆树、红荷叶、狗尾巴树。

【形态特征】落叶丛生小灌木，高 1～2m。幼枝密被绒毛。单叶互生，叶广卵形或圆形，长 7～17cm，有短毛疏生，背面紫色，叶表疏生短绒毛，主脉由基部三出，叶柄被短毛并有 2 个以上之腺体。花小、单性同株；雄花密生成短穗状花序；雌花疏生，排成总状花序，位于雄花序的下面，无花瓣，紫色。蒴果扁球形，密生短柔毛；种子球形。花期3～4月，果熟6～7月（图6-219）。

【分布】产于陕西、四川、云南、贵州、广西、河南、湖北、湖南、江西、江苏、福建。

【生态习性】喜光照，稍耐阴，喜温暖、湿润的气候环境，不耐寒，对土壤要求不严，在微酸性及中性土壤上均能生长。萌蘖性强，抗旱能力差。

【观赏特性及园林用途】茎干丛生，茎皮紫红，早春嫩叶紫红，后转红褐，醒目美观，是园林中常见的观叶树种之一，适合丛植于庭院、路边、草坪或山石之旁，具有丰富色彩的效果。

图6-219　山麻杆

6.66　鼠李科 Rhamnaceae

灌木、乔木、藤状灌木，稀草本。常有枝刺或托叶刺。单叶互生，稀对生；有托叶，早落或宿存，或有时变为刺。花小，黄绿色，两性或杂性，腋生聚伞、穗状圆锥花序或聚伞圆锥花序，或单生或簇生；萼4～5裂，裂片镊合状排列；花瓣4～5或无。雄蕊4～5，与花瓣对生，为花瓣所包被；具内生花盘，子房上位或下位，2～4室，每室1倒生胚珠。核果，蒴果或翅状坚果。胚乳少或无。

约58属900余种，广泛分布于温带至热带地区。我国14属，133种，32变种，1变型，各省（区）均有分布，以西南和华南的种类最为丰富。

6.66.1　枳椇属 Hovenia

落叶乔木。小枝较粗，质脆。单叶互生，具长柄，基部3出脉，有锯齿。花小，两性，聚伞花序；花萼5裂；花基数5，萼5裂，花瓣5，有爪；雄蕊5；子房3室，绕以花盘。核果，有3种子；果序分枝肥厚肉质并扭曲，果实大小如豌豆，不开裂。

有3种，2变种，分布于中国、朝鲜、日本和印度。我国除东北、内蒙古、新疆、宁夏、青海和台湾外，各省区均有分布。在世界各国也常有栽培。

枳椇 H. dulcis

【别名】拐枣、鸡爪梨、万字果。

【形态特征】落叶乔木，高15～25m。单叶互生，广卵形至卵状椭圆形，长8～16cm，先端渐尖，基部近圆形，叶缘有粗钝锯齿，基部3出脉，叶脉及主脉常带红晕，背面沿叶脉和脉腋有柔毛。复聚伞花序顶生或腋生。花小、两性，淡黄绿色，花柱浅裂；子房上位，3室，花盘有毛，花期6月。蒴果球形，果梗弯曲，肥大肉质，经霜后味甜可食（俗称鸡爪梨），种子黑色。果熟期9～10月（图6-220）。

【分布】华北南部至长江流域及其以南地区普遍分布，西至陕西、四川、云南。日本也有分布。

【生态习性】喜光，耐寒，对土壤要求不严，在土层深厚、湿润而排水良好处生长迅速，能成大材。深根性，萌芽

1.花枝；2.果枝；3.花；4.果横剖面；5.种子

图6-220　枳椇

力强。多生于阳光充足的沟边、路旁或山谷中。

【观赏特性及园林用途】叶大而圆，叶色浓绿，树形优美，病虫害少，生长快，适应性强，是理想的园林绿化树种。可作为庭荫树、行道树及农村"四旁"绿化树种。

6.66.2 鼠李属 *Rhamnus*

常绿或落叶，灌木或小乔木；有长枝和短枝，小枝端常具刺。单叶互生或近对生，羽状脉，有锯齿或全缘，托叶小，早落。花小，绿色或黄白色，两性或单性，腋生成簇或伞形总状花序；萼裂、花瓣、雄蕊各为4～5，有时无花瓣；子房上位，2～4室。核果浆果状，具2～4核，每核1种子。

约200种，分布于温带至亚热带，主要集中于亚洲东部和北美洲西南部。我国57种，14变种，遍布全国，以西南和华南种类最多。

图 6-221 鼠李

鼠李 *R. davurica*

【别名】臭李子、老鸹眼。

【形态特征】落叶灌木或小乔木，高10m。树皮灰褐色，常呈环状剥裂。小枝较粗壮，无毛。叶近对生，倒卵状长椭圆形至卵状椭圆形，长4～10cm，先端尖锐，基部楔形，缘有细圆齿，侧脉4～5对；叶柄长6～25mm。花黄绿色，3～5朵簇生叶腋。果实球形，径约6mm，熟时紫黑色；种子2，卵形，背面有沟。花期5～6月，果期9～10月（图6-221）。

【分布】产于东北、内蒙古及华北。多生于山坡、沟旁或杂木林中。

【生态习性】适应性强，耐寒、耐阴、耐旱、耐瘠薄。

【观赏特性及园林用途】枝叶繁茂，叶色浓绿，入秋有黑果累累，是美丽的观果植物。可孤植、丛植于林缘、路边或庭园观赏，颇具野趣。

6.66.3 枣属 *Zizyphus*

落叶灌木或乔木。单叶互生，具短柄，叶基3或5出脉，有齿或全缘，托叶常变为刺。花小，两性，黄白色，成腋生短聚伞花序；花部5数，花瓣5数；花柱2裂，子房上位，埋藏于花盘内。核果，果核1枚，1～3室，每室1种子。

共约100种，主要分布于亚洲和美洲的热带和亚热带地区，少数种在非洲和温带也有分布。我国12种，3变种，除枣和无刺枣在全国各地栽培外，主要产于西南和华南。

枣树 *Z. jujuba*

【别名】枣、大枣。

【形态特征】落叶乔木或小乔木，高达10m。树皮褐色或灰褐色；有长枝，短枝和无芽小枝（即新枝）比长枝光滑，紫红色或灰褐色，呈之字形曲折，具2个托叶刺，粗直，短刺下弯；短枝短粗，矩状，自老枝发出；当年生小枝绿色，下垂，单生或2～7个簇生于短枝上。单叶互生，叶卵形至卵状长椭圆形，缘有细钝齿，基部3出脉，叶片较厚，近革质，具光泽。花小，两性，黄绿色。核果卵形至矩圆形，熟后暗红色，果核坚硬，两端尖。花期5～6月，果熟期8～9月（图6-222）。

【分布】在中国分布很广，自东北南部至华南、西南、西北到新疆均有。

【生态习性】强阳性，喜干冷气候，耐干旱瘠薄及寒冷，也耐湿热。对土壤要求不严，山坡、丘陵、沙滩、轻碱地都能生长。根系发达，深而广，根萌蘖力强。能抗风沙。适应性强，寿命长。

【观赏特性及园林用途】枝干苍劲，翠叶垂荫，红果累累。可孤植于小花坛中、列植于道路两侧、群植或丛植于花园和庭园中。作为庭荫树及"四旁"、路边及矿区绿化树种，是园林结合生产的良好树种，幼树可作刺篱材料。

1.花枝；2.果枝；3.具刺的小枝；4.花；
5.果核；6.种子
图 6-222　枣树

6.66.4　马甲子（铜钱树）属 *Paliurus*

落叶乔木或灌木。单叶互生，有锯齿或近全缘，具基生三出脉，托叶常变成刺。花两性，5 基数，排成腋生或顶生聚伞花序或聚伞圆锥花序，花梗短，结果时常增长；花萼 5 裂。核果杯状或草帽状，周围具木栓质或革质的翅，基部有宿存的萼筒，3 室，每室有 1 种子。

约 8 种，分布于欧洲南部和亚洲东部及南部。我国有 5 种和 1 栽培种，分布于西南、中南、华东等省区。

马甲子 *P. ramosissimus*

【别名】白棘、铁篱笆、铜钱树。

【形态特征】灌木，高 6m；小枝褐色或深褐色，被短柔毛。叶互生，叶背无毛或沿脉有毛，缘有细锯齿，基生三出脉。腋生聚伞花序，被黄色绒毛；核果杯状，被黄褐色或棕褐色绒毛，周围具木栓质 3 浅裂的窄翅。花期 5～8 月，果期 9～10 月（图 6-223）。

【分布】分布于华中、华南及西南。生于海拔 2000m 以下的山地和平原，野生或栽培。朝鲜、日本和越南也有分布。

【生态习性】阳性树种。病虫害少、耐旱、耐瘠。抗寒性强，能耐－15℃的低温。

【观赏特性及园林用途】因有锐刺，是优良刺篱材料，常栽培作绿篱围护果园等场地，叶、花、果均可观赏。

1.果枝；2.花；3.幼枝被毛
图 6-223　马甲子

6.67　葡萄科　Vitaceae

藤本，稀直立灌木或小乔木。常具与叶对生的卷须。单叶或复叶互生，有托叶。花小，两性或杂性；聚伞、伞房或圆锥花序，常与叶对生；花萼 5 浅裂；花瓣 4～5，镊合状排列，分离或基部合生，有时顶端连接成帽状并早脱落，雄蕊与花瓣同数并对生；子房上位，2～6 室，每室 2 胚珠。浆果。

共 16 属，700 余种，主要分布于热带和亚热带，少数种类分布在温带。中国 9 属，150 余种，南北均有分布，长江流域以南最多，野生种类主要集中分布于华中、华南及西南各省区，东北、华北各省区种类较少，新疆和青海迄今未发现有野生。葡萄 *Vitis vinifera* 是著名的水果，若干野生种类是重要的种质资源，地锦属 *Parthenocissus* 和崖爬藤属 *Tetrastigma* 等是重要的垂直绿化植物。

6.67.1 葡萄属 *Vitis*

落叶藤本；茎无皮孔，老则条状剥落，髓心褐色。借卷须攀援，卷须与叶对生单叶。单叶掌状裂，稀为掌状复叶，叶缘有齿。花杂性异株，稀同株；圆锥花序与叶对生；花部5基数，萼小而明显；花瓣顶部黏合成帽状，开花时整体脱落；花盘隆起具5蜜腺；子房2室。浆果含2～4种子。

约70种，分布于温带及亚热带。中国约38种，南北均有分布。

1.果枝；2.花；3.花去花冠示雄蕊
和雌蕊

图 6-224 葡萄

葡萄 *V. vinifera*

【别名】蒲陶、草龙珠、赐紫樱桃。

【形态特征】落叶藤木，长10～30m。树皮红褐色，老时条状剥落；枝有节，卷须间歇性与叶对生。叶互生，近圆形，3～5掌状裂，基部心形，叶缘具粗齿，两面无毛或背面稍有短柔毛。花小，黄绿色，两性或杂性异株，圆锥花序大而长。果序圆锥状，浆果椭球形或圆球形，熟时黄绿色或紫红色，被白粉。花期5～6月，果期6～9月（图6-224）。

【分布】原产于亚洲西部。我国在2000多年前就自新疆引入内地栽培。现辽宁中部以南广泛栽培为果树。

【生态习性】喜阳光充足、气候干燥、夏季昼夜温差大的大陆性气候。较耐寒、怕涝，以排水良好、土层深厚肥沃的砂质壤土或砾质壤土生长最好。忌重黏土、盐碱土。

【观赏特性及园林用途】是很好的垂直绿化植物，夏季硕果晶莹，绿叶成荫，既可观赏、遮荫，又可结合果实生产，常应用于棚架、门厅、跨路长廊、花廊等，也宜盆栽观赏。

6.67.2 蛇葡萄属 *Ampelopsis*

落叶藤木，枝具皮孔及白髓，借卷须攀援，卷须2～3分枝，顶端不扩大成吸盘。叶互生，单叶或复叶，具长柄。花小，两性，聚伞花序具长梗，与叶对生或顶生；花部常为5基数，花萼全缘，花瓣离生并开展，雄蕊短，子房2室，花柱细长。浆果，具1～4种子。

共约30种，分布在亚洲、北美洲和中美洲。中国有17种，南北均产。

图 6-225 蛇葡萄

蛇葡萄 *A. brevipedunculata*

【别名】蛇白蔹、假葡萄、绿葡萄。

【形态特征】落叶藤木，茎长10m以上。髓白色，小枝淡黄色，有细棱线，幼枝有柔毛，卷须分叉并与叶对生。聚伞花序与叶对生，梗长，其上有柔毛；花小，黄绿色，与叶对生或顶生；花瓣离生并开展。浆果近球形，具1～4种子。花期5～6月，果期8～9月（图6-225）。

【分布】产于亚洲东部及北部。中国自东北经河北、山东到长江流域、华南均有分布。

【生态习性】喜光，生于山坡及林缘或路旁。性强健耐寒，土壤瘠薄处也能生长。

【观赏特性及园林用途】叶、花、果供观赏，颇具野趣。用于棚架绿化。

6.67.3 地锦属 *Parthenocissus*

藤木。髓白色，卷须顶端膨大成吸盘。叶互生，掌状复叶或单叶 3 裂，具长柄。花两性，稀杂性，圆锥花序与叶对生；花部常 5 基数，花盘不明显或无，花瓣离生，子房 2 室，每室 2 胚珠。浆果具 1～4 种子。

约 13 个种，产于北美洲及亚洲。我国约 10 种，其中 1 种由北美引入，南北均有，以长江流域较多。

(1) 爬山虎 *P. tricuspidata*

【别名】地锦、爬墙虎。

【形态特征】落叶藤本，长 15m。卷须顶端膨大成吸盘，卷须短而分枝多。单叶互生，在短枝端两叶呈对生状，广卵形，常 3 裂，幼枝上的叶常 3 全裂或 3 小叶，基部心形，叶缘有粗齿，表面无毛，背面脉上常有柔毛。聚伞花序常腋生于短枝顶端两叶之间，花两性，淡黄绿色。浆果球形，熟时蓝黑色，有白粉。花期 6 月，果期 9～10 月（图 6-226）。

【分布】我国分布很广，北起吉林，南到广东均有。日本也有分布。

【生态习性】喜光，较耐阴，耐寒，喜湿，对土壤和气候适应性强，在阴湿、肥沃土壤中生长最好。生长快，植株攀援能力强，南北向墙面均能生长。

1.果枝；2.深裂的叶；3.吸盘；
4、5.花；6.雄蕊；7.雌蕊

图 6-226　爬山虎

【观赏特性及园林用途】优良的攀援植物，枝繁叶茂，叶密色翠，层层密布，春季幼叶和入秋后叶色或红或橙，艳丽悦目，格外美观。是绿化墙壁、山石、庭院入口或老树干的好材料。也可作地被，覆土护坡。对二氧化硫、氯气等有毒气体抗性强，且有很好的滞尘能力，适宜于工矿企业及精密仪器厂的绿化。

(2) 三叶地锦 *P. semicordata*

【别名】三叶爬山虎、三角风、三爪金龙。

【形态特征】木质藤本。小枝圆柱形，嫩时被疏柔毛，以后脱落几无毛。卷须总状 4～6 分枝，相隔 2 节间断与叶对生，顶端嫩时尖细卷曲，后遇附着物扩大成吸盘。3 小叶，顶端骤尾尖，基部楔形，多歧聚伞花序着生在短枝上。果实近球形，有种子 1～2 颗；种子倒卵形。花期 5～7 月，果期 9～10 月（图 6-227）。

图 6-227　三叶地锦

【分布】产于甘肃、陕西、湖北、四川、贵州、云南、西藏。生山坡林中或灌丛，海拔 500～3800m。缅甸、泰国、锡金和印度也有分布。

【生态习性】阳性树种，较耐阴。喜温暖气候，耐热，也有一定耐寒能力。病虫害少。

【观赏特性及园林用途】用于垂直绿化和地表覆盖。

图 6-228　五叶地锦

（3）五叶地锦 *P. quinquefolia*

【别名】美国地锦、美国爬山虎。

【形态特征】落叶藤木；幼枝带紫红。卷须与叶对生，5～12分枝，顶端吸盘大。掌状复叶，具长柄，小叶 5，质较厚，卵状长椭圆形至倒长卵形，先端尖，基部楔形，缘具大齿，表面暗绿色，背面稍具白粉并有毛。聚伞花序集成圆锥状。浆果近球形，径约 6mm，成熟时蓝黑色，稍带白粉，具 1～3 种子。花期 7～8 月，果期 9～10 月（图 6-228）。

【分布】原产于美国东部。我国有引种栽培，现分布地区较广。

【生态习性】喜温暖气候，具有一定的耐寒、耐旱和耐热性。对光照适应性强，喜光也极耐阴。

【观赏特性及园林用途】用于垂直绿化和地表覆盖。

6.67.4　乌蔹莓属 *Cayratia*

木质藤本。卷须通常 2～3 叉分枝，稀总状多分枝。叶为 3 小叶或鸟足状 5 小叶，互生。花 4 数，两性或杂性同株，伞房状多歧聚伞花序或复二歧聚伞花序；花瓣展开，各自分离脱落；雄蕊 5；花盘发达，边缘 4 浅裂或波状浅裂；花柱短，柱头微扩大或不明显扩大；子房 2 室，每室有 2 个胚珠。浆果球形或近球形，有种子 1～4 颗。种子呈半球形，背面凸起，腹部平。

有 30 余种，分布于亚洲、大洋洲和非洲。我国有 16 种，南北均有分布。

乌蔹莓 *C. japonica*

【别名】五爪龙、虎葛、野葡萄。

【形态特征】落叶藤本。小枝圆柱形，有纵棱纹，无毛或微被疏柔毛。卷须 2～3 叉分枝，相隔 2 节间断与叶对生。叶为鸟足状 5 小叶。托叶早落。花序腋生，复二歧聚伞花序；花盘发达，4 浅裂。果实近球形，种子三角状倒卵形，顶端微凹，基部有短喙。花期 3～8 月，果期 8～11 月（图 6-229）。

图 6-229　乌蔹莓

【分布】产于陕西、河南、山东、安徽、江苏、浙江、湖北、湖南、福建、台湾、广东、广西、海南、四川、贵州、云南。生山谷林中或山坡灌丛，海拔 300～2500m。日本、菲律宾、越南、缅甸、印度、印度尼西亚和澳大利亚也有分布。

【生态习性】喜温暖湿润的气候。生长适温为 25～30℃，喜半阴环境。对土壤要求不严，庭院、篱旁、林缘等均可栽种。

【观赏特性及园林用途】四季常绿，可用于护坡和垂直绿化。

6.67.5　崖爬藤属 *Tetrastigma*

木质稀草质藤本。卷须不分枝或 2 叉分枝。叶通常掌状 3～5 小叶或鸟足状 5～7 小叶，稀单叶，互生。花 4 数，通常杂性异株，组成多歧聚伞花、伞形或复伞形花序；花瓣展开，各自分离脱落。浆果球形、椭圆形或倒卵形，有种子 1～4 颗。种子椭圆形、倒卵椭圆形或倒三角形，表面光滑、有皱纹、瘤状突起或锐棱。

100 余种，分布于亚洲至大洋洲。我国有 45 种，主要分布在我国长江流域以南各区，大多集中在广东、广西和云南等省区。

扁担藤 *T. planicaule*

【形态特征】落叶木质大型藤本，茎压扁，深褐色。小枝圆柱形或微扁，有纵棱纹。卷须不分枝，相隔 2 节间断与叶对生。叶为掌状 5 小叶，小叶长圆披针形、披针形、卵披针形；侧脉 5～6 对，网脉突出。花序腋生，集生成伞形；花瓣 4，顶端呈风帽状，外面顶部疏被乳突状毛；雄蕊 4；花盘明显，4 浅裂。果实近球形，多肉质，有种子 1～2 (3) 颗。花期 4～6 月，果期 8～12 月（图 6-230）。

图 6-230　扁担藤

【分布】产于福建、广东、广西、贵州、云南、西藏东南部。生山谷林中或山坡岩石缝中，海拔 100～2100m。老挝、越南、印度和斯里兰卡也有分布。

【生态习性】喜温暖湿润气候，喜阴，在较强散射光下亦能生长，有一定耐旱能力。

【观赏特性及园林用途】扁担藤花、果、茎皆奇异美观，颇富观赏性和趣味性，可作生态旅游、科普教育、园林绿化等的重要材料。在园林景观营造，尤其是城市立体空间绿化诸如棚架、墙体以及边坡绿化等方面，扁担藤具有较高的开发利用价值。

6.68　远志科 Polygalaceae

一年生或多年生灌木或乔木。单叶互生、对生或轮生，叶片纸质或革质，全缘，具羽状脉；无托叶，有则为棘刺状或鳞片状。花两性，两侧对称，白色、黄色或紫红色，排成总状花序、圆锥花序或穗状花序，腋生或顶生，具柄或无，基部具苞片或小苞片。果实或为蒴果，2 室，或为翅果、坚果，开裂或不开裂，具种子 2 粒，或因 1 室败育，仅具 1 粒。种子卵形、球形或椭圆形，黄褐色、暗棕色或黑色，无毛或被毛，是种阜或无，胚乳有或无。

13 属，近 1000 种，广布于全世界，尤以热带和亚热带地区最多。我国有 4 属，51 种，9 变种，南北均产，而以西南和华南地区最盛。

远志属 *Polygala*

一年生或多年生草本、灌木或小乔木。单叶互生，稀对生，叶片纸质或近革质，全缘，无毛或被柔毛。总状花序顶生、腋生或腋外生；花两性，左右对称，具苞片 1～3 枚，宿存或脱落；萼片 5，不等大。蒴果，两侧压扁，具翅或无，有种子 2 粒；种子卵形、圆形、圆柱形或短楔形，通常黑色，被短柔毛或无毛，种脐端具 1 帽状、盔状全缘或具各式分裂的种阜，另端具附属体或无。

约 500 种，广布于全世界。我国有 42 种，8 变种，广布于全国各地，而以西南和华南地区最盛。

黄花远志 *P. arillata*

【别名】荷包山桂花、黄花金盔、观音串。

【形态特征】灌木或小乔木，高 1～5m。叶纸质，椭圆形、矩圆状椭圆形至矩圆状披针形，长 4～12cm，宽 2～6cm。总状花序与叶对生，花黄色或先端带红色，长 15～20mm；

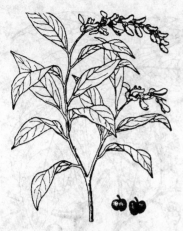

图 6-231 黄花远志

外轮萼片 3，甚小，内轮萼片 2，花瓣状；花瓣 3，中间龙骨瓣背面顶部有细裂成 8 条鸡冠状附属物，两侧的花瓣 2/3 部分与花丝鞘贴生；雄蕊 8，花丝下部 3/4 合生成鞘。蒴果略呈心形，长 7～9mm；种子 2，除假种皮外，密被白色微毛。花期 4～11 月，果期 5～11 月（图 6-231）。

【分布】分布于四川、广西、贵州、云南等地，海拔 700～3000m 的山坡林下和林缘。

【生态习性】喜凉耐阴。要求土壤疏松、肥沃，空气相对湿度大。不耐阳光直射，一般都生长在各建群种的下层通风、有散射光处。

【观赏特性及园林用途】开花时总状花序与叶对生，下垂，黄花绿叶相映成趣，花期长，单枝花序花期 40～50d，是具有良好开发前景的园林绿化新树种。可用于道路、公路、住宅小区等环境的绿化美化。

【同属其它种】黄花倒水莲 *P. fallax*：灌木或小乔木，高 1～3m；总状花序顶生或腋生，长 10～15cm，直立，花后延长达 30cm，下垂。产于江西、福建、湖南、广东、广西和云南，生于山谷林下水旁阴湿处，海拔 1150～1650m。

6.69 无患子科 Sapindaceae

乔木或灌木，稀藤本。叶互生，羽状复叶，稀掌状复叶，无托叶。花单性或杂性，整齐或不整齐，圆锥、总状或伞房花序；萼 4～5 裂，花瓣 4～5 缺；雄蕊 8～10，花丝常有毛，花盘发达；子房上位，多为 3 室；中轴胎座或侧膜胎座。蒴果、核果、坚果、浆果或翅果，种子有假种皮或无。

约 150 属 2000 余种，广布热带、亚热带地区，少数产温带。我国有 25 属 56 种，主产长江以南各地。

6.69.1 栾树属 *Koelreuteria*

落叶乔木或灌木。一回或二回奇数羽状复叶，无托叶；小叶互生或对生，有锯齿或分裂，稀全缘。顶生圆锥花序。花中等大，杂性同株或异株，两侧对称；萼 5 深裂；花瓣 4，有时 5 片，鲜黄色，略不等长；花盘厚，偏于一侧；雄蕊 5～8，通常 8 枚；子房 3 室，每室 2 颗胚珠。蒴果膨胀，卵形、长圆形或近球形；种子每室 1 颗，球形，黑色。

共 4 种，除 1 种产于斐济群岛外，我国均产。

(1) 栾树 *K. paniculata*

【别名】灯笼花、木栾、栾华。

【形态特征】落叶乔木，高达 15m。树冠近圆球形，树皮灰褐色，细纵裂，皮孔明显，1 回奇数羽状复叶，有时 2 回羽状复叶；小叶 7～15，卵形或卵状椭圆形，具锯齿或缺裂，近基部常有深裂片，顶端尖或渐尖，背面沿脉有短柔毛。花小，金黄色，圆锥花序而疏散。蒴果三角状卵形，长 4～6cm，顶端尖，成熟时红褐色或桔红色。花期 6～7 月，果期 9～10 月（图 6-232）。

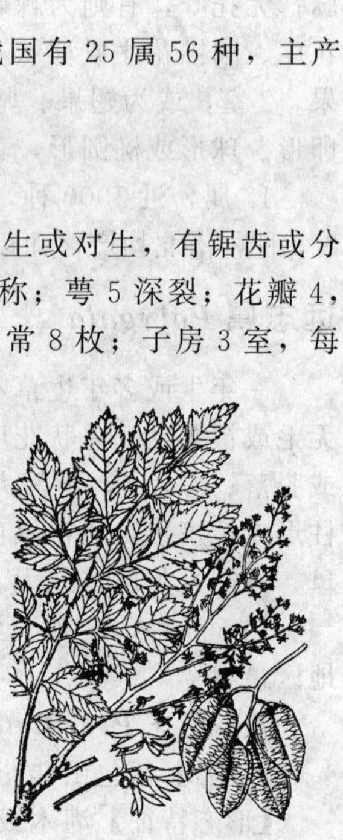

图 6-232 栾树

【分布】产于我国北部及中部，北自东北南部、南到长江流域及福建、西到甘肃东南部及四川中部均有分布，以华北较为常见。

【生态习性】喜光，稍耐半阴；耐寒，耐干旱、瘠薄，喜生于石灰质土壤，也能耐盐渍及短期水涝。具有深根性，萌蘖力强，生长速度中等，幼树生长较慢，以后渐快，有较强抗烟尘能力。

【观赏特性及园林用途】树形端庄整齐，枝叶茂密而秀丽，秋叶金黄，夏季开花，满树金黄，十分美丽，是理想的绿化、观赏树种。宜作庭荫树、行道树及园景树，也可用作防护林、水土保持及荒山绿化树种。

（2）复羽叶栾树 K. bipinnata

【别名】风吹果。

【形态特征】乔木，高可达 20 余米；皮孔圆形至椭圆形；枝具小疣点。叶平展，二回羽状复叶，长 45～70cm；小叶 9～17 片，互生，很少对生，纸质或近革质，斜卵形，长 3.5～7cm。圆锥花序大型，长 35～70cm。蒴果椭圆形或近球形，具 3 棱，淡紫红色，老熟时褐色；种子近球形。花期 7～9 月，果期 8～10 月（图 6-233）。

图 6-233 复羽叶栾树

【分布】产于云南、贵州、四川、湖北、湖南、广西、广东等省区。

【生态习性】喜光，耐半阴，喜温暖湿润气候，对土壤要求不严。深根性。

【观赏特性及园林用途】树形优美，高大端正，枝叶茂密而秀丽，花色鲜黄夺目，果色鲜红，形似灯笼，可作为行道树和庭荫树以及荒山绿化树种。

【变种】全缘叶栾树 var. integrifoliola：小叶通常全缘，有时一侧近顶部边缘有锯齿，叶面光亮。产于广东、广西、江西、湖南、湖北、江苏、浙江、安徽、贵州等省区。

6.69.2 文冠果属 Xanthoceras

仅 1 种，产我国北部和朝鲜。形态特征同种。

文冠果 X. sorbifolium

【别名】文冠树、文冠花、文光果。

图 6-234 文冠果

【形态特征】落叶灌木或小乔木，高 2～5m。小叶 4～8 对，膜质或纸质，披针形或近卵形，两侧稍不对称，长 2.5～6cm，边缘有锐利锯齿。花序先叶抽出或与叶同时抽出，两性花的花序顶生，雄花序腋生，长 12～20cm，直立；花瓣白色，基部紫红色或黄色，有清晰的脉纹。蒴果长达 6cm；种子长达 1.8cm，黑色而有光泽。花期春季，果期秋初（图 6-234）。

【分布】产于我国北部和东北部，西至宁夏、甘肃，东北至辽宁，北至内蒙古，南至河南。

【生态习性】喜光，耐半阴；耐严寒和干旱，不耐涝；对土壤要求不严，在沙荒、石砾地、黏土及轻盐碱土上均能生长，但以深厚、肥沃、湿润、通气良好的土壤生长最好。

【观赏特性及园林用途】花序大，花密集，春天白花满树，在秀丽光洁的绿叶相衬下，更显美观。常配植于草坪、路边、山坡、假山旁或建筑物前，也适于山地、水库周围风景区大面积绿化造林，能起到绿化、护坡固土作用。

6.69.3　无患子属 *Sapindus*

乔木或灌木。偶数羽状复叶，很少单叶；互生；小叶全缘。聚伞圆锥花序；花单性，雌雄同株或有时异株，辐射对称或两侧对称；萼片5，有时4；花瓣5，有爪；雄蕊8，很少更多或较少；子房2～4室，每室1颗胚珠。核果近球形或倒卵圆形，背部略扁；种子黑色或淡褐色，种皮骨质。

约13种，分布于美洲、亚洲和大洋洲较温暖的地区。我国有4种，1变种，产于长江流域及其以南各省区。

1.花枝；2.雄花；3.花瓣腹面；4.发育雄蕊；5.雌蕊；6.果

图 6-235　无患子

无患子 *S. mukorossi*

【别名】皮皂子、木患子、油患子。

【形态特征】落叶大乔木，高可达 20 余米。叶连柄长 25～45cm，叶轴稍扁，上面两侧有直槽，无毛或被微柔毛；小叶 5～8 对，通常近对生，叶片薄纸质，长椭圆状披针形或稍呈镰形，长 7～15cm。花序顶生，圆锥形；花小，辐射对称；花瓣 5，披针形，有长爪。果近球形，橙黄色，干时变黑。花期春季，果期夏秋（图 6-235）。

【分布】我国产于东部、南部至西南部。各地寺庙、庭园和村边常见栽培。日本、朝鲜、中南半岛和印度等地也常栽培。

【生态习性】喜光，稍耐阴；喜温暖湿润气候，耐寒性不强；对土壤要求不严，在酸性、中性、微碱性及钙质土上均能生长，以土层深厚、肥沃而排水良好之地生长最好。深根性，抗风力强；萌芽力弱，不耐修剪。对二氧化硫抗性较强。

【观赏特性及园林用途】树形高大，树冠广展，绿荫浓密，秋叶金黄，颇美观。宜作庭荫树及行道树，常孤植、丛植于草坪、路旁或建筑物附近。

【同属其它种】川滇无患子 *S. delavayi*：落叶乔木，高 10 余米。花两侧对称；花瓣 4，无爪，内面基部有 1 个大型鳞片。我国特产，分布于云南、四川、贵州和湖北西部。

6.69.4　龙眼属 *Dimocarpus*

乔木。偶数羽状复叶，互生；小叶对生或近对生，全缘。聚伞圆锥花序常阔大，顶生或近枝顶丛生；花单性，雌雄同株，辐射对称；萼杯状；深5裂；雄蕊（雄花）通常8，子房（雌花）倒心形，2或3裂，2或3室；胚珠每室1颗。果浆果状，近球形；种子近球形或椭圆形，种皮革质，平滑，种脐稍大，椭圆形，假种皮肉质。

约20种，分布在亚洲热带。我国有4种。

龙眼 *D. longan*

【别名】桂圆。

【形态特征】常绿乔木，高通常 10 余米，具板根的大乔木。小叶 4～5 对，很少 3 或 6

对，薄革质，长圆状椭圆形至长圆状披针形，两侧常不对称，长6～15cm。花序大型，多分枝，顶生和近枝顶腋生，密被星状毛；花瓣乳白色，披针形，与萼片近等长，仅外面被微柔毛。果近球形，直径1.2～2.5cm；种子被肉质的假种皮包裹。花期春夏间，果期夏季（图6-236）。

【分布】产于我国台湾、福建、广东、广西、四川等省区。印度也有。

【生态习性】喜温暖、湿润气候，耐寒，耐寒力较荔枝略强；在丘陵山地土层深厚的酸性土和河岸冲积土上均能生长；不耐积水，较耐阴湿。

【观赏特性及园林用途】树冠茂密，终年常绿，初生叶紫红色，可用作观赏果树。

1.果枝；2.雄花；3.雌花

图6-236　龙眼

6.69.5　荔枝属 *Litchi*

乔木。偶数羽状复叶，互生。聚伞圆锥花序顶生；花单性，雌雄同株，辐射对称；萼杯状，4或5浅裂；无花瓣；花盘碟状，全缘；雄蕊6～8；子房有短柄，倒心状，2裂，很少3裂，2室，很少3室，每室1颗胚珠。果卵圆形或近球形，果皮革质；种皮褐色，光亮，革质，假种皮肉质。

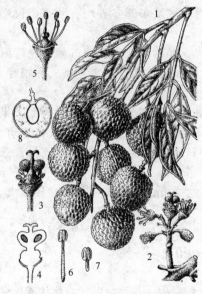

1.果枝；2.花絮一部分；3.雌花；4.雌蕊纵切面；5.雄花；6.发育雄蕊；7.不育雄蕊；8.核果纵切面

图6-237　荔枝

2种，我国和菲律宾各1种。

荔枝 L. chinensis

【别名】离枝。

【形态特征】常绿乔木，高通常不超过10m。小叶2或3对，较少4对，薄革质或革质，披针形或卵状披针形，有时长椭圆状披针形，长6～15cm，全缘。花序顶生，阔大，多分枝。果卵圆形至近球形，长2～3.5cm，成熟时通常暗红色至鲜红色；种子全部被肉质假种皮包裹。花期春季，果期夏季（图6-237）。

【分布】产于福建、广东、广西及云南东南部，四川、台湾有栽培。

【生态习性】极喜光，喜暖热湿润气候及富含腐殖质的深厚、酸性土壤，怕霜冻，深根性，抗台风，寿命长。

【观赏特性及园林用途】树冠广阔，枝叶茂密，初生叶为紫红或鲜红色，是优良的观赏果树。可配植于塘、池、渠边，垂映水中，效果甚佳，亦可在山坡成片栽植。

6.70　七叶树科 Hippocastanaceae

乔木，稀灌木；落叶，稀常绿。叶对生，掌状复叶。聚伞圆锥花序，侧生小花序系蝎尾状聚伞花序或二歧式聚伞花序。花杂性，雄花常与两性花同株；萼片4～5；花瓣4～5；雄蕊5～9；子房上位，卵形或长圆形，3室，每室有2胚珠，花柱1，柱头小而常扁平。蒴果

1～3室，平滑或有刺；种子球形，常仅 1 枚，种脐大形。

仅有七叶树属 *Aesculus* 与三叶树属 *Bellia*。

七叶树属 *Aesculus*

落叶乔木稀灌木。叶对生，系 3～9 枚（通常 5～7 枚）小叶组成掌状复叶，有长叶柄；小叶长圆形，边缘有锯齿。聚伞圆锥花序顶生，直立，侧生小花序系蝎尾状聚伞花序。花杂性，雄花与两性花同株。蒴果 1～3 室；种子仅 1～2 枚发育良好，近于球形或梨形。

30 余种，广布于亚、欧、美三洲。我国产 10 余种，以西南部的亚热带地区为分布中心，北达黄河流域，东达江苏和浙江，南达广东北部。

1.花枝；2.两性花；3.雄花；4.果实；
5.果实横剖以示种子

图 6-238　七叶树

七叶树 *A. chinensis*

【别名】梭椤树、梭椤子、天师栗。

【形态特征】落叶乔木，高达 25m。掌状复叶，由 5～7 小叶组成；小叶纸质，长圆披针形至长圆倒披针形，边缘有钝尖形的细锯齿，长 8～16cm。花序圆筒形，平斜向伸展。花杂性，雄花与两性花同株；花瓣 4，白色。果实球形或倒卵圆形，黄褐色，无刺，具很密的斑点；种子常 1～2 粒发育，近于球形。花期 4～5 月，果期 10 月（图 6-238）。

【分布】中国黄河流域及东部各省均有栽培，仅秦岭有野生。

【生态习性】喜光，稍耐阴；喜温暖气候，也能耐寒；喜深厚、肥沃、湿润而排水良好之土壤。深根性，萌芽力强；生长速度中等偏慢，寿命长。

【观赏特性及园林用途】树形优美，花大秀丽，果形奇特，为世界著名的观赏树种之一。可作人行步道、公园、广场绿化树种，既可孤植也可群植，或与常绿树和阔叶树混植。

【同属其它种】云南七叶树 *A. wangii*：落叶乔木，高达 20m。聚伞圆锥花序比较粗大，基部直径 8～10cm。产于云南东南部。

6.71　槭树科 Aceraceae

乔木或灌木；落叶，稀常绿。单叶，稀羽状或掌状复叶，对生。花序伞房状、穗状或聚伞状；花小，绿色或黄绿色，稀紫色或红色，整齐，两性、杂性或单性，雄花与两性花同株或异株；萼片 5 或 4，花瓣 5 或 4；雄蕊 4～12，通常 8；子房上位，2 室，每室 2 胚珠。双翅果。

仅有 2 属 200 余种，主要产于亚、欧、美三洲的北温带地区。中国有 2 属约 150 种。

6.71.1　槭树属 Acer

乔木或灌木，多为落叶性。叶对生，单叶掌状裂或不裂，或奇数羽状复叶，稀掌状复叶。雄花与两性花同株或雌雄异株，成总状、圆锥状或伞房状花序；萼片 5，花瓣 5，稀无花瓣，雄蕊 8。果实两侧具长翅，成熟时由中间分裂为 2，各具 1 果翅 1 种子。

约 200 种，分布于亚洲、欧洲及美洲。中国约 144 种。

（1）三角槭 A. buergerianum

【别名】三角枫。

【形态特征】落叶乔木，高 5～10m。叶纸质，基部近于圆形或楔形，外貌椭圆形或倒卵形，长 6～10cm，通常浅 3 裂，中央裂片三角卵形；上面深绿色，下面黄绿色或淡绿色，被白粉。萼片 5，黄绿色；花瓣 5，淡黄色。翅果黄褐色；小坚果特别凸起；翅张开成锐角或近于直立。花期 4 月，果期 8 月（图 6-239）。

【分布】我国东部、华中、广东和贵州。主产于长江中下游各省，北到山东，南至广东、台湾均有分布。日本也产。

【生态习性】弱阳性树种，稍耐阴。喜温暖、湿润环境及中性至酸性土壤。耐寒，较耐水湿，萌芽力强，耐修剪。树系发达，根蘖性强。

图 6-239 三角槭

【观赏特性及园林用途】枝叶浓密，夏季浓荫覆地，入秋叶色变成暗红，秀色可餐。宜孤植、丛植作庭荫树，也可作行道树及护岸树。在湖岸、溪边、谷地、草坪配植，或点缀于亭廊、山石间都很合适。其老桩常制成盆景，主干扭曲隆起，颇为奇特。

（2）元宝枫 A. truncatum

【别名】元宝槭、色树、枫香树。

【形态特征】落叶乔木，高 8～10m；树皮纵裂。单叶或单叶对生，主脉 5 条，掌状形叶柄长 3～5cm。伞房花序顶生，花黄绿色。花期在 5 月，果期在 9 月（图 6-240）。

【分布】广布于东北、华北，西至陕西、四川、湖北，南达浙江、江西、安徽等省。

【生态习性】耐阴，喜温凉湿润气候，耐寒性强，但过于干冷则对生长不利，在炎热地区也如此。对土壤要求不严，在酸性土、中性土及石灰性土中均能生长，但以湿润、肥沃、土

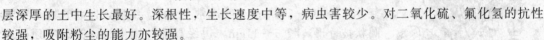

图 6-240 元宝枫

层深厚的土中生长最好。深根性，生长速度中等，病虫害较少。对二氧化硫、氟化氢的抗性较强，吸附粉尘的能力亦较强。

【观赏特性及园林用途】冠大荫浓，树姿优美，叶形美丽，嫩叶红色，秋叶橙黄色或红色，是重要的秋色叶树种。也可作为庭荫树和行道树，适合在堤岸、湖边、草地及建筑附近种植。

（3）鸡爪槭 A. palmatum

【别名】鸡爪枫、槭树。

【形态特征】落叶小乔木，高 6～7m。叶纸质，外貌圆形，直径 7～10cm，基部心脏形或近于心脏形稀截形，5～9 掌状分裂，通常 7 裂，裂片长圆卵形或披针形，边缘具紧贴的尖锐锯齿。花紫色，杂性，雄花与两性花同株，生于无毛的伞房花序；花盘位于雄蕊的外侧，微裂。翅果嫩时紫红色，成熟时淡棕黄色，两翅开展成钝角。花期 5 月，果期 9 月（图 6-241）。

【分布】分布于山东、河南南部、江苏、浙江、安徽、江西、湖北、湖南、贵州等省。

图 6-241 鸡爪槭

【生态习性】喜半阴的环境，夏日怕日光曝晒，抗寒性强，能忍受较干旱的气候条件。多生于阴坡湿润山谷，耐酸碱，不耐水涝，要求湿润和富含腐殖质的土壤。

【观赏特性及园林用途】叶形美观，入秋后转为鲜红色，色艳如花，灿烂如霞，为优良的观叶树种。无论栽植何处，无不引人入胜。植于草坪、土丘、溪边、池畔、路隅、墙边、亭廊、山石间点缀，均十分得体。若以常绿树或白粉墙作背景衬托，尤感美丽多姿。制成盆景或盆栽用于室内美化也十分别致。

【变种及品种】①小鸡爪槭 var. *thunbergii*：叶较小，直径约4cm，常深7裂，裂片狭窄。产于山东、江苏、浙江、福建、江西、湖南等省。②'红叶'鸡爪槭：叶常年紫红色。③'羽毛'鸡爪槭：叶片的裂片再次深裂，成羽毛状。④'红羽毛'鸡爪槭：叶片的裂片再次深裂，成羽毛状，常年紫红色。⑤'蝴蝶'鸡爪槭：叶片的裂片有黄白色至黄褐色的彩边。

【同属其它种】①川滇三角枫 *A. paxii*：常绿乔木，常高5～10m。当年生枝紫色或紫绿色；多年生枝灰绿色或褐色。花期3月，果期8月。产于金沙江流域的四川西南部和云南西北部。②飞蛾槭 *A. oblongum*：常绿乔木，常高10m。叶常不分裂成裂片。产于陕西南部、甘肃南部、湖北西部、四川、贵州、云南和西藏南部。生于海拔1000～1800m的阔叶林中。③青榨槭 *A. davidii*：落叶乔木；冬芽有柄；叶的长度很显著地大于宽度，叶纸质，卵形。花序总状。产于华北、华东、中南、西南各省区。

6.71.2 金钱槭属 *Dipteronia*

落叶乔木。叶系对生的奇数羽状复叶。花小，杂性，雄花与两性花同株，成顶生或腋生的圆锥花序；萼片5，卵形或椭圆形；花瓣5，肾形、基部很窄；雄花与雄蕊8，子房不发育；两性花具扁形的子房，2室。果实为扁形的小坚果，通常2枚，在基部联合，周围环绕着圆形的翅。

图6-242 金钱槭

仅有2种，为我国特产，主要分布在西部及西南部各省。

金钱槭 *D. sinensis*

【别名】双轮果。

【形态特征】落叶小乔木，高5～15m。叶对生，奇数羽状复叶，长20～30cm；小叶通常7～13，纸质，卵状长圆形或长圆状披针形，长5～11cm，边缘具疏钝锯齿。圆锥花序顶生或腋生，长15～30cm；花白色，杂性，雄花与两性花同株。翅果通常圆形或近长圆形，周围有圆形或卵形的翅，成熟时淡黄色，无毛；种子近圆形（图6-242）。

【分布】河南、陕西、甘肃、四川、贵州、湖北、湖南。

【生态习性】喜温凉湿润环境和深厚肥沃、排水良好的土壤。喜生于阴坡潮湿的杂木林或灌木林中，适宜于散射光和光片、光斑的生境。

【观赏特性及园林用途】树姿优美，翅果圆形，入夏绿叶红果，如同一串串小铜钱，微风吹拂，沙沙作响，别有一番情趣，是一种颇有观赏价值的园林植物。

6.72　橄榄科 Burseraceae

乔木或灌木；叶互生，奇数羽状复叶，稀为单叶；花小，多数，两性或杂性，辐射对称；萼片和花瓣3～5；雄蕊与花瓣同数或2倍之；花盘环状；子房上位，2～5室，每室有胚珠2颗；果为核果。

16属，500种，分布于热带地区。我国有4属，14种，产于东南部、南部至西南部。

橄榄属 *Canarium*

常绿乔木；叶为羽状复叶，小叶常全缘；花两性或杂性，排成圆锥花序；萼杯状，3～5裂；花瓣3～5；雄蕊6，稀10枚；子房上位，2～3室；果为核果。

图 6-243　橄榄

约100种，分布于亚洲和非洲热带地区、大洋洲北部。我国有7种，海南岛有野生，南部栽培极盛。

橄榄 *C. album*

【别名】山榄、青果、忠果。

【形态特征】常绿乔木，高10～20m。羽状复叶互生。小叶9～15，对生，长椭圆形至卵状披针形，长6～14cm，先端渐尖，基部偏斜，全缘，革质，无毛，两面细脉均明显凸起，背面网脉上有小窝点。花小，两性或杂性，芳香，白色；圆锥花序腋生，略短于复叶。核果卵形，长约3cm，熟时黄绿色。花期4～5月，果熟期9～10月（图6-243）。

【分布】产于我国华南及越南、老挝、柬埔寨。

【生态习性】喜温暖湿润气候，不耐寒，深根性。

【观赏特性及园林用途】枝叶茂盛，是热带地区良好的防风林和行道树种。

6.73　漆树科 Anacardiaceae

乔木或灌木，稀为木质藤本或亚灌木状草本，有树脂道。叶互生，稀对生，单叶，掌状三小叶或奇数羽状复叶。花小，辐射对称，两性或多为单性或杂性，顶生或腋生的圆锥花序；双被花，稀为单被或无被花；花萼3～5深裂；花瓣多数与萼片同数，雄蕊5～10或更多；子房上位，少有半下位或下位，心皮合生，通常1室，少有2～5室，每室有胚珠1颗。核果或坚果。

约60属，600余种，分布全球热带、亚热带，少数延伸到北温带地区。我国有16属，59种。

6.73.1　黄连木属 *Pistacia*

乔木或灌术。叶互生，奇数或偶数羽状复叶，稀单叶或3小叶，小叶全缘。花小，雌雄异株，总状花序或圆锥花序腋生，无花瓣；雄蕊3～5，稀达7；子房近球形或卵形，1室，1胚珠，柱头3裂。核果近球形，外果皮薄，内果皮骨质；种子压扁，种皮膜质，无胚乳。

约10种，分布地中海沿岸、阿富汗、亚洲中部、东部和东南部、菲律宾至中美墨西哥和南美危地马拉。我国有3种，除东北和内蒙古外均有分布。

(1) 黄连木 *P. chinensis*

【别名】楷木、楷树、黄楝树。

【形态特征】落叶乔木，高达30m；树皮薄片状剥落。通常为偶数羽状复叶，小叶10～14，披针形或卵状披针形，长5～9cm，基部偏斜，全缘。雌雄异株，圆锥花序，雄花序淡绿色，雌花序紫红色。核果径约6mm，初为黄白色，后变红色至蓝紫色。花期3～4月，先

图 6-244　黄连木

叶开放；果 9～11 月成熟（图 6-244）。

【分布】原产于中国，分布很广，北自黄河流域，南至两广及西南各省均有；常散生于低山丘陵及平原，其中以河北、河南、山西、陕西等省最多。

【生态习性】喜光，幼时稍耐阴；喜温暖，畏严寒；耐干旱瘠薄，对土壤要求不严，微酸性、中性和微碱性的砂质、黏质土均能适应，以在肥沃、湿润而排水良好的石灰岩山地生长最好。深根性，抗风力强。生长较慢，寿命可长达 300 年以上。对二氧化硫、氯化氢和煤烟的抗性较强。萌芽力强

【观赏特性及园林用途】树冠浑圆，枝叶繁茂而秀丽，早春嫩叶红色，入秋后变成深红或橙黄色，红色的雌花序也极美观。宜作庭荫树、行道树及山林风景树，也常作"四旁"绿化及低山区造林树种。在园林中植于草坪、坡地、山谷或于山石、亭阁之旁无不相宜。若构成大片秋色红叶林，可与槭类、枫香等混植，效果更好。

（2）清香木 P. weinmanniifolia

【别名】对节皮、昆明乌木、细叶楷木。

【形态特征】灌木或小乔木，高 2～8m，稀达 10～15m；树皮灰色，小枝具棕色皮孔，幼枝被灰黄色微柔毛。偶数羽状复叶互生，有小叶 4～9 对，叶轴具狭翅，上面具槽；小叶革质，长圆形或倒卵状长圆形，较小，长 1.3～3.5cm，全缘，略背卷。花序腋生，与叶同出，被黄棕色柔毛和红色腺毛；花小，紫红色，雌雄异株。核果球形，成熟时红色（图 6-245）。

【分布】产于我国云南、四川、贵州、西藏等地。多生于干热河谷地区的灌木丛中或林中。

【生态习性】阳性树，但亦稍耐阴；喜温暖，有一定耐寒力，成年树能耐 −10℃ 低温，但幼苗的抗寒力不强；耐干旱瘠薄的土壤，不耐积水。

图 6-245　清香木

【观赏特性及园林用途】枝叶密集、叶片油绿翠嫩，适合作庭院种植、绿篱或盆栽，亦可作地被。

6.73.2　黄栌属 Cotinus

落叶灌木或小乔木，树汁有臭味。单叶互生，全缘或略具齿；叶柄纤细。聚伞圆锥花序顶生；花萼 5 裂，裂片覆瓦状排列，卵状披针形；花瓣 5，长圆形，长为萼片的 2 倍；雄蕊 5，比花瓣短，着生在环状花盘的下部；子房偏斜，压扁。核果小，暗红色至褐色，肾形，极压扁；种子肾形。

约 5 种，分布于南欧、亚洲东部和北美温带地区。我国有 3 种，除东北外其余省区均有。

黄栌 C. coggygria

【别名】烟树。

【形态特征】灌木或小乔木，高 3～5m。叶倒卵形或卵圆形，长 3～8cm，全缘，叶背被灰色柔毛。圆锥花序被柔毛；花杂性，花萼无毛，裂片卵状三角形；花瓣卵形或卵状披针形，花盘 5 裂，紫褐色；子房近球形，花柱 3，分离；果序长 5～20cm，有多数不孕花的细

长花梗宿存，成紫绿色羽毛状（图 6-246）。

【分布】原产于中国西南、华北和浙江。南欧、叙利亚、伊朗、巴基斯坦及印度北部亦产。

【生态习性】喜光，耐半阴；耐寒，耐干旱瘠薄和碱性土壤，不耐水湿。以深厚、肥沃而排水良好的砂壤土生长最好。萌蘖性强。对二氧化硫有较强抗性。

【观赏特性及园林用途】叶片秋季变红，色泽鲜艳，具有极高观赏价值，是著名秋色叶树种。开花后淡紫色羽毛状的花梗可在枝头形成似云似雾的梦幻般景观，非常漂亮，并且能在树梢宿存很久，成片栽植时远望宛如万缕罗纱缭绕林间，故有"烟树"的美誉。在园林中适宜丛植于草坪、土丘或山坡，亦可混植于其它树群，尤其是常绿树群中，能为园林增添秋色。

图 6-246　黄栌

【变种及品种】①毛黄栌 var. *pubescens*：高达 8m，小枝有短柔毛。叶近圆形，沿中肋及脉密生灰白色绢状短柔毛，脉外的毛较少。②粉背黄栌 var. *glaucophylla*：叶卵圆形，较大，长 3.5～10cm，无毛，但叶背显著被白粉，叶柄较长，1.5～3.3cm。产于云南、四川、甘肃、陕西。③金叶黄栌 'Golden Spirit'：叶片金黄色，产于欧洲东部，中国华北、华南、华中、西南等地有栽培。④紫叶黄栌 'Purpureus'：叶常年紫色。

6.73.3　盐肤木属 *Rhus*

落叶灌木或乔木。叶互生，奇数羽状复叶、3 小叶或单叶；叶边缘具齿或全缘。花小，杂性或单性异株，多花，排列成顶生聚伞圆锥花序或复穗状花序；花萼 5 裂，宿存；花瓣 5，覆瓦状排列；雄蕊 5，着生在花盘基部；子房无柄，1 室，1 胚珠，花柱 3，基部略合生。核果球形，略压扁，成熟时红色，外果皮与中果皮连合，中果皮非蜡质。

约 250 种，分布于亚热带和暖温带。我国有 6 种，除东北、内蒙古、青海和新疆外均有分布。

盐肤木 R. chinensis

【别名】五倍子树、五倍柴、五倍子。

【形态特征】落叶小乔木或灌木，高 2～10m；小枝棕褐色，被锈色柔毛，具圆形小皮孔。奇数羽状复叶有小叶 2～6 对，纸质，边缘具粗钝锯齿，背面密被灰褐色毛，叶轴具宽的叶状翅，小叶长 6～12cm。圆锥花序宽大，多分枝，雄花序长 30～40cm，雌花序较短，密被锈色柔毛。核果球形，成熟时红色。花期 7～9 月，果期 10～11 月（图 6-247）。

【分布】辽宁、吉林、湖北、湖南、广西、广东、安徽、浙江、福建。

【生态习性】喜温暖湿润气候，也能耐一定寒冷和干旱。对土壤要求不严，酸性、中性或石灰岩的碱性土壤上都能生长，耐瘠薄，不耐水湿。根系发达，有很强的萌蘖性。

【观赏特性及园林用途】在园林绿化中，可作为观叶、观果的树种。

【同属其它种】火炬树（鹿角漆）R. typhina：落叶小乔木，高达 12m。小叶 19～23 对。原产于北美。1974 年以来我国各省区推广种植，主要用于荒山绿化兼作盐碱荒地风景林树种。

图 6-247　盐肤木

6.73.4　南酸枣属 *Choerospondias*

　　落叶乔木。奇数羽状复叶互生，常集生于小枝顶端；小叶对生或近对生，全缘。花单性或杂性异株，雄花和假两性花排列成腋生或近顶生的聚伞圆锥花序，雌花通常单生于上部叶腋；花萼浅杯状，5裂；花瓣5，芽中覆瓦状排列；雄蕊10；子房上位，5室，每室1胚珠。核果卵圆形或长圆形或椭圆形，内果皮骨质，顶端有5个小孔。

　　仅1种，分布于印度东北部、中南半岛、我国至日本。

图 6-248　南酸枣

南酸枣 *C. axillaries*

【别名】五眼果、酸枣树、山枣树。

【形态特征】落叶乔木，高8～20m。奇数羽状复叶长25～40cm，有小叶3～6对，长4～12cm，全缘或幼株叶边缘具粗锯齿。雄花序长4～10cm；雌花单生于上部叶腋，较大。核果椭圆形或倒卵状椭圆形，成熟时黄色，果核顶端具5个小孔（图6-248）。

【分布】产于西藏、云南、贵州、广西、广东、湖南、湖北、江西、福建、浙江、安徽。分布于印度、中南半岛和日本。

【生态习性】喜光，喜湿润的环境，从热带至中亚热带均能生长，能耐轻霜。生长迅速，适应性强。

【观赏特性及园林用途】干直荫浓，是良好的庭荫树和行道树，适宜在各类园林绿地中孤植或丛植。

6.73.5　芒果属 *Mangifera*

　　常绿乔木。单叶互生，全缘。花小，杂性，4～5基数，圆锥花序顶生，萼片4～5；花瓣4～5，稀6；雄蕊5，稀10～12；子房无柄，偏斜，1室，1胚珠，花柱1，顶生或近顶生。核果多形，中果皮肉质或纤维质，果核木质；种子大，种皮薄。

　　50余种，产于热带亚洲，以马来西亚为多，西至印度和斯里兰卡，东达菲律宾和伊里安岛，北经印度至我国西南和东南部，南抵印度尼西亚。我国东南至西南部有5种。

芒果 *M. indica*

【别名】檬果、漭果、闷果。

【形态特征】常绿大乔木，高10～27m。单叶聚生枝顶，革质，长10～40cm，宽3～6cm；叶柄长4～6cm。圆锥花序有柔毛；花小，杂性，芳香，黄色或带红色；萼片5，有柔毛；花瓣5，长约为萼的2倍；花盘肉质5裂；雄蕊5，但仅1枚发育。核果椭圆形或肾形，微扁，长5～10cm，熟时黄色，内果皮坚硬，并覆被粗纤维（图6-249）。

【分布】原产于印度、马来西亚、缅甸。世界各地热带地区广为栽培。我国的台湾、广东、广西、海南、福建、云南、四川均有种植。

【生态习性】性喜温暖，不耐寒霜，喜光。在平均气温20～30℃时生长良好，气温降到18℃以下时生长缓慢，10℃以下停止生长。对土壤要求不严，以土层深厚、地下水位低、有

图 6-249　芒果

机质丰富、排水良好、质地疏松的壤土和砂质壤土为理想，在微酸性至中性的土壤生长良好。

【观赏特性及园林用途】树姿挺拔，冠大荫浓，四节苍翠；果实具有很高观赏性。适合用于行道树和遮阴树。果实肉多汁多，味鲜美，芳香，是著名热带果树，品种很多，有"热带水果之王"的美称。

6.74　苦木科 Simaroubaceae

乔木或灌木；叶互生，稀对生，羽状复叶；花两性、单性或杂性，辐射对称，排成圆锥花序或总状花序；萼 3～5 裂；花瓣 3～5，稀缺；花盘环状或长形，全缘或分裂，稀缺；雄蕊与花瓣同数或 2 倍之，花丝基部常有鳞片；子房 2～5 裂，2～5 室而有中轴胎座，或为 2～5 个，分离的心皮；胚珠单生；花柱 2～5 分离或合生；果为一核果、蒴果或翅果。

约 20 属 120 种，主产于热带和亚热带地区。我国 5 属 11 种 3 变种。

臭椿属 *Ailanthus*

乔木；小枝被柔毛，有髓。叶互生，羽状复叶；小叶 13～41，对生或近于对生，基部偏斜，有的基部两侧各有 1～2 大锯齿，锯齿尖端的背面有腺体。花小，杂性或单性异株，圆锥花序生于枝顶的叶腋；萼片 5，覆瓦状排列；花瓣 5，镊合状排列；花盘 10 裂；雄蕊10，着生于花盘基部；花柱 2～5。翅果长椭圆形，种子 1 颗。

约 10 种，分布于亚洲至大洋洲北部。我国有 5 种，2 变种，主产于西南部、南部、东南部、中部和北部各省区。

臭椿 *A. altissima*

【别名】臭椿皮、大果臭椿。

【形态特征】落叶乔木，高达 20 余米。奇数羽状复叶，长40～60cm，叶柄长 7～13cm；小叶 13～27，对生或近对生，纸质，卵状披针形，长 7～13cm，宽 2.5～4cm，先端长渐尖，基部平截或稍圆，全缘，具 1～3 对粗齿，齿背有腺体，下面灰绿色。圆锥花序长达 30cm。翅果长椭圆形，长 3～4.5cm。花期4～5 月，果期 8～10 月（图 6-250）。

图 6-250　臭椿

【分布】我国除黑龙江、吉林、新疆、青海、宁夏、甘肃和海南外，各地均有分布。世界各地栽培。

【生态习性】喜光，不耐阴。对土壤适应性强，在中性、酸性及钙质土都能生长，适生于深厚、肥沃、湿润的砂质土壤。耐寒，耐旱，不耐水湿，长期积水会烂根死亡。深根性。对烟尘与二氧化硫的抗性较强，病虫害较少。

【观赏特性及园林用途】树干通直高大，树冠圆整如半球状，颇为壮观。叶大荫浓，秋季红果满树，是一种很好的城市行道树。也可孤植、丛植或与其它树种混栽，适宜于工厂、矿区等绿化。是石灰岩地区优良造林树种。

6.75　楝科 Meliaceae

乔木或灌木。羽状复叶，互生，小叶对生、近对生，全缘，基部稍偏斜。花两性或杂性异株，辐射对称；多为聚伞圆锥花序，或为总状花序、穗状花序。花萼小，4～5(6)裂；花瓣（3)4～5(～7)，离生或基部连合；雄蕊4～12，花丝连合成筒状；子房上位，(1)2～5室，每室(1)2胚珠。蒴果、浆果或核果。种子常具假种皮。

约50属，1400种，主产热带及亚热带地区，少数至温带。我国15属，62种，12变种，引入栽培3属3种。多为优良速生用材树种。

6.75.1　香椿属 *Toona*

落叶乔木；芽有鳞片；叶互生，羽状复叶；小叶全缘，很少具疏锯齿；花小，两性，组成聚伞花序，再排列成顶生或腋生的大圆锥花序；花萼管状，5齿裂；花瓣5，远较花萼长；雄蕊5，分离；子房5室，每室有胚珠8～12颗；蒴果木质或革质，开裂为5果瓣；种子一端或两端有翅。

约15种，分布于亚洲至大洋洲。我国产4种6变种，分布于南部、西南部和华北各地。

图 6-251　香椿

香椿 *T. sinensis*
【别名】毛椿、椿芽、春甜树。
【形态特征】落叶乔木，高达25m；树皮条片状剥裂；小枝有柔毛，叶痕大形，内有5维管束痕。偶数羽状复叶互生，小叶10～22，对生，长椭圆状披针形，全缘或具不显钝齿，有香气。花小，两性，雄蕊10（其中5枚退化），花丝分离，子房和花盘无毛；顶生圆锥花序。蒴果5瓣裂，长约2.5cm，内有大胎座；种子一端有长翅（图6-251)。
【分布】产于华北、华东、中部、南部和西南部各省区。各地也广泛栽培。
【生态习性】喜光，喜肥沃土壤，较耐水湿，有一定的耐寒能力；深根性，萌蘖力强，生长速度中等偏快。
【观赏特性及园林用途】树干通直，材质优良，冠大荫浓，是优良用材及四旁绿化树种，也可植为庭荫树及行道树。

【同属其它种】红椿 *T. ciliata*：落叶大乔木，高可达20余米；小叶7～8对，雄蕊5。产于福建、湖南、广东、广西、四川和云南等省区。我国南部重要速生用材树种，有"中国桃花心木"之称。

6.75.2　楝属 *Melia*

落叶乔木或灌木；小枝有明显的叶痕和皮孔。叶互生，一至三回羽状复叶；花白色或紫色，排成腋生、分枝的圆锥花序；萼片5～6；花瓣5～6；雄蕊合生成一管，管顶10～12裂，花药10～12；花盘环状；子房3～6室，每室有胚珠2颗；果为核果。

约3种，产于东半球热带和亚热带地区。我国产2种，黄河以南各省区普遍分布。

楝 *M. azedarach*
【别名】苦楝、楝树、紫花树。
【形态特征】落叶乔木，高达15～20m；树皮光滑，老则浅纵裂；枝上皮孔明显。二至三回奇数羽状复叶互生，小叶卵形至椭圆形，长3～7cm，缘有钝齿或深浅不一的齿裂。花较大，两性，堇紫色；腋生圆锥花序；5月开花。核果球形，径1.5～2cm，熟时淡黄色，经冬不落（图 6-252）。

【分布】产于我国黄河以南各省区，较常见。生于低海拔旷野、路旁或疏林中，目前已广泛引为栽培。

【生态习性】喜光，喜温暖湿润气候，耐寒性不强。对土壤适应性强，在酸性、钙质及轻盐碱土上均能生长；生长快，寿命较短。

图 6-252　楝

【观赏特性及园林用途】树体通直，冠大荫浓，入秋叶色金黄，是优良的园林彩叶绿化材料，合适于城市及工矿区作庭荫树和行道树。也是南方地区常见的速生用材及四旁绿化树种。

【同属其它种】川楝 *M. toosendan*：落叶乔木，高 10 余米；小叶近全缘或具不明显的钝齿；花序长约为叶的一半。产于甘肃、湖北、四川、贵州和云南等省，其他省区广泛栽培。

6.75.3　米仔兰属 *Aglaia*

乔木或灌木；叶为羽状复叶或 3 小叶，小叶全缘；花杂性异株，小，近球形，排成圆锥花序；花萼 4～5 齿裂或深裂；花瓣 3～5 片，凹陷，短，花蕾时覆瓦状排列；雄蕊管球形、壶形、陀螺形或卵形，顶 5 齿裂或全缘，花药 5～6（～10）；子房 1～2 室，很少 3～5 室，每室有胚珠 1～2 颗；果浆果状，不开裂，有种子 1～2 颗。

250～300 种，分布于印度、马来西亚、澳大利亚至波利尼西亚。我国产 7 种，1 变种，分布于西南、南部至东南部。

图 6-253　米仔兰

米仔兰 *A. odorata*

【别名】米兰、碎米兰、兰花米。

【形态特征】常绿灌木或小乔木。高达 4～7m；多分枝，幼枝顶部常被锈色星状鳞片。羽状复叶互生，叶轴有窄翅，小叶 3～5，对生，倒卵状椭圆形，长 2～7cm，全缘。两面无毛。花小而多，黄色，极香，花丝合生成筒状；圆锥花序腋生；夏秋开花。浆果近球形，长约 1.2cm（图 6-253）。

【分布】产于广东、广西。福建、四川、贵州和云南等省常有栽培。分布于东南亚各国。

【生态习性】喜温暖，忌严寒，喜光，忌强阳光直射，稍耐阴，宜肥沃富有腐殖质、排水良好的壤土。

【观赏特性及园林用途】既可观叶又可赏花。小小黄色花朵，形似鱼子，因此又名为鱼子兰。其花开时节醇香四溢，为优良的芳香植物，现全国各地都用作盆栽，可用于布置会场、门厅、庭院及家庭装饰。落花季节又可作为常绿植物陈列于门厅外侧及建筑物前。

【品种】四季米仔兰 'Macrophylla'：四季开花不绝。

6.76　芸香科 Rutaceae

灌木或乔木，有时具刺，稀为草本；叶常有透明的腺点；花两性，有时单性，辐射对称，排成聚伞花序等各式花序；萼片（3）4～5，常合生；花瓣（3）4～5，分离；雄蕊 3～5

或 6～10，稀 15 枚以上，着生于花盘的基部；子房常 4～5 室；胚珠每室 1 至多颗；果为一肉质的浆果或核果，或蒴果状，稀翅果状。

约 150 属，900 种。主产于热带及亚热带，少数至温带。我国连引入栽培的共 28 属，约 150 余种及 28 变种。

6.76.1 花椒属 *Zanthoxylum*

奇数羽状复叶，稀 3 小叶或单小叶；茎枝有皮刺；每心皮有 2 胚珠；花序直立。茎枝常具皮刺。叶互生，奇数羽状复叶，稀单叶或 3 小叶；小叶互生，稀对生，具锯齿，稀全缘，具透明油腺点。花单性，雌雄异株，稀杂性；花萼（4）5 裂，花瓣（4）5，稀无花瓣；雄花具 4～10 雄蕊。聚合蓇葖果，外果皮红或紫红色，具油腺点，成熟时内外果皮分离，每蓇葖果具 1 种子，稀 2 颗。

图 6-254 花椒

约 250 种，广布于亚洲、非洲、大洋洲、北美洲热带及亚热带地区，温带较少。我国 41 种，14 变种。

花椒 Z. bungeanum

【别名】椒、大椒、秦椒。

【形态特征】落叶小乔木或灌木状．高达 3～7m；枝具基部宽扁的粗大皮刺。奇数羽状复叶互生，小叶 5～11，卵状椭圆形，长 2～5(7)cm，缘有细钝齿，仅背面中脉基部两侧有褐色簇毛。花小、单性；成顶生聚伞状圆锥花序。蓇葖果红色或紫红色，密生疣状腺体（图 6-254）。

【分布】产地北起东北南部，南至五岭北坡，东南至江苏、浙江沿海地带，西南至西藏东南部；台湾、海南及广东不产。各地多栽种。

【生态习性】喜光，耐旱，不耐严寒，喜肥沃湿润的钙质土，酸性及中性土上也能生长。
【观赏特性及园林用途】观果，常作绿篱。

6.76.2 黄檗属（黄柏属）*Phellodendron*

落叶乔木。成年树的树皮有发达的木栓层，内皮黄色，枝散生小皮孔，无顶芽，侧芽为叶柄基部包盖。叶对生，奇数羽状复叶，叶缘常有锯齿，仅齿缝处有较明显的油点。花单性，雌雄异株，圆锥状聚伞花序，顶生；萼片、花瓣、雄蕊及心皮均为 5 数；萼片基部合生；花瓣覆瓦状排列，子房 5 室，每室有胚珠 2 颗。有粘胶质液的核果，蓝黑色，近圆球形，有小核 4～10 个；种子卵状椭圆形。

约 4 种，主产于亚洲东部。我国有 2 种及 1 变种，由东北至西南均有分布，东南至台湾，西南至四川西南部，南至云南东南部，海南不产。

川黄檗 P. chinense

【别名】檗木、黄柏皮、黄皮树。

【形态特征】落叶乔木，高 10～12m。树皮开裂，无木栓层，内层黄色，有黏性，小枝粗大，光滑无毛。单数羽状复叶对生，小叶 7～15，矩圆状披针形至矩圆状卵形，长 9～15cm，宽 3～5cm。花单性，雌雄异株，排成顶生圆锥花序。浆果状核果球形，直径 1～1.5cm，密集，黑色，有核 5～6 枚（图 6-255）。

图 6-255 川黄檗

【分布】产于湖北、湖南西北部、四川东部。

【生态习性】喜光，也较耐阴，耐寒，喜湿润、肥沃而排水良好的土壤。

【观赏特性及园林用途】枝叶茂密，树形美观，可栽作庭荫树及行道树。

6.76.3　九里香属 *Murraya*

无刺灌木或小乔木。奇数羽状复叶，小叶互生，叶轴很少有翼叶。近于平顶的伞房状聚伞花序；萼片及花瓣均5片，稀4片；萼片基部合生；花瓣覆瓦状排列，散生半透明油点；雄蕊10或8枚；子房5～2室，每室有胚珠2颗，稀1颗，花柱纤细，通常比子房长。有粘胶质液的浆果，有种子4～1粒；种皮有油点。

约12种，分布于亚洲热带、亚热带及澳大利亚东北部。我国有9种，1变种，产于南部。

图6-256　九里香

九里香 *M. exotica*

【别名】石桂树。

【形态特征】常绿灌木或小乔木，高3～4m；多分枝，小枝无毛。羽状复叶互生，小叶5～7，互生，卵形或倒卵形，长2～8cm，全缘，上面深绿有光泽。聚伞花序，腋生同时有顶生，花大而少，白色，径达4cm，极芳香；花期7～11月。浆果朱红色，近球形（图6-256）。

【分布】分布于南部至西南；亚洲热带及亚热带其他地区也有。

【生态习性】喜温暖，最适宜生长的温度为20～32℃，不耐寒，冬季当最低气温降至5℃左右时，移入低温（5～10℃）室内越冬。喜光，也耐半阴。对土壤要求不严，宜选用含腐殖质丰富、疏松、肥沃的砂质土壤。

【观赏特性及园林用途】株姿优美，枝叶秀丽，花香浓郁。南部地区多用作围篱材料，或作花圃及宾馆的点缀品，亦作盆景材料。长江流域及其以北地区常于温室盆栽观赏。

6.76.4　茵芋属 *Skimmia*

常绿灌木；叶互生，单叶，全缘，有腺点；花单性、两性或杂性，小，白色，排成圆锥花序，4～5数；花瓣长椭圆形，各瓣常不等大，镊合状或稍覆瓦状排列，长于萼片3～4倍；雄花有雄蕊4或5，退化心皮仅于基部合生；雌花的子房4～5室，每室有胚珠1颗；柱头2～5裂；退化雄蕊4～5；果为浆果状小核果，有核2～5颗。

图6-257　茵芋

约6种，分布于亚洲东部。我国5种，见于长江北岸以南各地，南至海南，东南至台湾，西南至西藏东南部。供观赏用。

茵芋 *S. reevesiana*

【别名】深红茵芋、黄山桂、山桂花。

【形态特征】高达2m。叶革质，具柑桔叶香气，集生枝上部，椭圆形、披针形、卵形或倒披针形，长5～12cm，先端短钝尖，基部宽楔形。花序轴及花梗均被毛；花密集，芳香。花两性；萼片及花瓣（3～4）5；花瓣黄白色，长3～5mm；雄蕊与花瓣同数。果球形、椭圆形或倒卵形，长0.8～1.5cm，红色，具2～4种子。花期3～5月，果期9～10月（图6-257）。

【分布】产于安徽、浙江、福建、台湾、江西、湖北、湖南、广东、海南、广西、贵州、云南及四川。

【生态习性】喜温暖和阳光较充足环境，稍耐阴，较耐寒，但怕强光曝晒、严寒和积水，喜湿润、肥沃和排水好的壤土。

【观赏特性及园林用途】叶片翠绿光亮，初夏开白色小花，秋、冬季满树红果，久留不落，观赏效果极佳，适用于公寓的窗前、台坡和路旁栽植，风景区可配置于林缘或草坪边缘。

6.76.5　柑橘属 *Citrus*

常绿灌木或小乔木。具枝刺；幼枝扁，具棱。单身复叶互生，叶柄具翅及关节，稀单叶，叶缘具细钝齿，稀全缘，密生芳香透明油腺点。花两性，稀单性；花单生、簇生叶腋，或少花成总状或聚伞花序。花萼宿存；花瓣5，花时常背卷，白色或背面紫红色，芳香；雄蕊20～25(～60)；花盘具蜜腺。柑果大，外果皮密生油胞，中果皮内层为网状桔络，内果皮具多个瓤囊，瓤囊内壁具菱形或纺锤型半透明汁胞。种皮平滑或具肋状棱。

图 6-258　香橼

约20余种，原产于亚洲东南部及南部。现热带及亚热带地区广泛栽培。我国连引进栽培的约15种。多为优良果树。

香橼 *C. medica*

【别名】枸橼子、枸橼、香泡。

【形态特征】常绿小乔木或灌木状，高达5m。幼枝、芽及花蕾均暗紫红色。单叶，稀兼有单身复叶；叶椭圆形或卵状椭圆形，长6～12cm，先端圆或钝，稀短尖，具细浅钝齿。总状花序或腋生单花。花瓣5；雄蕊30～50。果椭圆形、近球形或纺锤形，重达2kg，果皮淡黄色，粗糙，难剥离，内果皮稍淡黄色，棉质，松软，瓤囊10～15，果肉近透明或淡乳黄色，有香气。花期4～5月，果期10～11月（图6-258）。

【分布】产于台湾、福建、广东、广西、云南等省区，南部较多栽种。越南、老挝、缅甸、印度等也有。

【生态习性】喜温暖湿润气候，不耐严寒。以土层深厚、疏松肥沃、富含腐殖质、排水良好的砂质壤上栽培为宜。

【观赏特性及园林用途】果形奇特，各地常盆栽观赏。

【变种】佛手（佛手柑）var. *sarcodactylis* 子房在花柱脱落后即行分裂，在果的发育过程中成为手指状肉条，果皮甚厚，通常无种子，香气比香橼浓，久置更香。手指肉条挺直或斜展的称开佛手（文佛手），闭合如拳的称闭佛手（武佛手）。该种果实极独特，具有很高观赏性。

【同属其它种】①柚 *C. maxima*：常绿乔木。单身复叶；果径10cm以上，顶部扁平，果肉比果皮厚，嫩枝、叶背至少沿中脉被毛。长江以南各地栽培。东南亚各国也有栽种。②柠檬 *C. limon*：常绿小乔木。单身复叶，叶宽通常超过4cm。果径10cm以内，果皮蜡黄色或淡绿黄色，难剥离，果顶端有长或短的乳头状突尖。产于长江以南。③甜橙 *C. sinensis*：常绿乔木。单身复叶，叶宽通常超过4cm。果径通常5cm以上，果皮橙红，果顶通常无乳头状突。秦岭南坡以南各地广泛栽种。④柑橘 *C. reticulata*：常绿小乔木。单花腋生或数花簇生，叶柄颇长。果通常扁圆形至近圆球形，果皮甚薄而光滑，或厚而粗糙，淡黄色，朱红色或深红色，易剥离。

6.76.6　金橘属 *Fortunella*

灌木或小乔木，嫩枝青绿，略呈压扁状而具棱。单小叶，稀单叶，油点多，芳香。花单朵腋生或数朵簇生于叶腋，两性；花萼5或4裂；花瓣5片，覆瓦状排列；雄蕊为花瓣数的3～4倍，花丝不同程度地合生成4或5束，个别离生；子房3～6(～8)室，每室有1～2胚珠。果圆球形，卵形，椭圆形或梨形，果皮肉质，油点微凸起或不凸起。

约6种，产于亚洲东南部。我国有5种及少数杂交种，见于长江以南各地。

金橘 *F. margarita*

【别名】罗浮、长寿金柑、牛奶柑。

【形态特征】常绿灌木；枝有刺。叶卵状披针形或长椭圆形，长5～11cm，宽2～4cm，顶端略尖或钝，基部宽楔形或近于圆；翼叶甚窄。花白色芳香，单花或2～3花簇生，花瓣5片，雄蕊20～25枚。果椭圆形或卵状椭圆形，长2～3.5cm，橙黄至橙红色。花期3～5月，果期10～12月。盆栽的多次开花，农家保留其7～8月的花期，至春节前夕果成熟（图6-259）。

图 6-259　金橘

【分布】南方各地栽种，以台湾、福建、广东、广西栽种的较多，未见有野生。

【生态习性】喜温暖湿润、光照充足环境。不耐寒；略耐阴。要求疏松肥沃、排水良好的微酸性沙壤土。

【观赏特性及园林用途】南方春节前夕的迎春花市常见的盆栽果品，民间用以点缀新春气象，越南有同样习俗。

【同属其它种】金柑 *F. japonica*：常绿灌木，高1～2m。枝较细短，具短尖刺。果圆球形，橙色，径2～3cm。秦岭南坡以南各地栽种。

6.77　酢浆草科 Oxalidaceae

草木，极稀灌木或乔木。根茎或鳞茎状块茎，常肉质，或有地上茎。花两性，辐射对称，单花或成近伞形或伞房花序，稀总状或聚伞花序。萼片和花瓣各5，有时基部合生；雄蕊10，5长5短，花丝基部常连合；子房上位，5室，每室1至数颗胚珠，花柱5，宿存。蒴果或肉质浆果。种子常肉质。

7～10属，1000余种，产于南美洲，次为非洲，亚洲极少。我国3属，10种，分布于南北各地。其中阳桃属是已经驯化了的引进栽培乔木，是我国南方木本果树之一。

阳桃属 *Averrhoa*

乔木。叶互生或近于对生，奇数羽状复叶，小叶全缘。花数朵至多朵组成聚伞花序或圆锥花序，自叶腋抽出，或着生于枝干上；萼片5，红色，近于肉质；花瓣5，白色、淡红色或紫红色；雄蕊10枚。浆果肉质，下垂，有明显的3～6棱，通常5棱，横切面呈星芒状，有种子数粒。

2种，原产于亚洲热带地区，现多栽培。我国南部栽培1种。

图 6-260 阳桃

阳桃 A. carambola

【别名】五敛子、五棱果、洋桃。

【形态特征】常绿小乔木，高达 12m。奇数羽复叶，互生，小叶 5～13，卵形或椭圆形，长 3～7cm，先端渐尖，基部圆，一侧歪斜。聚伞或圆锥花序。花瓣稍背卷，背面淡紫红色，有时粉红或白色；雄蕊 5～10；花柱 5。浆果肉质下垂，具 5 棱，稀 6 或 3 棱，长 5～8cm，淡绿或蜡黄色，有时带暗红色。花期 4～12 月，果期 7～12 月（图 6-260）。

【分布】原产于马来西亚及印度尼西亚。广东、广西、福建、台湾及云南有栽培。现广植于热带各地。

【生态习性】喜高温多湿，较耐阴，忌冷，怕旱，怕风。生长势弱。

【观赏特性及用途】果形别致，观花、观果均宜，常盆栽观赏。

6.78 五加科 Araliaceae

多年生草本、灌木至乔木，有时攀援状，茎有时有刺；叶互生，稀对生或轮生，单叶或羽状复叶或掌状复叶；花小，两性或单性，辐射对称，常排成伞形花序或头状花序，稀为穗状花序和总状花序；萼小，与子房合生；花瓣 5～10，常分离，有时合生成帽状体。果为一浆果或核果。

80 属，900 种，广布于两半球的温带和热带地区。我国引入南洋参属，共 23 属，160 种，分布极广，但主产地为西南部，其中 5 属伸展至黄河以北，有些更远达东北。

有些种类具美丽的树冠或枝叶，如幌伞枫、鹅掌柴、常春藤等常栽培供观赏用。

6.78.1 鹅掌柴属 Schefflera

灌木或乔木，有时攀援状，无刺；叶为掌状复叶；花排成伞形花序、总状花序，稀为头状花序或穗状花序，此等花序通常再组成圆锥花序；萼全缘或 5 齿裂；花瓣 5～7，镊合状排列；核果球形或卵状。有种子 5～7 颗。

约 200 种。广布于热带、亚热带地区。我国有 37 种，产于西南部至东部。主产地为云南，其中鹅掌柴 S. octophylla 分布最广，且最常见，生长迅速。

(1) 鹅掌柴 S. octophylla

【别名】鸭脚木。

【形态特征】常绿乔木或灌木状。掌状复叶互生，小叶 6～9，长椭圆形或倒卵状椭圆形，长 9～17cm，全缘，老叶无毛；总叶柄长达 30 余厘米，基部膨大并包茎。花小，白色；伞形花序集成大圆锥花序。浆果球形（图 6-261）。

【产地】广布于西藏、云南、广西、广东、浙江、福建和台湾。日本、越南和印度也有分布。

【生态习性】喜温暖、湿润和半阴环境。在 30℃

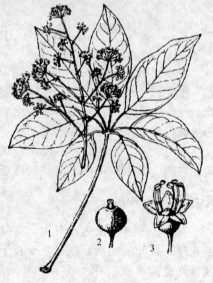

1.叶；2.果；3.花

图 6-261 鹅掌柴

以上高温条件下仍能正常生长。冬季温度不宜低于 5℃。

【观赏特性及园林用途】植株紧密，树冠整齐优美，可作园林中的掩蔽树种，也可盆栽观赏或作为绿篱。

（2）澳洲鹅掌柴 S. actinophylla

【别名】大叶鹅掌柴。

【形态特征】常绿乔木，高达 12m。掌状复叶互生，小叶 7～16，长椭圆形，长 10～30cm，全缘，有光泽。花小，红色，由密集的伞形花序排成伸长而分枝的总状花序，长达 45cm。核果近球形，紫红色。

【产地】原产于大洋洲昆士兰、新几内亚及印尼爪哇。

【生态习性】喜温暖、湿润和半阴环境。

【观赏特性及园林用途】四季常春，植株丰满优美。本种较其他的鹅掌柴体形大，小叶也大而多，是很好的公共建筑室内的观叶树种。

【品种】斑叶 'Variegata'、密枝 'Compacta' 等。

【同属其它种】鹅掌藤 S. arboricola：藤状灌木。圆锥花序顶生；花白色；花瓣 5～6。果实卵形。花期 7 月，果期 8 月。产于台湾、广西及广东。

6.78.2 幌伞枫属 *Heteropanax*

灌木或乔木，无刺。叶大，三至五回羽状复叶，稀二回羽状复叶，托叶和叶柄基部合生。花杂性，聚生为伞形花序，再组成大圆锥花序，顶生的伞形花序通常为两性花，结实，侧生的伞形花序通常为雄花；苞片和小苞片宿存；花梗无关节；萼筒边缘通常有 5 小齿；花瓣 5，在花芽中镊合状排列。果实侧扁。种子扁平。

约有 5 种，分布于亚洲南部和东南部。我国有 5 种，其中 3 种为特产种。美丽的庭园观赏树，广州常见栽培。

幌伞枫 H. fragrans

1.叶；2.果枝；3.花
图 6-262 幌伞枫

【别名】大蛇药、五加通。

【形态特征】常绿乔木。三回羽状复叶互生，长达 1m；小叶椭圆形，两端尖，全缘，两面无毛。花杂性，小而黄色；伞形花序再总状排列，密生黄褐色星状毛。果扁形；种子 2，扁平（图 6-262）。

【产地】产于我国云南东南部及两广南部。印度、缅甸、印尼也有分布。

【生态习性】喜高温多湿，忌干燥，抗寒力较差，能耐 5～6℃ 的低温及轻霜，不耐 0℃以下低温。喜肥沃湿润的森林土。

【观赏特性及园林用途】树形端正，枝叶茂密，树冠圆整如伞，颇为美丽，在庭院中即可孤植，也可片植。盆栽可作为室内的观赏树种，多用在庄重肃穆的场合，冬季圣诞节前后，多置放在饭店、宾馆和一些家庭中作圣诞树装饰。广州等地常栽作庭荫树及行道树。

6.78.3 刺楸属 *Kalopanax*

有刺灌木或乔木。叶为单叶，在长枝上疏散互生，在短枝上簇生；叶柄长，无托叶。花两性，聚生为伞形花序，再组成顶生圆锥花序；花梗无关节；萼筒边缘有 5 小齿；花瓣 5，

1.果枝；2.花；3.去花瓣
及花药后示雄蕊着生；
4.果实；5.果实横切

图 6-263　刺楸

在花芽中镊合状排列。果实近球形。种子扁平。

仅 1 种，分布于亚洲东部。

刺楸 *K. septemlobus*

【别名】刺枫树、刺桐、辣枫树。

【形态特征】落叶乔木，高 20～30m；树干通直，小枝粗壮，枝干均有宽大皮刺。单叶互生，掌状 5～7 裂，径 9～25cm，基部心形，裂片先端渐尖，缘有细齿，叶柄长。伞形花序聚生成顶生圆锥状复花序（图 6-263）。

【产地】产于亚洲东部，我国东北南部至华南、西南各地均有分布。

【生态习性】喜光，适应性强。

【观赏特性及园林用途】可观叶，叶形多变化，有时浅裂，裂片阔三角状卵形，有时分裂较深，裂片长圆状卵形。是良好的造林用材及绿化树种。

6.78.4　八角金盘属 *Fatsia*

灌木或小乔木。叶为单叶，掌状分裂，托叶不明显。花两性或杂性，聚生为伞形花序，再组成顶生圆锥花序；花梗无关节；萼筒全缘或有 5 小齿；花瓣 5，在花芽中镊合状排列。果实卵形。

有 2 种：1 种原产于日本，另 1 种是我国台湾特产。

八角金盘 *F. japonica*

【别名】八手、手树。

【形态特征】常绿灌木或小乔木。常呈丛生状。幼嫩枝叶多易脱落性的褐色毛。单叶互生，近圆形，掌状 7～11 深裂，缘有齿，革质，表面深绿色而有光泽；叶柄长，基部膨大；无托叶。花小，乳白色；球状伞形花序聚生成顶生圆锥状复花序（图 6-264）。

【产地】原产于日本。

【生态习性】喜阴湿温暖的气候。不耐干旱，不耐严寒。

【观赏特性及园林用途】叶形奇特优美，可观叶，也可丛植，开花后可观花。长江以南城市可露地栽培，我国北方常温室盆栽观赏。

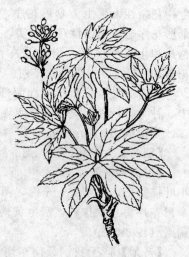

图 6-264　八角金盘

【品种】银边八角金盘 'Albo-marginata'（叶缘白色）、金斑八角金盘 'Aureo-variegata'（叶片上有黄色斑块）、银斑八角金盘 'Variegata'（叶片上有白色斑块）、金网八角金盘 'Aureo-reticulata'（叶脉黄色）。

6.78.5　南洋森属（南洋参属）*Polyscias*

灌木或乔木；枝叶有浓烈香味。叶变化大，多型，一至五回羽状复叶。伞形花序或有时头状花序再组成大的圆锥花序；花梗有节；萼有齿或截平形；花瓣 4 或 8 片，镊合状排列；浆果圆球形或椭圆形，有棱。种子侧扁。

约 80 种，分布于马达加斯加至太平洋热带地区。我国引入栽培的有 4 种。南部常见栽培供观赏用。

线叶南洋参 _P. filicifolia_

【形态特征】灌木。一回羽状复叶，有小叶 11～15 片，小叶纸质，线状披针形，羽状浅裂。伞形花序小，有花 6～10 朵，再组成大型的圆锥花序，花细小，花瓣 5。果未见。花期秋季（图 6-265）。

【产地】原产于太平洋群岛，现广植于热带地区。我国海南岛有栽培。福建厦门也有种植。

【生态习性】性喜温暖湿润、光照充足的环境。不耐寒。宜疏松肥沃的湿润土壤。

【观赏特性及园林用途】枝和叶均有浓烈香味，树姿优美，是较好的观叶植物。可庭园种植或盆栽供观赏。

【同属其它种】①南洋参 _P. fruticosa_：小乔或灌木。叶变化大，小叶卵圆至圆形，有许多变型。伞形花序圆锥状，花小且多。果实为浆果状。栽培于我国南海诸岛及亚洲热带地区。②银边南洋参 _P. guilfoylei_ var. _laciniata_：直立灌木。一回羽状复叶，小叶 5～9 片，近叶缘处具银白色、灰黄色或不整齐白色斑彩。伞形花序组大而扩展的

1.花枝；2.花；3.花除去花瓣和雄蕊示花柱；4.花腹面观；5.花瓣背面观；6.雄蕊背面观；7.雄蕊腹面观

图 6-265　线叶南洋参

圆锥花序，花小，具梗。原产于太平洋群岛，现广植于热带地区。③圆叶南洋参 _P. balfouriana_：丛生灌木。叶为一回羽状复叶，小叶通常 3 片，圆形或肾形。伞形花序组成圆锥花序，花小。原产于新格里多尼亚，现广植于热带和亚热带地区。

6.78.6　通脱木属 _Tetrapanax_

无刺灌木或小乔木，地下有匍匐茎。叶为单叶，叶片大，掌状分裂；叶柄长，托叶和叶柄基部合生，锥形。花两性，聚生为伞形花序，再组成顶生的圆锥花序；花梗无关节；萼筒全缘或有齿；花瓣 4～5，在花芽中镊合状排列。果实浆果状核果。

我国特产属，仅 2 种，分布于我国中部以南。

通脱木 _T. papyrifer_

1.花序；2.叶；3.果

图 6-266　通脱木

【别名】木通树、天麻子。

【形态特征】落叶灌木或小乔木，高达 6m，小枝粗壮，白色。单叶互生，心卵形，长达 30cm，缘有锯齿及缺刻，具长柄；托叶 2，狭披针形。花小，白色，花瓣 4；伞形花序球状，集成疏散圆锥状复花序（图 6-266）。

【产地】产于长江流域至华南、西南各地。

【生态习性】喜光，喜温暖。在湿润、肥沃的土壤上生长良好。根的横向生长力强，并能形成大量根蘖。

【观赏特性及园林用途】叶形奇特，具较高观赏价值。宜在公路两旁、庭园边缘的大乔大下种植，可以起到抑制杂草生长、减少土壤冲蚀的作用。也可在庭园中少量配植。

6.78.7　梁王茶属 _Nothopanax_

常绿无刺乔木或灌木。叶为单叶或掌状复叶；叶柄

1.果实；2.花枝；3.花
图 6-267　梁王茶

细长；无托叶或在叶柄基部有小形附属物。花聚生为伞形花序，再组成顶生圆锥花序；苞片和小苞片早落；花梗有明显的关节；萼筒边缘全缘或有 5 小齿；花瓣 5，在花芽中镊合状排列。果实球形，侧扁。种子侧扁。

约有 15 种，主要分布于大洋洲。我国仅有 2 种。

梁王茶 *N. delavayi*

【别名】掌叶梁王茶，台氏梁王茶。

【形态特征】灌木，高 1～5m。叶为掌状复叶，稀单叶，长圆状披针形至椭圆状披针形。圆锥花序顶生，长约 15cm；伞形花序直径约 2cm，花白色。果实球形，侧扁，直径约 5mm。花期 9～10 月，果期 12 月至次年 1 月（图 6-267）。

【产地】分布于贵州、云南。

【生态习性】喜温暖湿润气候。

【观赏特性及园林用途】观叶、观果。可植于庭院观赏。

6.78.8　楤木属 *Aralia*

小乔木、灌木或多年生草本，通常有刺，稀无刺。叶大，一至数回羽状复叶；托叶和叶柄基部合生，先端离生，稀不明显或无托叶。花杂性，聚生为伞形花序，稀为头状花序，再组成圆锥花序；苞片和小苞片宿存或早落；花梗有关节；萼筒边缘有 5 小齿；花瓣弓，在花芽中覆瓦状排列。果实球形，有 5 棱，稀 4～2 棱。种子白色，侧扁。

有 30 多种，大多数分布于亚洲，少数分布于北美洲。我国有 30 种。

楤木 *A. chinensis*

【别名】虎阳刺、海桐皮、通刺、黄龙苞。

【形态特征】落叶灌木或小乔木；茎有刺，小枝被黄棕色绒毛。叶大，二至三回奇数羽状复叶互生，长达 1m，叶柄和叶轴通常有刺；小叶卵形，缘有锯齿。花小，白色，小伞状花序集成圆锥形复花序，顶生。浆果球形，黑色，具 5 棱（图 6-268）。

【产地】华北、华中、华东、华南和西南地区均有分布。

【生态习性】喜阳光充足、温暖湿润的环境。喜肥沃而略偏酸性的土壤。

【观赏特性及园林用途】可观花、观果和观叶，花白色，芳香。可植于园林绿地观赏。

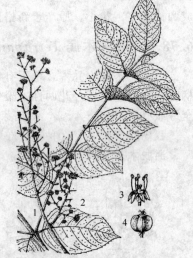

1.叶的一部分；2.圆锥花序的一部分；
3.花；4.果
图 6-268　楤木

【同属其它种】棘茎楤木 *A. echinocaulis*：小乔木。叶为二回羽状复叶。圆锥花序大，花白色。果实球形。花期 6～8 月，果期 9～11 月。分布于四川、云南、贵州、广西、广东、福建、江西、湖北、湖南、安徽和浙江。

6.78.9　五加属 *Acanthoganax*

灌木，直立或蔓生，稀为乔木；枝有刺，稀无刺。叶为掌状复叶，有小叶 3～5，托叶不存在或不明显。花两性，稀单性异株；伞形花序或头状花序通常组成复伞形花序或圆锥花序；花梗无关节或有不明显关节；萼筒边缘有5～4小齿，稀全缘；花瓣5，稀4，在花芽中镊合状排列。果实球形或扁球形，有5～2棱。

约有35种，分布于亚洲。我国有26种，分布几乎遍及全国。

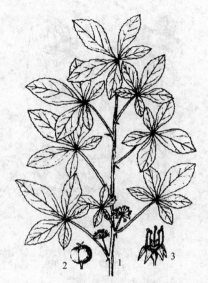

(1) 五加 A. gracilistylus

【别名】白簕树、五叶路刺、白刺尖。

【形态特征】落叶灌木，高达3m，枝条下垂，呈蔓生状。枝在叶柄基部常单生扁平刺。掌状复叶在长枝上互生，在短枝上簇生。小叶5，倒卵形至倒披针形。花小而黄绿色，伞形花序常单生。浆果熟时黑色，常为2室（图6-269）。

【产地】产于华中、华东、华南和西南地区。

【生态习性】性强健，适应性强，在自然界常生于林缘及路旁。

1.花枝；2.果实；3.花
图6-269 五加

【观赏特性及园林用途】可欣赏其掌状复叶。可丛植或配置于林内、林缘及路边。

(2) 刺五加 A. senticosus

【别名】坎拐棒子、一百针、老虎潦。

【形态特征】灌木，高1～6m；一、二年生枝条通常密生针状刺，小叶5，稀3；叶柄常疏生细刺；小叶片纸质，椭圆状倒卵形或长圆形，长5～13cm，宽3～7cm，先端渐尖，基部阔楔形，边缘有锐利重锯齿。伞形花序单个顶生，或2～6个组成稀疏的圆锥花序；花紫黄色；花瓣5，花柱全部合生成柱状。果实球形或卵球形，有5棱。花期6～7月，果期8～10月。

【分布】分布于东北、河北和山西。西南地区有栽培。朝鲜、日本和苏联也有分布。

【生态习性】喜温暖湿润气候，耐寒、稍耐阴。宜选向阳、腐殖质层深厚、土壤微酸性的砂质壤土。

【观赏特性及园林用途】观叶植物，常用于绿篱。

6.78.10 常春藤属 *Hedera*

常绿攀援灌木，有气生根。叶为单叶，叶片在不育枝上的通常有裂片或裂齿，在花枝上的常不分裂；叶柄细长，无托叶。伞形花序单个顶生，或几个组成顶生短圆锥花序；苞片小；花梗无关节；花两性；萼筒近全缘或有5小齿；花瓣5，在花芽中镊合状排列。果实球形。种子卵圆形。

约5种，分布于亚洲、欧洲和非洲北部。我国有常春藤 *H. nepalensis* var. *sinensis* 和台湾菱叶常春藤 *H. rhombea* var. *formosana* 2变种，广布于西部、西南部经中部至东部，常攀于墙壁上或树上，为庭园观赏植物之一。我国南方庭园中偶有栽培供观赏的洋常春藤 *H. helix*。

常春藤 *H. nepalensis* var. *sinensis*

【别名】爬墙虎、三角枫、山葡萄。

【形态特征】常绿攀援灌木；茎长3～20m，灰棕色或黑棕色，有气生根；一年生枝疏生锈色鳞片，鳞片通常有10～20条辐射肋。叶片革质，在不育枝上通常为三角状卵形或三

角状长圆形，稀三角形或箭形。伞形花序单个顶生，花淡黄白色或淡绿白色，芳香。果实球形，红色或黄色。花期 9～11 月，果期次年 3～5 月。本变种叶形和伞形花序的排列有较多变化（图 6-270）。

【产地】分布地区广，北自甘肃东南部、陕西南部、河南、山东，南至广东、江西、福建，西自西藏波密，东至江苏、浙江的广大区域内均有生长。常攀援于林缘树木、林下路旁、岩石和房屋墙壁上，庭园中也常栽培。垂直分布海拔自数十米至 3500m。

【生态习性】性喜温暖、荫蔽的环境，忌阳光直射，但喜光线充足，较耐寒，抗性强，对土壤和水分的要求不严，以中性和微酸性为最好。

1.花枝；2.营养枝；3~6.不育枝叶；7.鳞片；8.花；
9.子房横切面；10.果实

图 6-270　常春藤

【观赏特性及园林用途】常绿，攀爬性较好，可做垂直绿化材料。江南庭院中常用作攀援墙垣及假山的绿化材料；北方城市常盆栽做室内及窗台绿化材料。

【同属其它种】洋常春藤 *H. helix* 常绿攀援木本植物。植株幼嫩部分和花序具星状毛而非鳞片，不育枝上的叶片每侧有 2～5 个裂片或牙齿，花枝上的叶片狭卵形，基部楔形至截形，果实黑色。由于长期栽培，有许多变种和品种。原产于欧洲，国内外普遍栽培。常见有以下栽培品种：①金边常春藤 'Aureo-variegata'：叶边黄色。②银边常春藤 'Silves Queen'（'Marginata'）：叶边白色。③斑叶常春藤 'Argenteo-variegata'：叶有白斑纹。④金心常春藤 'Goldheart' 叶较小，心黄色。⑤彩叶常春藤 'Discolor'：叶较小，乳白色，带红晕。⑥三色常春藤 'Tricolor'（'Marginata-rubra'）：绿叶白边，秋后叶变深玫瑰红色，春暖后又恢复原状。

6.79　马钱科 Loganiaceae

乔木、灌木、藤本或草本；根、茎、枝和叶柄通常具有内生韧皮部；植株无乳汁，毛被为单毛、星状毛或腺毛；通常无刺，稀枝条变态而成伸直或弯曲的腋生棘刺。单叶对生或轮生，稀互生，全缘或有锯齿；通常为羽状脉；具叶柄。花常两性，辐射对称，单生或孪生，或组成 2～3 歧聚伞花序，再排成圆锥花序、伞形花序或伞房花序、总状或穗状花序，有时也密集成头状花序或为无梗的花束。蒴果、浆果或核果；种子通常小而扁平或椭圆状球形，有时具翅。

约 28 属，550 种，分布于热带至温带地区。我国产 8 属，54 种，9 变种，分布于西南部至东部，少数西北部，分布中心在云南。

灰莉属 *Fagraea*

乔木或灌木，通常附生或半附生于其他树上，稀攀援状。叶对生，全缘或有小钝齿；羽状脉通常不明显；叶柄通常膨大；托叶合生成鞘，常在两个叶柄间开裂而成为 2 个腋生鳞片，并与叶柄基部完全或部分合生或分离。花通常较大，单生或少花组成顶生聚伞花序，有时花较小而多朵组成二歧聚伞花序。浆果肉质，圆球状或椭圆状，不开裂，通常顶端具尖喙。

约 37 种，分布于亚洲东南部、大洋洲及太平洋岛屿。我国产 1 种。

1.花枝；2.花冠展开，示雄蕊和雌蕊；
3.果和花萼

图 6-271　非洲茉莉

非洲茉莉 *F. ceilanica*

【别名】鲤鱼胆、灰刺木、灰莉。

【形态特征】常绿小乔木，高 15m，有时附生呈攀援状灌木；树皮灰色。小枝粗厚，圆柱形，老枝上有凸起的叶痕和托叶痕；全株无毛。叶对生；叶片稍肉质；干后纸质或近革质，椭圆形、长圆形或倒卵形；侧脉不明显；叶柄基部具由托叶形成的腋生鳞片，多少与叶柄合生。花单生或组成顶生二歧聚伞花序；花萼绿色；花冠白色，芳香，喇叭状或宽漏斗状；雄蕊内藏，花丝丝状。浆果卵状或近圆球状。花期 4～8 月，果期 7 月至翌年 3 月（图 6-271）。

【分布】产于云南、台湾、海南、广东和广西等地。生海拔 500～1800m 山地密林中或石灰岩地区阔叶林中。印度、斯里兰卡、缅甸、泰国、老挝、越南、柬埔寨、印度尼西亚、菲律宾和马来西亚有分布。

【生态习性】性喜温暖、潮湿的环境。

【观赏特性及园林用途】灰莉枝条色若翡翠，叶片油光闪亮，花序直立顶生，花大，形似喇叭，初开白色，稍后渐变为淡黄色，花香浓郁，随风飘荡，令人赏心悦目，为优良庭院观赏植物。萌芽、萌蘖能力强，耐修剪，适宜进行人工造型。

6.80　夹竹桃科 Apocynaceae

草本、灌木或乔木，常攀援状，有乳汁或水液；叶对生、轮生或互生，单叶，全缘，稀有锯齿；花两性，辐射对称，单生至组成各式的聚伞花序；萼 5 裂，稀 4 裂，基部合生；花冠合瓣，5 裂，稀 4 裂，裂片旋转排列，喉部常有毛。果常为 2 个蓇葖果，或为浆果、核果或蒴果；种子常有种毛。

约 250 属，2000 余种，产于热带、亚热带地区。我国约有 46 属，157 种，主产地为长江以南各省区及台湾省等沿海岛屿，少数分布于北部及西北部。夹竹桃科树种喜光，喜温暖湿润气候，不耐寒，耐烟尘，抗有毒气体能力强。长江流域以南地区可露地栽培，北方常温室盆栽，是常见的观赏花木。

6.80.1　鸡骨常山属 *Alstoia*

乔木、灌木，具乳汁；枝轮生。叶轮生，花白色，排成顶生或近顶生的伞房花序式伞形花序；萼短，5 裂，花冠高脚碟状，喉部无毛或有倒毛，裂片短；花药与柱头分离，内藏心皮 2，离生，每心皮有胚珠多颗，蓇葖 2，长而纤弱，有两端被长毛的种子。

约 50 种，分布于热带非洲和亚洲至波利尼西亚。我国有 6 种，产于西南部和南部。树形美观，公园及路旁有栽培观赏。

（1）盆架树 *Winchia calophylla*

【别名】岭刀柄、灯架、马灯、亮叶面盆架子。

【形态特征】常绿乔木，高达 20m；枝轮生，具乳汁。叶 3～8 片轮生，倒卵状长圆形、

1.花枝；2.花；3.花萼展开；4.花冠一部分展开，示雄蕊着生；5.雌蕊；6.子房的纵切面；7.子房的横切面；8.菁葖果；9.种子

图 6-272　盆架树

倒披针形或匙形，稀椭圆形或长圆形，顶端圆形，钝或微凹，稀急尖或渐尖，基部楔形。花白色，多朵组成稠密的聚伞花序，顶生；花冠高脚碟状；雄蕊长圆形。菁葖果 2，线形，外果皮近革质，灰白色；种子长圆形，红棕色，两端被红棕色长缘毛。花期 6～11 月，果期 10 月～翌年 4 月（图 6-272）。

【产地】广西和云南有野生。广东、湖南和台湾有栽培。亚洲和澳大利亚热带地区也有分布。

【生态习性】喜温暖湿润气候，不耐寒。

【观赏特性及园林用途】树形美观，适合栽作行道树及孤赏树。

（2）糖胶树 A. scholaris

【别名】阿根木、鸭脚木、买担别。

【形态特征】乔木，高 20m；枝轮生，具乳汁。叶 3～8 片轮生，倒卵状长圆形、倒披针形或匙形，稀椭圆形或长圆形，顶端圆形，钝或微凹，稀急尖或渐尖，基部楔形。花白色，多朵组成稠密的聚伞花序，顶生；花冠高脚碟状；雄蕊长圆形。菁葖果 2，线形，外果皮近革质，灰白色；种子长圆形，红棕色，两端被红棕色长缘毛。花期 6～11 月，果期 10 月～翌年 4 月（图 6-273）。

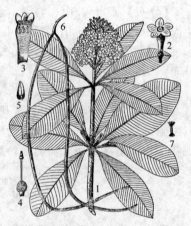

1.花枝；2.花；3.花冠一部分；4.雌蕊；5.雄蕊背面观；6.菁葖果；7.种子

图 6-273　糖胶树

【产地】广西南部、西部和云南南部野生。广东、湖南和台湾有栽培。

【生态习性】喜光，喜高温多湿气候，喜生长在土壤肥沃潮湿的环境。

【观赏特性及园林用途】树形美观。常作行道树或公园栽培观赏。

6.80.2　鸡蛋花属 Plumeria

灌木或小乔木，枝粗厚而带肉质；叶互生，羽状脉；花大，排成顶生的聚伞花序；萼小，5 深裂，内面无腺体；花冠漏斗状，喉部无鳞片亦无毛。果为一双生菁葖果；种子多数，顶端具膜质的翅，无种毛。

约 7 种，分布于西印度群岛和美洲。我国引入栽培有红鸡蛋花 P. rubra Linn. 及鸡蛋花 P. rubra cv. acutifolia 1 种及 1 栽培品种，福建、广东、广西及云南常见栽培，供观赏用或摘取鸡蛋花以代茶，有去湿之效。

鸡蛋花 P. rubra cv. acutifolia

【别名】鸡蛋花、缅栀子、大季花、鸭脚木。

【形态特征】落叶小乔木，高约 5m，胸径 15～20cm；枝条粗壮，带肉质，具丰富乳汁，绿色，无毛。叶厚纸质，长圆

1.花枝；2.叶枝；3.花冠展开；4.菁葖果；5.种子

图 6-274　鸡蛋花

状倒披针形或长椭圆形。聚伞花序顶生，无毛；种子斜长圆形，扁平，长 2cm，宽 1cm，顶端具膜质的翅。花期 5～10 月（图 6-274）。

【产地】原产于美洲热带地区。我国南部各省区均有栽培。

【生态习性】性喜高温高湿、阳光充足、排水良好的环境。生性强健，能耐干旱，但畏寒冷、忌涝渍，喜酸性土壤，但也抗碱性。

【观赏特性及园林用途】花白色黄心，芳香，叶大深绿色，树冠美观。常栽作观赏。

6.80.3　夹竹桃属 Nerium

直立灌木，枝条灰绿色，含水液。叶轮生，稀对生，具柄，革质，羽状脉，侧脉密生而平行。伞房状聚伞花序顶生，具总花梗；花萼 5 裂，裂片披针形，双覆瓦状排列，内面基部具腺体；花冠漏斗状，红色、栽培有演变为白色或黄色，花冠筒圆筒形，上部扩大呈钟状，喉部具 5 枚阔鳞片状副花冠，每片顶端撕裂；花冠裂片 5，或更多而呈重瓣，斜倒卵形，花蕾时向右覆盖。蓇葖果 2，离生，长圆形；种子长圆形，种皮被短柔毛，顶端具种毛。

约 4 种，分布于地中海沿岸及亚洲热带、亚热带地区。我国引入栽培有 2 种，1 栽培变种。含有多种毒性极强的配糖体，人畜食之常可致命。

1.花枝；2.花；3.果实

图 6-275　夹竹桃

夹竹桃 N. oleander

【别名】红花夹竹桃、柳叶桃。

【形态特征】常绿大灌木，含水液，无毛。叶 3～4 枚轮生，在枝条下部为对生，窄披针形，下面浅绿色；侧脉扁平，密生而平行。聚伞花序顶生；花萼直立；花冠深红色，芳香，重瓣；副花冠鳞片状，顶端撕裂。蓇葖果矩圆形；种子顶端具黄褐色种毛（图 6-275）。

【产地】原产于伊朗，现广植于热带及亚热带地区。我国各省区均有栽培。

【生态习性】喜光，喜温暖湿润气候，不耐寒，忌水渍，耐一定程度空气干燥。

【观赏特性及园林用途】花大、艳丽，花期长，树形优美，是常见的观赏花木，常栽于林缘及路边，但夹竹桃茎叶有毒，配植时需要考虑远离人群。

【品种】白花夹竹桃 'Paihua'：花白色。

6.80.4　黄蝉属 Allemanda

直立或藤状灌木；叶生或轮生；花大而美丽，黄色，数朵排成总状花序，萼 5 深裂，基部里面无腺体；花冠钟状或漏斗状，喉部有被毛的鳞片。果为一有刺的蒴果，开裂为 2 果瓣；种子有翅。

约 15 种，原产南美洲，现广植于世界热带及亚热带地区。我国引入栽培有 2 种，2 变种，栽培于南方各省区的庭园内或道路旁。

（1）黄蝉 A. schottii

【别名】黄兰蝉。

【形态特征】直立灌木，高1～2m，具乳汁；枝条灰白色。叶3～5枚轮生，椭圆形或倒卵状长圆形。聚伞花序顶生；花橙黄色；花萼深5裂，裂片披针形，花冠漏斗状，内面具红褐色条纹，花冠下部圆筒状。蒴果球形，具长刺，直径约3cm；种子扁平，具薄膜质边缘。花期5～8月，果期10～12月（图6-276）。

【产地】我国广西、广东、福建、台湾及北京（温室内）的庭园均有栽培。本种原产于巴西，现广泛栽培于热带地区。

【生态习性】喜高温、多湿，阳光充足。适于肥沃、排水良好的土壤。

【观赏特性及园林用途】花黄色，大形，观花、观叶植物，常植于庭园和公园路亭。

（2）软枝黄蝉 A. cathartica

【别名】黄莺、小黄蝉、重瓣黄蝉。

【形态特征】藤状灌木；枝条软弯垂，具白色乳汁。叶纸质，通常3～4枚轮生，有时对生或在枝的上部互生。聚伞花序顶生；花具短花梗；花萼裂片披针形；花冠橙黄色，内面具红褐色的脉纹，花冠下部长圆筒状，基部不膨大，花冠筒喉部具白色斑点，向上扩大成冠檐，花冠裂片卵圆形或长圆状卵形。蒴果球形，具长达1cm的刺；种子扁平，边缘膜质或具翅。花期春夏两季，果期冬季（图6-277）。

【产地】原产于巴西，现广植于热带地区。广西、广东、福建和台湾等省区栽培于路旁、公园、村边。

【生态习性】性喜高温多湿，最适温度为22～30℃，5℃以下生长缓慢，2℃时即有冻伤。

【观赏特性及园林用途】姿态优美，枝条柔软，披散，花明黄色，花径大，具有较高的观赏价值。全株有毒。可用于庭园美化、围篱、花棚、花廊、花架等攀爬栽培。

图6-276 黄蝉

1.花枝；2.花；3.子房及花盘；4.柱头及花柱一段；5.蒴果

图6-277 软枝黄蝉

6.80.5 黄花夹竹桃属 Thevetia

灌木或小乔木，具乳汁。叶互生，羽状脉。聚伞花序顶生或腋生；花大，花萼5深裂，裂片三角状披针形，内面基部具腺体；花冠漏斗状，裂片阔，花冠筒短，下部圆筒状，花冠筒喉部具被毛的鳞片5枚。核果的内果皮木质，坚硬，2室，每室有种子2个。

约15种，产于热带非洲和热带美洲，现全世界热带及亚热带地区均有栽培。我国引入栽培的有黄花夹竹桃 *T. peruviana* 和 *T. ahouai* 2种，南部常见之。

黄花夹竹桃 *T. peruviana*

【别名】黄花状元竹、酒杯花。

【形态特征】小乔木，高达5m，具丰富乳汁。单叶互生，条形或条状披针形，长10～15cm，宽5～12mm，无毛。聚伞花序顶生；花萼5深裂，绿色；花冠黄色，漏斗状，花冠裂片5枚，向左覆盖，花冠喉部具5枚被毛鳞片。核果扁三角状球形，肉质，未熟时绿色，熟时变浅黄色，干后变黑色（图6-278）。

【产地】原产于美洲热带地区。我国南部各省区有栽培。

【生态习性】喜温暖湿润的气候。耐寒力不强，在中国长江流域以南地区可以露地栽植。在北方只能盆栽观赏，室内越冬。

【观赏特性及园林用途】叶片亮绿，花黄色，花期较长，是夏季较好的观花树种。适合孤植，也可作为园路行道树。

1.花枝；2.果实

图6-278 黄花夹竹桃

6.80.6 纽子花属 *Vallaris*

攀援灌木。叶对生，通常具有透明腺体。花多朵，组成单生叶腋的总状式或伞房状聚伞花序，白色，芳香5深裂，裂片披针形，内面基部腺体或有或无；花冠短高脚碟状，花冠筒喉部无鳞片，花冠裂片在花蕾中与开花时的基部向右覆盖。蓇葖果长圆形，顶部渐尖，先合生后离生；种子卵圆形，扁平，渐尖，顶端具种毛。

约10种，分布于亚洲热带和亚热带地区。我国产2种，分布于我国南部、西南部。

1.花枝；2.花；3.花冠筒展开；
4.花萼展开；5.花盘展开和子房；
6.雌蕊；7.蓇葖果；8.种子

图6-279 大纽子花

大纽子花 *V. indecora*

【别名】糯米饭花。

【形态特征】藤状灌木，具乳汁；茎具皮孔。叶对生，纸质，宽卵形或倒卵形，具透明腺点；侧脉每边约8条。聚伞花序伞房状，腋生，有花3朵，稀6朵，总花梗不分枝；花萼5裂，裂片矩圆状卵形；花冠灰黄色，高脚碟状，檐部展开，花冠裂片5枚圆形，向右覆盖。蓇葖果双生，平行，披针状圆柱形（图6-279）。

【产地】为我国特有种，产于四川、贵州、云南和广西。生于山地密林沟谷中。

【生态习性】喜生长在温暖湿润、土壤肥沃和有攀援支撑物的环境。不耐寒，较耐阴。

【观赏特性及园林用途】花有浓郁的糯米香味，花期较长，宜植于棚架下，让其攀上棚顶作蔽荫物。

6.80.7 络石属 *Trachelospermum*

攀援灌木，全株具白色乳汁，无毛或被柔毛。叶对生，具羽状脉。花序聚伞状，有时呈聚伞圆锥状，顶生、腋生或近腋生，花白色或紫色；花萼5裂，裂片双盖覆瓦状排列，花萼内面基部具5～10枚腺体，通常腺体顶端细齿状；花冠高脚碟状，花冠筒圆筒形，5棱。蓇葖双生，长圆状披针形；种子线状长圆形，顶端具种毛；种毛白色绢质。

分布于亚洲热带和亚热带地区，稀温带地区。

1.花枝；2.花蕾；3.花；4.花萼展开和雌蕊；5.花冠筒展开，示雄蕊位置；6.蓇葖果；7.种子

图6-280　络石

络石 T. jasminoides

【别名】白花藤、软筋藤、骑墙虎、石邦藤。

【形态特征】常绿木质藤本，长达10m，具乳汁；嫩枝被柔毛，枝条和节上攀援树上或墙壁上，无气生根。叶对生，具短柄，椭圆形或卵状披针形，下面被短柔毛。聚伞花序腋生和顶生；花5深裂，反卷；花蕾顶端钝形；花冠白色，高脚碟状，花冠筒中部膨大，花冠裂片5枚，向右覆盖。蓇葖果叉生，无毛；种子顶端具种毛（图6-280）。

【产地】除新疆、青海、西藏及东北地区外，其他各省区均有分布。越南、朝鲜、日本也有。

【生态习性】对土壤要求不严，但以疏松、肥沃、湿润的壤土栽培表现较好。较耐寒，在黄河流域及其以南，可在室外安全越冬，在北方应入低温室越冬。

【观赏特性及园林用途】叶色浓绿，四季常青，花白繁茂，且具芳香。常攀援树上、墙壁或岩石上，供观赏。

【变种】花叶络石 var. variegatum：叶有奶油白色的边缘及斑，后变化为淡红色。

6.80.8　蔓长春花属 Vinca

半灌木，蔓性，有水液。叶对生。花单生于叶腋内，极少2朵；花萼5裂；花冠漏斗状，花冠筒比花萼为长，花喉展开或为鳞片所紧闭，花冠裂片斜形。蓇葖2个，直立；种子6～8个。

10余种，分布于欧洲。我国东部栽培有2种，1变种。

蔓长春花 V. major

【别名】攀缠长春花。

【形态特征】蔓性半灌木，茎偃卧，花茎直立，具水液，除叶缘、叶柄、花萼及花冠喉部有毛外，其他部分无毛。叶对生，椭圆形，顶端急尖；侧脉每边约4条。花单生于叶腋；花萼裂片5枚，狭披针形；花冠蓝色，花冠筒漏斗状，花冠裂片5枚，倒卵形，顶端圆形。蓇葖果长约5cm（图6-281）。

【产地】原产于欧洲。中国南方有栽培。

【生态习性】喜温暖湿润，喜阳光也较耐阴，稍耐寒，喜欢生长在深厚肥沃而湿润的土境中。

【观赏特性及园林用途】植株终年常绿，生长繁

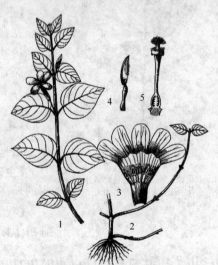

1.花枝；2.植株下部；3.花冠展开，示雄蕊着生；4.雄蕊；5.雌蕊，示子房纵切面

图6-281　蔓长春花

茂，枝叶光滑青翠，富于光泽。花美丽，是良好的地面覆盖兼观赏植物。

【品种】花叶蔓长春花'Variegata'：叶的边缘白色，并有黄白色斑点。原产于欧洲。我国浙江、江苏和台湾等省有栽培。

6.81　茄科 Solanaceae

单叶，全缘或分裂，有时为羽状复叶，互生或花枝上二叶假对生，无托叶。花单生、簇生可为各式聚伞花序，顶生或腋生。花两性，稀杂性，辐射对称或稀两侧对生，（4）5 基数，花萼（2～）5（～10）裂，常宿存，花冠筒状、漏斗状、高脚碟状、钟状或坛状，檐部5 裂，稀4～7 或10 裂，裂片大小相等或不等，在花蕾中覆瓦状、镊合状排列或折合而旋转，雄蕊与花冠裂片同数互生，着生于花冠筒上，子房上位，2 心皮，稀3～5 室，花柱单一，中轴胎座。浆果或蒴果。种子多数，胚乳丰富，肉质。

约94 属2950 种，广布于温带至热带地区，美洲热带种类最丰富。我国24 属，108 种，38 变种。

6.81.1　夜香树属 Cestrum

灌木或乔木，无毛、有长硬毛或星状毛。叶互生，全缘。花序顶生或腋生，伞房或圆锥聚伞花序，顶生或簇生。花萼钟状或近筒状，有5 齿或5 浅裂，裂片镊合状排列；花冠近漏斗状或高脚碟状，筒部伸长，上部棍棒状或膨胀后向喉部缢缩；雄蕊5，贴生在花冠筒中部，花丝基部常有长柔毛或有齿状小附属物。浆果少汁液，球状、卵状或矩圆状。种子少或仅1 枚。

约160 种，主要分布于南美洲。我国引入栽培3 种。

夜香树 C. nocturnum

【别名】夜来香、夜丁香、洋素馨。

【形态特征】常绿直立或近攀援状灌木，高 2～3m，全株无毛；枝条细长而下垂。叶有短柄，叶片矩圆状卵形或矩圆状披针形，长6～15cm，宽2～4.5cm，全缘，顶端渐尖，基部近圆形或宽楔形，有6～7 对侧脉。伞房式聚伞花序，腋生或顶生，疏散而多花；花绿白色至黄绿色，晚间极香，花萼钟状。浆果长圆形，具种子1 枚。花期6～10 月（图6-282）。

1.花果枝;2.花冠展开，示雄蕊;3.雌蕊;
4.果;5.种子
图 6-282　夜香树

【分布】原产于南美洲，现广泛栽培于世界热带地区。我国福建、广东、广西和云南有栽培。

【生态习性】喜阳光充足，温暖潮湿和向阳通风环境，适应性强，但不耐寒，要求肥沃、疏松和微酸性的土壤，冬季越冬温度应不低于8℃。

【观赏特性及园林用途】夏秋之间，叶腋绽开一簇簇黄绿色的吊钟形小花，夜间花香浓郁，是驱蚊佳品。在南方多用来布置庭院、窗前、塘边和亭畔。但因此花香气过于浓烈，久闻可致人头晕脑胀，不宜放入室内。

6.81.2　鸳鸯茉莉属 Brunfelsia

灌木或小乔木。单叶，互生，全缘，通常光亮、无毛。花顶生或腋生，单生或组成伞房花序或漏斗状，管部细长，直或弯曲，或有少数膨胀，冠檐广展，不整齐，5 裂，覆瓦状排列，雄蕊 4，两两成对，着生在花冠管上，内藏，花丝厚，子房无柄，2 室。蒴果近球形。

约 40 种，产于非洲、澳洲热带和大、小安的列斯群岛。华南和云南引种栽培约 2 种。

鸳鸯茉莉 B. latifolia

【别名】二色茉莉。

【形态特征】常绿灌木，高 1.5m。叶互生，矩圆形。花单生或数朵聚生于新梢顶端，直径 4.5～5cm，芳香，初开是淡紫色，后渐变成白色，故在一株上可以同时看到两种颜色的花，双色花像鸳鸯一样齐放枝头，同时发出茉莉般浓郁的芳香，故名'鸳鸯茉莉'。花期 5～6 月、10～11 月，早期的花多而香，金秋的花较少。

【分布】原产于美洲热带。现各地均有引种栽培。

【生态习性】喜温和充足的阳光，不耐寒；要求肥沃、疏松的沙质土壤。家庭栽培宜置于向阳庭院、屋顶花园或南向、西向阳台上多见阳光，但盛夏的中午前后要稍遮荫，此时强光暴晒叶易黄。冬季在气温降至 5℃ 左右时搬入室内，置于阳光足的窗台上，3℃ 以上可安全越冬，20℃ 左右还能继续开花。

【观赏特性及园林用途】树姿优美，春、夏季开花，初开时蓝紫色，渐而变淡蓝至白色，非常奇特。适合盆栽观赏，用以点缀小庭院和门厅，南方可作为花灌木露地布置。

6.81.3　曼陀罗属 Datura

草本、半灌木、灌木或小乔木；茎直立，二歧分枝。单叶互生，有叶柄。花大型，常单生于枝分叉间或叶腋，直立、斜升或俯垂。花萼长管状；花冠长漏斗状或高脚碟状，白色、黄色或淡紫色，筒部长，檐部具折襞，5 浅裂。蒴果，规则或不规则 4 瓣裂，或者浆果状，表面生硬针刺或无针刺而光滑。种子多数，扁肾形或近圆形。

约 16 种，多数分布于热带和亚热带地区，少数分布于温带。我国 4 种，南北各省（区）分布，野生或栽培。

大花曼陀罗 D. arborea

【别名】天使的号角，木本曼陀罗。

【形态特征】常绿灌木或小乔木，高 2m。茎干粗壮，上部分枝。叶卵状披针形、矩圆形或卵形，顶端渐尖或急尖，基部不对称楔形或宽楔形，全缘、微波状或有不规则缺刻状齿，两面有微柔毛。花单生，俯垂，花梗长 3～5cm。花萼筒状，中部稍膨胀，裂片长三角形；花冠白色，脉纹绿色，长漏斗状，筒中部以下较细而向上渐扩大成喇叭状，檐部裂片有长渐尖头；雄蕊不伸出花冠筒；花柱伸出花冠筒，柱头稍膨大。浆果状蒴果，表面平滑，广卵状。

【分布】原产于美洲热带。我国南北均有栽培，福州、广州等市及云南西双版纳等地区则终年可在户外栽培生长，北方地区冬季放在温室。

【生态习性】喜温暖、潮湿、向阳环境，怕涝，对土壤要求不甚严格，一般土壤均可种植，但以富含腐殖质和石灰质土壤为好。

【观赏特性及园林用途】花大色艳，花姿清雅，枝叶扶疏，香气浓烈。园林中常孤植或群植，适于坡地、池边、岩石旁及林缘下栽培观赏，也适合大型盆栽，花枝可用于插花。

6.81.4　枸杞属 Lycium

落叶或常绿灌木，通常有棘刺。单生互叶或簇生，全缘，具柄或近于无柄。花有梗，单生于叶腋或簇生于短枝上；花萼钟状，3～5裂，花后不甚增大，宿存；花冠漏斗状，5裂，稀4裂；雄蕊5，稀4；子房2室。浆果，长圆形。

约100种，分布于温带。中国产7种，3变种，主要分布于西北和北部。

枸杞 *L. chinense*

【别名】枸杞菜、枸杞头。

【形态特征】多分枝灌木，高1m，栽培可达2m多。枝细长，常弯曲下垂，有纵条棱，具针状棘刺。单生互叶或2～4枚簇生，卵形、卵状菱形至卵状披针形，长1.5～5cm，端急尖，基部楔形。花单生或2～5朵簇生叶腋；花萼常3中裂或4～5齿裂；花冠漏斗状，淡紫色，花冠筒稍短于或近等于花冠裂片。浆果红色、卵状。花果期6～11月（图6-283）。

【分布】广布全国各地。

【生态习性】性强健，稍耐阴；喜温暖，较耐寒；对土壤要求不严，耐旱、耐碱性都很强，忌黏质土及低湿条件。

【观赏特性及园林用途】花朵紫色，花期长，入秋红果累累，缀满枝头，状若珊瑚，颇为美丽，是庭院秋季观果灌木。可供池畔、河岸、山坡、径旁、悬崖石隙以及林下、井边栽植；根干虬曲多姿的老株常做树桩盆景，雅致美观。果实、根皮均入药，嫩叶可作蔬菜食用。

1.花枝；2.果枝；3.花冠展开；4.果

图6-283 枸杞

6.82　紫草科 Boraginaceae

乔木、灌木或草本。单叶互生，有时茎下部的叶对生，通常全缘，无托叶。花两性，辐射对称，通常为顶生、2歧分枝、蝎尾状聚伞花序，或有时为穗状、伞房或圆锥花序；花萼近全缘或5齿裂；花冠辐状，漏斗状或钟状，常5裂；雄蕊5，与花冠裂片互生，生花冠上；子房上位，由2心皮组成。果常为4小坚果或核果。

约100属，2000种，分布于世界的温带和热带地区，地中海为其分布中心。我国有48属，269种，全国均有分布，以西南部最为丰富。

厚壳树属　*Ehretia*

灌木或乔木。叶互生，全缘或有锯齿。花小，白色，排列成伞房式或圆锥状聚伞花序；花萼小，5裂；花冠筒短，5裂，裂片扩展或外弯；雄蕊5；花柱顶生，2裂，柱头头状或伸长。核果圆球形。

共50种，大多数产于非洲和亚洲南部，美洲有极少量分布。我国有12种，1变种，分布于西南、中南及华东等地。

厚壳树 *E. thyrsiflora*

【形态特征】落叶乔木，高3～15m；树皮灰黑色，有不规则的纵裂。小枝光滑，皮孔明显。叶倒卵形至椭圆形，长7～16cm，端突钝尖，基部阔楔形至圆形，边缘有细钝齿，表面疏生平伏粗毛，背面仅脉腋有毛。圆锥花序顶生或

1.花枝；2.果枝；3.花；4.花冠纵剖；5.花萼及雌蕊；6.雄蕊

图6-284 厚壳树

腋生；花冠白色，芳香。核果球形，径约 4mm，初为红色，后变暗灰色。花期 4～5 月（图 6-284）。

【分布】自云南、华南至河南、山东南部广布。越南，日本也有。

【生态习性】喜光也稍耐阴，喜温暖湿润的气候和深厚肥沃的土壤。耐寒，较耐瘠薄，根系发达，萌蘖性强，耐修剪。

【观赏特性及园林用途】树形整齐，叶大荫浓，花白色而芳香，宜作遮阴树栽培。也可作行道树。

6.83　马鞭草科 Verbenaceae

灌木或乔木，有时为藤本，少数为草本。单叶或掌状复叶，稀羽状复叶；对生或轮生，稀互生；无托叶。花序多数为聚伞、总状、穗状、伞房状聚伞或圆锥花序；花两性，两侧对称，稀辐射对称；花萼宿存，4～5 裂；花冠筒圆柱形，花冠裂片二唇形或略不相等的 4～5 裂，稀多裂；雄蕊 4，少有 2 或 5～6，着生于花冠筒的上部或基部；子房上位，通常由 2 心皮组成，4 室。核果、蒴果或浆果状核果。

约 80 属，3000 余种，主要分布于热带、亚热带地区，少数延至温带。我国 21 属，175 种，各地均有分布，主产地为长江以南各地。

6.83.1　马缨丹属　*Lantana*

直立或半藤状灌木。有强烈气味，茎方形，有或无皮刺。单叶对生，叶缘有圆齿钝，表面皱缩。花序头状，顶生或腋生，具总梗；具苞片和小苞片；花萼小，膜质；花冠筒细长，顶端 4～5 裂；雄蕊 4，着生于花冠筒中部，内藏；子房 2 室，花柱短，柱头歪斜近头状。核果球形，果实成熟后 2 瓣裂。

约 150 种，主产于热带美洲。我国引种栽培 2 种。

1.花果枝；2.花；3.花冠展开；4.雄蕊；5.果序
图 6-285　马缨丹

马缨丹 *L. camara*

【别名】五色梅、七变花、臭草。

【形态特征】常绿直立或蔓生灌木，高 1～2m。茎枝方形，有短柔毛和倒钩状刺。单叶对生，卵形至卵状长圆形，揉烂后有强烈的气味，顶端急尖或渐尖，基部心形或楔形，边缘有钝齿，表面有粗糙的皱纹和短柔毛，背面有小刚毛。头状花序腋生；花冠初为黄色、橙黄色，后渐变为粉红色至深红色，同一花序上可有多种花色。果实球形，熟时紫黑色。华南、云南全年开花，北京盆栽花期 7～8 月（图 6-285）。

【分布】原产于美洲热带地区。我国海南、台湾、广东、广西、福建等地已归化为野生状态，常生于海拔 80～1500m 的海边沙滩和空旷地。

【生态习性】喜高温高湿，也耐干热，抗寒力差，保持气温 10℃以上，叶片不脱落。忌冰雪，对土壤适应能力较强，耐旱也耐水湿，对肥力要求不严。在南方各地均可露地栽培，华东、华北仅作盆栽，冬季移入室内越冬。

【观赏特性及园林用途】花色美丽，观花期长，绿树繁花，常年艳丽。华南地区可植于公园、庭院中做花篱、花丛，也可用于道路两侧、旷野形成地被。北方盆栽观赏，盆栽可置于门前、厅堂、居室等处观赏，也可组成花坛。

6.83.2　假连翘属 *Duranta*

常绿灌木。枝有刺或无刺。单叶对生或轮生，全缘或有锯齿。花序总状、穗状或圆锥状，顶生或腋生；苞片小；花萼顶端有 5 齿，宿存，结果时增大；花冠高脚蝶状，顶端不等 5 裂；雄蕊 4，内藏，2 长 2 短；花柱短，柱头稍偏斜；心皮 4，子房 8 室，每室 1 胚珠。核果肉质，几乎完全包藏在增大宿存的花萼内。

约 36 种，分布于热带美洲地区。我国引种栽培 1 种。

假连翘 *D. repens*

【别名】莲荞、番仔刺、洋刺。

【形态特征】常绿灌木，高 1.5～3m。枝拱形下垂或平展，具皮刺，幼枝具柔毛。叶对生，稀轮生，纸质，被有柔毛，卵形或卵状椭圆形，长 2～6.5cm，全缘或中部以上有锯齿，先端短尖或圆钝，基部楔形。总状花序顶生或腋生；花萼 5，管状，具 5 棱；花冠蓝色或淡蓝紫色。核果球形，无毛，有光泽，熟时红黄色，有增大花萼包围。花果期 5～10 月，在南方可为全年（见图 6-286）。

【分布】原产于热带美洲。中国南方各地均有栽培，且有归化为野生状态。

【生态习性】喜温暖、阳光充足、湿润的气候，亦能耐半阴，不耐寒。生长迅速，耐修剪。

【观赏特性及园林用途】枝条柔细伸展，花美丽且花期长，是很好的花篱和棚架植物。此外花蓝紫别致，而且果期长，色泽鲜艳，入秋经久不落，是良好的观果花卉。华南地区多用作花廊、花架或绿篱材料，也能绿化坡地。北方地区盆栽。

1.花枝及中部枝叶；2.果，外包宿萼；
3.果；4.花；5.花冠展开，示雄蕊

图 6-286　假连翘

【品种】① '金叶'假连翘 'Dwarf Yellow'：叶色金黄至黄绿，卵椭圆形或倒卵形，中部以上有粗齿。花蓝色或淡蓝紫色。在南方可修剪成形，丛植于草坪或与其他树种搭配，也可做绿篱，还可与其他彩色植物组成模纹花坛。北方可以盆栽观赏。② '花叶'假连翘 'Variegata'：叶面近三角形，叶缘有黄白色条纹。

6.83.3　冬红属 *Holmskiodia*

灌木。小枝被毛。叶对生，全缘或有锯齿。聚伞花序腋生或聚生于枝顶；花萼膜质，由基部向上扩大成碟状，近全缘，有颜色；花冠筒弯曲，端 5 浅裂；雄蕊 4，2 长 2 短，着生于花冠管基部，与花柱同伸出花冠外；子房稍压扁，4 室。核果倒卵形，4 裂几达基部，包藏于扩大的宿萼内。

约 3 种，分布于印度、马达加斯加和热带非洲。我国引种栽培。

冬红花 *H. sanguinea*

【别名】阳伞花、帽子花。

【形态特征】常绿灌木，披散或略带蔓性，高 3～7m。小枝四棱形，具 4 槽，被毛。叶膜质，卵形或宽卵形，长 5～10cm，叶缘有锯齿，两面均有稀疏毛及腺点。叶柄具毛及腺

图 6-287 冬红花

点，有沟槽。聚伞花序常 2～6 个再组成圆锥状；花萼朱红色或橙红色；花冠朱红色，有腺点。果实倒卵形，长约 6mm，4 深裂，包藏于宿存、扩大的花萼内。花期冬末春初（图 6-287）。

【分布】原产于喜马拉雅。广东、广西、台湾等地有栽培。

【生态习性】喜光，喜温热环境，不耐寒；喜肥沃、排水良好的土壤。

【观赏特性及园林用途】花美丽，开花于冬末春初少花季节，故名冬红。常栽培观赏，为广州习见的观花灌木。在热带地区，用于园林绿化，诱引于花架或墙壁上，亚热带和温带地区可作温室盆栽。

6.83.4 赪桐属 *Clerodendrum*

落叶或半常绿灌木或小乔木，少为攀援状藤本或草本，通常具腺体。单叶对生或轮生，全缘或具锯齿。聚伞花序或由聚伞花序组成的伞房状或圆锥状花序，顶生或腋生；苞片宿存或早落；花萼钟状、杯状，有色泽，宿存，花后多少增大；花冠筒通常细长，顶端 5 裂；雄蕊 4，伸出花冠外；子房 4 室，花柱伸出。浆果状核果，全部或部分包于宿存增大的花萼内。

约 400 种，分布于热带和亚热带，少数分布于温带。我国有 34 种 6 变种，大多分布在西南、华南地区。

赪桐 *C. japonicum*

【别名】百日红、贞桐花、状元红。

【形态特征】灌木，高达 4m。小枝有绒毛。叶卵圆形，长 10～35cm，端尖，基心形，缘有细齿，表面疏生伏毛，背面密具锈黄色腺体。聚伞花序组成大型的顶生圆锥花序，长 15～34cm；花萼大红色，5 深裂；花冠鲜红色，筒部细长，顶端 5 裂并开展；雄蕊长达花冠筒的 3 倍，与雌蕊花柱均突出于花冠外。果近球形，蓝黑色；宿萼增大，初包被果实，后向外反折呈星状。花果期 5～11 月（图 6-288）。

1.花枝；2.叶下面放大；3.花

图 6-288 赪桐

【分布】产于江苏、浙江、江西、湖南、福建、台湾、广东、广西、四川、贵州、云南。

【生态习性】喜高温、湿润、半阴的气候环境，喜土层深厚的酸性土壤，耐荫蔽，耐瘠薄；忌干旱、忌涝、畏寒冷，生长适温为 23～30℃。

【观赏特性及园林用途】花朵艳丽如火，花果期长，是极好的观赏花木。主要用于公园、楼宇、人工山水旁的绿化，成片栽植效果极佳。华南、上海、南京等地庭园有栽培，华北多于温室栽培观赏。

【同属其它种】①海州常山（臭梧桐）*C. trichotomum*：灌木或小乔木，高 8m。花果期 6～11 月。产华北、华东、中南、西南各地。花果美丽，花时白色花冠后衬紫红花萼，果实增大的紫红宿存萼托以蓝紫色亮果，且其花果期长。②臭牡丹 *C. bungei*：小型落叶灌木，高 1～2m。叶触之有强烈臭气。花有淡红色或红色、紫色，有臭味。分布于华北、西北、西南各省。③龙吐珠 C. thomsonae：常绿柔弱木质藤本，茎四棱。花萼裂片白色，花冠筒圆柱形，5 裂片深红色，从花萼中伸出，雄蕊及花柱很长，突出花冠外，花期春夏。

6.83.5　牡荆属 Vitex

灌木或小乔木。小枝通常四棱形。叶对生，掌状复叶，小叶 3～7，稀单叶。聚伞花序，或以聚伞花序组成圆锥状或伞房状，顶生或腋生；花萼钟状或管状，顶端平截或有 5 小齿，有时略为二唇形，外面常有腺体，宿存；花冠二唇形，上唇 2 裂，下唇 3 裂；雄蕊 4；子房 4 室。核果，外面包有宿存的花萼。

约 250 种，主要分布于热带和温带地区。我国有 14 种 7 变种 3 变型，主产于长江以南，少数种类分布于西南和华北等地。

黄荆 V. negundo

【别名】五指枫、埔姜仔、埔姜。

【形态特征】落叶灌木或小乔木，高 1～5m。小枝四棱形，密生灰白色绒毛。掌状复叶，小叶 5，稀 3，卵状长椭圆形至披针形，全缘或疏生浅齿，背面密生灰白色细绒毛。圆锥状聚伞花序顶生，长 8～27cm；花序梗密生灰白色绒毛；花萼钟状，顶端具 5 齿；花冠淡紫色，外面有灰白色绒毛，端 5 裂，二唇形。核果近球形，黑色，宿萼接近果实的长度。花期 4～6 月，果期 7～10 月（图 6-289）。

【分布】主要产于长江以南各省，北达秦岭、淮河。

【生态习性】喜光，耐干旱瘠薄土壤，适应性强，常生于山坡路旁或灌木丛中。

【观赏特性及园林用途】叶秀丽、花清雅，是装点风景区的极好材料。植于山坡、路旁，增添无限生机，也是树桩盆景的良好材料。

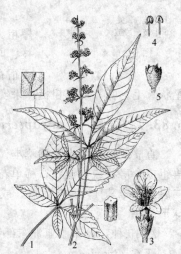

1.复叶；2.花枝；3.花；4.雄蕊；
5.宿萼包果

图 6-289　黄荆

【变种】荆条 var. heterophylla：落叶灌木，叶对生，小叶边缘有缺刻状锯齿、浅裂以至深裂。花淡紫色，着生于当年生枝端，花期 6～7 月。我国各地均有分布。

6.83.6　紫珠属 Callicarpa

灌木，稀乔木或藤本。嫩枝有星状毛或粗糠状短柔毛。叶对生，偶有 3 叶轮生，边缘有锯齿，稀为全缘。聚伞花序腋生；花小，整齐；花萼杯状或钟状，顶端 4 齿裂至截头枝，宿存，果时不增大；花冠 4 裂；雄蕊 4，花丝伸出花冠筒外或与花冠筒近等于长；子房 4 室。核果浆果状，球形。

190 余种，主要分布于热带和亚热带，亚洲和大洋洲。中国约 46 种，主产于长江以南，少数种可延伸到华北至东北、西北的边缘。

小紫珠 C. dichotoma

【别名】白棠子树。

【形态特征】落叶灌木，高 1～2m。小枝纤细，带紫红色，幼时具星状毛。叶倒卵形或披针形，顶端急尖，基部楔形，边缘上半部疏生锯齿，表面稍粗糙，背面无毛，密生细小黄棕色腺点，叶柄长 2～5mm。聚伞花序 2～3 次分枝；花萼杯状，顶端有不明显 4 齿或近截头状；花冠紫红色；花丝为花冠的 2 倍；子房无毛。果实球形，蓝紫色。花期 5～6 月；果

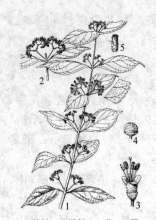

1.花枝；2.果枝；3.花；4.果；
5.小枝一段放大，示星状毛

图 6-290 小紫珠

期 7~11 月（见图 6-290）。

【分布】产于中国东部及中南部，华北可露地栽培。

【生态习性】性喜光，喜肥沃湿润土壤，较耐寒、耐阴，对土壤要求不严。

【观赏特性及园林用途】小紫珠植株矮小，入秋紫果累累，色美而有光泽，状如玛瑙，为庭园中美丽的观果灌木。植于草坪边缘、假山旁、常绿树前效果均佳；也非常适宜于基础栽植；果枝常做切花。

【同属其它种】①日本紫珠（紫珠）C. japonica：灌木，高 2m；小枝圆柱形，无毛。果实球形。②木紫珠 C. tomentosa 乔木，高 8m；枝开展，小枝四棱形，密被灰黄色粉状绒毛。聚伞花序粗大，花小。③枇杷叶紫珠 C. kochiana：灌木，高 1~4m；小枝、叶柄与花序密生黄褐色分枝茸毛。果实圆球形，几全部包藏于宿存的花萼内。④台湾紫珠 C. formosana：全株布满黄褐色的星状茸毛。叶片质感粗糙。果实小呈浆质状核果，成熟后为紫色。

6.83.7 莸属 *Caryopteris*

直立或披散灌木，稀草本。单叶对生，全缘或有锯齿，通常具黄色腺点。聚伞花序，常再组成伞房状或圆锥状，稀单花腋生。萼钟状，常 5 裂，宿存，结果时略增大；花冠 5 裂，二唇形；雄蕊 4，2 长 2 短，或几等长，伸出花冠筒外；子房不完全 4 室。蒴果小，通常球形。

约 15 种，分布于亚洲东部和中部。尤以我国最多，已知有 13 种 2 变种 1 变型。

莸 *C. divaricata*

【别名】叉枝莸。

【形态特征】多年生草本，高 80cm；茎方形，疏被柔毛或无毛。叶片膜质，卵圆形，卵状披针形至长圆形，顶端渐尖至尾尖，基部近圆形或楔形，下延成翼，边缘具粗齿，两面疏生柔毛或背面的毛较密，侧脉 3~5 对。二歧聚伞花序腋生，花序疏被柔毛，苞片披针形至线形；花萼杯状，外面被柔毛，顶端 5 浅裂；花冠紫色或红色，外面被疏毛，喉部疏生柔毛，顶端 5 裂，下唇中裂片较大；雄蕊 4 枚，与花柱均伸出花冠管外。蒴果黑棕色，4 瓣裂，有网纹。花期 7~8 月，果期 8~9 月（图 6-291）。

1.花枝及中部叶；2.花；3.果瓣；
4.宿萼包果

图 6-291 莸

【分布】产于山西、河南、湖北、江西、陕西、甘肃、四川、云南中北部。生于海拔 660~2900m 的山坡草地或疏林。

【生态习性】耐旱、耐寒、耐阴、耐粗放管理。

【观赏特性及园林用途】夏末至仲秋开花，花色淡雅，气味芬芳，花开于夏秋少花季节，是点缀秋夏景色的好材料。丛植于草坪边缘、路边或假山旁都很适宜，也适合成片种植作地面覆盖，也可植为绿篱。

【同属其它种】金叶莸 *Caryopteris* × *clandonensis* 'Worcester Gold'：是兰香草与蒙古莸的杂交种，其叶面光滑，鹅黄色，叶背具银色毛。花冠、雄蕊、雌蕊均为淡蓝色，花期在夏末秋初的少花季节（7～9月），可持续2～3个月。从展叶初期到落叶终期，从基部到穗部，叶片始终一片金黄色，是一个良好的彩叶树种。

6.84　醉鱼草科 Buddleiaceae

多为灌木，稀乔木，高5m以下，偶有30m高。常被星状毛，单叶对生，稀互生，1～30cm长；花的花萼4裂，花冠漏斗状或高脚碟状，约1cm长，组成各种花序；果实为蒴果，2瓣裂，稀浆果。

只有1属即醉鱼草属。基本分为两个群类，生长在美洲的一般为雌雄异株，而生长在东半球的一般为雌雄同株。

醉鱼草属 *Buddleja*

形态特征与科的相同。约100种，分布于美洲、非洲和亚洲的热带至温带地区。我国产30种，4变种，除东北地区及新疆外，几乎全国各省区均有。

(1) 醉鱼草 B. *lindleyana*

【别名】闭鱼花、痒见消、雉尾花。

【形态特征】灌木，高1～3m。小枝具四棱，棱上略有窄翅；幼枝、叶片下面、叶柄、花序、苞片及小苞片均密被星状短绒毛和腺毛。叶对生，萌芽枝条上的叶为互生或近轮生，叶片膜质，卵形、椭圆形至长圆状披针形，边缘全缘或具有波状齿，上面深绿色，幼时被星状短柔毛，下面灰黄绿色；侧脉每边6～8条，下面略凸起。穗状聚伞花序顶生；花紫色，芳香；花萼钟状，花萼裂片宽三角形，花冠管弯曲，花冠裂片阔卵形或近圆形；雄蕊着生于花冠管下部或近基部，花丝极短。果序穗状。花期4～10月，果期8月至翌年4月（图6-292）。

1.花枝；2.花；3.花冠展开，示雄蕊和雌蕊；4.花药背面；5.花药腹面；6.子房横剖，示胚珠着生；7.果及宿存的花萼和花冠

图6-292 醉鱼草

【分布】产于江苏、安徽、浙江、江西、福建、湖北、湖南、广东、广西、四川、贵州和云南等省区。生于海拔200～2700m山地路旁、河边灌木丛中或林缘。

【生态特性】喜温暖湿润和阳光充足的环境，越冬温度不低于5℃。耐干旱，不耐水涝，耐半阴，喜肥沃、湿润和排水良好的壤土。

【观赏特性及园林用途】枝条下垂拱曲，花期长，花芳香而美丽，花序淡雅秀丽，是夏、秋重要的观赏花木。若配植于庭院角隅或丛植于草地、坡地、路边，长而下垂的花序随风摇动，使景观更加自然可亲，但不宜在池旁种植，以免枝叶落水使鱼中毒。

(2) 大叶醉鱼草 B. *davidii*

【别名】绛花醉鱼草、穆坪醉鱼草、兴山醉鱼草。

【形态特征】半常绿灌木，高1～5m。小枝外展而下弯，略呈四棱形；幼枝、叶片下面、叶柄和花序均密被灰白色星状短绒毛。叶对生，卵状披针形，长6～20cm，宽1～5cm。长穗状圆锥花序顶生或腋生，长10～20cm，最长可达45cm。无限花序，花淡紫色、粉紫色，冠筒长4～5mm，喉部橙黄色，子房无毛。蒴果长圆形，种子线形，花期5～10月，果期9～12月（图6-293）。

【分布】产于陕西、甘肃、江苏、浙江、江西、湖北、湖南、广东、广西、四川、贵州、

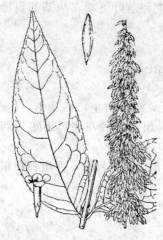

图 6-293　大叶醉鱼草

云南和西藏等省区。生于海拔 800~3000m 山坡、沟边灌木丛中。日本也有。

【生态特性】耐寒、耐旱、耐瘠薄、耐半阴、耐粗放管理、忌水涝，植株萌发力极强，耐修剪。

【观赏特性及园林用途】花序大，花期长（可达 6 个月），花色丰富，有紫色、蓝色、粉色、白色、黄色等多样花色，花朵芳香，易招来蝴蝶翩翩起舞，十分美丽壮观。适合点缀草地或用作坡地、墙隅绿化美化，可装点山石、庭院、道路、花坛，也可作切花用。

【同属其它种】①驳骨丹（七里香）B. asiatica：常绿灌木或小乔木，高 2~6m。总状或圆锥状花序，细长而下垂，白色。产于陕西、江西、福建、台湾、湖北、湖南、广东、海南、广西、四川、贵州、云南和西藏等省区。②密蒙花（染饭花、黄饭花）B. officinalis：常绿灌木，高 1~3m。小枝略四棱形，密被白色绒毛；聚伞圆锥花序顶生。产于山西、陕西、甘肃、江苏、安徽、福建、河南、湖北、湖南、广东、广西、四川、贵州、云南和西藏等省区。③互叶醉鱼草 B. alternifolia：落叶灌木，株高 1~4m。单叶互生，披针形或条状披针形，全缘。花冠管状、蓝紫色。花期 5~7 月。产于内蒙古、河北、山西、陕西、宁夏、甘肃、青海、河南、四川和西藏等省区。

6.85　木犀科 Oleaceae

乔木，直立或藤状灌木。叶对生，稀互生或轮生，单叶、三出复叶或羽状复叶，稀羽状分裂，全缘或具齿。花辐射对称，两性，稀单性或杂性，雌雄同株、异株或杂性异株，通常聚伞花序排列成圆锥花序，或为总状、伞状、头状花序，顶生或腋生，或聚伞花序簇生于叶腋，稀花单生；花冠 4 裂，有时多达 12 裂。果为翅果、蒴果、核果、浆果或浆果状核果。

约 27 属，400 余种，广布于两半球的热带和温带地区，亚洲地区种类尤为丰富。中国产 12 属，178 种，6 亚种，25 变种，15 变型，其中 14 种、1 亚种、7 变型系栽培，南北各地均有分布。

6.85.1　白蜡树属 Fraxinus

落叶乔木；冬芽褐色或黑色。奇数羽状复叶，对生；小叶常具齿。花小，杂性或单性，雌雄异株，组成圆锥花序；萼小，4 或缺；花冠缺或存在，通常深裂，裂片 2~4。翅果，翅在果顶伸长；种子单生，扁平，长圆形。

约 70 种，主要分布于温带地区。中国产 20 余种，各地均有分布。

白蜡树 F. chinensis

【别名】梣、青榔木、白荆树。

【形态特征】落叶乔木；树皮灰褐色，纵裂。小枝黄褐色，粗糙，无毛或疏被长柔毛，皮孔小，不明显。羽状复叶，小叶 5~7 枚，硬纸质，卵形、倒卵状长圆形至披针形，先端锐尖至渐尖，基部钝圆或楔形，叶缘具整齐锯齿，上面无毛，下面无毛或有时沿中脉两侧被白色长柔毛。圆锥花序顶生或腋生枝梢；无花冠；花萼大，4 浅裂。翅果。花期 4~5 月，果期 7~9 月（图 6-294）。

【分布】产于南北各省区。

1.果枝；2.花
图 6-294 白蜡树

【生态习性】耐瘠薄干旱，在轻度盐碱地也能生长。耐水湿，抗烟尘。

【观赏特性及园林用途】形体端正，树干通直，枝叶繁茂而鲜绿，秋叶橙黄。可用于湖岸绿化和工矿区绿化，是优良的行道树和遮荫树。

6.85.2 连翘属 *Forsythia*

直立或蔓性落叶灌木。枝中空或具片状髓。叶对生，单叶，稀 3 裂至三出复叶，具锯齿或全缘，有毛或无毛；具叶柄。花两性，1 至数朵着生于叶腋，先于叶开放；花萼深 4 裂，多少宿存；花冠黄色，钟状，深 4 裂，裂片披针形、长圆形至宽卵形，较花冠管长。果为蒴果；种子一侧具翅。

全属为早春开花植物，3 月初便含苞待放，是庭园布置早春开花植物的理想选择。

连翘 *F. suspense*

【别名】黄花杆、黄寿丹。

【形态特征】落叶灌木。枝开展或下垂，棕褐色或淡黄褐色，小枝略呈四棱形，疏生皮孔，节间中空，节部具实心髓。叶通常为单叶，或三裂至三出复叶，叶片卵形、宽卵形或椭圆状卵形至椭圆形，先端锐尖，基部圆形，宽楔形至楔形，叶缘除基部外具锐锯齿或粗锯齿，两面无毛。花通常单生或 2 至数朵着生于叶腋，先于叶开放；花萼开裂，裂片长圆形或长圆状椭圆形；花冠黄色，裂片倒卵状长圆形或长圆形。花期 3～4 月，果期 7～9 月（图 6-295）。

【分布】产于河北，山西，陕西，湖北，四川等地。我国除华南地区外，其他各地均有栽培。

【生态习性】喜光，有一定程度的耐阴性；耐寒；耐干旱贫瘠，怕涝；不择土壤；抗病虫害能力强。

【观赏特性及园林用途】枝条拱形开展，早春花先叶开放，满枝金黄，是常见优良的早春观花灌木。宜丛植于草坪、角隅、岩石假山下及作基础种植，或可作花篱及绿篱。

【同属其它种】金钟花 *F. viridissima*：落叶灌木，枝直立，小枝黄绿色，呈四棱形。单叶对生。花先叶开放，深黄色。蒴果卵圆状。分布于我国中部、西南，北方也有栽培。

1.营养枝；2.花枝；3.花；4.蒴果
图 6-295 连翘

6.85.3 丁香属 *Syringa*

落叶灌木或小乔木。小枝近圆柱形或带四棱形，具皮孔。叶对生，单叶，稀复叶，全缘，稀分裂；具叶柄。花两性，聚伞花序排列成圆锥花序，顶生或侧生，与叶同时抽生或叶后抽生；具花梗或无花梗；花萼小，钟状，具 4 齿或为不规则齿裂，或近截形，宿存；花冠漏斗状、高脚碟状或近幅状，裂片 4 枚，开展或近直立。果为蒴果。

本属植物枝叶繁茂、花色淡雅而清香，故庭园广为栽培供观赏，为庭园珍品。

紫丁香 *S. oblata*

【别名】华北紫丁香、紫丁白。

1.果枝；2.花

图 6-296 紫丁香

【形态特征】灌木或小乔木；树皮灰褐色或灰色。小枝较粗，疏生皮孔。叶片革质或厚纸质，卵圆形至肾形；萌枝上叶片常呈长卵形，先端渐尖，基部截形至宽楔形。圆锥花序直立，由侧芽抽生，近球形或长圆形；花冠紫色。果倒卵状椭圆形、卵形至长椭圆形，先端长渐尖，光滑。花期 4～5 月，果期 6～10 月（图 6-296）。

【分布】产于东北、华北、西北（除新疆）以至西南达四川西北部。长江以北各庭园普遍栽培。

【生态习性】喜光，稍耐阴，阴地能生长，但花量少或无花；耐寒性较强；耐干旱，忌低湿；喜湿润，肥沃，排水良好的土壤。

【观赏特性及园林用途】枝叶茂密，花美而香，是我国北方各地园林应用最普遍的花木之一。广泛栽植于庭园、机关、厂矿、居民区等地。

【同属其它种】云南丁香 S. yunnanensis：灌木。花冠白色、淡紫红色或淡粉红色，呈漏斗状。果长圆柱形。花期 5～6 月，果期 9 月。产于云南西、四川、西藏。现欧美各国也有栽培。

6.85.4　流苏树属 Chionanthus

落叶灌木或乔木。叶对生，单叶，全缘或具小锯齿；具叶柄。圆锥花序，疏松，由去年生枝梢的侧芽抽生；花较大，两性，或单性雌雄异株；花萼深 4 裂；花冠白色，花冠管短，裂片 4 枚，深裂至近基部，裂片狭长。果为核果，内果皮厚，近硬骨质，具种子 1 枚。

2 种，1 种产北美，1 种产我国、日本和朝鲜。

流苏树 C. retusus

【别名】茶叶树、乌金子、萝卜丝花。

【形态特征】落叶灌木或乔木，高可达 20m。叶片革质或薄革质，长圆形、椭圆形或圆形。聚伞状圆锥花序；苞片线形，单性而雌雄异株或为两性花；花萼 4 深裂，裂片尖三角形或披针形；花冠白色，4 深裂，裂片线状倒披针形。果椭圆形，被白粉，呈蓝黑色或黑色。花期 3～6 月，果期 6～11 月（图 6-297）。

【分布】产于甘肃、陕西、山西、河北至云南、台湾。各地有栽培。朝鲜、日本也有分布。

【生态习性】喜光；耐寒；抗旱；花期怕干旱风。生长较慢。

1.花枝；2.果枝；3.花

图 6-297　流苏树

【观赏特性及园林用途】花密优美，花形奇特，是优美的观赏树种。栽植于安静休息区，或以常绿树衬托列植，都十分相宜。

6.85.5　女贞属 Ligustrum

落叶或常绿、半常绿的灌木、小乔木或乔木。叶对生，单叶，叶片纸质或革质，全缘；具叶柄。聚伞花序常排列成圆锥花序，多顶生于小枝顶端，稀腋生；花两性；花萼钟状，先端截形或具 4 齿，或为不规则齿裂；花冠白色，近辐状、漏斗状或高脚碟状，花冠管长于裂片或近等长，裂片 4 枚。果为浆果状核果，内果皮膜质或纸质，稀为核果状而室背开裂；种子 1～4 枚。

(1) 女贞 *L. lucidum*

【别名】冬青、蜡树。

【形态特征】灌木或乔木，高达 25m。树皮灰褐色。叶片常绿，革质，卵形、长卵形或椭圆形至宽椭圆形，先端锐尖至渐尖或钝，基部圆形或近圆形，叶缘平坦，上面光亮。圆锥花序顶生；花冠长 4～5mm。果肾形或近肾形，深蓝黑色，成熟时呈红黑色，被白粉。花期 5～7 月，果期 7 月至翌年 5 月（图 6-298）。

【分布】产于长江以南至华南、西南各省区，向西北分布至陕西、甘肃。朝鲜也有分布，印度、尼泊尔有栽培。

【生态习性】耐寒性好，耐水湿，喜温暖湿润气候，喜光耐阴。对土壤要求不严。

【观赏特性及园林用途】枝叶茂密，树形整齐。可于庭院孤植或丛植、行道树、绿篱等。并可作丁香、桂花的砧木或行道树。

1.花枝；2.部分花序；3.花；4.雄蕊；
5.雌蕊

图 6-298 女贞

(2) 小叶女贞 *L. quihoui*

【形态特征】落叶灌木。小枝淡棕色，圆柱形，密被微柔毛，后脱落。叶片薄革质，形状和大小变异较大，披针形、长圆状椭圆形、椭圆形、倒卵状长圆形至倒披针形或倒卵形，先端锐尖、钝或微凹，基部狭楔形至楔形，叶缘反卷，常具腺点，两面无毛，稀沿中脉被微柔毛。圆锥花序顶生，近圆柱形，分枝处常有 1 对叶状苞片；小苞片卵形，具睫毛；花萼无毛，萼齿宽卵形或钝三角形。果倒卵形、宽椭圆形或近球形，呈紫黑色。花期 5～7 月，果期 8～11 月（图 6-299）。

【分布】产于陕西南部、浙江、江西、云南等地。

【生态习性】喜光，稍耐阴；较耐寒。性强健，耐修剪。

【观赏特性及园林用途】其枝叶紧密、圆整，具有较高的观赏价值。园林中主要作绿篱栽植。

图 6-299 小叶女贞

(3) 小蜡 *L. sinense*

【别名】黄心柳、水黄杨、千张树。

【形态特征】落叶灌木或小乔木。小枝圆柱形，幼时被淡黄色短柔毛或柔毛，老时近无毛。叶片纸质或薄革质，卵形、椭圆状卵形、长圆状椭圆形至披针形，或近圆形，先端锐尖、短渐尖至渐尖，基部宽楔形至近圆形，叶表面疏被短柔毛或无毛，或仅沿中脉被短柔毛。圆锥花序顶生或腋生，塔形；花冠裂片长圆状椭圆形或卵状椭圆形。果近球形。花期 3～6 月，果期 9～12 月（图 6-300）。

【分布】产于浙江、安徽、福建、云南等地。越南也有分布，马来西亚有栽培。

1.花枝；2.果枝；3.部分花序；4.雄蕊

图 6-300 小蜡

【生态习性】喜光，稍耐阴；较耐寒；抗二氧化硫等多种有毒气体。耐修剪。

【观赏特性及园林用途】叶常绿，花密集有芳香，常植于庭园观赏，丛植林缘、池边、石旁都可；南方常作绿篱应用。

【同属其它种】①金森女贞 L. japonicum 'Howardii'：日本女贞系列彩叶新品。常绿灌木或木。叶对生，单叶卵形，革质，枝叶稠密。圆锥花序，花冠白色。果椭圆形，呈紫黑色。花期 6～7 月，果期 10～11 月。原产于日本关东以西及台湾。②金叶女贞 L. × vicaryi：落叶灌木，是金边卵叶女贞与欧洲女贞的杂交种。叶卵状椭圆形，嫩叶黄色，后渐变为黄绿色。近年在我国北方栽培较普遍，赏其金黄色的嫩叶。但必须栽植于阳光充足处才能发挥其观叶的效果。

6.85.6　素馨属 *Jasminum*

图 6-301　茉莉

小乔木，直立或攀援状灌木，常绿或落叶。小枝圆柱形或具棱角和沟。叶对生或互生，稀轮生，单叶，三出复叶或为奇数羽状复叶，全缘或深裂。花两性，排成聚伞花序，聚伞花序再排列成圆锥状、总状、伞房状、伞状或头状；苞片常呈锥形或线形，有时花序基部的苞片呈小叶状；花常芳香；花冠常呈白色或黄色，稀红色或紫色，高脚碟状或漏斗状，花蕾时呈覆瓦状排列，栽培时常为重瓣。浆果，成熟时呈黑色或蓝黑色，果皮肥厚或膜质。

200 余种，分布于非洲、亚洲、澳大利亚以及太平洋南部诸岛屿；南美洲仅有 1 种。我国产 47 种，分布于秦岭山脉以南各省区。

(1) 茉莉 *J. sambac*

【形态特征】直立或攀援灌木，高达 3m。小枝圆柱形或稍压扁状，有时中空，疏被柔毛。单叶对生，叶片纸质，圆形、椭圆形、卵状椭圆形或倒卵形，两端圆或钝，基部有时微心形；叶柄被短柔毛，具关节。聚伞花序顶生，通常有花 3 朵，有时单花或多达 5 朵；花极芳香；花冠白色，裂片长圆形至近圆形，先端圆或钝。果球形，呈紫黑色。花期5～8月，果期7～9月（图 6-301）。

【分布】原产于印度。中国南方和世界各地广泛栽培。

【生态习性】喜光，稍耐阴，夏季高温潮湿，光照强，则开花多而香。喜温暖气候，不耐寒，经不起低温冷冻；以肥沃，疏松的沙壤及壤土为宜。

【观赏特性及园林用途】株形玲珑，枝叶繁茂，叶色如翡翠，花极香，花期长。可作树丛、树群之下木，也可作花篱植于路旁，效果极好。

(2) 云南黄素馨 *J. mesnyi*

【形态特征】常绿披散状灌木。小枝四棱形，具沟。叶对生，三出复叶或小枝基部具单叶；叶柄具沟；叶片和小叶片近革质，小叶片长卵形或长卵状披针形。花单生叶腋；花冠黄色，漏斗状。果椭圆形。花期 11 月至翌年 8 月，果期 3～5 月（图 6-302）。

【分布】产于四川西南部、贵州、云南。我国各地均有栽培。

【生态习性】耐寒性不强，北方常温室盆栽。

1.花枝；2.花冠纵切，示雄蕊着生

图 6-302　云南黄素馨

【观赏特性及园林用途】花色艳丽，叶翠绿。最宜植于水边驳岸，细枝拱形下垂水面，倒影清晰；植于路缘、坡地及石隙等处均极优美。

（3）素方花 *J. officinale*

【形态特征】攀援灌木。小枝具棱或沟，无毛，稀被微柔毛。叶对生，羽状深裂或羽状复叶，小叶通常5～7枚，小枝基部常有不裂的单叶；叶轴常具狭翼；叶片和小叶片两面无毛或疏被短柔毛；顶生小叶片卵形、狭卵形或卵状披针形至狭椭圆形，先端急尖或渐尖，稀钝，基部楔形。聚伞花序伞状或近伞状，顶生，稀腋生；花冠白色，或外面红色，内面白色。果球形或椭圆形，成熟时由暗红色变为紫色。花期5～8月，果期9月（图6-303）。

【分布】产于四川、贵州西南部、云南、西藏。世界各地广泛栽培。

【生态习性】不耐寒。

【观赏特性及园林用途】枝叶茂密，白花翠蔓，株态轻盈，四季常青，甚为美观。是理想的庭园观赏植物。可作棚架、门廊、枯树等绿化材料。

1.花枝；2.果枝

图6-303　素方花

【同属其它种】①华素馨 *J. sinense*：缠绕藤本。花芳香；花冠白色或淡黄色。花期6～10月。产于浙江、广西、湖北、贵州、云南。②迎春花 *J. nudiflorum*：落叶灌木；花冠黄色。花期6月。产于四川、云南、西藏。我国及世界各地普遍栽培。

6.85.7　木犀属 *Osmanthus*

常绿灌木或小乔木。叶对生，单叶，叶片厚革质或薄革质，全缘或具锯齿。花两性，通常雌蕊或雄蕊不育而成单性花，雌雄异株或雄花、两性花异株，聚伞花序簇生于叶腋，或再组成腋生或顶生的短小圆锥花序；花冠白色或黄白色，少数栽培品种为桔红色，呈钟状，圆柱形或坛状，裂片4枚。果为核果，椭圆形或歪斜椭圆形，内果皮坚硬或骨质，种子1枚。

约30种，分布于亚洲东南部和美洲。中国产25种及3变种，其中1种系栽培，主产于南部和西南地区。

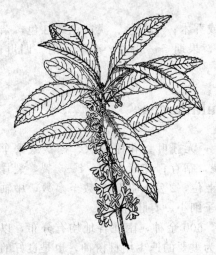

图6-304　桂花

桂花 *O. fragrans*

【别名】木犀、岩桂。

【形态特征】乔木或灌木。树皮灰褐色。叶片革质，椭圆形、长椭圆形或椭圆状披针形，先端渐尖，基部渐狭呈楔形或宽楔形，全缘或通常上半部具细锯齿。聚伞花序簇生于叶腋，每腋内有花多朵；花极芳香；花冠黄白色、淡黄色、黄色或桔红色。果歪斜，椭圆形，呈紫黑色。花期9～10月上旬，果期翌年3月（图6-304）。

【分布】原产于中国西南部。现各地广泛栽培。

【生态习性】喜温暖环境，宜在土层深厚，排水良好，肥沃、富含腐殖质的偏酸性砂质土壤中生长。

【观赏特性及园林用途】桂花终年常绿，枝繁叶茂，秋季开花，芳香四溢，可谓‘独占三秋压群芳’。在园林中应用普遍，常作园景树，可孤植、对植，也有成丛成林栽种或作行道树。

【品种】在园艺栽培上，由于花的色彩不同，有金桂、银桂、丹桂等不同品种群。

【同属其它种】云南桂花 *O. yunnanensis*：常绿乔木或灌木。花序簇生于叶腋；花芳香；花冠黄白色。果长卵形，呈紫黑色。花期 4～5 月，果期 7～8 月。产于云南、四川、西藏等地。

6.85.8 木犀榄属 *Olea*

乔木或灌木。叶对生，单叶，叶片常为革质，稀纸质。圆锥花序顶生或腋生，有时为总状花序或伞形花序；花小、两性、单性或杂性，白色或淡黄色，干时常呈玫瑰红色；花冠管短，裂片 4 枚。果为核果，球形、椭圆形、长圆形或卵形，外果皮薄，肉质，内果皮厚而坚硬或为纸质；种子通常仅 1 枚发育。

40 多种，分布于亚洲南部、大洋洲、南太平洋岛屿以及热带非洲和地中海地区。中国产 15 种，1 亚种，1 变种，分布于华南、西南至西藏，其中 1 种及 1 亚种系栽培。

1.花枝；2.花；3.花纵剖面，示雄蕊着生；4.花

图 6-305 油橄榄

油橄榄 *O. europaea*

【别名】木犀榄。

【形态特征】常绿小乔木。树皮灰色。叶片革质，披针形，有时为长圆状椭圆形或卵形，先端锐尖至渐尖，具小凸尖，基部渐窄或楔形，全缘。圆锥花序腋生或顶生；花芳香，白色，两性；花冠长 3～4mm。果椭圆形，成熟时呈蓝黑色。花期 4～5 月，果期 6～9 月（图 6-305）。

【分布】可能原产于小亚细亚，后广栽于地中海地区，现全球亚热带地区都有栽培。中国长江流域以南地区亦栽培。

【生态习性】抗寒性较强，如 −8～10℃ 的短时低温也不致对树体构成伤害，但不能持久。对土壤没有特别的要求。

【观赏特性及园林用途】常绿树，枝叶茂密，叶双色，花芳香。果可榨油，供食用，也可制蜜饯。园林上可作观果树。

【同属其它种】云南木犀榄 *O. yuennanensis*：灌木或乔木；花白色、淡黄色或红色，杂性异株。果卵球形、长椭圆形或近球形。花期 2～11 月，果期 7～11 月。产于云南、四川、贵州西南部。

6.86 玄参科 Scorophulariaceae

草本、灌木或少有乔木。单叶对生，少互生、轮生；无托叶。花序总状、穗状或聚伞状，再组成圆锥花序；花两性，两侧对称；花萼 4～5 裂，宿存；花冠合瓣，4～5 裂，裂片多少不等或作二唇形；雄蕊通常 4 枚，2 长 2 短；子房上位，2 室，胚珠少数至多数，中轴胎座，花柱单一，柱头头状或 2 裂。蒴果，稀浆果；种子细小，有胚乳。

约 200 属，3000 种，广布全球各地。我国约 56 属，600 余种，南北各地均有分布，以西南部尤多。本科大部分为草本植物，木本泡桐属各种为重要的速生用材树种，也是良好的绿化树种。

泡桐属 *Paulownia*

落叶乔木，树冠圆锥形。枝对生，常无顶芽，常假二叉分枝，小枝粗壮，髓腔大。单叶对生，大而有长柄，生长旺盛的新枝上有时3枚轮生，全缘、波状或3～5浅裂。花3～5朵成聚伞花序，再组成顶生圆锥花序；萼钟状，5裂；花冠大，唇形，紫色或白色，内面常有深紫色斑点；雄蕊4，2长2短；子房2室，柱头2裂。蒴果，果皮木质化或较薄；种子小而多。

共7种，均产于我国，除黑龙江、内蒙古、新疆北部、西藏等地区外，分布及栽培几乎遍布全国。越南、老挝北部、朝鲜、日本也产。

泡桐 *P. fortunei*

【别名】白花泡桐。

【形态特征】落叶乔木，高27m，树冠宽卵形或圆形，树皮灰褐色。小枝粗壮，初有毛，后渐脱落。叶卵形，长10～25cm，宽6～15cm，先端渐尖，全缘，稀浅裂，基部心形，表面无毛，背面有绒毛。顶生圆锥花序；花蕾倒卵状椭圆形；花萼倒圆锥状钟形，浅裂约为萼的1/4～1/3，毛脱落；花冠漏斗状，乳白色至微带紫色，内具紫色斑点及白色条纹。蒴果椭圆形，长6～11cm。花期3～4月，果期9～10月（图6-306）。

【分布】主产于长江流域以南各地，东起江苏、浙江、台湾，西南至四川、云南，南至广东、广西，东部在海拔120～240m，西南至2000m。山东、河南及陕西均有引种栽培。

【生态习性】喜温暖气候，耐寒性稍差，尤其幼苗期很易受冻害；喜光、稍耐阴；对黏重瘠薄的土壤适应性较其他种强。

1.叶；2.叶下面的毛；3.果序；4、5.花；6.果；7.果片；8.种子

图6-306 泡桐

【观赏特性及园林用途】树干端直，树冠宽大，叶大荫浓，花大而美。宜作行道树、庭荫树；也是重要的速生用材树种、'四旁'绿化结合生产的优良树种。

6.87 爵床科 Acanthaceae

叶对生，无托叶。花两性，左右对称，通常组成总状花序、穗状花序、聚伞花序，伸长或头状，有时单生或簇生而不组成花序；苞片通常大，有时有鲜艳色彩，或小；小苞片2枚或有时退化；花萼通常5裂或4裂，稀多裂或环状而平截，裂片镊合状或覆瓦状排列；花冠合瓣，2唇形或近相等的5裂，裂片覆瓦状排列或旋转排列，雄蕊4或2，子房上位，2室，胚珠1至多颗。果为蒴果，开裂时将种子弹出，有种钩。

约250属，3000余种，广布于热带和亚热带地区，是一个主要分布于热带地区的大科。我国有61属，400余种，以云南省最多，四川、贵州、广西、广东和台湾等省区也很丰富，只有少数的种类分布至长江流域。

6.87.1 黄脉爵床属 *Sanchezia*

穗状花序顶生，花单生或簇生，萼深5裂，花冠管狭长，喉部扩大呈钟形，裂片5，螺旋状排列，发育雄蕊2枚，位于前方，不育雄蕊2枚，子房有胚珠3～4，花柱顶端2裂，前裂片长。在我国常不结实。

约30种，分布于南美洲。我国南部和台湾省有栽培1种。

金脉爵床 *S. speciosa*

【别名】金叶木、黄脉爵床、斑马爵床。

【形态特征】常绿小灌木，高约 1m，嫩枝四棱形，红色。叶对生，卵状披针形，长 20～30cm，先端急尖或短渐尖，基部楔形，叶缘锯齿，叶面绿色，中脉、侧脉及边缘均为鲜黄色或乳白色。穗状花序，花萼褐红色，花冠管状，二唇形，黄色。花期 3～9 月。叶片嫩绿色，叶脉橙黄色。夏秋季开出黄色的花，花为管状，簇生于短花茎上，每簇 8～10 朵，整个花簇为一对红色的苞片包围。

【分布】原产于巴西。现热带地区广泛栽培。

【生态习性】喜半阴，忌强光直射，否则易灼伤叶面。不耐寒。喜高温多湿气候，宜植于半遮阴和湿润之地，要求深厚肥沃的砂质土壤。

【观赏特性及园林用途】是珍稀名贵的观花观叶植物之一。叶脉及花都是金黄色，鲜艳美丽，叶形和叶色奇特，花开放时呈宝塔形，是叶花俱佳的观赏花卉。可于庭院半阴处栽培供观赏。因植株矮小，适宜做高档盆花发展。

6.87.2 老鸦嘴属 *Thunbergia*

木质或草质藤本。叶对生，单叶。花黄色、白色或紫色，单生于叶腋内或为总状花序，有叶状苞片 2 枚，萼截平或 10～15 齿裂，花冠大，漏斗状或钟状，雄蕊 4，两两成对，胚珠每室 2 枚。蒴果有喙。种子无种钩。

约 200 种，分布于东半球热带地区。我国约 6 种，产于西南和南部。

大花老鸦嘴 *T. grandiflora*

1.叶枝；2.花枝；3.雌蕊；4.子房纵剖；5.子房横剖

图 6-307 大花老鸦嘴

【别名】大邓伯花、通背消。

【形态特征】常绿木质大藤本。叶大，对生，阔卵形，长 12～18cm，两面粗糙，边缘浅裂。总状花序长而下垂，花大，长 5～8cm，花冠略偏斜的高脚碟状，筒部一侧膨大，檐淡黄色。全年均可开花，5～11 月为盛花期。蒴果（图 6-307）。

【分布】产于印度和孟加拉，现广植于热带和亚热带地区。我国南方常见栽培。

【生态习性】喜光，喜高温多湿气候。以富含腐殖质的土壤为宜。

【观赏特性及园林用途】花期长，花大而美丽。花架、花廊、围墙或花门的垂直绿化材料。

【同属其它种】硬枝老鸭嘴（蓝吊钟）*T. erecta*：常绿灌木，高 1～2m，幼茎四棱形。花单生于叶腋，花冠二唇形，管部白色，檐部蓝紫色，喉部黄色。原产于非洲热带。我国南方常见栽培。

6.87.3 红楼花属 *Odontonema*

常绿灌木；单叶对生；穗状花序，花红色，花梗细长；花萼钟状，5 裂；花冠长管形，二唇形，上唇 2 裂，下唇 3 裂；可孕雄蕊 2，不孕雄蕊 2；雌蕊心皮 2，合生；花柱 1，柱头 2 裂，子房 2 室，上位；蒴果，背裂 2 瓣。

约 40 种。*Odontonema* 属的中文名称不一，有红楼花属、红筒花属、鸡冠爵床属和齿丝属等。

红苞花 *O. strictum*

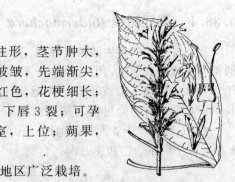

【别名】鸡冠红、红苞花、红楼花。

【形态特征】常绿灌木。茎枝自地下伸长，圆柱形，茎节肿大，自然分枝少。叶对生，卵状披针或卵圆状，叶面有波皱，先端渐尖，长 8～12cm。穗状花序顶生，具多而密的花，花鲜红色，花梗细长；花萼钟状，5 裂；花冠长管形，二唇形，上唇 2 裂，下唇 3 裂；可孕雄蕊 2，不孕雄蕊 2；花柱 1，柱头 2 裂，子房 2 室，上位；蒴果，背裂 2 瓣。花期 9～12 月（图 6-308）。

【分布】原产于中美洲热带雨林地区，我国热带地区广泛栽培。

图 6-308　红苞花

【生态习性】喜温暖和充足的阳光，阳光不足则不能开花。要求疏松和排水良好的土壤，腐殖土或泥炭均可。

【观赏特性及园林用途】花型独特，花色鲜黄，花期很长，从春至秋不断开花，为优良观花灌木，暖地可庭院栽种，北方则作温室盆栽。

6.87.4　金苞花属（厚穗爵床属）*Pachystachys*

常绿低矮小灌木，高 20～70cm，茎直立，方形；分枝多，基部逐渐木质化。叶对生，阔披针形或长卵形，长 10～20cm，先端尖；叶脉明显，叶缘波浪形，叶面皱褶。穗状花序顶生，有数层密集苞片，苞片心形，金黄色，紧密排列成 4 纵列，花冠伸出苞片之外，白色，二唇形。

金苞花 *P. lutea*

【别名】黄虾花、金苞虾衣花。

【形态特征】常绿低矮小灌木，高 20～70cm，茎直立，方形；分枝多，基部逐渐木质化。叶对生，阔披针形或长卵形，长 10～20cm，先端尖；叶脉明显，叶缘波浪形，叶面皱褶。穗状花序顶生，有数层密集苞片，苞片心形，金黄色，紧密排列成 4 纵列，花冠伸出苞片之外，白色，二唇形。春秋开花。

【分布】原产于秘鲁、墨西哥。现多地有引种广泛栽培。

【生态习性】喜温暖和充足的阳光，阳光不足则不能开花。要求疏松和排水良好的土壤。

【观赏特性及园林用途】花序大而密集，花色鲜艳美丽，花期很长，从春至秋不断开花，暖地可庭院栽种，北方则作温室盆栽。

6.88　紫葳科 Bignoniaceae

乔木、灌木或木质藤本，稀为草本；常具有各式卷须及气生根。叶对生、互生或轮生，单叶或羽叶复叶，稀掌状复叶；顶生小叶或叶轴有时呈卷须状，卷须顶端有时变为钩状或为吸盘而攀援它物。花两性，左右对称，通常大而美丽，组成顶生、腋生的聚伞花序、圆锥花序或总状花序或总状式簇生。花冠合瓣，钟状或漏斗状，常二唇形，5 裂。蒴果，室间或室背开裂。种子具翅或两端有束毛。

约 120 属，650 种，广布于热带、亚热带，少数种类延伸到温带，但欧洲、新西兰不产。中国有 12 属，约 35 种，南北均产，但大部分种类集中于南方各省区；引进栽培的有 16 属，19 种。

6.88.1　菜豆树属 *Radermachera*

直立乔木，当年生嫩枝具黏液。叶对生，为 1~3 回羽状复叶；小叶全缘，具柄。聚伞圆锥花序顶生或侧生，但决不生于下部老茎上，具线状或叶状苞片及小苞片。花萼在芽时封闭，钟状，顶端 5 裂或平截。花冠漏斗状钟形或高脚碟状，裂片 5，圆形，平展。蒴果细长，圆柱形，有时旋扭状，有 2 棱。

约 16 种，产于亚洲热带地区，印度至中国、菲律宾、马来西亚、印度尼西亚。我国有 7 种，产于广东、广西、云南、台湾。

1.花枝；2.果实；3.花；4.种子
图 6-309　菜豆树

菜豆树 *R. sinica*

【别名】山菜豆、辣椒树、朝阳花。

【形态特征】小乔木，高达 10m。2 回羽状复叶，稀为 3 回羽状复叶；小叶卵形至卵状披针形，顶端尾状渐尖，基部阔楔形，全缘，向上斜伸，两面均无毛。顶生圆锥花序；苞片线状披针形，早落，苞片线形。花萼蕾时封闭，锥形，内包有白色乳汁，萼齿 5，卵状披针形。花冠钟状漏斗形，白色至淡黄色。蒴果细长，下垂，圆柱形，稍弯曲，多沟纹，渐尖。种子椭圆形。花期 5~9 月，果期 10~12 月（图 6-309）。

【分布】产于台湾、广东、贵州、云南。

【生态习性】性喜高温多湿，阳光充足的环境。畏寒冷，忌干燥。喜疏松肥沃，排水良好的壤土和沙质壤土。

【观赏特性及园林用途】树姿优雅，叶片茂密青翠；花朵大且多，花香淡雅，花色美，花期长。是热带、南亚热带地区城镇街道、公园、庭院等园林绿化的优良树种。

6.88.2　火焰树属 *Spathodea*

常绿乔木。奇数羽状复叶大型，对生。伞房状总状花序顶生，密集。花萼大，佛焰苞状。花冠阔钟状，桔红色，基部急骤收缩为细筒状，裂片 5，不等大，阔卵形，具纵皱褶。雄蕊 4，其中 2 雄蕊强，着生于花冠筒上。蒴果，细长圆形，扁平，室背开裂。种子多数，具膜质翅。

约 20 种，大部分产于热带非洲、巴西，在印度、澳大利亚也有少量分布。中国栽培 1 种。

火焰树 *S. campanulata*

【别名】喷泉树、火烧花。

【形态特征】乔木。树皮平滑，灰褐色。奇数羽状复叶，对生；小叶 13~17 枚，叶片椭圆形至倒卵形，顶端渐尖，基部圆形，全缘。伞房状总状花序，顶生，密集。花萼佛焰苞状。花冠一侧膨大，基部紧缩成细筒状，檐部近钟状，桔红色。蒴果黑褐色；种子具周翅，近圆形。花期 4~5 月（图 6-310）。

【分布】原产于非洲，现广泛栽培于印度、斯里兰卡。中国广东、福建、台湾、云南均有栽培。

【生态习性】生性强健，喜光照；耐热、耐干旱、耐水湿、耐瘠薄，但栽培以排水良好的壤土或沙质壤土为佳；但不耐寒，生长适温 23~30℃。

1.花枝；2.花；3.雄蕊；4.雌蕊；
5.子房横切面
图 6-310　火焰树

【观赏特性及园林用途】花美丽，树形优美。可用于行道树及庭园绿化。

6.88.3　梓属 *Catalpa*

落叶乔木。单叶对生，稀 3 叶轮生，揉之有臭气味，叶下面脉腋间通常具紫色腺点。花两性，组成顶生圆锥花序、伞房花序或总状花序。花萼 2 唇形或不规则开裂，花蕾期花萼封闭成球状体。花冠钟状，2 唇形，上唇 2 裂，下唇 3 裂。花盘明显。果为长柱形蒴果。

约 13 种，分布于美洲和东亚。我国连引入种共 5 种及 1 变型，除南部外，各地均有。

(1) 黄金树 *C. speciosa*

【别名】白花梓树。

【形态特征】乔木；树冠伞状。叶卵心形至卵状长圆形，顶端长渐尖，基部截形至浅心形，上面亮绿色，无毛，下面密被短柔毛。圆锥花序顶生；苞片 2，线形。花萼 2 裂，裂片 2，无毛。花冠白色，喉部有 2 黄色条纹及紫色细斑点，裂片开展。蒴果圆柱形，黑色。种子椭圆形。花期 5~6 月，果期 8~9 月（图 6-311）。

1.花枝；2.叶；3.花冠展开示雄蕊；4.花萼展开示雌蕊；5.花药背腹面；6.蒴果；7.种子

图 6-311　黄金树

【分布】原产于美国中部至东部。我国台湾、河南、山西、陕西、新疆、云南等地均有栽培。

【生态习性】强喜光，耐寒性较差，喜深厚肥沃、疏松土壤。

【观赏特性及园林用途】树株形优美。各地园林多植作庭荫树及行道树。

(2) 梓 *C. ovata*

【别名】楸、水桐、黄花楸、木角豆。

【形态特征】乔木；树冠伞形，主干通直，嫩枝具稀疏柔毛。叶对生或近于对生，有时轮生，阔卵形，长宽近相等，顶端渐尖，基部心形，全缘或浅波状，常 3 浅裂，微被柔毛或近于无毛。顶生圆锥花序。花萼蕾时圆球形，2 唇开裂。花冠钟状，淡黄色，内面具 2 黄色条纹及紫色斑点。蒴果线形，下垂。种子长椭圆形（图 6-312）。

1.叶；2.花枝；3.蒴果；4.花冠展开示雄蕊；5.发育雄蕊；6.花萼展开示雌蕊；7.种子；8.叶下面部分放大

图 6-312　梓

【分布】产于长江流域及以北地区。日本也有。

【生态习性】喜光，稍耐阴；适生于温带地区，颇耐寒，在暖热气候下生长不良；喜深厚、肥沃、湿润土壤，不耐干旱瘠薄，能耐轻度盐碱土。

【观赏特性及园林用途】梓树树冠宽大，可作行道树，庭荫树及宅旁绿化材料。

(3) 楸树 *C. bungei*

【别名】楸、木王。

【形态特征】小乔木。叶三角状卵形或卵状长圆形，顶端长渐尖，基部截形，阔楔形或心形，叶面深绿色，叶背无毛。顶生伞房状总状花序。花萼蕾时圆球形，2 唇开裂，顶端有。花冠淡红色，内面具有 2 黄色条纹及暗紫色斑点。蒴果线形。种子狭长椭圆形，两端生长毛。花期 5~6 月，果期 6~10 月（图 6-313）。

【分布】产于陕西、甘肃、江苏、浙江、湖南。广西、贵州、云南有栽培。

1.花枝；2.果枝；3.花冠展开示雄蕊；
4.种子

图 6-313　楸树

【生态习性】喜光，幼苗耐庇荫，以后需较多的光照；喜温暖湿润气候，不耐严寒，不耐干旱和水湿；喜深厚、湿润、肥沃的中性土、微酸性土及钙质土。

【观赏特性及园林用途】树姿挺拔，干直荫浓，花白紫相间。宜作庭荫树及行道树；孤植于草坪中也极适宜。

【同属其它种】①灰楸 *C. fargesii*：乔木。花冠淡红色至淡紫色，内面具紫色斑点。蒴果细圆柱形。种子椭圆状线形，薄膜质。花期 3～5 月，果期 6～11 月。产于广西、四川、贵州、云南。②滇楸 *C. fargesii* f. *dudouii*：落叶乔木，主干端直，树皮有纵裂，枝杈少分歧。产于云南。

6.88.4　蓝花楹属 *Jacaranda*

乔木或灌木。叶互生或对生，2 回羽状复叶，稀为 1 回羽状复叶；小叶多数。花蓝色或青紫色，组成顶生或腋生的圆锥花序。花萼小，截平形或 5 齿裂，萼齿三角形。花冠漏斗状，裂片 5，外面密被细柔毛。蒴果木质，扁卵圆球形，迟裂；种子扁平，周围具透明的翅。

约 50 种，分布于热带美洲。我国引入栽培 2 种。为美丽的庭园观赏树。

蓝花楹 *J. mimosifolia*

【形态特征】落叶乔木。叶对生，为 2 回羽状复叶，小叶椭圆状披针形至椭圆状菱形，顶端急尖，基部楔形，全缘。花蓝色。花冠筒细长，蓝色，下部微弯，上部膨大，花冠裂片圆形。蒴果木质。花期 5～6 月（图 6-314）。

【分布】原产于南美洲巴西、玻利维亚、阿根廷。我国广东、海南、广西、福建、云南栽培供观赏。

【生态习性】喜光，喜温热多湿气候，不耐寒。

【观赏特性及园林用途】绿荫如伞，叶纤细似羽，蓝花朵朵。秀丽清雅，又花开于夏季少花季节，是美丽的庭园观赏树。华南及西南城市常栽作行道树及庭荫树；草坪上丛植数株，格外美丽。

1.花枝；2.侧生小叶；3.顶生
小叶；4.果实

图 6-314　蓝花楹

6.88.5　猫尾木属 *Dolichandrone*

乔木。叶对生，为奇数 1 回羽状复叶。花大，黄色或黄白色，由数花排成顶生总状聚伞花序。花萼芽时封闭，开花时一边开裂至基部而成佛焰苞状，外面密被灰褐色棉毛。花冠筒短，钟状，裂片 5，近相等，圆形，厚而具皱纹。蒴果长柱形，外面被灰黄褐绒毛，似猫尾状，隔膜木质。约 12 种，分布于非洲和热带亚洲。我国产 2 种及 2 变种。

猫尾木 *D. caudafelina*

【别名】猫尾。

【形态特征】乔木，高达 10m 以上。叶近于对生，奇数羽状复叶，幼嫩时叶轴及小叶两面密被平伏细柔毛，老时近无毛；小叶无柄，长椭圆形或卵形，顶端长渐尖，基部阔楔形至近圆形，两面均无毛或于幼时沿背面脉上被毛。花大，组成顶生、具数花的总状花序。花冠黄色，漏斗形，下部紫色，无毛。蒴果极长，密被褐黄色绒毛。种子长椭圆形，极薄，具膜质翅。花期 10～11 月，果期 4～6 月（图 6-315）。

【分布】广东、海南、云南。

【生态习性】性喜温暖，不耐寒。

【观赏特性及园林用途】是良好的冬季观花树种。适合庭园孤植。

6.88.6 凌霄属 Campsis

攀援木质藤本，以气生根攀援，落叶。叶对生，为奇数 1 回羽状复叶，小叶有粗锯齿。花大，红色或橙红色，组成顶生花束或短圆锥花序。花萼钟状，近革质，不等的 5 裂。花冠钟状漏斗形，檐部微呈二唇形，裂片 5，大而开展，半圆形。雄蕊 4，2 强。蒴果。

2 种，1 种产北美洲，另 1 种产我国和日本。

凌霄 C. grandiflora

【别名】紫葳、堕胎花。

1.小叶一部分；2.花；3.花的
纵切面；4.果实

图 6-315　猫尾木

【形态特征】攀援藤本；茎木质，表皮脱落，枯褐色，以气生根攀附于它物之上。叶对生，奇数羽状复叶。顶生疏散的短圆锥花序。花萼钟状，长 3cm，分裂至中部，裂片披针形，长约 1.5cm。花冠内面鲜红色，外面橙黄色，长约 5cm，裂片半圆形。蒴果顶端钝。花期 5～8 月（图 6-316）。

【分布】产于长江流域各地，以及河北、山东、河南，台湾有栽培。

【生态习性】喜光，幼苗稍庇荫；喜温暖湿润，耐寒性较差；耐旱忌积水；喜微酸性至中性土壤。

【观赏特性及园林用途】干枝虬曲多姿，翠叶团团如盖，花大色艳，花期甚长，为庭园棚架、花门之良好绿化材料，适宜攀援墙垣、枯树、石壁；经修剪、整枝等栽培措施，可成灌木状栽培观赏。

【同属其它种】美国凌霄 C. radicans：藤本，具气生根。蒴果长圆柱形。原产于美洲。

1.花枝；2.花冠展开；3.花萼及雄蕊

图 6-316　凌霄

6.88.7 硬骨凌霄属 Tecomaria

常绿，半藤状或近直立灌木。枝柔弱，常平卧地下。奇数羽状复叶，小叶有锯齿。顶生圆锥或总状花序；萼钟状，5 齿裂；花冠漏斗状，稍弯曲，端 5 裂，二唇形；雄蕊伸出花冠筒外；花盘杯状；子房 2 室。蒴果线形，压扁。

2 种，产于非洲；中国引入栽培 1 种。

硬骨凌霄 T. capensis

【别名】南非凌霄。

【形态特征】常绿半藤状灌木。枝绿色，常有小痂状突起。羽状复叶对生，卵形至阔椭圆形，缘有不甚规则的锯齿。顶生总状花序；花冠长漏斗形，弯曲，橙红色，有深红色纵纹；雄蕊伸出。蒴果扁线形。花期 6～9 月（图 6-317）。

【分布】原产于南非好望角。

1.花枝；2.雄蕊；3.雌蕊

图 6-317　硬骨凌霄

【生态习性】不耐寒，我国华南有露地栽培，长江流域及华北多盆栽。

【观赏特性及园林用途】硬骨凌霄枝平卧铺地，花橙红鲜艳，且花期长，是秋季观花的极好材料。常植于庭园观赏。

6.88.8　炮仗藤属 *Pyrostegia* Presl

攀援木质藤本。叶对生；小叶 2～3 枚，顶生小叶常变 3 叉的丝状卷须。顶生圆锥花序。花橙红色，密集成簇。花萼钟状，平截或具 5 齿。花冠筒状，略弯曲，裂片 5，镊合状排列。蒴果线形。种子具翅。

约 5 种，产于南美洲。我国南方引入栽培 1 种。

炮仗花 *P. venusta*

【别名】黄鳝藤。

【形态特征】藤本，具有 3 叉丝状卷须。叶对生；小叶 2～3 枚，卵形，顶端渐尖，基部近圆形，下面具有极细小分散的腺穴，全缘。圆锥花序着生于侧枝的顶端。花萼钟状，有 5 小齿。花冠筒状，内面中部有一毛环，橙红色，裂片 5，花蕾时镊合状排列，边缘被白色短柔毛。种子具翅，薄膜质。花期长，在云南西双版纳热带植物园可长达半年，通常在 1～6 月（图 6-318）。

【分布】原产于南美洲巴西，在热带亚洲已广泛作为庭园观赏藤架植物栽培。我国广东、海南、台湾、云南等地均有栽培。

【生态习性】喜温暖湿润气候，不耐寒。

【观赏特性及园林用途】花型如炮仗，花朵橙红鲜艳，下垂成串，且花期较长，是良好的垂直绿化植物。多植于建筑物旁或棚架上，遮阴、观赏都极佳。

图 6-318　炮仗花

6.89　茜草科 Rubiaceae

乔木、灌木或草本，有时为藤本；茎有时有不规则次生生长。叶对生或有时轮生，有时具不等叶性，通常全缘。花序各式，均由聚伞花序复合而成，很少单花或少花的聚伞花序；花两性、单性或杂性，通常花柱异长；花冠合瓣，管状、漏斗状、高脚碟状或辐状，通常 4～5 裂。浆果、蒴果或核果。

本科属、种数无准确记载，Airy～Shaw 的统计为 600 属 6000 种；而 E. Robbrecht 的统计为 637 属 10700 种。广布全世界的热带和亚热带，少数分布至北温带。中国有 18 族、98 属、约 676 种，其中有 5 属是自国外引种的经济植物或观赏植物。主要分布在东南部、南部和西南部，少数分布西北部和东北部。

6.89.1　栀子属 *Gardenia*

灌木，稀为乔木，无刺或很少具刺。叶对生；托叶生于叶柄内，三角形，基部常合生。

花大，腋生或顶生，单生、簇生或很少组成伞房状的聚伞花序；萼管常为卵形或倒圆锥形，萼檐管状或佛焰苞状，顶端常5～8裂，裂片宿存，稀脱落；花冠高脚碟状、漏斗状或钟状。浆果大，平滑或具纵棱，革质或肉质；种子多数。

约250种，分布于东半球的热带和亚热带地区。我国有5种，1变种，产于中部以南各省区。

栀子 G. jasminoides

【别名】黄栀子、山栀。

【形态特征】灌木；嫩枝常被短毛，枝圆柱形，灰色。叶对生，革质，稀为纸质，少为3枚轮生，叶形多样，通常为长圆状披针形、倒卵状长圆形、倒卵形或椭圆形，顶端渐尖或短尖而钝，基部楔形或短尖；托叶膜质。花芳香，通常单朵生于枝顶；花冠白色或乳黄色，高脚碟状，通常6裂。果卵形、近球形、椭圆形或长圆形，黄色或橙红色；种子多数，扁，近圆形而稍有棱角。花期3～7月，果期5月至翌年2月（图6-319）。

【分布】产于山东、江苏、台湾、四川、贵州和云南等地，河北、陕西和甘肃有栽培。

【生态习性】喜光也能耐阴，在蔽荫条件下叶色浓绿，但开花稍差；喜温暖湿润气候，耐热也稍耐寒；喜肥沃、排水良好、酸性的轻黏壤土。

1.花枝；2.花

图 6-319 栀子

【观赏特性及园林用途】叶色亮绿，四季常绿，花大洁白，又有一定耐阴和抗有毒气体的能力，故为良好的绿化、美化、香化材料。可成片丛植或配置于林缘、庭前等地。

【变种、变型及品种】①玉荷花（重瓣栀子）'Fortuneana'：花较大而重瓣，径达7～8cm。②大花栀子 var. grandiflora：花较大，径达7～10cm，单瓣；叶也较大。③雀舌栀子（雀舌花，水栀子）var. radicans：植物株矮小，枝常平展匍地；叶较小，倒披针形，花也小，重瓣。④单瓣雀舌栀子 var. radicans f. simpliciflora：花单瓣，其余特征同雀舌栀子。

【同属其它种】大黄栀子 G. sootepensis：乔木，常有胶质状分泌物。花大，直径约7cm，芳香。花期4～8月。产于云南澜沧、勐海、景洪、勐腊。

6.89.2 龙船花属 Ixora

常绿灌木或小乔木；小枝圆柱形或具棱。叶对生，很少3枚轮生，具柄或无柄；托叶在叶柄间，基部阔，常常合生成鞘，顶端延长或芒尖，宿存或脱落。花为聚伞花序，常具苞片和小苞片；花冠高脚碟形，喉部无毛或具髯毛，顶部4裂罕有5裂。核果球形或略呈压扁形，有2纵槽，革质或肉质，有小核2。

300～400种，大部分布于亚洲热带地区和非洲、大洋洲，热带美洲较少。我国有19种，分布于西南部和东南部。

龙船花 I. chinensis

【别名】卖子木、山丹。

【形态特征】灌木；小枝初时深褐色，有光泽，老时呈灰色，具线条。叶对生，披针形、长圆状披针形至长圆状倒披针形，顶端钝或圆形，基部短尖或圆形。花序顶生，多花，具短总花梗；花冠红色或红黄色，顶部4裂，裂片倒卵形或近圆形，顶端钝或圆形。果近球形，双生，中间有1沟，成熟时红黑色。花期5～7月（图6-320）。

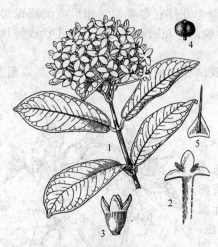

1.花枝；2.花蕾花冠裂片展开示雄蕊着生位置；3.花萼；4.果；5.托叶

图 6-320　龙船花

果为球形的核果。

2种，分布于我国和日本。

六月雪 *S. Japonica*

【形态特征】小灌木，有臭气。叶革质，卵形至倒披针形，顶端短尖至长尖，边全缘，无毛；叶柄短。花单生或数朵丛生于小枝顶部或腋生，有被毛、边缘浅波状的苞片；萼檐裂片细小，锥形，被毛；花冠淡红色或白色，顶端3裂。花期5～7月（图6-321）。

【分布】产于江苏、香港、广西、四川、云南等地。

【生态习性】性喜阴湿环境，喜温暖气候，喜肥，在向阳而干燥处栽培，则生长不良；对土壤要求不严。

【观赏特性及园林用途】树形纤巧，枝叶扶疏，夏日盛花，宛如白雪满树，玲珑清雅，枝叶茂密，树姿可塑性大。适宜作花坛材料、花篱和地被。

【品种】①金边六月雪‘Aureo-marginata’：叶边缘黄色或淡黄色。②重瓣六月雪‘Pleniflora’：花重瓣，白色。③粉花六月雪‘Rubescens’：花粉红色，单瓣。

6.89.4　虎刺属 *Damnacanthus*

灌木；枝被粗短毛、柔毛或无毛，具针状刺或无刺；根肉质。叶对生，全缘，卵形，长圆状披针形或披针状线形；托叶生叶柄间，三角形，易碎落。花于顶部叶腋处常2～3束组成具短总梗的聚伞花序，下部叶腋1束或因1朵脱落而变单花；苞片小，鳞片状；花冠白色，管状漏斗形，外面无毛，内面喉部密生柔毛，裂片三角状卵形，蕾时镊合状排列。核果红色，球形。

约13种2变种，主产东亚温带地区。我国产11种，分布于南岭山脉至长江流域和台湾。

虎刺 *D. indicus*

【别名】伏牛花。

【分布】产于福建、广东、香港、广西等地。分布于越南、菲律宾、马来西亚、印度尼西亚等热带地区。

【生态习性】喜热，不耐寒。

【观赏特性及园林用途】花红色而美丽，花期极长。是庭园理想的观赏花木，常植于园中观赏。

【品种】有白花‘Alba’、暗橙花‘Dixiana’等品种。

6.89.3　六月雪属 *Serissa*

分枝多的灌木，无毛或小枝被微柔毛，揉之发出臭气。叶对生，近无柄，通常聚生于短小枝上，近革质，卵形；托叶与叶柄合生成一短鞘，有3～8条刺毛，不脱落。花腋生或顶生，单朵或多朵丛生，无梗；花冠漏斗形，顶部4～6裂，裂片短。

1.花枝；2.花冠裂片展开示雄蕊着生位置；3.花萼；4.柱头；5.子房纵切面

图 6-321　六月雪

【形态特征】具刺灌木，根为肉质链珠状；茎下部少分枝，上部密集多回二叉分枝，幼嫩枝密被短粗毛，有时具4棱，节上托叶腋常生1针状刺。叶卵形、心形或圆形，顶端锐尖，边全缘，基部常歪斜，钝、圆、截平或心形；托叶生叶柄间。花两性，1~2朵生于叶腋，2朵者花柄基部常合生，有时在顶部叶腋可6朵排成具短总梗的聚伞花序；花萼钟状，绿色或具紫红色斑纹，裂片4，宿存；花冠白色，管状漏斗形，内面自喉部至冠管上部密被毛。核果红色，近球形。花期3~5月（图6-322）。

1.枝叶;2.花冠展开;3.花萼与雌蕊;4.果

图6-322 虎刺

【分布】产于西藏、云南、贵州、四川、台湾等省区。生于山地和丘陵的疏、密林下和石岩灌丛中。分布于印度北部和日本。

【生态习性】喜散射光，喜较肥沃的砂质或黏质的微酸性土壤，忌温差过大，忌大肥，不耐寒。

【观赏特性及园林用途】枝叶茂密，初夏白花繁盛，秋冬果实累累，鲜艳悦目，是观叶、观果、观花的极具观赏价值的灌木。

6.89.5 咖啡属 *Coffea*

灌木或乔木；枝略呈圆柱形，顶部略压扁。叶对生，极少3枚轮生，膜质或薄革质；托叶阔，生于叶柄间，不脱落。花通常芳香，簇生于叶腋内成球形或排成腋生少花的聚伞花序，偶有单生；苞片常常合生；萼管短，近管形或陀螺形，顶部截平或4~6齿裂，里面常具腺体，宿存；花冠白色或浅黄色，罕有呈玫瑰红色，高脚碟形或漏斗形，喉部无毛或被长柔毛，顶部5~9裂。浆果球形或长圆形。

90多种，分布于亚洲热带和非洲。我国南部和西南部引入栽培约有5种。

图6-323 小粒咖啡

小粒咖啡 *C. arabica*

【形态特征】小乔木或大灌木，基部通常多分枝；老枝灰白色，节膨大，幼枝无毛，压扁形。叶薄革质，卵状披针形或披针形，顶端长渐尖，基部楔形或微钝，罕有圆形，全缘或呈浅波形；托叶阔三角形。聚伞花序簇生于叶腋内，无总花梗或具极短总花梗；花芳香；苞片基部合生，二型，其中2枚阔三角形，另2枚披针形；花冠白色，顶部常5裂。浆果成熟时阔椭圆形，红色；种子背面凸起，腹面有纵槽。花期3~4月（图6-323）。

【分布】原产于埃塞俄比亚或阿拉伯半岛。福建、台湾、四川、贵州和云南均有栽培。

【生态习性】喜低纬度、高海拔、阳光充足、雨水充沛的地理环境。

【观赏特性及园林用途】为早春观花观果的良好灌木。可植于庭院观赏。经济价值高，广泛作为经济栽培作物。

6.89.6 滇丁香属 Luculia

灌木或乔木。叶对生；托叶在叶柄间，脱落。花红色或白色，芳香，具短花梗，组成顶生、多花伞房状聚伞花序或圆锥花序；花冠高脚碟状，裂片5，覆瓦状排列。种子多数，微小，向上覆叠，种皮微皱，有翅，具齿。

约5种，分布于亚洲南部至东南部。我国有3种、1变种，产于广西、云南、西藏。

1.花枝;2.部分花冠展开;3.雌蕊

图 6-324 馥郁滇丁香

馥郁滇丁香 L. gratissima

【形态特征】灌木或小乔木；树皮薄，淡褐色；小枝有皮孔，幼嫩时淡红色，有疏柔毛。叶纸质或薄革质，卵状长圆形、椭圆形或椭圆状倒披针形，顶端渐尖，基部楔形或短尖，叶背沿中脉和侧脉上被柔毛，脉腋内有时有簇毛；托叶披针形，早落。伞房状的聚伞花序大，顶生，有多数线形早落的苞片；总花梗被疏柔毛；花大，芳香；花冠红色，高脚碟状，裂片圆形。蒴果倒卵状长圆形，被疏柔毛或毛以后脱落。花、果期4~11月（图6-324）。

【分布】产于云南西部和西南部，西藏墨脱。国外分布于印度东北部，缅甸，泰国，越南等地。

【生态习性】喜光，稍耐阴，喜温暖湿润气候，适生于疏松肥沃排水良好的土壤。

【观赏特性及园林用途】馥郁滇丁香是优良的观花树种，花色美丽且具芳香。可孤植、丛植或在路边、草坪、角隅等地成片栽植，也可与其他乔灌木尤其是常绿树种配置。

【同属其它种】①滇丁香 L. pinciana：灌木或乔木，花芳香；花冠红色，少为白色；种子多数，近椭圆形，两端具翅。花、果期3~11月。产于云南、西藏墨脱、察隅。②中型滇丁香 L. pinceana：灌木。聚伞花序伞房式排列。种子两端具翅。花期7~8月。产于云南及西藏东南部。

6.89.7 玉叶金花属 Mussaenda

乔木、灌木或缠绕藤本。叶对生或偶有3枚轮生；托叶生叶柄间，全缘或2裂。聚伞花序顶生；苞片和小苞片脱落；花萼管长圆形或陀螺形，萼裂片5枚，脱落或宿存，白色或其他颜色，且有长柄，通常称花叶；花冠黄色、红色或稀为白色，高脚碟状，花冠管通常较长，外面有绢毛或长毛，里面喉部密生黄色棒形毛，花冠裂片5枚。浆果肉质，萼裂片宿存或脱落；

约120种。分布于热带亚洲、非洲和太平洋诸岛。我国约31种、1变种、1变型，产于西南部至东部以及西藏和台湾。

图 6-325 玉叶金花

玉叶金花 M. pubescens

【别名】白纸扇。

【形态特征】攀援灌木，嫩枝被贴伏短柔毛。叶对生或轮生，膜质或薄纸质，卵状长圆形或卵状披针形，顶端渐尖，基部楔形，上面近无毛或疏被毛，下面密被短柔毛；托叶三角形，深2裂，裂片钻形。聚伞花序顶生；苞片线形，有硬毛；花梗极短或无梗；花萼管陀螺形，被柔毛；花冠黄色，花冠管外面被贴伏短柔毛，内面喉部密被棒形毛，花冠裂片长圆状披针形，渐尖，内面密生金黄色小疣突。花期6～7月（图6-325）。

【分布】产于广东、香港、海南、广西、福建、湖南、江西、浙江和台湾。

【生态习性】喜半阴、湿润的环境条件。

【观赏特性及园林用途】花艳丽奇特。多用于溪丛、溪谷、山坡等地绿化。

【同属其它种】①大叶白纸扇 *M. shikokiana*：叶较大，长10～20cm，花有梗。产于长江以南各省区。②红叶金花 *M. erythrophylla*：原产西非，常栽培观赏。③无柄玉叶金花 *M. sessilifolia*：攀援灌木。叶无柄。花萼管、萼裂片及花冠外面均密被红色长柔毛；花冠黄色，花冠管向上膨大。我国特有，产于云南南部。

6.90　忍冬科 Caprifoliaceae

灌木，稀为小乔木或藤本；叶对生，单叶或羽状复叶，通常无托叶；花两性，辐射对称或左右对称；萼4～5裂；花冠管状或轮状，4～5裂，很少2裂；雄蕊与花冠裂片同数且与彼等互生；子房下位，1～5室，每室有胚珠1至多颗；果为浆果、蒴果、瘦果或核果。

有13属约500种，主要分布于北温带和热带高海拔山地，东亚和北美东部种类最多，个别属分布在大洋洲和南美洲。中国有12属200余种，大多分布于华中和西南各省区。忍冬科以盛产观赏植物而著称，荚蒾属 *Viburnum*、忍冬属 *Lonicera*、六道木属 *Abelia* 和锦带花属 *Weigela* 等都是著名的庭园观赏花木。忍冬属和接骨木属 *Sambucus* 的一些种是我国传统的中药材。

6.90.1　忍冬属 *Lonicera*

直立或攀援状灌木；叶脱落或常绿，对生，单叶，全缘或很少波状分裂；花左右对称或辐射对称，成对生于腋生的花序柄之顶，有苞片2和小苞片4，或为无柄的花轮生于枝顶；萼5齿裂；花冠管长或短，檐部2唇形或几乎5等裂；雄蕊5；子房下位，2～3室，很少5室，每室有胚珠极多数；果为浆果，有种子数颗。

约200种，分布于北半球温带和亚热带地区，我国有100余种，其中金银花 *L. japonica* 入药有清凉散热之效，有些供观赏用。

忍冬 *L. japonica*

【别名】金银花、银藤、金银藤。

【形态特征】半常绿缠绕藤木；小枝中空，有柔毛。叶卵形或椭圆形，长3～8cm，两面具柔毛。花成对腋生，有总梗，苞片叶状，长达2cm；花冠二唇形，长3～4cm，上唇具4裂片，下唇狭长而反卷，约等于花冠筒长，花由白色变为黄色，芳香，萼筒无毛；花期5～7月。浆果黑色，球形；10～11月果熟（图6-326）。

【分布】除黑龙江、内蒙古、宁夏、青海、新疆、海南和西藏无自然生长外，全国各省均有分布。生于山坡灌丛或疏林中、乱石堆、山足路旁及村庄篱笆边，海拔最高达1500m。也常栽培。日本和朝鲜也有分布。

【生态习性】性强健，喜光，也耐阴；耐寒，耐干旱和水湿；

图6-326　忍冬

根系繁密，萌蘖性强。

【观赏特性及用途】夏日开花不绝，黄白相映，且有芳香，是良好的垂直绿化及棚架材料。花为有名中药材，能清热解毒、抗菌消炎。

【变种及品种】①红金银花 var. *chinensis*：茎及嫩叶带紫红色，叶近光滑，背脉稍有毛；花冠外面淡紫红色，上唇的分裂大于1/2。②紫脉金银花 var. *repens*：叶近光滑，叶脉常带紫色，叶基部有时有裂；花冠白色或带淡紫色，上唇的分裂约为1/3。③黄脉金银花 'Aureo-reticulata'：叶较小，叶脉黄色。④紫叶金银花 'Purpurea'：叶紫色。⑤斑叶金银花 'Variegata'：叶有黄斑。⑥四季金银花 'Semperflorens'：晚春至秋末开花不断。

图 6-327 金银忍冬

金银忍冬 *L. maackii*

【别名】金银木、王八骨头。

【形态特征】落叶灌木或小乔木，高可达6m；小枝髓黑褐色，后变中空。叶卵状椭圆形或卵状披针形，两面疏生柔毛。花成对腋生，总梗长12mm，苞片线形；花冠二唇形，白色，后变黄色。长约2cm，下唇瓣长为花冠筒的2～3倍。浆果熟时暗红色。花期(4)5～6月，9～10月果熟（图6-327）。

【分布】产于我国东北、华北、华东、陕西、甘肃至西南地区。朝鲜、日本、俄罗斯也有分布。

【生态习性】性强健，喜光，耐半阴，耐寒，耐旱，管理简单。

【观赏特性及用途】是良好的观花、观果树种，常植于园林绿地观赏。

【变型】红花金银木 f. *erubescens*：花较大，淡红色；嫩叶也带红色。

6.90.2 锦带花属 *Weigela*

落叶灌木；冬芽有锐尖的鳞片数枚；叶对生，具柄，很少近无柄，有锯齿，无托叶；花稍大，白色、淡红色至紫色，1至数朵排成腋生的聚伞花序生于前年生的枝上；萼片5，分离或下部合生；花冠左右对称或近辐射对称，管状钟形或漏斗状，管远长于裂片，裂片5，阔；雄蕊5，短于花冠；子房下位，延长，2室，每室有胚珠多数，花柱有时突出；柱头头状；蒴果长椭圆形，有喙，开裂为2果瓣；种子多数，有角，常有翅。

约10余种，主要分布于东亚和美洲东北部。我国有2种，另有庭园栽培者1～2种。

锦带花 *W. florida*

【别名】旱锦带花、海仙、锦带。

【形态特征】落叶灌木，高达3m；小枝具两行柔毛。叶椭圆形或卵状椭圆形，长5～10cm，缘有锯齿，表面无毛或仅中脉有毛，背面脉上显具柔毛。花冠玫瑰红色，漏斗形，端5裂；花萼5裂，下半部合生，近无毛；通常3～4朵成聚伞花序；4～5(6)月开花。蒴果柱状；种子无翅（图6-328）。

【分布】产于我国东北、华北及江苏北部。

【生态习性】喜光，耐半阴，耐寒，耐干旱瘠薄，怕水涝，对氯化氢等有毒气体抗性强。

【观赏特性及用途】花朵繁密而艳丽，花期长，是园林中重要观花灌木之一。

图 6-328 锦带花

6.90.3　猬实属 *Kolkwitzia*

只有猬实 *K.amabilis* 1 种，产于我国西北一带。

猬实 *K.amabilis*

【别名】美人木。

【形态特征】落叶灌木，高达 3m；干皮薄片状剥裂；小枝幼时疏生长毛。单叶对生，卵形至卵状椭圆形，长 3～7cm，基部圆形，先端渐尖，缘疏生浅齿或近全缘，两面有毛；叶柄短。花成对，两花萼筒紧贴，密生硬毛；花冠钟状，粉红色，喉部黄色，长 1.5～2.5cm，端 5 裂，雄蕊 4；顶生伞房状聚伞花序；5 月初开花。瘦果状核果卵形，2 个合生（有时 1 个不发育），密生针刺，形似刺猬，故名（图 6-329）。

图 6-329　猬实

【分布】我国中部及西部特产。

【生态习性】喜光，颇耐寒，在北京能露地栽培。

【观赏特性及用途】着花繁密，粉红至紫色，非常艳丽。果形奇特，密被毛刺，形如刺猬，甚为别致，是我国特产的著名观花赏果的灌木。国内外园林绿地及庭园均有栽培，在欧美各国称之为 "beauty bush"（美丽灌木）。

6.90.4　六道木属 *Abelia*

灌木；叶脱落或宿存，对生，全缘或有齿缺；花小而多数，由白色至粉红或紫色，1 至数花排成聚伞花序，腋生或生于侧枝之顶，有时形成一圆锥花序；萼片 5、4 或 2，狭长，宿存；花冠管状、钟状或高脚碟状，5 等裂；雄蕊 4，两两成对；子房 3 室，但仅 1 室发育；果为瘦果状，顶冠以宿萼。

20 余种，分布于中国、日本、中亚及墨西哥。我国有 9 种。

图 6-330　糯米条

(1) 糯米条 *A.chinensis*

【形态特征】灌木，高达 2m；幼枝被微毛，带红褐色，小枝皮撕裂。叶卵形至椭圆状卵形，长 2～3.5cm，顶端尖至短渐尖，基部宽钝形至圆形，边具浅锯齿，下面沿中脉或侧脉的基部密生柔毛。聚伞圆锥花序顶生或腋生，分枝上部叶片常变小而多数花序集合成一花簇；花白色至粉红色，芳香；花萼被短柔毛，裂片 5，倒卵状矩圆形，长约 5mm；花冠漏斗状，长 10～12mm，外有微毛，裂片 5；雄蕊 4，伸出花冠。瘦果状核果，有短柔毛（图 6-330）。

【分布】分布于浙江、江西、福建、广东、广西、湖南、湖北、四川。生林下、灌丛或溪边。

【生态习性】喜光，较耐阴，怕强光曝晒；喜温暖、湿润气候，不甚耐寒；对土壤要求不严，酸性、中性土壤均能生长，但以肥沃的砂质壤土为宜，有一定的耐旱、耐贫瘠能力。萌蘖力、萌芽力均很强。

【观赏特性及用途】树形丛状，枝条细弱柔软，大型花序生于枝顶，小花洁白秀雅，阵阵飘香，或花期正值夏秋少花季节，花期时间长，花香浓郁，可谓不可多得的秋花树木，可群植、列植或修成花篱，也可栽植于池畔、路边、草坪等处加以点缀。也适合栽作岩石园材料。

（2）大花六道木 A.×grandiflora

【形态特征】为原产中国的糯米条 A.chinensis 和独花六道木 A.uniflora 的杂交品种。枝条柔软下垂，花洁白美丽，适应性强，对土壤要求不高。常绿灌木，高和冠幅均可达 1.8m，枝开展，呈拱形。幼枝较光滑，红褐色，具对生侧枝。叶长 5cm，宽 2cm，叶表面绿色，有光泽，叶背呈灰白色，冬季转红或橙。花单生或簇生，漏斗状，长约 25mm，白色，稍带紫红色，萼片 2～5。花期 6～10 月，有时延续至 11 月中旬，络绎不绝，花稍有芳香。

【分布】国内外广泛栽培。

【生态习性】喜光；对气候和土壤的适应性强，耐热，耐寒，在酸性、中性或偏碱性土壤中均生长良好，且有一定的耐旱、耐瘠薄的能力。发枝力强，耐修剪。

【观赏特性及用途】枝条柔顺下垂，树姿婆娑，非常美丽。每年从初夏至仲秋都是盛花期，开花时节满树白花，玉雕冰琢，晶莹剔透。在阳光照射下微微泛着荧光，衬以粉红的花萼、墨绿的叶片，分外醒目。更为可贵的是即使白花凋谢，红色的花萼还可宿存至冬季，极为壮观。园林用途广泛，适宜丛植、片植于空旷地块、水边或建筑物旁。由于萌发力强，耐修剪，所以可修成规则球状列植于路两旁，或做花篱。也可以自然栽种于岩石缝中、林中树下。无论采用何种方式均能给园林景观带来意想不到的效果。花、叶还可入药。

【品种】①'金边'大花六道木'Francis Mason'：是由大花六道木选育而成，与亲本相比，最大的特色在于叶面呈金黄色。小枝条红色，中空。花小，繁茂，并带有淡淡的芳香，是大花六道木中最好的品种之一。②'粉花'六道木'Goucher'：是六道木中唯一的一个红花品种，花色粉艳，亮丽异常。叶片较小，枝条细长弯曲成拱形，粉色萼片宿存时间更长，很有特色。③'日升'六道木'Sunrise'：叶片中间为墨绿色，幼小时叶缘带有金黄色条纹，长大后条纹变为乳黄色。是目前唯一的花叶品种。④'矮白'六道木'Dwarf White'：为六道木的矮化品种，目前国内已有引进。

6.90.5　荚蒾属 Viburnum

直立灌木，稀为小乔木；叶对生，单叶，常绿或脱落，托叶微小或无托叶；花小，排成顶生的圆锥花序或伞形花序式的聚伞花序，有些种类的缘花放射状，不结实；萼有 5 微齿；花冠轮状或钟状，稀管状；雄蕊 5；子房下位，1 室，有胚珠 1 至多颗；花柱极短，头状或浅 2～3 裂；果为一核果，有具 1 种子、通常压扁的核 1 个。

约 200 种，分布于北半球温带和亚热带地区。我国约 74 种，南北均产之，其中有些供观赏用，尤以具有放射状大型不孕花的种类最为美丽。

（1）绣球荚蒾 V.macrocephalum

【别名】木绣球。

【形态特征】落叶灌木，高达 4m；裸芽。幼枝及叶背密被星状毛。叶卵形或卵状椭圆形，长 5～10cm，先端钝圆，缘有齿牙状细齿。花序几乎全为大形白色不育花，形如绣球，径 15～20cm，自春至夏开花不绝，极为美观。

【分布】园艺种，产于中国，江苏、浙江、江西和河北等省均见有栽培。

【生态习性】喜光，稍耐阴，耐寒性不强。

【观赏特性及用途】花序几乎全为大形白色不育花，形如绣球，径约 15～20cm，自春至夏开花不绝，极为美观。

【变型】琼花 f.keteleeri：聚伞花序集生成伞房状，花序中央为两性的可育花，仅边缘有大形白色不育花。核果椭球形，长约 8mm，先红后黑。花期 4 月，果期 9～10 月。产区各城市常于园林中栽培观赏，以扬州栽培的琼花最为有名。已被定为扬州的市花。

（2）日本珊瑚树 var. *awabuki*

【别名】法国冬青。

【形态特征】常绿灌木或小乔木。叶倒卵状矩圆形至矩圆形，很少倒卵形，长 7～13（～16）cm，顶端钝或急狭而钝头，基部宽楔形，边缘常有较规则的波状浅钝锯齿，侧脉 6～8 对。圆锥花序通常生于具两对叶的幼枝顶，长 9～15cm，直径 8～13cm；花冠筒长 3.5～4mm，裂片长 2～3mm；花柱较细，长约 1mm，柱头常高出萼齿。果核通常倒卵圆形至倒卵状椭圆形，长 6～7mm。其它性状同珊瑚树。花期 5～6 月，果熟期 9～10 月。

【分布】产于浙江和台湾。长江下游各地常见栽培。

【生态习性】喜温暖气候，不耐寒，稍耐阴；耐烟尘，对二氧化硫及氯气有较强的抗性和吸收能力；抗火力强，耐修剪。

【观赏特性及用途】四季常青，是一种很理想的园林绿化树种，尤其适合于城市作绿篱或园景丛植，因对煤烟和有毒气体具有较强的抗性和吸收能力，也是工厂区绿化及防火隔离的好树种。

（3）欧洲荚蒾 *V. opulus*

【别名】欧洲绣球。

【形态特征】落叶灌木，高达 4～5m；小枝幼时有糠状毛，冬芽裸露。叶卵形至椭圆形，长 5～12cm，先端尖或钝，基部圆形或心形，缘有小齿，侧脉直达齿尖；两面有星状毛。聚伞花序再集成伞形复花序，径 6～10cm；花冠白色，裂片长于筒部。核果卵状椭球形，长约 8mm，由红变黑色。花期 5～6 月，果期 8～9 月。

【分布】产于欧洲及亚洲西部，久经栽培。我国多地有引种。

【生态习性】生长强健，耐寒性较强。

【观赏特性及用途】是观花观果的好树种，有时秋叶变暗红色。果熟时能引来鸟类，给园林增添生气。

【品种】有金叶'Aureum'、斑叶'Variegatum'、变色叶'Versicolor'等品种。

6.90.6　接骨木属 *Sambucus*

落叶乔木或灌木，很少多年生高大草本；茎干常有皮孔，具发达的髓。单数羽状复叶，对生；托叶叶状或退化成腺体。花序由聚伞合成顶生的复伞式或圆锥式；花白色或黄白色，整齐；萼筒短，萼齿 5 枚；花冠辐射状，5 裂；雄蕊 5，开展，花药外向；子房 3～5 室，花柱短或几无，柱头 2～3 裂。浆果状核果红黄色或紫黑色，具 3～5 枚核；种子三棱形或椭圆形。

20 余种，分布极广，几乎遍布于北半球温带和亚热带地区。我国有 4～5 种，南北均产之，另从国外引种栽培 1～2 种。

接骨木 *S. williamsii*

【别名】九节风、续骨草、木蒴藋。

【形态特征】落叶灌木或小乔木，高 4～8m；小枝无毛，密生皮孔，髓淡黄褐色。奇数羽状复叶对生，小叶 5～11，卵形至长椭圆状披针形。长 5～15cm，质较厚而柔软，缘具锯齿，通常无毛；叶揉碎后有臭味。花小而白色，成顶生圆锥花

图 6-331　接骨木

序；4～5月开花。核果浆果状，红色或蓝紫（黑）色，径4～5mm；7～9月果熟。

【分布】产于东北、华北、华东、华中、西北及西南地区。

【生态习性】性强健，喜光，耐寒，耐旱；根系发达，萌蘖性强。

【观赏特性及用途】枝叶茂密、红果累累，宜植于园林绿地观赏。枝、叶、根及花均可药用。

6.91 棕榈科 Palmae

灌木、藤本或乔木，茎通常不分枝。叶互生，在芽时折叠，羽状或掌状分裂，稀为全缘或近全缘。花小，单性或两性，雌雄同株或异株，有时杂性，花序通常大型多分枝；花萼和花瓣各3片，离生或合生，覆瓦状或镊合状排列；雄蕊通常6枚，2轮排列；子房1～3室或3个心皮离生或于基部合生，每个心皮内有1～2个胚珠。果实为核果或硬浆果。种子通常1个。

约210属，2800种，分布于热带、亚热带地区，主产于热带亚洲及美洲，少数产于非洲。我国约有28属，100余种，产西南至东南部各省区。

6.91.1 棕榈属 Trachycarpus

乔木或灌木，不分枝，树干具环状叶痕，上面具黑褐色叶鞘。单叶片呈半圆或近圆形，掌状分裂至中部以下，裂片先端2裂，几直伸，有皱褶；叶柄上面近平，下面半圆，两侧具细齿。花雌雄异株，偶为雌雄同株或杂性；花序粗壮，生于叶间，雌雄花序相似，多次分枝或二次分枝；花萼、花瓣各3；雄蕊6，花丝分离；心皮3，仅基部连合，柱头3。核果1～3cm，阔肾形或长圆状椭圆形。

约8种，分布于印度、中南半岛至中国和日本。我国约3种，其中1种普遍栽培于南部各省区，另2种产于云南西部至西北部。

图 6-332 棕榈

棕榈 T. fortunei

【别名】唐棕、拼棕、中国扇棕。

【形态特征】乔木状，高3～10m，树干圆柱形，被不易脱落的老叶柄基部和密集的网状纤维，不能自行脱落，裸露树干直径10～15cm甚至更粗。叶片呈3/4圆形或者近圆形，深裂成30～50片具皱折的线状剑形，长60～70cm，裂片先端具短2裂或2齿。花序粗壮，多次分枝，从叶腋抽出，通常是雌雄异株。雄花序长约40cm，具有2～3个分枝花序；雄花无梗，每2～3朵密集着生于小穗轴上；雌花序长80～90cm，花序梗长约40cm，其上有3个佛焰苞包着，具4～5个圆锥状的分枝花序；淡绿色。果实阔肾形，有脐，成熟时由黄色变为淡蓝色，有白粉。花期4月，果期12月（图6-332）。

【分布】分布于长江以南各省区。日本也有分布。

【生态习性】喜温暖湿润气候，耐寒性极强；喜光，稍耐阴。适生于排水良好、湿润肥沃的中性、石灰性或微酸性土壤，耐轻盐碱，也耐一定的干旱与水湿。抗大气污染能力强。易风倒，生长慢。

【观赏特性及园林用途】四季常绿，树势挺拔，以其特有的形态特征构成了热带植物特有的景观。可作行道树或散植于草地。

6.91.2　酒瓶椰子属 *Hyophore*

酒瓶椰子 *H. lagenicaulis*

【别名】酒瓶棕、酒瓶椰。

【形态特征】单干，茎干高达 2m，上部细，基部膨大如酒瓶，粗大部分径可达 80cm。羽状复叶集生茎端，小叶 40～70 对，长达 45cm，宽约 5cm，排成二列。花小，黄绿色；穗状花序。浆果椭圆，长约 2.5cm，熟时黑褐色。花期 8 月，果期为翌年 3～4 月。

【分布】原产于毛里求斯的罗得岛，我国台湾、广西、海南、广东、福建等地有引种栽培。

【生态习性】中性，喜高温多雨气候，怕霜冻，耐寒极限为 3℃左右。性喜高温、湿润、阳光充足的环境，耐盐碱、生长慢。

【观赏特性及用途】其形似酒瓶，非常美观，既可盆栽用于装饰宾馆的厅堂和大型商场，也可孤植于草坪或庭院之中，观赏效果极佳。

6.91.3　丝葵属 *Washingtonia*

乔木，植株高大，粗壮，单生，无刺。叶为具肋掌状叶；叶片不整齐地分裂至 1/3～2/3 处而成线形具单折的裂片，裂片先端 2 裂，裂片边缘有丝状纤维。花序生于叶间，上举，结果时下垂，与叶等长或长于叶。果实小，宽椭圆形、卵球形至球形。种子椭圆形或卵球形，稍压扁，胚乳均匀，胚基生。

约 2 种，分布于美国西部及墨西哥的西部。我国南部热带及亚热带地区有引种栽培。

1.植株形态；2.叶片(正面，示裂片及裂片之间的丝状纤维)；3.果穗一部分；4.果实

图 6-333　丝葵

丝葵 *W. filifera*

【别名】华盛顿棕榈、椰子、裙棕。

【形态特征】乔木状，高达 18～21m，树干基部通常不膨大，向上为圆柱状，被覆许多下垂的枯叶；若去掉枯叶，树干呈灰色，可见明显的纵向裂缝和不太明显的环状叶痕。叶基密集，不规则；叶大型，叶片直径达 1.8m，约分裂至中部而成 50～80 个裂片，每裂片先端又再分裂，在裂片之间及边缘具灰白色的丝状纤维。花序大型，弓状下垂，长于叶，从管状的一级佛焰苞内抽出几个大的分枝花序。果实卵球形，亮黑色。种子卵形。花期 7 月 (图 6-333)。

【分布】原产于美国西南部的加利福尼亚和亚利桑那及墨西哥的下加利福尼亚。分布于我国福建、台湾、广东及云南。

【生态习性】喜温暖、湿润、向阳的环境。较耐寒，在 -5℃ 的短暂低温下，不会造成冻害。较耐旱和耐瘠薄土壤。不宜在高温、高湿处栽培。

【观赏特性及园林用途】干枯的叶子下垂覆盖于茎干似裙子，有人称之为'穿裙子树'，奇特有趣；叶裂片间具有白色纤维丝，似老翁的白发，又名'老人葵'。宜栽植于庭园观赏，也可作行道树。

6.91.4　假槟榔属 *Archontophoenix*

乔木，不分枝，具明显环状叶痕。叶羽状全裂，裂片线状披针形，中脉明显，横小脉不明显；叶轴很长，叶柄短。花雌雄同株，多次开花结实；花序生于叶下，花序梗的佛焰苞管状，花序轴上的佛焰苞短。果实球形至椭圆形，淡红色至红色；种子椭圆形至球形，胚乳嚼烂状。

约 14 种，分布于澳大利亚东部。我国常见栽培 1 种。

1.植株形态；2.叶中部，示羽片；3.叶顶部；4.果序一部分；5.果实；6.果实纵剖面；7.小穗状花序一段；8.雄花

图 6-334　假槟榔

假槟榔 *A. alexandrae*

【别名】亚历山大椰子

【形态特征】乔木状，高达 10～25m，茎粗约 15cm，圆柱状，基部略膨大。叶羽状全裂，生于茎顶，长 2～3m，羽片呈 2 列排列，线状披针形，长达 45cm，叶背面被灰白色鳞秕状物，中脉明显；叶鞘绿色，膨大而包茎，形成明显的冠茎。花序生于叶鞘下，呈圆锥花序式，下垂，长 30～40cm，多分枝；花雌雄同株，白色。果实卵球形，红色。种子卵球形。花期 4 月，果期 4～7 月（图 6-334）。

【分布】原产于澳大利亚东部。分布于我国福建、台湾、广东、海南、广西、云南等热带亚热带地区。

【生态习性】假槟榔喜高温，耐寒力稍强，能耐 5～6℃ 的长期低温及极端 0℃ 左右低温，幼苗及嫩叶忌霜冻，老叶可耐轻霜。

【观赏特性及园林用途】挺拔隽秀，叶片青翠飘摇，四季常绿，冬夏一景，是展示热带风光的重要树种。大树多露地种植作行道树以及植于建筑物旁、水滨、庭院、草坪四周等处，单株、丛植或列植均宜。

6.91.5　槟榔属 *Areca*

直立乔木或丛生灌木，茎有环状叶痕。叶簇生于茎顶，羽状全裂，羽片多数，叶轴顶端的羽片合生。花序生于叶丛之下，佛焰苞早落；花单性，雌雄同序；雄花多，单生或 2 朵聚生，萼片 3，花瓣 3，镊合状排列；雌花大于雄花，萼片 3，覆瓦状排列，花瓣 3，镊合状排列；子房 1 室，柱头 3 枚，无柄，胚珠 1 颗；果实球形、卵形或纺锤形；种子卵形或纺锤形。

约 60 种，分布于亚洲热带地区和澳大利亚。我国有 2 种，1 种产于台湾、海南及云南等省，另 1 种引进栽培于上述热带地区。

三药槟榔 *A. triandra*

【别名】三雄芯槟榔。

【形态特征】茎丛生，高 3～4m 或更高，直径 2.5～4cm，具明显的环状叶痕。叶羽状全裂，长 1m 或更长，约 17 对羽片，顶端 1 对合生，羽片长 35～60cm 或更长，下部和中部的羽片披针形，镰刀状渐尖，上部及顶端羽片较短而稍钝，具齿裂。佛焰苞 1 个，革质，压扁，光滑，长 30cm 或更长，开花后脱落。花序和花与槟榔相似，但雄花更小，只有 3 枚雄蕊。果实比槟榔小，卵状纺锤形，熟时由黄色变为深红色。果期 8～9 月。

【分布】产于印度、中南半岛及马来半岛等亚洲热带地区。我国台湾、广东（广州）、云南等省区有栽培。

【生态习性】喜温暖、湿润和背风、半荫蔽的环境。不耐寒，小苗期易受冻害。

【观赏特性及园林用途】形似翠竹，气势宏伟，姿态优雅，具浓厚的热带风光气息，是优良的景观树种。既是庭园、别墅绿化美化的珍贵树种，更是会议室、展厅、宾馆、酒店等豪华建筑物厅堂装饰的主要观叶植物。

6.91.6　桄榔属 *Arenga*

乔木或灌木。茎上密被黑色的纤维状叶鞘；叶通常为奇数羽状全裂，罕为扇状不分裂。花雌雄同株或极罕见为雌雄异株；花序生于叶腋或脱落的叶腋处，花序梗为多个佛焰苞所包被，多分枝或罕为不分枝；花单生或 3 朵聚生；雄花花萼 3 片，雄蕊罕为 6～9 枚，通常多至 15 枚以上；无退化雌蕊，雌花通常球形，萼片 3 片；花瓣 3 片；子房 3 室，柱头 2～3。果实球形至椭圆形；种子 1～3 颗。

约 18 种，分布于亚洲南部、东南部至大洋洲热带地区。我国产 4 种，分布于福建、台湾、广东、海南、广西、云南及西藏等省区。

桄榔 *A. pinnata*

【别名】莎木、砂糖椰子、糖棕

【形态特征】乔木状，直径 15～30cm，有疏离的环状叶痕。叶簇生于茎顶，长 5～6m 或更长，羽状全裂，羽片呈 2 列排列，线形或线状披针形，长 80～150cm，基部两侧常有不均等的耳垂，顶端呈不整齐的啮蚀状齿或 2 裂，上面绿色，背面苍白色；叶鞘具黑色强壮的网状纤维和针刺状纤维。花序腋生，从上部往下部抽生几个花序，当最下部的花序的果实成熟时，植株即死亡；花序长 90～150cm，下弯，分枝多，长达 1.5m，佛焰苞多个，螺旋状排列于花序梗上。果实近球形，直径 4～5cm，具三棱，顶端凹陷。种子 3颗，黑色，卵状三棱形。花期 6 月（图 6-335）。

【分布】产于海南、广西及云南西部至东南部。

【生态习性】喜高温多湿气候，抗寒力很弱，忌霜冻，遇长期 5～6℃低温或轻霜，叶片枯死。忌烈日，较耐荫蔽，幼龄期需遮盖越冬越夏，成龄树可耐烈日直射。

【观赏特性及园林用途】树形美丽，适作园林风景树，丛植或作独赏树，或与景石配植。

1.植株形态；2.果实；
3.种子；4.种子横剖面；

图 6-335　桄榔

6.91.7　鱼尾葵属 *Caryota*

灌木至乔木。茎单生或丛生，具环状叶痕。叶大，聚生茎顶，2～3 回羽状全裂；裂片菱形、楔形或披针形，先端极偏斜而有不规则的齿缺，状如鱼尾；叶柄基部膨大，叶鞘纤维质。圆锥状肉穗花序腋生，下垂，分枝多。果实近球形，有种子 1～2 颗。

约 12 种，分布于亚洲南部与东南部至澳大利亚热带地区。我国有 4 种，产于南部至西南部。

（1）鱼尾葵 *C. ochlandra*

【别名】假桃榔。

【形态特征】乔木状，高 10～15（～20）m，直径 15～35cm，茎绿色，被白色的毡状绒毛，具环状叶痕。叶长 3～4m，羽片长 15～60cm，互生。佛焰苞与花序无糠秕状的鳞秕；花序长 3～3.5m，具多数穗状的分枝花序。果实球形，成熟时红色，直径 1.5～2cm。种子

图 6-336 鱼尾葵

1 颗，罕为 2 颗。花期 5～7 月，果期 8～11 月（图 6-336）。

【分布】产于福建、广东、海南、广西、云南等省区。生于海拔 450～700m 的山坡或沟谷林中。亚热带地区有分布。

【生态习性】喜疏松、肥沃、富含腐殖质的中性土壤，不耐盐碱，也不耐干旱，不耐水涝。喜温暖，不耐寒，生长适温为 25～30℃，越冬温度要在 10℃以上。耐阴性强，忌阳光直射。

【观赏特性及用途】植株挺拔，叶形奇特，姿态潇洒，富热带情调，适合盆栽布置会堂、大客厅等场合，也可用作行道树。

(2) 董棕 C. urens

【别名】酒假桄榔、果榜。

【形态特征】乔木状，高 5～25m，茎干直径 25～45cm，表面不被白色的毡状绒毛，具明显的环状叶痕。叶长 5～7m，弓状下弯；羽片宽楔形或狭的斜楔形，长 15～29cm。佛焰苞长 30～45cm；花序长 1.5～2.5m，具多数、密集的穗状分枝花序。果实球形至扁球形，直径 1.5～2.4cm，成熟时红色。种子 1～2 颗。花期 6～10 月，果期 5～10 月。

【分布】产于广西、云南等省区。生于海拔 370～1500（～2450）m 的石灰岩山地区或沟谷林中。印度、斯里兰卡、缅甸至中南半岛亦有分布。

【生态习性】性喜阳光充足、高温、湿润的环境，不耐寒，生长适温 20～28℃。

【观赏特性及园林用途】植株十分高大，膨大的茎干似一巨大的花瓶，造型优美，叶片向四周开展，排列十分整齐，适合于公园、绿地中孤植使用，显得伟岸霸气，有气度非凡、胸怀坦荡的意境。特别适合机场、酒店等大型室内场所的装饰，亦可列植、群植。

【同属其它种】短序鱼尾葵 C. mitis：丛生小乔木，高 5～8m。二回羽状复叶，裂片深裂。株形美丽，枝叶繁茂，在庭园中丛植或列植作园景树。

6.91.8 散尾葵属 *Chrysalidocarpus*

单生或丛生灌木，茎具环状叶痕。叶羽状全裂，羽片多数，线形或披针形；叶柄上面具沟槽，背面圆；叶轴上面具棱角，背面圆。圆锥状肉穗花序生于叶间或叶鞘下，花雌雄同株。雄花花萼和花瓣各 3 片，离生，雄蕊 6；雌花花萼和花瓣各 3 片，离生；子房球状卵形，柱头 3。果实略为陀螺形或长圆形。

约 20 种，主产于马达加斯加。我国常见栽培 1 种。

散尾葵 T. fortunei

【别名】黄椰子、紫葵。

【形态特征】丛生灌木，高 2～5m，茎粗 4～5cm，基部略膨大。叶羽状全裂，平展而稍下弯，长约 1.5m，羽片 40～60 对，2 列，黄绿色，表面有蜡质白粉，披针形，长 35～50cm。花序生于叶鞘之下，呈圆锥花序，长约 0.8m，具 2～3 次分枝；花小，卵球形，金黄色，螺旋状着生于小穗轴上。果实略为陀螺形或倒卵形，鲜时土黄色，干时紫黑色。花期 5 月，果期 8 月（图 6-337）。

【分布】原产于马达加斯加。我国南方常见栽培。

【生态习性】性喜温暖湿润、半阴且通风良好的环境，不耐寒，较耐阴，畏烈日，适宜生长在疏松、排水良好、富含腐殖质的土壤，越冬最低温要在10℃以上，冬季注意保暖。

【观赏特性及园林用途】枝条开张，叶细长而略下垂，株形婆娑优美，姿态潇洒自如，适宜室内摆放，在明亮的室内可长时间地陈设观赏，在较暗的环境也可连续摆放4～6周。中小植株可布置客厅、书房、卧室、会议室等，大株宜种植于木桶，布置于大楼门厅、大堂等处，可体现热带风情。

1.植株形态；2.叶一段，示羽片；
3.果穗一部分；4.果实纵剖面；
5.分枝花序一部分；6.雄花

图6-337 散尾葵

6.91.9 椰子属 *Cocos*

大乔木，不分枝，茎有明显的环状叶痕及叶鞘残基。叶羽状全裂，簇生于茎顶；裂片多数，明显地外向折叠。圆锥花序状肉穗花序生于叶丛中，佛焰苞2个，长而木质化。花单性，雌雄同株，雄花小，多数。果实阔卵球状，外果皮光滑，中果皮厚而纤维质，内果皮骨质；种子1颗。

约2种，分布于热带沿海地区。

(1) 椰子 *C. nucifera*

【别名】越王头、椰瓢、大椰。

【形态特征】乔木状，高15～30m，茎有环状叶痕，基部增粗，常有簇生小根。叶羽状全裂，长3～4m；裂片多数，外向折叠，革质，线状披针形，长65～100cm或更长。花序腋生，长1.5～2m，多分枝；佛焰苞纺锤形，厚木质。果卵球状或近球形，内果皮基部有3孔，果腔含有胚乳（即'果肉'或种仁），胚和汁液（椰子水）。花果期主要在秋季（图6-338）。

【分布】主要产于我国广东南部诸岛及雷州半岛、海南、台湾及云南南部热带地区。

【生态习性】为热带喜光作物，在高温、多雨、阳光充足和海风吹拂的条件下生长发育良好。

【观赏特性及园林用途】树形优美，果实外形似球，是热带地区著名的水果和美化环境的优良树种。

1.植株形态；2.叶一段，示羽片；3.花序之一小穗状花序；4.果实纵剖面

图6-338 椰子

(2) 布迪椰子 *B. capitata*

【别名】冻子椰子。

【形态特征】单干型，株高7～8m。茎干平滑，有老叶痕。羽状叶，长约2m，叶柄明显弯曲下垂，叶柄具刺，叶片蓝绿色。花序源于下层的叶腋，逐渐往上层叶腋生长。果实呈椭圆形，长2.5cm，黄至红色。

【分布】主产于南美洲的阿根廷、乌拉圭、巴西等国，可分布至南美洲西部。

【生态习性】喜阳光，是抗冻性最强的棕榈植物之一，可耐-22℃干冷两周之久。适合海滨地区以及干旱地区种植。对土壤要求不严，但在土质疏松的壤土中生长最好。

【观赏特性及园林用途】形态优美，可广泛种植于热带、亚热带及温带地区，是一种极受欢迎的园林绿化和盆栽树种。

6.91.10　油棕属 *Elaeis*

乔木。叶簇生于茎顶，羽状全裂，裂片外向折叠，线状披针形，叶轴下部的羽片退化为针刺。花单性，雌雄同株，生于不同的花序上；花序腋生，分枝短而密。果实卵球形或倒卵球形；种子1～3颗，胚乳均匀，胚近顶侧生。

约2种，产于非洲热带地区和南美洲；其中原产非洲的油棕，广泛作为油料作物栽培。我国热带地区有引种栽培。

图 6-339　油棕

油棕 *E. guineensis*

【别名】油椰子、非洲油棕。

【形态特征】直立乔木，高达10m。叶羽状全裂，簇生于茎顶，长3～4.5m，羽片外向折叠，线状披针形，长70～80cm，下部的退化成针刺状。花雌雄同株异序，雄花序由多个指状的穗状花序组成，穗状花序长7～12cm，直径1cm，穗轴顶端呈突出的尖头状，苞片长圆形。果实卵球形或倒卵球形，熟时橙红色。种子近球形或卵球形。花期6月，果期9月（图6-339）。

【分布】分布于亚洲的马来西亚、印度尼西亚、非洲的西部和中部、南美洲的北部和中美洲。我国主要分布于海南、云南、广东、广西。

【生态习性】喜高温、湿润、强光照环境和肥沃的土壤。

【观赏特性及园林用途】树形优美，用作行道树或丛植于草坪。

6.91.11　蒲葵属 *Livistona*

乔木，有环状叶痕。叶近阔肾状扇形或圆形，扇状折叠，辐射状（或掌状）分裂成具单折或单肋脉（罕为多折）的裂片；叶鞘具网状纤维；叶柄长，两侧无刺或多少具刺或齿。花序生于叶腋，多分枝。核果1～3，球形至卵状椭圆形；种子1。

约30种，分布于亚洲及大洋洲热带地区。我国有3～4种，分布于西南部至东南部。

蒲葵 *L. chinensis*

【别名】扇叶葵、葵扇叶、蓬扇树。

【形态特征】常绿乔木，高达20m。树冠紧实，近圆球形，冠幅可达8m。叶扇形，宽1.5～1.8m，长1.2～1.5m，掌状浅裂至全叶的1/4～2/3，着生茎顶，下垂，裂片条状披针形，顶端长渐尖，叶柄两侧具骨质沟刺，叶鞘褐色，纤维甚多。肉穗花序腋生，长1m有余，分枝多而疏散，花小，两性，通常4朵聚生，花冠3裂，几乎达基部，花期3～4月份。核果椭圆形，熟时亮紫黑色，外略被白粉。花期4月，果期为10～12月（图6-340）。

【分布】产于我国南部。中南半岛亦有分布。

图 6-340　蒲葵

【生态习性】喜高温多湿，耐阴，耐寒能力差，能耐短期0℃低温及轻霜。生长适温约20～28℃。以含腐殖质之壤土或砂质壤土最佳，排水需良好。

【观赏特性及园林用途】常盆栽用于大厅或会客厅陈设，亦可布置于大门口及其它半阴场地。叶片常用作蒲扇。

6.91.12 刺葵属 *Phoenix*

灌木或乔木。茎单生或丛生，常被有老叶柄的基部或脱落的叶痕。叶羽状全裂，羽片狭披针形或线形。花序生于叶间，直立或结果时下垂；佛焰苞鞘状，革质；花单性，雌雄异株；花小，黄色，革质。果实长圆形或近球形，外果皮肉质，内果皮薄膜质。种子 1 颗。

约 17 种，分布于亚洲与非洲的热带及亚热带地区。我国有 2 种，产于台湾、广东、海南、广西、云南等省区，另引入 3 种，多为观赏栽培。

(1) 长叶刺葵 *P. canariensis*

【别名】加拿利海枣。

【形态特征】常绿乔木，干单生，高可达 10～15m。叶大型，长可达 4～6m，呈弓状弯曲，集生于茎端。单叶，羽状全裂，小叶有 150～200 对，下部小叶每 2～3 片簇生，基部小叶成针刺状。叶柄基部的叶鞘残存在干茎上，形成稀疏的纤维状棕片。肉穗花序从叶间抽出，多分枝。果实卵状球形，先端微突，成熟时橙黄色，有光泽。种子椭圆形，中央具深沟。花期 5～7 月，果期 8～9 月。

【分布】原产非洲西岸的加拿利岛，1909 年引种到台湾，20 世纪 80 年代引入中国大陆。

【生态习性】阳性，喜高温多湿气候。耐热、耐寒性均较强，成龄树能耐受－10℃低温。

【观赏特性及园林用途】其树形呈半圆形，优美舒展，远观如同撑开的罗伞，富有热带风情，可盆栽作室内布置，也可室外露地栽植。可应用于公园造景、街道绿化，常用其营造热带风景。

(2) 软叶刺葵 *P. roebelenii*

【别名】美丽针葵、江边刺葵。

【形态特征】常绿灌木。高 1～3m，茎通常单生，有残存的三角形的叶柄基部。叶羽状全裂，长约 1m，稍弯曲下垂，裂片狭条形，长 20～30cm，较柔软，2 列，近对生。肉穗状花序生于叶腋间，长 30～50cm，雌雄异株，枣红色（图 6-341）。

【分布】原产于印度、缅甸、泰国及中国云南西双版纳等地，广东有栽培。

【生态习性】性喜温暖湿润、半阴且通风良好的环境，不耐寒，较耐阴，畏烈日，适宜生长在疏松、排水良好、富含腐殖质的土壤，越冬最低温要在 10℃以上。

【观赏特性及园林用途】姿态纤细柔美，叶片光亮，稍下垂，是优良的盆栽植物，还可作为行道树、园景树，亦可花坛、花带丛植、列植或与景石配植。

图 6-341　软叶刺葵

6.91.13 棕竹属 *Rhapis*

丛生灌木，茎如细竹，直立，上部被以网状纤维的叶鞘。叶聚生于茎顶，叶扇状或掌状深裂几达基部；裂片 2 至多数，叶脉及横小脉明显；叶柄纤细，顶端与叶片连接处有小突起。花雌雄异株或杂性，组成松散、分枝的肉穗花序。果实球形或卵球形；种子单生，球形或近球形。

约 12 种，分布于亚洲东部及东南部。我国约有 6 种，分布于西南部至南部。

棕竹 *R. excelsa*

【别名】观音竹、筋头竹。

图 6-342　棕竹

【形态特征】丛生灌木，高 2～3m，茎圆柱形，有节，直径 1.5～3cm，上部被叶鞘，但分解成稍松散的马尾状淡黑色粗糙而硬的网状纤维。叶掌状深裂，裂片 4～10 片，不均等，长 20～32cm，宽线形或线状椭圆形。花序长约 30cm，总花序梗及分枝花序基部各有 1 枚佛焰苞包着，密被褐色弯卷绒毛；2～3 个分枝花序。种子球形，胚位于种脊对面近基部。花期 6～7 月（图 6-342）。

【分布】产于我国南部至西南部。日本亦有分布。

【生态习性】喜温暖湿润及通风良好的半阴环境，不耐积水，极耐阴，夏季光照强时，应适当遮荫。

【观赏特性及园林用途】树形优美，姿态秀雅，翠杆亭立，叶盖如伞，四季常青。适合丛植，或配以山石，更富诗情画意。

【同属其它种】①细棕竹 R. gracilis：丛生灌木，高 1～1.5m。叶鞘纤维。叶掌状深裂成 2～4 裂片，长圆状披针形，具 3～4 条肋脉。产于广东西部，海南及广西南部。②矮棕竹 R. humilis：丛生灌木，高 1m。叶鞘纤维纤细。叶掌状深裂成 7～10 裂片，线形，具 1～2 条肋脉。产于我国南部至西南部。各地常见栽培。

6.91.14　大王椰子属 Roystonea

常绿乔木。叶羽状全裂，呈 2 列或数列，羽片多数狭长，先端削尖，中脉突起，中脉背面常被鳞片。花雌雄同株；花序着生于叶下冠茎叶鞘的基部，多分枝，花序梗短，具 2 个大的佛焰苞；花着生于直的或波状弯曲的小穗轴上，花 3 朵聚生，顶部则着生成对或单生的雄花。果实倒卵形至长圆状椭圆形或近球形。种子椭圆形。

约 17 种，产于中美洲、西印度群岛及南美洲。我国南部诸省区及台湾常见引进栽培的有 2 种。

大王椰子 R. regia

【别名】王棕、文笔树、大王棕。

【形态特征】直立乔木，高 10～20m；茎幼时基部膨大，老时近中部不规则地膨大，向上部渐狭。叶羽状全裂，弓形并常下垂，长约 4～5m，叶轴每侧的羽片多达 250 片，羽片呈 4 列排列，线状披针形，渐尖，顶端浅 2 裂，长 90～100cm。花序长达 1.5m，多分枝，佛焰苞在开花前像 1 根垒球棒；花小，雌雄同株。果实近球形至倒卵形，暗红色至淡紫色。种子歪卵形。花期 3～4 月，果期 10 月（图 6-343）。

图 6-343　大王椰子

【分布】原产于中美洲古巴、牙买加、巴拿马，分布于我国华南、东南及西南省区。

【生态习性】喜温暖、潮湿、光照充足的环境，要求排水良好、土质肥沃的土壤。

【观赏特性及园林用途】树形高大雄伟、树干挺直、四季常青。常列植于会堂、宾馆门前，或作为城乡行道树，均十分壮观。也可三五株不规则种植于草坪之上或庭院一角，再配以低矮的灌木和石头，则高矮错落有致，充满热带风光。

6.91.15　金山葵属 *Syagrus*

茎具叶痕。叶羽状；叶鞘分解成交织的纤维；叶柄上面具槽或平坦，叶轴被各式鳞片、绒毛或无毛；羽片具单折，外向折叠，具浅 2 裂；羽片上面无毛或疏被鳞片或毛，背面通常沿主脉被明显的小鳞片。花序单生于叶腋；花序梗上的大佛焰苞宿存，管状。果实小或大，种子 1，罕为 2，球形，卵球形或椭圆形。

约 32 种，主产于南美洲，从委内瑞拉向南至阿根廷，其中巴西种类最多，1 种产于小安的列斯群岛。我国南方常见栽培 1 种。

金山葵 *S. romanzoffiana*

【别名】皇后葵。

【形态特征】乔木状，干高 10～15m，直径 20～40cm。叶羽状全裂，长 4～5m，羽片多，每 2～5 片靠近成组排列成几列，每组之间稍有间隔，线状披针形，最大的羽片长 95～100cm。花序生于叶腋间，长达 1m 以上，一回分枝，之字形弯曲，基部至中部着生雌花，顶部着生雄花。果实近球形或倒卵球形，新鲜时橙黄色，干后褐色，内果皮近基部有 3 个萌发孔。花期 2 月，果期 11 月至翌年 3 月（图 6-344）。

【分布】产于巴西、阿根廷、玻利维亚等国，中国南方地区很早就有引种栽培。

【生态习性】喜温暖、湿润、向阳和通风的环境，生长适温为 22～28℃，能耐 −2℃ 低温，可耐短时间 −5℃ 以下低温，要求肥沃而湿润的土壤，有较强的抗风性，能耐盐碱，较耐旱。

1.植株形态；2.叶下部，示羽片排列；3.叶顶部，示羽片排列；4.一羽片；5.一果穗，带部分果实；6.内果皮(种核)；7.内果皮横剖面，示种子(胚乳)

图 6-344　金山葵

【观赏特性及园林用途】树形蓬松自然。可做行道树、园景树，或对植于门前两侧，或不规则种植于水滨、草坪外围。幼树大盆栽植，可在展厅、会议室、候车室等处陈列。

6.92　露兜树科 Pandanaceae

常绿乔木、灌木，或攀援藤本，稀为草本。茎多呈假二叉式分枝，偶扭曲状，具气根。叶狭长，呈带状，硬革质，3～4 列或螺旋状排列，聚生于枝顶。花单性，雌雄异株；花序腋生或顶生，穗状、头状或圆锥状，有时呈肉穗状，常为数枚叶状佛焰苞所包围；花被缺或呈合生鳞片状；雄花具 1 至多枚雄蕊。果卵球形或圆柱状聚花果，或为浆果状。种子极小。

3 属约 800 种。中国 2 属，10 种，产于华南、西南部的热带、亚热带地区；广布于亚洲、非洲和大洋洲热带地区，少数生长在暖温带。

露兜树属 *Pandanus*

常绿乔木或灌木。茎常具气根；少数为草本。叶常聚生枝顶；叶革质，带状，边缘及下面沿中脉具锐刺，具鞘。花单性，雌雄异株；无花被；花序穗状、头状或圆锥状，具佛焰苞。雄花多数。子房上位。聚花果圆球形或椭圆形，由多数木质、有棱角核果或核果束组成。

约 600 种，产于东半球热带，个别种分布至亚热带（北起中国华南、日本，南达新西兰）。中国 8 种，产于福建、台湾、广东、海南、广西、贵州、云南、西藏等省区季雨林、雨林等热带、亚热带地区。

露兜树 *P. tectorius*

1.植株1部分；2.雄花序；
3.聚花果1部分

图 6-345 露兜树

【别名】林投、露兜簕、假菠萝树。

【形态特征】常绿小乔木，高达 8m，常左右扭曲，具多气根。叶簇生于枝顶，3 行紧密螺旋状排列，条形，先端渐狭成 1 长尾尖。雄花序由若干穗状花序组成，佛焰苞长披针形，近白色；雌花序头状，单生于枝顶；佛焰苞多枚，乳白色。聚花果大，向下悬垂，圆球形或长圆形，熟时桔红色。花期 1~5 月（图 6-345）。

【分布】产于福建、台湾、广东、海南、广西、贵州和云南等地。

【生态习性】喜光，喜高温、多湿气候，适生于海岸沙地。

【观赏特性及园林用途】树形、叶片奇特，果实大型，是很好的滩涂、海滨绿化树种，也可作绿篱和盆栽观赏。

6.93　禾本科 Gramineae

已知约有 700 属，近 10000 种，是单子叶植物中的第二大科。我国各省区都有其分布，除引种的外来种类不计外，国产 200 余属，1500 种以上，可归隶于 7 亚科，约 45 族。其中竹亚科 Bambusoideae 的为木本植物，其余为草本植物。竹即是范指竹亚科的植物。

竹亚科的形态特征：多年生木本植物，茎秆多中空，有节。主秆叶和普通叶显著不同。包着竹秆的叶称为秆箨，由箨鞘（相当于叶鞘）、箨叶（相当于叶片）、箨舌（相当于叶舌）、箨耳（相当于叶耳）组成。普通叶为单叶，具短柄，与叶鞘相连处成一关节，叶片易自叶鞘处脱落。叶片窄长，具有平行叶脉。禾本科植物的花小而不显著，花序通常由小穗组成，每一小穗有花 1 至多朵。花由外稃（苞片）、内稃各 1 片包被，内、外稃间有 2 枚特化的小鳞片（浆片），雄蕊通常 3 枚，雌蕊子房 1 室，1 胚珠，柱头常成羽毛状或刷帚状。禾本科植物的果实多为颖果，果皮与种皮愈合，不开裂，内含 1 种子；少数为胞果或浆果。

竹亚科有 70 余属，1000 种左右，一般生长在热带和亚热带，但也有一些种类可分布到温寒地带和高海拔的山岳上部，亚洲和中、南美洲属种数量最多，非洲次之，北美洲和大洋洲很少，欧洲除栽培外则无野生的竹类。我国除引种栽培者外，已知有 37 属 500 余种，分隶 6 族；其自然分布限于长江流域及其以南各省区，少数种类还可向北延伸至秦岭、汉水及黄河流域各处。

6.93.1　刚竹属 *Phyllostachys*

乔木状；地下茎单轴型，横生成竹鞭，秆散生。节间在分枝一侧通常扁平或成沟槽；每节通常 2 分枝，一粗一细。箨叶带状披针形或三角形。每小枝 1~数叶，通常 2~3 叶；复穗状花序或密集成头状，由多数假小穗组成，生于枝顶或小枝上部叶丛间。小花 2~6，颖片 1~3 或不发育。颖果。

约 50 种，黄河流域以南至南岭山地为分布中心，少数种类分布至印度及中南半岛。日本、朝鲜、北美、俄罗斯、北非、欧洲各国广为引种栽培。是竹类中经济意义最大的 1 个属，属下所有竹种全部原产中国，是中国的乡土竹属，栽培广，用途广，在林业生产中占有重要地位。竹秆高挺，枝叶青翠，是长江下游各省区重要的观赏竹种。

（1）龟甲竹 P. heterocycla

本种系经长期栽培，已产生了许多栽培型。其中的毛竹 P. heterocycla var. pubescens 从生物学的观点来看，应为原型，而其他的栽培型则都应是由毛竹派生出来的，但由于植物国际命名法规中优先律的限制，因此毛竹只能作龟甲竹的栽培型处理，而龟甲竹的学名反而成为原栽培型了。

龟甲竹又称龙鳞竹、佛面竹，高 3～6m。秆中部以下的一些节间极为缩短而于一侧肿胀，相邻的节交互倾斜而于一侧彼此上下相接或近于相接，其他性状同毛竹。秆形奇特，具有很高观赏性。

（2）毛竹 P. heterocycla var. pubescens

【别名】江南竹、楠竹、孟宗竹。

【形态特征】大型乔木状，秆散生，高可达 20m。中部节间长达 40cm，基部节间较短，新秆密被柔毛，有白粉，老秆无毛，节下有白粉环，后渐变黑。分枝以下秆环不明显，箨环隆起。秆箨厚革质，褐紫色，密被棕色毛和黑褐色斑点，在箨鞘先端密集成块。枝叶二列状排列，每小枝 2～3 叶。叶较小，披针形，长 4～11cm，宽 0.5～1.2cm；叶舌隆起，叶耳不明显，有肩毛，后渐脱落。花序穗状，每小穗 2 小花，颖果针状（图 6-346）。

图 6-346　毛竹

【分布】产于秦岭、汉水流域以南各地，多地有引种栽培。

【生态习性】喜光、喜温暖湿润气候及排水良好、深厚肥沃的土壤，忌积水。

【观赏特性及园林用途】竹秆高大挺拔，叶片翠绿秀丽，历四时而常茂，遇霜雪而不凋，雅俗共赏。易成大面积纯林，颇为壮观。四川宜宾长宁县的'蜀南竹海'、杭州西湖的韬光道（幽径）、云栖竹径等景观，均是以毛竹为主景的著名风景名胜区。也是园林建筑、小品、雕塑、水池和色叶花木的背景材料。

【品种】①佛肚毛竹'Ventricosa'：秆基 10 节以上的节间中部膨大，如佛肚状，但节环并不交互。②绿槽毛竹'Viridisulcata'：秆黄色，但节间的沟槽则为绿色。③梅花毛竹'Obtusangula'：秆高 4～6m，有纵向沟槽 5～7 条，断面如'梅开五福'而得名，美观别致。④金丝毛竹'Gracilis'：秆高仅 5～8m，胸径仅 3～5cm，秆细小但匀称坚韧，叶细小但茂盛，竹壁较厚，呈黄色。

【同属其它种】①金竹 P. sulphurea：又名黄金竹。散生型，秆高 6～15m，直径 4～10cm。秆环在秆下部不分枝的各节中不明显或低于其箨环；箨舌在鲜时其边缘生有淡绿色或白色的纤毛。末级小枝有 2～5 叶；叶鞘几无毛或仅上部有细柔毛；叶耳及鞘口繸毛均发达。原产我国，黄河至长江流域及福建均有分布，西南地区亦广为栽培。②刚竹 P. viridis：秆高 10～15m，径 4～9cm。新秆绿色，分枝以下的秆环不明显。每小枝有 2～6 叶。产于黄河及长江流域以南广大地区。常见栽培的 2 个变型是黄槽刚竹（绿皮黄筋竹）F. houzeauana 和黄皮刚竹（黄皮绿筋竹）F. youzeauana 前者秆绿色，着生分枝一侧的纵沟槽呈黄色。后者秆较小，秆、枝和节金黄色，节下有绿色环带，节间有少数绿色纵条。叶片也常有淡黄色纵条纹。③桂竹 P. bambusoides：秆高 8～20m，径 8～10cm。新秆绿色，秆环及箨环均隆起，无白粉。各节出现 2 环，每小枝初生时具叶 4～6 片，后常为 2～3 叶。产地甚广，南北均有栽培。常见品种有'斑'竹（'湘妃'竹）'Tankae'：秆和分枝上有紫褐色斑块或斑点，内深外浅。'黄金间碧玉'竹（'金明'竹）'Castilloni'：秆黄色，间有宽绿条带。'碧玉间黄金'竹（'银明'竹）

'Castilloni-inversa'：秆绿色，间有黄色条带。④紫竹 *P. nigra*：又名黑竹、乌竹。秆高 3～
10m，径 2～4cm。新秆绿色，老秆变为棕紫色至紫黑色。每小枝顶端着叶 2～3 枚。产于华北、
长江流域以至西南各地。变种有毛金竹 *P. nigra* var. *henonis*，秆绿色至灰绿色，箨鞘淡玫瑰红
色，箨耳紫色。产于长江流域以南、西南至西藏。为观箨竹种。⑤罗汉竹 *P. aurea*：又称人面
竹、布袋竹。秆高 5～12m。中部或以下数节节间有不规则的短缩或畸形肿胀，节环交互歪斜，
或节间正常而于节下有 1cm 的明显膨大。新秆绿色，老秆黄绿色，节下有白粉环。箨鞘紫色，
具黑色小斑点，无毛。每小枝具叶 2～3 枚。产于长江流域各地。⑥黄槽竹 *P. aureosulcata*：秆
高 3～6m。新秆绿色，被白粉，凹沟槽黄色，秆环略隆起。箨鞘淡灰色，有淡红色或淡黄纵条
纹。每小枝具叶 2～3 枚。产于江苏、浙江等地。

6.93.2　慈竹属 *Sinocalamus*

多为乔木状，地下茎合轴型。秆丛生，梢部呈弧形弯曲或下垂如钩丝，主秆节间圆筒
形。箨鞘革质，背生褐色小刺毛。箨舌发达，具毛。箨叶小，向外翻转，干后脱落。每节分
生多数枝条，水平开展呈半轮状。叶广披针形，背中脉突起有小齿，叶舌显著。花序少数至
多枚小穗簇生，或聚成头状生于花枝每节，常成一大型无叶或有叶之假圆锥花序。小穗棕紫
色，含花 4～8 朵或更多。颖果小型，顶生短细毛。

20 余种，多产于非洲东南部。中国产 10 种。

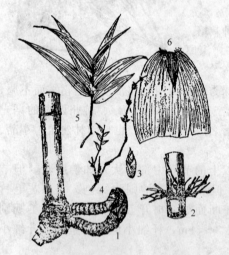

1.秆、秆基及地下茎；2.秆及节上分枝；3.4.花枝
及花序；5.叶枝；6.秆箨

图 6-347　慈竹

慈竹 *S. affinis*

【别名】义竹、子母竹、水竹

【形态特征】秆直立丛生，高 5～10m。箨环明
显。箨鞘革质，背面密生棕黑色刺毛。箨叶先端渐
尖，基部略呈圆形。每节分生 20 余枝，最后小枝
生叶数枚至 10 枚以上。叶片质薄，长 10～30cm，
宽 1～3cm，先端渐尖，基部圆形或楔形，边缘具
小锯齿。花枝成束，下垂，小穗 2～4 枚生于 1 节，
各具花 4～5 朵。颖果纺锤形（图 6-347）。

【分布】产于四川、云南、贵州、重庆、广西、
湖南、湖北、甘肃、陕西南部等地。浙江、广东有
引种栽培，表现良好。

【生态习性】喜温暖湿润气候，要求肥沃疏松
土壤，干旱瘠薄处生长不良。

【观赏特性及园林用途】枝叶茂盛，优雅秀丽，
非常适于布置庭院，可栽于窗前、石际、池畔、宅
后，川西平原农家村落常密植作围篱，为当地特有景色。

【变型及品种】①金丝慈竹 f. *viridiflavus*：节间分枝一侧具黄色纵条纹，产四川，浙
江南部有引种。②黄毛（慈）竹 f. *chrysotrichus*：幼秆节间密被锈色刺毛和间敷白粉，秆色
别致。产于四川。③‘绿秆花’慈竹 ‘Striatus’：节间有淡黄色条纹，叶片有时亦具淡
黄色。

【同属其它种】①麻竹 *S. latiflorus*：又叫龙竹。秆高 15～25m，径 10～30cm。节间长
30～60cm。基部 4～6 节有明显气生根或根眼。小枝先端具叶 7～10 枚。叶片宽大，卵状披
针形，长可达 50cm。产于华南至西南。喜温暖湿润气候，要求肥沃湿润土壤。②吊丝竹
S. minor：秆高 6～8m，径 3～6cm。幼秆被白粉，尤其鞘包裹处更显著。幼秆基部数节于

秆环和箨环下方各有一黄棕色毯状毛环。产于广东、广西、贵州等地,云南和浙江南部有引种栽培。竹丛青翠秀丽,可植于庭院观赏。

6.93.3 簕竹(孝顺竹、莿竹)属 *Bambusa*

地下茎合轴型。秆丛生,直立。节间圆筒形,秆环较平坦。每节分枝数枝乃至多枝,簇生,主枝较为粗长,且能再分次级枝,秆下部分枝上所生的小枝或可短缩为硬刺或软刺,但亦有无刺者。秆箨迟落,箨鞘厚,革质。箨片三角形,常直立,箨耳显著。小穗簇生于枝条各节,组成大型假圆锥花序。小穗有多数小花,内稃等长或稍长于外稃。颖果长圆形。

全世界 100 余种,分布于亚洲、非洲和大洋洲的热带及亚热带地。中国有 60 余种,产于华东、华南及西南部。

孝顺竹 *B. multiplex*

【别名】凤凰竹、凤尾竹。

【形态特征】灌木型丛生竹。秆高 2~7m,径 1~3cm,节间圆柱形,绿色,老时变黄色,长20~30cm;秆箨宽硬,向上渐狭,先端近圆形;箨叶顶端渐尖而边缘内卷;箨鞘硬而脆,背面草黄色,无毛;箨耳不明显或不发育;箨舌甚不显著。叶片线状披针形,长 4.5~13cm,宽 6~12mm,顶端渐尖,叶表深绿色,叶背粉白色,叶鞘无毛,笋期6~9 月(图 6-348)。

【分布】产于广东、广西、云南、贵州、四川、湖南、浙江、福建、江西等地。

【生态习性】性喜温暖湿润气候,喜排水良好、湿润的土壤,是南方暖地竹种中耐寒力和适应性最强的竹种之一,可以引种北移。在一般年份,南京地区小气候好的地段能安全越冬。

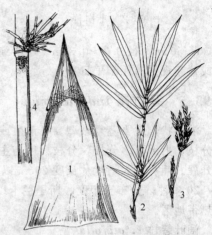

1.秆箨背面;2.叶枝;3.花枝;4.秆及节上分枝

图 6-348 孝顺竹

【观赏特性及园林用途】枝叶密集下垂,姿态婆娑秀丽。在庭园中可孤植、群植,可作划分空间的高型绿篱,或植于建筑物附近及假山边,或在大门内外入口角道两侧列植或对植,也可在宽阔的绿地上散植,其下可设座椅,翠叶蔽日,使人有素雅清静之感。此外,还可种植于宅旁作基础绿地中,也常在湖边、河岸栽植。

【品种】① '凤尾'(孝顺)竹 'Fernleaf':秆高 1~2m,径 4~8mm,通常自基部第二节开始分枝,每小枝具叶 10 枚以上,宛若羽状。枝叶稠密,纤细而下弯,尤其适宜盆栽或作为低矮绿篱。② '花秆'孝顺竹 'Alphonse':又名小琴丝竹。竹秆金黄色,间有绿色纵条纹。③ '菲白'孝顺竹 'Aabo-variegata':叶片在绿底上有白色纵条纹。④ '条纹'凤尾竹 'Stripestem Fernleaf':与凤尾竹相似,节间浅黄色,并有不规则深绿色纵条纹。

6.93.4 赤竹属 *Sasa*

地下茎复轴型,小型灌木状竹类,秆高 1~2m。节间圆筒形,无沟槽。节通常肿胀或平,每节 1 个分枝。秆箨宿存,短于节间。箨鞘厚纸质至革质。箨片披针形。枝上有叶片 5~7 枚,大型。

菲白竹 *S. fortunei*

【形态特征】丛生状,秆每节具 2 至数分枝,或下部为 1 分枝。箨片有白色条纹,先端

图 6-349 菲白竹

紫色。末级小枝具叶 4～7 枚；叶片长 5～9cm，宽 0.7～1.0cm，叶片狭披针形，绿色底上有黄白色纵条纹，边缘有纤毛，两面近无毛，有明显的小横脉，叶柄极短；叶鞘淡绿色，一侧边缘有明显纤毛，鞘口有数条白缘毛。笋期 4～6 月。因其叶面上有白色或淡黄色纵条纹，菲白竹即由此得名（图 6-349）。

【分布】南方多地有栽培。

【生态习性】喜温暖湿润气候，要求肥沃疏松排水良好的砂质土壤。较耐寒，忌烈日，宜半阴。

【观赏特性及园林用途】竹丛低矮，叶片秀美。为城市公园或庭园的良好观赏竹种，可用作地被，也可用以制作盆景。是观赏竹中一种不可多得的珍贵树种。

【同属其它种】菲黄竹 S.auricoma：混生竹。秆高 30～50cm，径 0.2～0.3cm。嫩叶纯黄色，具绿色条纹，老后叶片变为绿色。用于地表绿化或盆栽观赏。原产于日本。

6.93.5 箬竹属 Indocalamus

灌木状，地下茎复轴型。秆散生或复丛生，直立，节间细长，圆筒形，无沟槽。每节具一分枝，上部可多分枝，分枝粗度与主秆相接近。秆箨宿存；箨鞘厚而脆；箨片披针形，直立开展。叶片宽大，叶片长度 20cm 以上。圆锥花序，小穗具柄，有数至多朵小花。

20 多种，分布于印度、斯里兰卡以及菲律宾等地。中国约 20 种，主产于长江流域以南亚热带地区。

阔叶箬竹 I.latifolius

【形态特征】秆高达 2m，径 0.5～1.5cm，节间长 5～22cm。秆被微毛。秆环略高，箨环平。箨鞘硬纸质或纸质，背部常具棕色疣基小刺毛。箨舌截形，箨片直立，线形或狭披针形。叶片大，长 10～40cm，宽 3～9cm，长圆状披针形，先端渐尖，下表面灰白色或灰白绿色。圆锥花序长 6～20cm，基部为叶鞘所包裹。笋期 5 月（图 6-350）。

【分布】产于安徽、山东、浙江、江苏、安徽、福建、湖北、湖南、广东、四川、江西及西南各地。北京以南各地有引种栽培，表现良好。

【生态习性】喜温暖湿润的气候，较耐阴，宜生长在疏松、排水良好的酸性土壤，有一定的耐寒能力。

1.秆及节上分枝；2.叶枝；3.花枝

图 6-350 阔叶箬竹

【观赏特性及园林用途】竹丛密生，叶片较大，翠绿雅丽，适宜种植于林缘、水滨及建筑物基部，也可点缀山石，也是作绿篱或地被的良好材料。

【同属其它种】①美丽箬竹 I.decorus：秆高 35～80cm，径 0.3～0.5cm，新秆绿色，被白粉。每小枝具 2～4 叶，带状披针形。产于广西。竹丛矮小，枝叶茂密，宜作庭院林下地被或绿篱。②胜利箬竹 I.victorialis：又叫小叶箬竹。秆高 1～1.5m，径 0.5～0.8cm，节间最长达 20cm。每小枝具叶 1～4 枚，叶片披针形，长 14～23cm，宽 2.5～4cm，先端渐尖并延伸为一细尖头。产于四川、浙江等地。竹丛低矮，叶小美观，适于配置在庭院、山石间作点缀。

6.93.6　方竹（寒竹）属 *Chimonobambusa*

灌木或小乔木状，地下茎为复轴型。秆散生，圆筒形或微呈四方形，在分枝一侧常扁平或有沟槽，中下部数节常各有一圈刺瘤状气根。每节具 3 分枝。箨鞘厚纸质，背部无毛，有斑点。无箨耳，箨舌膜质，箨叶细小。花枝紧密簇生，重复分枝或有时不分枝。坚果状颖果，有坚厚的果皮。

约有 20 种，分布于日本、印度、马来西亚等地。中国 20 种全产，秦岭以南各省区均产，但以西南各省区较集中。

方竹 *C. quadrangularis*

【别名】四方竹、四角竹。

【形态特征】竹秆呈四方形，散生，直立，秆高达 3～8m，径 1～4cm。幼时密被黄褐色倒向小刺毛，后渐脱落，但在基部留有疣状小突起，使秆表面较粗糙。基部数节的节间呈四方形，常有刺状气根一圈。箨鞘无毛，背面具多数紫色小斑点。箨耳和箨舌均极不发达。上部各节初期有 3 分枝，以后增多。叶片薄纸质。四季可出笋，但多集中在 8 月至次年 1 月（图 6-351）。

【分布】产于长江流域以南各省，日本也有分布，欧美一些国家有栽培。

【生态习性】喜温暖、湿润气候，畏冬季严寒，要求肥沃疏松土壤。耐水性强，稍耐干旱。

【观赏特性及园林用途】竹秆独呈方形，别具一格。绿叶婆娑成塔状，青翠欲滴，华丽高雅，神韵挺秀，惹人喜爱。可供庭园观赏，宜点缀于窗前、角隅等处。也可在园林中孤植或丛植于石畔、

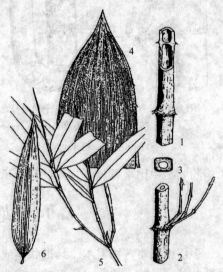

1.秆及节；2.节上分枝；3.秆横切面；4.秆箨背面；
5、6.枝与叶

图 6-351　方竹

树旁、墙角、水沟边等处，或与四季常绿的罗汉松、杜鹃等树木和谐地配合，展示竹韵飘逸，栩栩如生的品性。

【同属其它种】①金佛山方竹 *C. utilis*：秆高达 10m，径 3～5cm。秆表面光滑无毛，下部节间呈四方形，节内常有刺瘤状气生根。箨环裸露或残留有褐色的箨基，箨厚质，箨舌全缘，膜质，箨片微小，直立，三角形或锥形。产于四川省金佛山，为中国特产之竹。②大叶方竹 *C. grandifolia*：秆高达 4m，径 1～1.5cm。节间圆筒形，秆环隆起呈脊状，基部数节有刺瘤状气生根。箨环上具有 1 圈棕色密毛环。箨鞘背面有棕色小刺毛，箨舌高 1mm，箨叶三角状锥形。每节具 3 分枝，枝节极隆起。产于云南屏边地区。

6.93.7　单竹属 *Lingnania*

乔木或灌木型，地下茎合轴型。秆丛生，直立，节间圆筒形，极长。秆环几乎不高起；每节多分枝，主枝与侧枝粗细相仿。秆箨脱落性；箨鞘顶端甚宽，平截或弓形；箨叶近外反，其基部宽度仅为箨鞘顶端的 1/2～1/4。花序由无柄或近无柄的假小穗簇生于花枝节上

组成。

约 10 种，分布于中国南部和越南。中国 7 种。

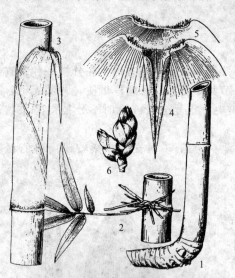

1.秆及秆基;2.秆及节上分枝;3.幼秆及箨;4.秆箨背
面;5.秆箨腹面;6.花序

图 6-352　粉单竹

粉单竹 *L. chungii*

【别名】白粉单竹。

【形态特征】秆高达 3～10m，最高可达 18m，径 5～8cm。节间圆柱形，淡黄绿色，被白粉，尤以幼秆被粉较多。秆环几乎不隆起，箨环木栓质，隆起，其上有倒生的棕色刺毛。箨鞘硬纸质，顶端平宽，背面多刺毛。箨耳狭长圆形。箨舌远比箨叶基部宽。箨叶淡绿色，卵状披针形，边缘内卷，强烈外翻。每小枝有叶6～7 枚，笋期6～8 月（图 6-352）。

【分布】中国南方特有树种，分布于广东、广西、湖南、福建、四川、云南、台湾等广大地区。

【生态习性】喜温暖、湿润气候，要求疏松、肥沃的沙壤土。

【观赏特性及园林用途】竹冠略成半圆形，枝叶秀丽，四季葱绿，秆和新叶具有较多银白色蜡粉，是中国常见观叶竹种，宜栽于溪边、河岸及村旁。

6.94　龙舌兰科 Agavaceae

多年生草本，稀灌木。具根状茎或块茎。叶通常窄，或大而肥厚。花茎有叶，向上渐小呈苞片状，总状、穗状、圆锥状、伞形花序顶生，或花单生。花两性，稀单性；花被片 6，2 轮；雄蕊 6；子房下位，3 室，中轴胎座，柱头 3 裂。蒴果，室背 3 瓣裂或不开裂，稀浆果。

约 10 余属 400 种，分布于热带、亚热带及温带，主产西半球。我国 2 属 8 种，引入栽培 2 属数种。

6.94.1　龙血树属 Dracaena

灌木或乔木状而有木质的茎，或无茎；叶扁平，薄革质或厚革质，常呈剑形；花两性，排成圆锥花序或穗状的总状花序或稠密的穗状花序，有小苞片；花被裂片 6 枚，下部合生成一明显的管；雄蕊 6 枚，花丝丝状，花药背着；子房上位，3 室，每室有胚珠 1 颗；果为一浆果。

约 40 种，分布于亚洲和非洲热带与亚热带地区。我国 5 种。

香龙血树 *D. fragrans*

【别名】太阳神、金心巴西铁、巴西千年木。

【形态特征】常绿小乔木。高 6m 以上，盆栽高 50～150cm，有分枝；叶簇生于茎顶，狭长椭圆形，长 40～90cm，宽 6～10cm，弯曲呈弓形，鲜绿色有光泽。花淡黄色，小不显著，芳香。

【分布】原产于非洲几内亚和阿尔及利亚。我国云南、广东、广西、海南等引种栽培。

【生态习性】性喜光照充足、高温、高湿的环境，亦耐阴、耐干燥，在明亮的散射光和居室较干燥的环境中，也生长良好。温度低于13℃则植株休眠，停止生长。

【观赏特性及园林用途】株形优美，叶鲜绿色有光泽，四季常青，是美丽的室内观叶植物，适合置于客厅、卧室、场馆及居室装饰，显得幽雅别致；热带地区也可用于庭园绿化。尤其是高低错落种植的香龙血树桩（巴西木桩），枝叶生长层次分明，给人以步步高升之意，深受人们喜爱。

【品种】①金心'Massangeana'叶有宽的绿边，中央为黄色宽带，新叶更明显；②金边'Victoria'：叶大部分为金黄色，中间有黄绿色条带；③黄边'Lindenii'叶有黄绿色的宽边条。

【同属其它种】①富贵竹 *D. sanderiana*：又名竹蕉、开运竹、万年竹。常绿灌木，高达2m，茎节明显。叶长13～23cm，宽1.8～3.2cm。原产于西非喀麦隆及刚果，我国华南、西南等地引入栽培。其品种有绿叶、绿叶白边（称银边）、绿叶黄边（称金边）、绿叶银心（称银心），主要盆栽观赏，观赏价值高，并象征着"大吉大利"，是美丽的室内观叶植物。②千年木 *D. Marginata*：又名马尾铁、红边朱蕉、红边铁树。常绿小乔木。茎细，挺拔直立，高可达3m。叶长15～60cm，宽1～2cm，剑形。栽培品种有三色千年木'Tricolor'，绿色叶片上有乳白色、黄白色、红色的条纹，为独具特色的品种。

6.94.2　丝兰属 *Yucca*

茎木质化，有时分枝。叶近簇生于茎顶或枝顶，线状披针形或长线形，常厚实、坚挺、具刺状顶端，边缘有细齿或丝裂。圆锥花序生于叶丛。花近钟形；花被片6，离生：雄蕊6，短于花被片，花丝粗厚，上部常外弯，花药较小，箭形，丁字状着生；花柱短或不明显，柱头3裂，子房近长圆形，3室。蒴果不裂或开裂，或为浆果。种子多数，扁平，黑色。

约30种，分布于中美洲至北美洲。我国有引种栽培。

凤尾丝兰 *Y. gloriosa*

【别名】菠萝花、厚叶丝兰。

【形态特征】常绿灌木。茎短或高达5m，常分枝。叶线状披针形，厚实、坚挺，长40～80cm，宽4～6cm，先端长渐尖，坚硬刺状，全缘，稀具分离的纤维。圆锥花序高1～1.5m，常无毛。花下垂，白或淡黄白色，顶端常带紫红色，花被片6；柱头3裂。果倒卵状长圆形，不裂。花期6～10月（图6-353）。

图6-353　凤尾丝兰

【分布】原产于北美东部及东南部；我国南方园林中常栽培观赏。

【生态习性】喜温暖湿润和阳光充足环境，耐寒，耐阴，耐旱，耐湿，北京可露地栽培。对土壤要求不严。对有害气体如 SO_2、HCl、HF 等都有很强的抗性和吸收能力。

【观赏特性及园林用途】常年浓绿，树姿奇特，花、叶皆美，叶形如剑，开花时花茎高耸挺立，花色洁白，繁多的白花下垂如铃，姿态优美，花期持久，幽香宜人，是良好的庭园观赏树木，也是良好的鲜切花材料。常植于花坛中央、建筑四周、草坪中、池畔、台坡、路旁等处。

【同属其它种】①丝兰 *Y. smalliana*：又名洋菠萝，常绿灌木，茎很短或不明显，叶片边缘有许多稍弯曲的丝状纤维。原产于北美东南部，我国偶见栽培。②象腿丝兰

Y. elephantipes：又名荷兰铁、巨丝兰、无刺丝兰。常绿乔木，在原产地株高可达 10m。茎干粗壮、直立，茎基部可膨大为近球状。叶窄披针形，长可达 100cm，着生于茎顶，革质坚韧。原产于墨西哥、危地马拉。

6.94.3　朱蕉属 *Cordyline*

乔木状或灌木状植物。茎略木质化，常稍有分枝，上部有环状叶痕。叶常聚生枝上部或顶端，基部抱茎。圆锥花序生于上部叶腋，多分枝。花梗短或近无，关节位于顶端；花被圆筒状或窄钟状，花被片 6，下部合生成短筒；雄蕊 6，着生花被上；子房 3 室，每室 4 至多数胚珠，花柱丝状。浆果具 1 至几粒种子。

约 15 种，分布于大洋洲、亚洲南部和南美洲。我国 1 种。

图 6-354　朱蕉

朱蕉 *C. fruticosa*

【别名】红铁树，牙竹麻，也门铁。

【形态特征】常绿直立灌木，高 1～3m，有时稍分枝。叶长圆形或长圆状披针形，长 25～50cm，宽 5～10cm，绿或带紫红色；叶柄有槽，长 10～30cm，基部抱茎。花淡红、青紫或黄色；雄蕊生于筒的喉部；花柱细长。花期 11 月至翌年 3 月（图 6-354）。

【分布】原产我国南方热带，今广泛栽种于亚洲温暖地区，供观赏。

【生态习性】性喜高温多湿气候，属半阴植物，既不能忍受烈日曝晒，完全庇荫处叶片又易发黄；不耐寒，冬季低温临界值为 10℃。要求富含腐殖质和排水良好的酸性土壤，忌碱土，植于碱性土壤中叶片易黄；不耐旱。

【观赏特性及园林用途】株形美观，色彩华丽高雅，盆栽适用于室内装饰。盆栽幼株，点缀客室和窗台，优雅别致。成片摆放会场、公共场所、厅室出入处，端庄整齐，清新悦目。数盆摆设橱窗、茶室，更显典雅豪华。

【品种】叶色变异丰富，形成众多栽培品种：①亮叶朱蕉 'Aichiaka'：叶阔针形，鲜红色，叶缘深红色。②三色朱蕉 'Tricolour'：叶有绿、黄、红等色条纹，根的切面白色。③七彩朱蕉 'Kiwi'：叶披针形，叶缘红色，中央有鲜黄绿色纵条纹。④斜纹朱蕉 'Baptistii'　叶宽阔，深绿色，有淡红色或黄色条斑。⑤锦朱蕉 'Amabilis'：叶亮绿色，具粉红色条斑和叶缘米色。⑥五彩朱蕉 'Goshikiba'：叶椭圆形，绿色，具不规则红色斑，叶缘红色。⑦夏威夷之旗 'HawaiianFlag' 叶绿色，具粉红和深红斑纹。⑧织锦朱蕉 'Hakuba'：叶阔披针形，深绿色带白色纵条纹。⑨彩虹朱蕉 'Lordrobertson'：叶宽披针形，具黄白色斜条纹，叶缘红色。⑩红边朱蕉 'Rededge'：叶缘红色，中央为淡紫红色和绿色的斜条纹相间，为迷你型朱蕉，株高仅 40cm。

【同属其它种】细叶朱蕉 *C. stricta*：茎纤细，通常较短。叶密生，长达 61.2cm，宽达 2.54cm，绿色或紫褐色。原产于热带澳洲。云南各地栽培供观赏。

6.94.4　酒瓶兰属 *Nolina*

原产于墨西哥东南部。仅 3 种，常见栽培的是酒瓶兰 *N. recurvata*

酒瓶兰 *N. recurvata*

【别名】象腿树。

【形态特征】常绿小乔木，茎干直立挺拔，基部膨大如酒瓶，老株表皮龟裂，状似龟甲。叶簇生于茎干顶部，呈丝带状下垂；长 1m 左右，宽 1～2cm；叶面粗糙，稍革质，叶缘具细锯齿；叶色蓝绿，酷似幽兰，故名酒瓶兰。花为圆锥花序，花色乳白，花径较小。

【分布】原产于墨西哥西北部干旱地区，现我国长江流域广泛栽培，北方多作盆栽。

【生态习性】喜日照充足，较喜肥，喜砂质壤土，耐干燥，耐寒力较强。

【观赏特性及园林用途】茎干奇特典雅，叶姿婆娑，为观茎赏叶树木，是室内点缀珍品。可用于布置客厅、书室，或装饰宾馆、会场。

6.95　菝葜科 Smilacaceae

攀援，稀直立灌木，极稀草本。茎枝有刺或无刺。叶互生，具 3～7 主脉和网状细脉；叶柄两侧常有翅状鞘，有卷须或无，柄上有脱落点。花常单性，雌雄异株，稀两性；伞形花序或伞形花序组成复花序。花被片 6，离生或略合生成筒状；雄蕊常 6，稀 3 枚或多达 18 枚；子房上位，2～3 室，每室 1～2 胚珠，柱头 3 裂。浆果。种子少数。

3 属，约 300 余种，分布于热带与亚热带地区，少数种类达北美和东亚温带地区。我国 2 属，80 余种。

菝葜属 *Smilax*

攀援或直立小灌木，极稀草本。枝条常有刺。叶互生，具 3～7 条主脉和网状细脉；叶柄两侧常具翅状鞘，鞘上方有 1 对卷须或无。花小，单性异株；伞形花序；花序托常膨大，有时稍伸长，而使伞形花序多少呈总状。花被片 6，离生；雄花常具 6 雄蕊；子房 3 室，每室 1～2 胚珠，柱头 3 裂。浆果常球形，少数种子。

约 300 种，广布于热带地区，也见于东亚和北美温暖地区，少数种类产于地中海一带。我国有 60 种和一些变种，大多数分布于长江以南各省区。该属植物叶片光亮秀丽，果实也颇具观赏性，是值得开发的园林植物类群。

菝葜 *S. china*

【别名】金刚兜、金刚刺、九牛力。

【形态特征】攀援灌木。茎长 1～3m，少数可达 5m，疏生刺。叶薄革质或坚纸质，圆形、卵形或其他形状，长 3～10cm，宽 1.5～6（～10）cm，下面通常淡绿色，较少苍白色，几乎都有卷须。伞形花序生于叶尚幼嫩的小枝上，具十几朵或更多的花，常呈球形；花绿黄色。浆果直径 6～15mm，熟时红色，有粉霜。花期 2～5 月，果期 9～11 月（图 6-355）。

【分布】产于山东、江苏、浙江、福建、台湾、江西、安徽、河南、湖北、四川、云南、贵州、湖南、广西和广东。

【生态习性】喜温暖湿润气候，也耐寒、耐旱，较耐阴。

图 6-355　菝葜

【观赏特性及园林用途】嫩叶和成熟果实红艳，成熟叶片光亮秀丽，圆润可爱。是优良的攀援绿化植物，可用于假山、围栏、立柱的垂直绿化，也可作林下地被植物。

附录

中国各城市市花树一览表

省（自治区、直辖市）	城市	市树	市花
北京	北京	国槐、侧柏	月季、菊花
天津	天津	绒毛白蜡	月季
上海	上海	白玉兰	白玉兰
重庆	重庆	黄桷树	山茶
黑龙江	哈尔滨	榆树	丁香
	齐齐哈尔	—	紫丁香
	伊春	红松	兴安杜鹃
	佳木斯	杏树	杏花
	牡丹江	云杉	牡丹
吉林省	长春	黑松	君子兰
	吉林	垂柳	玫瑰
	通化	黑松	刺桐
	白山	红松	红景天
	延边	—	金达莱
辽宁省	沈阳	油松	玫瑰
	大连	龙柏/槐树	月季、槐花
	鞍山	国槐、南果梨	金银花
	抚顺	杏树	玫瑰
	本溪	垂柳/枫树	天女木兰
	丹东	银杏	杜鹃
	锦州	桧柏	月季
	营口	垂柳	—
	阜新	樟子松	黄刺玫
	辽阳	国槐	月季
	盘锦	国槐、白蜡	鹤望兰、连翘
	铁岭	枫树	百合
河北省	石家庄	国槐	月季
	唐山	国槐	月季
	秦皇岛	枣槐	月季
	邯郸	—	月季
	邢台	国槐	月季
	保定	国槐	玉兰
	张家口	国槐	大丽花
	承德	国槐	玫瑰
	沧州	—	月季
	廊坊	—	月季
	衡水	白蜡	荷花、桃花
内蒙古	呼和浩特	油松	丁香
	包头	云杉	小丽花
	赤峰	油松	玫瑰、大丽花
	呼伦贝尔	樟子松	兴安杜鹃
山西省	太原	国槐	菊花
	大同	油松	波斯菊
	阳泉	国槐	月季
	长治	国槐	月季

省（自治区、直辖市）	城市	市树	市花
山西省	晋城	雪松	紫薇
	朔州	小叶杨	蜀葵
	运城	国槐	月季、菊花
	吕梁	—	山丹丹花
陕西省	西安	国槐	石榴
	铜川	合欢树	玫瑰
	宝鸡	白皮松	西府海棠
	咸阳	国槐、垂柳	紫薇、月季
	延安	柏树（待定）	山丹丹花（待定）
	汉中	汉桂	旱莲
甘肃省	兰州	国槐	玫瑰
	金昌	国槐	月季
	白银	国槐	月季
	天水	国槐	月季
	武威	国槐	大丽花
	平凉	国槐	月季
山东省	济南	柳树	荷花
	青岛	雪松	月季、耐冬
	淄博	槐树	大力菊
	枣庄	枣树	石榴
	烟台	国槐	紫薇
	潍坊	—	菊花
	济宁	国槐	荷花
	泰安	国槐	紫薇
	威海	合欢（芙蓉树）	桂花
	日照	—	杜鹃
	临沂	银杏	沂州海棠
	德州	枣树	菊花
	聊城	桐树	菊花
	菏泽	—	牡丹
河南省	郑州	悬铃木（法桐）	月季
	开封	杨柳	菊花
	洛阳		牡丹
	平顶山		月季
	安阳	国槐	紫薇
	鹤壁	国槐	迎春
	新乡		石榴
	焦作	—	月季
	濮阳	国槐	月季
	许昌	—	荷花
	漯河	国槐、垂柳	月季
	三门峡	国槐	月季
	南阳	—	桂花
	商丘	国槐	月季
	信阳	—	桂花
	驻马店	—	月季、石榴
	济源	国槐	紫薇
宁夏	银川	国槐、沙枣	玫瑰、马兰
	吴忠	合欢	月季
新疆	乌鲁木齐	大叶榆	玫瑰
青海省	西宁	柳树	丁香

省（自治区、直辖市）	城市	市树	市花
西藏	拉萨	榆树、侧柏	翠菊（格桑花）
江苏省	南京	雪松	梅花
	无锡	樟树	梅花、杜鹃
	徐州	银杏	紫薇
	常州	广玉兰	月季
	苏州	樟树	桂花
	南通	广玉兰	菊花
	连云港	银杏	玉兰
	淮安	雪松	月季
	盐城	女贞、银杏	紫薇、牡丹
	扬州	银杏	芍药、琼花
	镇江	广玉兰	杜鹃
	泰州	银杏	梅花
	宿迁	槐树、杨树	紫薇、桂花
浙江省	杭州	樟树	桂花
	宁波	樟树	茶花
	温州	榕树	茶花
	嘉兴	樟树	石榴、杜鹃
	湖州	银杏	百合
	绍兴	—	兰花
	金华	樟树	山茶
	衢州	樟树	桂花
	舟山	舟山新木姜子	普陀水仙
	台州	樟树	桂花、梅花
安徽省	合肥	广玉兰	桂花、石榴
	芜湖	樟树、垂柳	月季、菊花
	蚌埠	雪松、国槐	月季
	淮南	悬铃木	月季
	马鞍山	樟树	桂花
	淮北	国槐、银杏	梅花、月季
	铜陵	泡桐、广玉兰	牡丹、桂花
	安庆	樟树	月季
	黄山	黄山松	黄山杜鹃
	滁州	广玉兰	桂花
	阜阳	—	月季
	宿州	银杏	月季
	巢湖	—	杜鹃
	亳州	泡桐	芍药
	池州	樟树	杏花
福建省	福州	榕树	茉莉
	厦门	凤凰木	三角梅
	莆田	荔枝	月季
	三明	黄花槐、红花紫荆	迎春、三角梅
	泉州	刺桐	刺桐花
	漳州	樟树	水仙
	南平	—	百合
	龙岩	樟树	建兰、山茶花
	宁德	—	美人蕉
江西省	南昌	樟树	月季、金边瑞香
	景德镇	樟树	茶花
	萍乡	柚子树	—

附录

省（自治区、直辖市）	城市	市树	市花
江西省	九江	樟树	荷花
	新余	樟树	月季
	鹰潭	玉兰	月季
	赣州	榕树	金边瑞香
	吉安	樟树	杜鹃
	上饶	樟树	三清山猴头杜鹃
湖北省	武汉	水杉	梅花
	黄石	樟树	石榴
	十堰	樟树、广玉兰	石榴、月季
	宜昌	橘树、栾树	宜昌百合、腊梅
	襄阳	女贞	紫薇
	鄂州	樟树、银杏	梅花
	荆门	雪松	石榴
	孝感	樟树	桂花
	荆州	广玉兰	月季
	咸宁	—	桂花
	随州	银杏	兰花
	仙桃	冬青	桃花
	潜江	水杉	月季
	天门	冬青	桃花
湖南省	长沙	樟树	杜鹃花
	株洲	樟树	红继木
	湘潭	樟树	菊花
	衡阳	樟树	月季、茶花
	邵阳	樟树	月季
	岳阳	杜英	栀子花
	常德	樟树	栀子花
	益阳	—	刺桐花
	郴州	—	月季
	娄底	樟树	杜鹃
广东省	广州	—	木棉
	韶关	阴香	杜鹃
	深圳	荔枝、红树	三角梅（簕杜鹃）
	珠海	红花紫荆	三角梅（簕杜鹃）
	汕头	凤凰树	金凤、兰花
	江门	蒲葵	三角梅（簕杜鹃）
	湛江	—	紫荆
	茂名	—	大红花
	肇庆	白兰	莲花、鸡蛋花
	惠州	红花紫荆	三角梅（簕杜鹃）
	梅州	—	梅花
	东莞	荔枝	白玉兰
	中山	—	菊花
	潮州	—	白玉兰
	揭阳	榕树	莲花
广西	南宁	扁桃	朱槿（扶桑）
	柳州	柳树、小叶榕	杜鹃、三角梅
	桂林	桂树、榕树	桂花
	梧州	—	三角梅
	北海	小叶榕	三角梅
	防城港	—	金花茶

省(自治区、直辖市)	城市	市树	市花
广西	钦州	—	金花茶
	贵港	—	荷花
	玉林	白兰树	白兰花
	崇左	—	木棉
海南省	海口	椰树	三叶梅
	三亚	酸豆、椰树	三角梅
四川省	成都	银杏	芙蓉
	自贡	樟树	紫薇
	攀枝花	攀枝花树(木棉树)	攀枝花(木棉花)
	泸州	桂圆	桂花
	德阳	樟树	月季
	绵阳	樟树	月季
	广元	塔柏	桂花
	遂宁	黄桷树	桂花
	内江	三叶树	栀子花
	乐山	小叶榕	海棠
	眉山	银杏	杜鹃
	宜宾	油樟	黄桷兰
	达州	黄桷树	栀子花
	巴中	榕树	杜鹃
贵州省	贵阳	竹子、樟树	兰花、紫薇
	遵义	桂花树	映山红
	安顺	樟树	桂花
云南省	昆明	玉兰	云南茶花
	保山	—	兰花
	丽江	—	菊花
	普洱	—	云南山茶
	临沧	—	三角梅
	楚雄	—	茶花
	大理	—	杜鹃
香港	香港	—	洋紫荆
澳门	澳门	—	毛稔
台湾	台北	榕树	杜鹃花
	新北	台湾山樱	茶花
	高雄	木棉树	木棉、朱槿
	基隆	枫香	紫薇、杜鹃
	新竹	黑松	杜鹃
	嘉义	艳紫荆	艳紫荆
	宜兰	栾树	国兰
	桃园	桃树	桃花
	新竹	竹柏	茶花
	苗栗	樟树	桂花
	彰化	菩提树	菊花
	南投	樟树	梅花
	云林	樟树	蝴蝶兰
	嘉义	栾树	玉兰
	屏东	椰子树	九重葛
	台东	樟树	蝴蝶兰
	花莲	菩提树	莲花
	澎湖	榕树	天人菊
	金门	木棉	四季兰
	连江	海桐	红花石蒜

中文索引

拉丁名索引

参 考 文 献

[1] 陈俊愉. 中国花卉品种分类学 [M]. 北京：中国林业出版社，2001.

[2] 陈其兵. 观赏竹配置与造景 [M]. 北京：中国林业出版社，2011.

[3] 陈有民. 园林树木学（第2版）[M]. 北京：中国林业出版社，2011.

[4] 陈有民. 中国园林绿化树种区域规划 [M]. 北京：中国建筑工业出版社，2006.

[5] 程金水. 园林植物遗传育种学 [M]. 北京：中国林业出版社，2000.

[6] 傅立国. 中国高等植物 [M]. 青岛：青岛出版社，2000.

[7] 高峰，阳雄义，辉朝茂. 园艺观赏竹类及其在园林中的应用 [J]. 竹子研究汇刊，2006，25（2）：53-59.

[8] 关文灵. 园林植物造景. 北京：中国水利水电出版社，2013.

[9] 何小弟，金飚，马东跃，等. 彩色树种栽培与应用 [M]. 南京：凤凰出版传媒集团，2006.

[10] 金煜. 园林植物景观设计 [M]. 沈阳：辽宁科学技术出版社，2008.

[11] 雷海清，何家骅，周庄，等. 新优花灌木引种及其应用 [J]. 浙江农业科学，2006，（4）：394-397.

[12] 李海荣. 西南地区园林植物资源区划研究 [D]. 西南林学院，2007.

[13] 林有润. 观赏棕榈 [M]. 哈尔滨：黑龙江科学技术出版社，2003.

[14] 刘云彩，施莹，张学星. 云南城市绿化树种. 昆明：云南民族出版社，2008.

[15] 刘海桑. 观赏棕榈 [M]. 北京：中国林业出版社，2002.

[16] 龙雅宜. 园林植物栽培手册 [M]. 北京：中国林业出版社，2004.

[17] 彭华. 中国西南地区植物资源与农业生物多样性 [J]. 云南植物研究，2001，23（s1）：28-36.

[18] 祁承经，汤庚国. 树木学（南方本）[M]. 北京：中国林业出版社，2005.

[19] 施建敏，陈兵元，许仕. 关于花园城市优新园林植物材料的选用与配置 [J]. 江西农业大学学报（社会科学版），2005，04（4）：163-166.

[20] 王国玉，白伟岚，梁尧钦. 我国城镇园林绿化树种区划研究新探. 中国园林，2012，194（2）：5-10.

[21] 熊济华. 观赏树木学 [M]. 北京：中国农业出版社，2009.

[22] 云南省植物研究所，中国科学院昆明植物研究所 [M]. 云南植物志（各卷册）. 北京：科学出版社，1977-2006.

[23] 赵爱华，李冬梅. 园林植物景观的设计美与意境美浅析 [J]. 西北林学院学报，2004，19（4）：170-173.

[24] 郑勇平，田地. 红叶石楠 [M]. 北京：中国林业出版社，2005.

[25] 中国科学院植物研究所. 中国高等植物图鉴（1~5卷及补篇1~2册）[M]. 北京：科学出版社，1972-1983.

[26] 中国科学院植物志编委会. 中国植物志（各卷册）[M]. 北京：科学出版社，1979-1990.

[27] 中国植物物种信息数据库 http://db.kib.ac.cn/eflora/Default.aspx